Edith Hörandner · Model

Aufnahmen
von
Michael Heß

Edith Hörandner

Model

Geschnitzte Formen für Lebkuchen, Spekulatius und Springerle

Callwey Verlag München

CIP-Kurztitelaufnahme der Deutschen Bibliothek
Hörandner, Edith:
Model: geschnitzte Formen für Lebkuchen, Spekulatius u. Springerle/
Edith Hörandner. Aufnahmen von Michael Heß. – München: Callwey, 1982.
ISBN 3 7667 0609 8
NE: Heß, Michael:

Schutzumschlagentwurf Baur + Belli Design, München,
unter Verwendung der Figur 15
Herstellung Heide Hohendahl
Satz, Montage und Druck Kastner & Callwey, München
Lithos Brend'amour, Simhart GmbH & Co., München
Bindung Conzella, München
Printed in Germany
ISBN 3 7667 0609 8

Inhaltsverzeichnis

Textteil

Bildteil

Anhang

Statt eines Vorworts: Motto und Dank

Die Betrachtung der »Bilderwelt« der alten Lebzeltmodel allein durch Beschreibung und historische Herleitung der Motive kann heutigen Fachansprüchen nicht mehr genügen. Handwerksgeschichte hat an die Seite der Materialsammlungen und Motivinterpretation zu treten. In der Beschreibung der Arbeit der Lebzelter und Modelstecher weist man dem Arbeitsgerät Model seinen Platz auch im Produktionsablauf zu. Die Funktion gemodelter Ware für Herstellung und Käuferschicht muß deutlich werden.

Die Darstellung des Arbeitsablaufes von der Teigbereitung (mit Rezepthinweisen) bis zum Ausformen u.ä. zeigt das Fertigen von »Dokkenware« (Modellebkuchen) als Teil handwerklicher, aber auch hauswirtschaftlicher Tätigkeit (vor allem als Hobby und für Weihnachten).

Unter diesen Leitgedanken wurde gearbeitet. Aus Platzgründen mußte vieles kurz gesagt werden und manches sogar ungesagt bleiben. Schließlich fielen zusammenfassende Überblicke über Modelfunde und Handwerksurkunden aus der Frühzeit der Lebzelterei, die auch anderswo nachzulesen sind, Hinweisen auf nicht so geläufige Aspekte zum Opfer. Zu diesen letzteren gehören der Umfang des Warenangebots und die Absatzmöglichkeiten des Lebzelters, aber auch finanziell bedingte Verschiedenheiten in Angebot und Nachfrage und von anderen Umständen abhängige Unterschiede im Warensortiment (wie Absicht des Schenkenden, Alter der Beschenkten, Verwendung der Lebzelten u.a.m.). Auch die Gründe für den Niedergang der Lebzelterei gehören dazu. Zeitgenössische Insider führen hier weniger den neuen und billigen Rohstoff des Rübenzuckers an als geänderte Marktverhältnisse und mangelnden gesetzlichen Schutz der marktfahrenden Lebzelter. Mit diesem kurzen Abschnitt klingt auch logisch der Textteil aus.

Viele haben am Entstehen und Gedeihen des Buches verständnisvollen und tatkräftigen Anteil genommen, beraten und ihr Spezialwissen und fachliches Können in den Dienst der Sache gestellt. Ihnen habe ich sehr zu danken. Nicht alle können genannt sein. Stellvertretend für sie stehen Frau Margarete Baur-Heinhold und Herr Helmuth Baur-Callwey vom Verlag, Frau Gertrud Benker, die Kollegen Olaf Bockhorn und Helmut Paul Fielhauer vom Institut für Volkskunde der Universität Wien, Frau Elfriede Hanak und Lebzeltermeister Herbert Rachenzentner, sowie die volkskundlichen Freunde und Helfer aus alten Studientagen Emil Schneeweis, Veronika Strotzka und Gesine (»Gexi«) Tostmann.

Mein besonderer Dank gilt aber meinem Mann Wolfram und meiner kleinen Tochter Magdalena, ohne deren Verständnis und Mithilfe »das Buch« nicht geschrieben worden wäre. Es ist ihnen daher auch gewidmet.

Wien, im Juli 1982 *Edith Hörandner*

Motive für Motive

Einleitung zur Motivbetrachtung

Die Motive der hölzernen Lebkuchenmodel sind, wie schon Albert Walzer festgestellt hat, Teil einer allgemeinen Ikonographie und nur in einem übergreifenden Zusammenhang zu sehen. Diese Betrachtungsweise hat Walzer beispielhaft in seinem Werk »Liebeskutsche, Reitersmann, Nikolaus und Kinderbringer. Volkstümlicher Bilderschatz auf Gebäckmodeln, in der Graphik und Keramik« (Stuttgart 1963) für eine erkleckliche Anzahl von Motivgruppen beispielhaft gezeigt und seiner Methode und seinen Erkenntnissen sind wir, das sei hervorgehoben, in besonderer Weise verpflichtet. Walzers Buch hat in Art und Umfang leider keine Nachfolger gefunden.
So wie nun die hölzernen Lebkuchenmodel und ihr Bilderschatz eine durch Art und Verwendungszweck (hölzerne Matrizen zum Formen von Teigen) enger zusammengefaßte Gruppe in einer übergreifenden Motivwelt sind, so sind auch die hier wiedergegebenen Beispiele eine repräsentative Auswahl aus einem riesigen und vielfältigen Bestand. Man braucht nur einen Blick in einen Katalog über Lebkuchenmodel zu werfen um zu sehen, wie immer wieder neue Motive und vor allem Varianten auftauchen[1].
Wunsch und Voraussetzung für eine umfassende Grundlagenarbeit der Modelmotive wären Bestandskataloge in Wort und Bild über die Model in öffentlichen und privaten Sammlungen.
Die hölzernen Lebkuchenmodel sind aber nicht nur Träger von ikonographisch zu untersuchenden Motiven, sondern waren auch Produktionsmittel des Lebzelters. Neben den mit ihrer Hilfe hergestellten gemodelten Lebkuchen gab es aber immer schon die nicht gemodelte, einfache (bald aber bereits besser schmeckende) Ware, die nicht den dürren, trockenen Teig haben mußte, da auf ihr kein Relief ausgeprägt war, das es zu bewahren galt. Die Stadt, an die man automatisch denkt, wenn man »Lebkuchen« sagt, nämlich Nürnberg, wurde wegen ihrer gut schmeckenden und nicht gemodelten Lebkuchen weltberühmt. Die optische Qualität der – oft noch »vergoldeten« ober bemalten – Modellebkuchen wurde durch den Wohlgeschmack der verfeinerten Lebkuchen – aus Nürnberg oder »nach Nürnberger Art« – bei der Bewertung kompensiert.
Ein Motiv war keine beziehungslose Verzierung, sondern hatte einen funktionellen Stellenwert im Wechselspiel von Anlaß, Angebot und Nachfrage, Produktion und Absatz. Dies gilt für Andachtsbilder und Gebrauchskeramik ebenso wie für die Printmedien früherer Zeit (Holzschnitte und Kupferstiche in Einblattdrucken oder Serien) und es gilt ebenso für die Lebkuchenmodel. Der Motivschatz spiegelt in allen Fällen das jeweilige ikonographische Zustandsbild mit seinem Anteil an relativ konstanten Bildinhalten (wie den immer gefragten und aktuel-

Fig. 1 Verschiedene Model – mit jeweils zusammengehörigen paarigen Motiven (zwei Herzen, zwei Liebespaare, zwei Porträts, zwei Apostel) – nachträglich auf einer Modelplatte zusammengefaßt. 26 × 23 cm.
Ulm, Slg. Deutsches Brotmuseum

len, stilistisch oft lange unveränderten weihnachtlichen und österlichen Szenen) wider, aber auch den für bestimmte Zeit- und Kulturepochen typischen Motiven (wie den idyllischen Darstellungen oder kleinen Emblemen der Biedermeierzeit und ihrer beschaulichen Häuslichkeit und Freundschafts- und Memorialkunst) sowie den »Motiven der Tagespresse« mit ihrem Festhalten von Innovationen (wie Eisenbahn) oder ihren Porträts von Berühmtheiten der Zeit (Herrscher, Feldherren, aber auch Stadtoriginale).

Neben die Einordnung in allgemeine ikonographische Zusammenhänge tritt die schwierige, aber reizvolle Suche nach Anlaß und Vorlage für ein bestimmtes Motiv, die Untersuchung der Umsetzung in die spezielle Darstellungsform der hölzernen Lebkuchenmodel und schließlich die stilkritische Überlegung im Hinblick auf die Gestaltung, die von hoch- oder individualkünstlerischer Auffassung und kunstvoller Ausführung über volkskünstlerische Fassungen bis zu ungelenken, aus Notwendigkeit geschnittenen Formen reicht.

Immer wieder ist auch damit zu rechnen, daß in der sogenannten Volkskunst Stile der Hochkunst noch sehr lange nachwirken, was eine Datierung zusätzlich erschwert, sind doch Schnitzer- und Besitzerangaben (Initialen) auf den Modeln selten und wenn schon vorhanden, dann noch lange nicht identifiziert und damit zeitlich einzuordnen[2]. Datierte Model haben einen noch größeren Seltenheitswert.

Vor allem der Barockstil wirkte noch lange nach. In dieser Periode erlebte der Holzmodel eine künstlerische und zahlenmäßige Hochblüte. Die gefühlsmäßige Euphorie und wirtschaftliche Konjunktur der Zeit nach der Türkengefahr brachte einen Aufschwung, wohin man nur schaute. Mehr Geld förderte die Genußfreudigkeit, und zu den erschwinglichen Leckereien der

Fig. 2 Das Christ(us)kind (mit Weltkugel) in der Rolle des reitenden Gabenbringers der Weihnachtszeit (Geschenkkorb!). In dieser Funktion lief es dem hl. Nikolaus den Rang ab und übernahm auch viele Züge des Nikolausbrauchtums. Ausschnitt. 11 × 26 cm. Oberösterreich, Privatbesitz

Zeit und der breiten Masse zählte auch – und vielleicht sogar vor allem – der Lebkuchen.

Im Barock erhielten viele Motive eine Fassung, die dann fast als endgültig angesehen und immer wieder nachgeschnitzt wurde oder zumindest als Vorlage diente.

Feste Prägung und Vorbildwirkung in Inhalt und Ausführung finden wir naturgemäß besonders bei gleichbleibenden Terminmotiven wie Weihnachten (Geburt Christi, Anbetung der drei Könige u.a.), während in anderen Fällen, die man u. U. als Standardmotive bezeichnen könnte, wohl der Inhalt bzw. Typus gleichbleibt, die Ausführung aber einer gewissen Modifikation unterliegt. So tritt der »Soldat« lange Zeit als »Husar« oder »Ulan« entgegen, trägt aber zuweilen auch den Rock der französischen Soldaten der Revolutionszeit und später der Grande Armée, zeigt sich als Grenadier des »Großen Friedrich« usw. Die Reise- oder Liebeskutsche wandelt sich z.B. vom Kastenwagen zur Berline, das darinsitzende Paar sowie die Damen und Herren bzw. Paare überhaupt tragen zuerst barocke Herrschaftskleidung und dann bürgerlichen Sonntagsstaat bzw. ländliche Tracht usw. So werden die Model bei gleichbleibendem Typus und aktualisierter Ausführung Quellen zur Kostüm- und Trachtenforschung, für Untersuchungen zum Geräte- und Transportwesen usw. Engere Datierungen sind aber manchmal nicht vorzunehmen, denn Bewährtes, Gekonntes und Vertrautes lebte lange fort und hinkte Wandel und Mode nach.

Ebenso schwer zu beantworten ist vielfach die Frage nach dem Sinn eines Motivs bzw. dem Bewußtsein vom einmal vorhanden gewesenen Symbolwert, denn was einmal Symbol war, muß es nicht unbedingt geblieben sein – Gewohnheit tritt an die Stelle symbolerfüllter Verwendung, und der Funktion liegt nicht Absicht, sondern Konvention zugrunde. Dies zu unterscheiden, ist kaum allgemein möglich, vor allem nicht, ohne die Menschen ins Spiel zu bringen. Was der eine als Spaß zu Polterabend und Hochzeit schenkte, überreichte ein anderer mit bedeutungsvollem Ernst und der Überzeugung vom wirkenden Wunsch; was dem einen Hochzeitspaar Anlaß zu Gelächter, ist einem anderen Brautpaar Grund für Besinnung und bildgewordener Ausdruck innerster Wünsche.

Bevor wir nun das »hölzerne Bilderbuch«, wie die Lebkuchenmodel erst kürzlich genannt wurden[3], aufschlagen, wollen wir nochmals daran denken, daß wir dieses Kapitel aus Ikonographie und Handwerksgeschichte nur versuchsweise »anlesen« können.

»Man muß eine Sache nur in den Griff bekommen«

Anmerkungen zur Reihung und Bedeutung der Motive

»Man muß eine Sache nur in den Griff bekommen, dann tut man sich schon leichter!« ist eine gute, aber nicht immer leicht zu befolgende Lehre. Viele Probleme entstehen dabei aus dem Vorhandensein von Vielfalt und Vielschichtigkeit. Kaum ein Motiv – um zu unserem engeren Problemkreis zu kommen – gehört nur zu einer einzigen Motivgruppe oder erfüllt nur eine einzige Funktion.

Wenn wir also eine bestimmte Bilderabfolge präsentieren, dann ist diese nicht willkürlich und zufällig, sie ist aber auch nicht absolut. In Kürze soll gesagt werden, wie die Verfasserin bei der erfolgten Reihung vorgegangen ist und wie man es sonst noch hätte machen können.

Das »hölzerne Bilderbuch« beginnt mit weltlichen und religiösen Motiven zum Jahresbrauchtum, im besonderen zum Weihnachtsfestkreis bzw. der Mittwinterzeit. Den Auftakt bilden Nikolaus und Krampus und sonstige Gestalten aus dem Nikolausbrauch (Abb. 1–8, ausführlich behandelt S. 19f.), dann folgen Szenen und Figuren aus dem engeren Weihnachtsfestkreis. Den Anfang macht »Maria Verkündigung« (Abb. 9, 10), das zwar als Marienfest am 25. März begangen wird, thematisch aber in den Festkreis um die Geburt des Herrn gehört[4], und wird fortgesetzt mit Adam und Eva (im Paradies, unter dem Baum mit der Schlange, vgl. Abb. 11–14)[5], deren Tag der 24. Dezember ist. Die daran anschließenden Model mit der Geburtsszene des Herrn im Stall von Bethlehem zählen überhaupt zu den schönsten, häufigsten und auch älteren Modelmotiven (Abb. 15–20, 22–28, 30, 31).

Zu den üblichen Darstellungen gehören die Geburtsszene mit Maria und Josef sowie dem göttlichen Kind in der Krippe, häufig mit Ochs und Esel und zumindest mit angedeutetem Stall, ferner die Anbetung der Hirten sowie die Huldigung der geschenkebringenden Heiligen Drei Könige oder Weisen aus dem Morgenland.

Vorlagen und Verwandte dieser Modeldarstellungen sind u.a. die vielen Holzschnitte und Kupferstiche, da Bilder aus der Weihnachtszeit zu den beliebtesten Themen der popularen Druckgraphik gehörten.

Von besonderem Interesse und daher eigens hervorgehoben sei die Abbildung 26. Auf diesem Abguß eines Dreikönigsmodels aus dem Museum Altes Rathaus in Villingen sitzt eine deutlich als stillende Mutter und Himmelskönigin (Krone!) gekennzeichnete Maria mit dem Kind auf ihrem Schoß, während die drei Könige (wie Maria mit Krone und Nimbus) gabenbringend und anbetend vor ihr stehen bzw. knien. An dieser Szene ist an sich nichts besonders Auffallendes. Sie wird es erst durch die Umschrift, die deutlich lesbar besagt: CHRIST WIRT BORN IN ARMVT VND VON Z WEISE GSVCHT. Bekanntlich ist in der Bibel (Mt. 2, 1–12) keine Zahl angegeben und nur von »Magiern« bzw. »Weisen« (griech. magoi) die Rede, die aus dem Osten kamen und dem Stern folgten, der dann über dem Stall stehenblieb. Die Festlegung der Dreizahl erfolgte vermutlich wegen der drei erwähnten Gaben (Weihrauch, Myrrhe und Gold)[6] und ist bereits in der Sarkophagplastik des 4. Jahrhunderts feststellbar. In der Katakombenmalerei variierte die Zahl noch[7]. Bei unserem Model deutet sich die verschiedene Überlieferung in der Diskrepanz zwischen Bild- und Schriftaussage an.

Stellen diese weihnachtlichen Szenen der genannten Abbildungen bereits in sich »Krippenbilder« dar, so verhält es sich bei den Modeln auf Abbildung 18 und 21 anders. In beiden Fällen sind auf der glatten Modelfläche viele einzelne, kleine Darstellungen vorhanden, die alle oder in überwiegender Zahl zum Themenkreis der Geburt des Herrn und zum Geschehen um die Krippe gehören. So finden wir auf dem erstgenannten Model Maria, Josef und das Kind in der Krippe, den geflügelten Engel mit dem Spruchband (GLORIA IN EXCELSIS DEO), Hirten (mit dem charakteristischen Kellenstab) und Schafe sowie schließlich noch die drei gabenbringenden Könige.

Auf dem zweiten Model sitzt Maria mit dem Kind auf dem Schoß, der Stern mit Schweif (Komet) trägt das Zeichen des (neugeborenen) Erlösers (IHS), der Heilige Geist in Gestalt einer Taube schwebt herab und ein Hirte bringt eine Henne (?) in seinem geflochtenen Buckelkorb als Gabe. Der Weise, der das Kamel am Zügel führt, schaut auch nicht viel anders aus als der soeben erwähnte Hirte. Auch Ochs und Esel gehören zum Geburtsszenarium. Ob der äsende Hirsch, der laufende (Jagd-)Hund und die Gemse auch noch dazuzählen, ist die Frage; denkbar wäre es, nämlich als Teile einer gebirgigen, waldigen Landschaft, in welche eine in heimische Umgebung trasportierte Geburtsszene häufig eingebettet ist. Man denke hier nur an die weitverbreiteten sogenannten »Kastenkrippen« mit ihrem hohen »Krippenberg« und den kleinen holzgeschnitzten Figuren, aber auch mit ihren modelgeformten (!) »Lehmmanderln« (vgl. dazu S. 11).

Der Model weist aber auch zwei flügelbewehrte Wächterengel in Rüstung auf, wie wir sie von den Heiligengrab-Szenen gewohnt sind. Der Brunnen (mit Wasserfontäne) und der Hahn stellen sofort eine Assoziation mit dem Verrat des Petrus her. Der Model ist also Teil einer Motivfolge, die in der Art einer »Weihnachts-« und »Fastenkrippe« das religiöse Geschehen von Weihnachten bis Ostern umfaßte[8].

Die beiden genannten Model stammen aus Tiroler Klosterbesitz. Die Klöster waren nun einerseits Vermittler und Zentren der Lebkuchenherstellung, andererseits aber auch – und das gilt natürlich vor allem für Nonnenklöster – Ursprung und Pflegestätte inniger und anschaulicher Verehrung des göttlichen Kindes[9] und des himmlischen Bräutigams[10]. Für die Frauenklöster war aber auch das Herstellen bestimmter Artikel, bezeichnenderweise heute allgemein als »Klosterarbeiten« bekannt[11], typisch. Zu solchen »Klosterarbeiten« gehörten Andachtsbilder ebenso wie die Glasstürze mit ihrem wächsernen Inhalt (Prager Jesulein, Heilige Familie, Geburt Christi, Heilige usw.). Backen und Handarbeiten (Sticken, Klöppeln usw.) waren selbstverständliche Betätigungen. Daß auch das Ausmodeln von Krippenfiguren eine passende und nicht unübliche Arbeit war, ist mit Sicherheit anzunehmen[12]. Ob nun die Motive aus Wachs, dem haltbaren Tragant, aus der so gut formbaren (und so wohlschmeckenden) Marzipanmasse, aus Springerleteig oder einem anderen Marzipanersatz sowie schließlich aus einem trockenen, reliefbewahrenden Lebkuchenteig abgeformt wurden, ist im einzelnen schwer und wahrscheinlich auch nicht absolut zu beantworten. Es ist im Grunde von sekundärer Bedeutung. Das gilt ebenso für die Frage, ob die aus verschiedenem Material gemodelten Figürchen aufgestellt, zum Spielen verwendet und schließlich aufbewahrt, oder – wenn aus eßbarem Material – aufgegessen wurden. Auch Lebkuchenfiguren konnten bemalt und bewahrt werden; man konnte sie jedoch auch wie Gebildbrote verzehren.

Auf alle Fälle ist in diesem Zusammenhang daran zu erinnern, daß uns modelgeformte Krippenfiguren aus Lehm (sog. »Lehmmanderln«) aus Wien und Niederösterreich bekannt sind. Das Prinzip war bei diesen Figuren das gleiche. Sie wurden nach dem Modeln getrocknet und »gefaßt« (bemalt) und belebten – wie die kleinen holzgeschnitzten Figürchen – die schon genannten »Kastenkrippen«, die man sich zu Hause selbst auf- und zusammenbaute, aber auch schon fix und fertig auf dem »Christkindlmarkt« kaufen konnte.

Leider ist bis heute keine Matrize für diese »Lehmmanderln« aufgefunden worden, wie einschlägige Spezialisten versichern[13]. Vermutungen hinsichtlich des Materials solcher Matrizen sprechen von Gips, glasiertem Ton oder Stein. Wenn wir an die heute mit Hilfe hölzerner Lebkuchenmodel (vgl. auch S. 42 und 45) hergestellten Zierabgüsse aus Gips, »Masse« und ähnlich festen Materialien denken, wäre auch Holz nicht gänzlich auszuschließen.

Das göttliche Kindl oder der Jesusknabe als Erlöser der Welt (Salvator mundi; mit Segensgestus oder/und dem kreuzgeschmückten Reichsapfel, wie auf Abb. 29 und 36) war Weihnachts- und Neujahrsmotiv zugleich, das uns in dieser Fassung auch aus der frühen Glückwunschgraphik zum Jahreswechsel bekannt ist (z. B. von Einblattholzschnitten).

Die Anfangsbuchstaben der Heiligen Drei Könige, seit dem 9. Jahrhundert mit »Kaspar« (zumeist mit C abgekürzt), »Melchior« und »Balthasar« angegeben, werden heute noch am Festtag der Heiligen (6. Januar) an die Türen städtischer Wohnungen bzw. an die Wohnhaus- und Stalltüren bäuerlicher Anwesen auf dem Land geschrieben. Dabei wird (mit Weihrauch) »geräuchert« und (mit Weih- bzw. »Dreikönigswasser«) »gesprengt«. Man schrieb oder druckte ferner diese Initialen, auch als »Christus Mansionem Benedicat« gedeutet, auf Zettel (»Dreikönigszettel«). Sie wurden, wie Abbildung 27 zeigt, auch als Model gestochen.

»Dreikönigszettel« (aus Papier) nagelte man an die Türen, »Dreikönigszeltel« (aus Lebkuchenteig) – um eine erlaubte Wortprägung ins Spiel zu bringen[14] – aß man. Wie die schon im christlichen Altertum bekannten »Dreikönigssegen« sollten sie sicher auch vor Gefahren schützen und Wohlergehen gewährleisten.

Für Dreikönig charakteristisch ist auch der Stern, der die Weisen lenkte. Auf bildlichen Darstellungen ist er häufig als »Stern mit Schweif« (Komet) abgebildet, kommt aber auch als »normaler« Stern mit fünf oder sechs bzw. acht Zakken vor. Im Umzugsbrauchtum der Sternsinger oder Dreikönigssänger überwiegt der »schweiflose« Stern, der an einer Stange mitgetragen wird. Nicht selten ist oder war er innen beleuchtet und drehbar, weshalb die Forschung ihn als Sonnensymbol (Sonnenrad oder -scheibe) interpretierte. In analoger Weise sollte so die natürliche Sonne, deren Erscheinen man in der finsteren und kalten Mittwinterzeit herbeisehnte und deren Nichterscheinen man befürchtete, herbeigerufen, Wachstum und Fruchtbarkeit – und damit Leben und Überleben – im soeben angebrochenen neuen Jahr sichergestellt werden. Sterngebäcke gehören zu den häufigsten Gebildbroten der Jahreswende[15]. Auch der Modelstern von Abbildung 35 könnte in den Zusammenhang von Neujahr und Dreikönig (übrigens als alter Jahresanfang auch »Großneujahr« genannt) gehören.

Die unterschiedliche Anzahl der Zacken war Anlaß zur zahlensymbolischen Ausdeutung. Im fünfzackigen Stern (Pentagramm) sah man vor allem ein altes Abwehr- und Bannzeichen (daher auch volkstümlich »Drudenfuß« genannt), im Sechsstern (Hexagramm) ein Heils- und Segenszeichen, das als »Glücksstern« noch immer zu den häufigsten Talismanen gehört[16]. Im Zusammenhang mit biblischer Überlieferung wird der Sechsstern als »Davidsstern« bezeichnet[17]; als solcher wurde er in unseliger jüngster Vergangenheit stigmatisierendes Kennzeichen der Juden (»Judenstern«). Der Achtstern ist Zeichen der Vollendung. In der christlichen Architektur, vor allem bei den Baptisterien, ist die Acht eine beherrschende Zahl, welche »Anspielung auf Tod und Auferstehung des Täuflings macht«[18]. Der achteckige Stern auf Abbildung 35 paßt also vom Bildinhalt her sowohl in den Kreis um die Geburt des Herrn als auch zum neuen Jahr (allegorisch als Kind aufgefaßt), darüber hinaus aber selbstverständlich auch zu Geburt und vor allem Taufe eines Menschenkindes und war dementsprechend sicher ein mögliches Taufgebäck[19].

Zu den Darstellungen des neugeborenen »Jesuskindls« gehören auch solche, die ihre Entsprechungen bei den sonstigen Kindl-Darstellungen haben und sicher auf deren Vorbild zurückgehen. Dies ist eindeutig bei Abbildung 33 der Fall: Christus als »Fatschenkindl« wird durch die Krone als göttlicher Erlöser (König der Welt) gekennzeichnet. »Vor sich«, wie in Händen, »hält er« einen Weihnachtsbaum (oder tannenbaumartigen Lebensbaum) im Topf[20].

Als »Kindl im Körbl« finden wir den Jesusknaben auf Abbildung 32. Der geflochtene Korb als Krippe ist auf früheren Darstellungen der Weihnachtsszene im Stall durchaus üblich. Flechtkörbe waren nicht nur Futterbehälter für das Vieh (besonders als Heubehälter), sondern auch gängige Liegestatt kleiner Kinder (vgl. Wiegenkorb)[21]. Die drei hinter dem Kind in der geflochtenen Krippe stehenden Engel huldigen dem Jesuskind und sind gleichzeitig Zeugen seiner Göttlichkeit. Manche Forscher deuteten sie und deuten sie noch als verchristlichte Umformung der begabenden drei Feen bzw. der Nornen und Schicksalsgöttinnen, die bei der Geburt oder dem gerade Geborenen erscheinen und über sein weiteres Schicksal entscheiden.

Die Abbildungen 34 und 37 zeigen den Jesusknaben im antiken Götter- oder Triumphwagen. Als Herrscher der Welt sitzt er in dem von zwei Engeln gezogenen Gefährt; er zieht ein in die Welt als sein Reich und beginnt seine Fahrt zu Jahresanfang, genauso wie der antike Sonnengott Apoll seinen täglichen Wagenlauf über den Himmel aufnahm.

Wie weit dieses Gedanken- und Vorstellungsgut lebendige, oder – was wahrscheinlich noch weniger der Fall war – volkstümliche Tradition war, ist eine offene Frage. Die Renaissance hatte antikes Gedankengut und das Wissen um Mythologie aktualisiert, die Barockzeit war eine Periode intensiven Bilder- und Symboldenkens und einer ebensolchen optischen Sprache gewesen. Ob aber wirklich alle diese Sprache beherrschten und wie lange sie ein gemeinverständliches Idiom blieb, kann nur fallweise und in unserem Fall höchstens über die konkrete

Funktion des jeweiligen Modelgebäcks festgestellt werden.
Der Weihnachtsfestkreis findet seinen logischen Abschluß mit den Darstellungen der Beschneidung (Abb. 41), der Flucht nach Ägypten (Abb. 38 und 40) sowie der Darbringung im Tempel (Abb. 39).
Der nun folgende Osterfestkreis umfaßt die gesamte Passion sowie die Auferstehung. Höhepunkt des Leidensweges und Voraussetzung für die Erlösung ist der Tod Christi am Kreuz, ein Motiv, das auch bei den Modeln immer wieder und in verschiedenen Fassungen begegnet, von detailreichen Szenen des Geschehens auf Golgatha (wie auf Abb. 42, einer frühen und immer wieder publizierten Darstellung[22]) bis zur vereinfachten (Abb. 44, 46, 48) und schließlich auf den Kern reduzierten Bildaussage (nur mit dem Gekreuzigten und höchstens der Inschrift »Es ist vollbracht«).
Aber auch das »Letzte Abendmahl« (Abb. 43), zum »Krindonnerstak« (Gründonnerstag), die Stationen des Leidens- oder Kreuzweges (wie auf Abb. 45, Jesus fällt unter dem Kreuz) oder die Pieta (Abb. 47) fanden bildlichen Ausdruck durch Modelstecher.
Die Auferstehung aus dem Grab ist ein wichtiges Thema der religiösen Andachtsgraphik. Besonders die biedermeierlichen und spätbiedermeierlichen Bewegungs- und Zugbildchen ließen sich dazu immer wieder neue Lösungen einfallen. Der Auferstandene wird zumeist mit der Fahne als Siegeszeichen (Sieg über den Tod) dargestellt. Seine nunmehrige Verklärung deutet der Strahlenkranz an (vgl. hier Abb. 49, vom selben Stecher wie Abb. 45, und 51).
Das am meisten verbreitete Auferstehungssymbol ist jedoch das Agnus Dei, das Gottes- oder Opferlamm mit Siegesfahne, das bis heute in den Zeitgebäcken lebendig geblieben ist[23]. Gekonnt, aber auch holprig ausgeführte sowie große und kleine (und damit teurere und billigere) Modellämmer stehen auf älteren und jüngeren Modeln für sich (Abb. 50, 54) oder sind Teil einer zumeist ornamental ausgestalteten und umrahmten Szene (Abb. 53, 55). Eine alte Fassung aus Villingen (Abb. 52) zeigt im Mittelpunkt der spitzovalen, an die Raute erinnernden Form das siegelartig gefaßte Agnus Dei, flankiert von zwei kleineren Rundmotiven mit Auferstehungssymbolen.
Das Agnus-Dei-Motiv, von der Messe her jedem Christen vertraut, war auch in protestantischen Gegenden beliebt. Es ist seit dem 4. Jahrhundert nachweisbar. Zumeist als (Oster-) Lamm mit Nimbus und Siegesfahne dargestellt, finden wir es in der Graphik gar nicht selten auf dem Buch mit sieben Siegeln, eine Fassung, die auch als Modelmotiv vorkommt.
Dem Agnus-Dei-Motiv als »Heiligem Wachs« hat erst kürzlich Theo Gantner eine Spezialuntersuchung gewidmet[24].
Nicht viele sehr alte Model geben uns Aufschluß über Art und Vielfalt der Modelmotive in früheren Zeiten. Noch seltener sind Text- oder Bildquellen zur Verwendung und Funktion der Modelgebäcke. Eine solche wertvolle Rarität stellt die Sammlung von Fastenpredigten des berühmten Predigers am Straßburger Münster, Johann Geiler von Kaysersberg, dar, die 1508 gedruckt wurde und 1514 in deutscher Übersetzung erschien. Hier werden metaphorische Vergleiche zwischen dem Leben Christi und der Zubereitung und Wirkung der Lebkuchen angestellt: der Leib Christi ist wie gutes Mehl, seine Barmherzigkeit wie Honig; so wie sich Mehl und Honig im Teig vermischen, genauso sind göttliche und menschliche Natur in Christus vereint.
Das Werk Geiler von Kaysersbergs war illustriert und zeigt unter den Holzschnitten der »Predigten« (1514) die Verteilung eines Modellebkuchens (Kreuzigungsszene) bei Tisch. Die vorangegangene »Passio domini nostri Jesu Christi« (1508) enthält eine Szene der Verteilung von gemodelten Lebkuchen. (Es ist anzunehmen, daß es sich auch dabei um Passionsmotive gehandelt hat[25].)
Auf die Weihnachts- und Osterbilder folgen weitere religiöse Motive (Abb. 56–92): Maria mit dem Kind (Abb. 56–60), auch in der speziellen Funktion als Gnaden- oder Wallfahrtsbild (s. Abb. 58), andere Wallfahrtsbilder (wie z. B. die Schmerzhafte Muttergottes von Dreieichen, Abb. 62), verschiedene Heilige wie z. B. die hl. Katharina (als »höfisch gekleidete Dame«, mit den charakteristischen Attributen Rad und Schwert[26], Abb. 65), der hl. Erasmus mit der Darm- (eigentlich Schiffs-)winde (Abb. 66), der hl. Georg (Abb. 70), der habsburgische Propagandaheilige Johann v. Nepomuk (Abb. 68) oder der hl. Martin (Abb. 71); dann Gestalten und Szenen des Alten Testaments, wie Jonas, Daniel (Abb. 77), Judith (Abb. 78), die Kundschafter mit der Traube (Abb. 82) oder der Erzengel Michael (Abb. 79, 80), Wächter des Himmelstores (Schwert!) und »Seelenwäger« (Waage!).

Fig. 3 Das Lamm auf dem Buch mit den sieben Siegeln. Nach der Apokalypse oder Geheimen Offenbarung des Johannes (Kap. 4 und 5), die in Visionen die Endzeit und das Weltgericht schildert, wird bei der Offenbarung Gottes das siebenfach versiegelte Buch sichtbar, und es erscheint das Lamm, das allein würdig ist, die Siegel zu lösen.
Darmstadt, Privatbesitz

Szenen des Neuen Testaments nehmen das Motiv des Lebens Jesu wieder auf. Die »Kindheit Jesu« wird abgeschlossen mit dem sogenannten »Heiligen Wandel«: Maria und Josef ziehen mit dem zwölfjährigen Jesus zum Tempel nach Jerusalem (Abb. 86, 87). Das Signal zu seinem öffentlichen Wirken setzte die Taufe im Jordan (Abb. 85) durch den »Vorläufer« im härenen Gewand und Prediger in der Wüste, Johannes den Täufer (Abb. 83).

Die Evangelisten mit ihren Symbolen (Abb. 89, 90), darunter Löwe (Markus), Adler (Johannes) und Stier (Lukas), leiten über zur Gruppe der Tiere, die z. T. auch als religiöse Symbole aufgefaßt und vor allem christologisch gedeutet wurden. Die symbolische Auslegung geht zu einem guten Teil auf den »Physiologus« zurück[27], so u. a. für den Vogel Phönix[28], den Pelikan (Abb. 88)[29], das Einhorn[30] und den Hirschen.

Der Hirsch stellt in der Volkskunst ein Hauptmotiv im allgemeinen und bei den Modeln im besonderen dar, weshalb ihm auch eine ausführlichere Darstellung gewidmet ist (vgl. S. 20f. und Abb. 93–99). Er kann auch religiös und christologisch gedeutet werden.

Christliche Auslegung ist auch möglich beim Fisch (aufgrund von ichthys[31]), aber nicht ausreichend (vgl. dazu S. 21f. sowie Abb. 105 und 109).

Nun folgen Sumpf- und weitere Wassertiere, die z. T. symbolisch beziehungsvoll sein können wie der Storch (Abb. 103, vgl. dazu auch das Kapitel »Kinderbringer«, S. 27ff.), z. T. naturhistorischen Anschauungsunterricht bieten (wie Abb. 104, 106, 107 oder Abb. 108, 109). Dies gilt auch für weitere Tierdarstellungen (Abb. 110, 111).

Optisch dekorativ, aber inhaltlich nur dem informierten Heraldiker lesbar, sind die Wappenmodel (Abb. 112–129), die spezielle Kenntnisse und Nachschlagewerke der Wappenforschung einerseits und familien- und lokalhistorische Daten andererseits zu ihrer Entzifferung voraussetzen. Leider liefern die zu den Modeln vorhandenen Aufzeichnungen in den Sammlungen (Inventare) kaum diesbezügliche Angaben, wie die vom Bildautor Michael Heß reich erfaßten Bildbestände der Wappenmodel und die dazu gelieferten Unterlagen zeigen (eine Feststellung, die generell für den Bildteil gilt, sich aber bei dieser Motivgruppe besonders auswirkt).

Wie weit verzweigt und schwierig die Wege der Interpretation und Identifikation sein können, zeigt der kurze Artikel von Ernö Tompos über die »wappengeschmückten Lebzeltenmodel aus Oberösterreich in Sopron/Ödenburg«[32]. Der Verfasser schreibt ohne weitere Umschweife,

Fig. 4 Ein Mann (Hausherr?) verteilt einen Lebkuchen (oder auch gemodelten Marzipan), der eine Kreuzigungsszene zeigt, an die Mahlteilnehmer (Familie? Gäste?). Holzschnitt aus Geiler von Kaysersbergs »Predigten«, Straßburg 1514.

daß im Arkadenhaus zu Sopron (Ödenburg) anläßlich einer Ausstellung von Lebzeltenmodeln das älteste Stück aus dem Jahre 1590 stammt, eine Datierung, die aufgrund der Kenntnis von der am 21. November desselben Jahres erfolgten Hochzeit zwischen der Gräfin Johanna von Hohenfeld und dem Herrn Wolf Hektor von Jägenreuther auf Schloß Peuerbach (berichtet in: Hoheneck, Johann Georg Adam Freiherr v., »Die löbliche Herren Herren [sic!] Stände des Ertz-Herzogthumbs Oesterreich ob der Ennß ... Genealog. und Historische Beschreibung ... Passau, Gabriel Mangold Buchdrucker«, 1717, Bd. 1, S. 380) möglich war.

Es war üblich, bei Hochzeiten des Adels Lebkuchen mit den Wappen der Verlobten zu verteilen. Diese Wappen sind natürlich auf den Modeln seitenverkehrt dargestellt. Um die heraldische Fachsprache in einem Beispiel vorzuführen, sei nun auch wörtlich zitiert:

»In unserem Fall, das Wappen von Jägenreuther, geviertet, im ersten weißen Feld ein rechtes, rotes Obereck. In den 2. und 3. blauen Feldern ein goldenes Gatter und darunter ein roter Schildfuß. 4.: in Weiß ein linkes, rotes Obereck. Auf dem Schilde sind zwei gekrönte Spangenhelme angebracht. Helmzier: das Wappenbild (goldenes Gatter auf einem roten Flug). Auf dem anderen Helm ein weißer Flug, darauf ein linkes, rotes Obereck. Helmdecke: rechts Rot-Silber.

Das Wappen der Grafen v. Hohenfeld, auch geviertet. 1. und 4.: in den schwarzen Feldern zwei mit dem Rücken gegeneinander gekehrte weiße Hörner mit goldenen Mundstücken und ebensolcher Schnur. 2. und 3.: In den blauen Feldern ein silberner Balken, mit einer heraldischen sechsblättrigen roten Rose belegt. Helmzier: rechts die Hörner, links ein blauer geschlossener Flug, mit dem silbernen Balken und der roten Rose. Helmdecke: Schwarz-Gold und Blau-Silber.« (Der Verfasser bezieht sich dabei auf das genannte Werk von Hoheneck, S. 444, das vorerst einmal die Farbangaben erklären könnte; vgl. aber dazu den folgenden Text.)

Diese beiden Wappendarstellungen befinden sich nebeneinander auf einem Model.

»In denselben Holzstock, aber auf der anderen Seite, ist jenes Wappen eingeschnitzt, das sie nach der Hochzeit benützt haben. Da ist das Schild gespalten und trägt rechts – heraldisch gesehen – das Wappen von Jägenreuth und links jenes von Hohenfeld. Die Helmzierden sind vom Wappen des Mannes genommen [eine Dame kann keinen Helm tragen].«

Die Ausstellung in Sopron zeigte ferner noch das Bürgerwappen des Lebzelters Johann Wallenstein aus Eisenstadt (Kismarton), mit einem Meisterzeichen im Schild[33].

Auch letzteres ist sehr aufschlußreich, finden wir doch hier das Wappen nicht als Hauptmotiv und alleinigen Bildinhalt, sondern als Teil eines Herzmodels mit einem anderen Grundmotiv, nämlich einem Flammenherzen (mit der Inschrift »3« für »treu«), das von zwei Amoretten gehalten wird. Die übrige Fläche ist weitgehend mit floralen Motiven gefüllt; in der Herzspitze befindet sich der erwähnte Wappenschild. – Solche Konzeptionen sind uns auch aus dem Zusammenhang der Reitermodel bekannt, wo nicht selten ein Wappen unter die zum Sprung erhobenen Vorderbeine des Tieres geschoben ist, nicht zuletzt wegen der Notwendigkeit, einen geschlossenen Umriß zu erreichen (vgl. auch Fig. 26).

Die Identifikation der beiden ersterwähnten Wappenmodel wurde anscheinend noch nicht im Inventar vermerkt, was das Fehlen diesbezüglicher Hinweise bei den Angaben des Bildautors erklärt, denn die Jägenreuther-Hohenfeld-Wappenmodel sind im Bildteil (Abb. 114, 115) enthalten. Um so erfreulicher war der glückliche Fund, der die Erklärung lieferte, in der Sekundärliteratur.

Wenn auch die Identifizierung von Städte- und Länderwappen nicht so schwierig ist, wäre doch eine Erfassung und Erläuterung der Wappenmodel m. E. eine mehr als lohnende Aufgabe für die Heraldiker, was seitens der Autorin durchaus als auffordernde Einladung gemeint ist[34].

Was Anlaß zur Herstellung und Funktion von Wappenmodeln war, wurde z. T. schon angeführt: die Verbindung zweier »Häuser« durch die Hochzeit mit den familiären Herkunftswappen (Allianzmodel[35]) bzw. einem daraus geschaffenen neuen Wappen. Es gab aber auch andere Gründe.

Wappen dienten der Selbstdarstellung und waren Ausdruck des Selbstwertgefühls bzw. des erworbenen und erhofften Ansehens. Verständlich, daß bald nicht nur der Adel Wappen führte, sondern auch Städte und Länder sowie seit dem 16. Jahrhundert auch in zunehmendem Maße deren Bürger. Gern ließ man sich dann das eigene Wappen stechen, und zwar nicht nur als Siegel und Petschaft, sondern auch als hölzernen Model. Ausgeformt mit Marzipan oder Lebkuchenteig, konnte man so das Hauswappen auf den Torten der Tafel zur Schau stellen oder als Modelgebäck den Festgästen für die Daheimgebliebenen und zur Erinnerung mitgeben.

Fig. 5 Ein Mann (Hausherr?) verteilt einen verzierten (gemodelten) Lebkuchen (oder Marzipan) an seine Tischgenossen. Holzschnitt aus Geiler von Kaysersbergs »Passio domini Iesu Christi«, Straßburg 1508.

Kürth[36] geht verhältnismäßig ausführlich auf die Wappenmodel ein und zeigt auch das interessante Beispiel einer benützten graphischen Vorlage. Vor allem aber finden wir bei ihm eine Reihe von Abbildungen derartiger Wappenmodel, die – abgeformt und »gefaßt« (vergoldet oder bemalt) – jenen Eindruck vermitteln, den die früheren Betrachter solcher Model hatten. So zeigt sich das Wappen des Kurfürsten Johann Georg von Brandenburg in seiner ganzen bunten Prächtigkeit, desgleichen das Allianzwappen Schönburg-Reuß mit dem Wappen des Brautpaares nebeneinander im runden, umrahmten Feld; im freien Feld in der Mitte unter den Wappenschildern ist ein – hier sicherlich auf die Verbindung Bezug habender – Dreisproß[37]. Entsprechend der der Literatur entnommenen Schilderung waren die auf den Wappen Hohenfeld-Jägenreuther vorkommenden Farben vielleicht bei der Hochzeit selbst auch auf den bemalten Abformungen zu sehen; vielleicht aber waren die Reliefs auch »vergoldet«, wofür Kürth ebenfalls ein Beispiel bietet (vgl. dazu auch S. 58f.).

Auf die Gruppe der Tiere (Fauna) und die damit teilweise verbundene Tiersymbolik folgte die Gruppe der Wappen, wobei sich vor allem zum Adler als dem Wappenvogel schlechthin eine gedankliche Brücke schlagen läßt.

Von besonderer Häufigkeit und auch Prächtigkeit, zumindest jedoch von künstlerischer Originalität waren die vielen Fassungen des Doppeladlers, die flächenfüllendes Hauptmotiv, aber auch wichtiges Teilmotiv eines Models sein konnten (vgl. hier vor allem Abb. 123, 125 bis 127).

Nun aber kommen die Pflanzen (Flora), z. T. auch Früchte (vor allem der Granatapfel). Dabei überwiegt die stilisierte Darstellung: als Dreisproß- oder Lebensbaummotiv, teilweise in Verbindung mit dem sogenannten Doppelhenkelgefäß (Abb. 133, 134, 142, 145), teilweise als flächenfüllende Rankenornamentik mit eingestreuten Blumen (u. a. Tulpen) oder Granatäpfeln (Abb. 132, 135, 140, 143, 144), manchmal nur als streng geometrischer, z. B. kreisfüllender oder sternartiger Blütenkopf (Abb. 138, 139, 141, 144 links). Zur dekorativen Wirkung der floralen Ornamentik tritt der immer wieder angeführte symbolische Gehalt dieses Motivs, über den es grundlegende Literatur gibt[38]. Die Möglichkeiten der Interpretation reichen dabei von der Darstellung der Verwendung als rein formales, künstlerisches Gestaltungsprinzip auf der einen bis zur wegen des Symbolinhalts erfolgten absichtlichen Anbringung auf der anderen Seite.

Der Symbolwert ist klar (und wahrscheinlich allgemein bekannt). Die Pflanze, die scheinbar aus dem Unbelebten Leben zu schaffen versteht, ist in all ihren Formen (Baum, Zweig, Blume, Blüte) auf der ganzen Erde Symbol des Lebens schlechthin. Dazu kommen noch die christlichen Vorstellungen vom Lebens- oder Paradiesbaum, der als Symbol der Unsterblichkeit schon früh auf christlichen Gräbern auftaucht.

Leben bedeutet aber auch Fruchtbarkeit und Fortpflanzung; daher ist der Bezug zur Hochzeit – wie auf dem schon erwähnten Allianzmodel – logisch. Die Tulpe, sicher nicht zuletzt wegen des einfachen Umrisses ein so beliebtes Schmuckelement der Volkskunst, galt auch als Liebesblume und der Granatapfel war seit der Antike Symbol der Liebe, Fruchtbarkeit sowie Unsterblichkeit. Florale Motive waren also nicht nur schön anzusehen, sondern auch ideale Geschenke zu all jenen Anlässen, wo man Wohlergehen und Gesundheit, Gedeihen und Glück wünschte: wenn ein Kind geboren war (Geburt und Taufe), zur Hochzeit (für das Paar selbst und auch im Hinblick auf den erhofften und erwünschten Nachwuchs), zur Jahreswende u. ä. Eine geeignete Gelegenheit war auch der Namenstag, der ja früher weitaus bedeutender als der Geburtstag war; allerdings schenkte man da auch gern einen Lebkuchen mit dem Bild des be-

treffenden Heiligen und Namenspatrons. Man wählte ein florales Motiv zu diesem Anlaß, wenn es den Namensheiligen nicht gab, weil es schön war, gefiel und allgemein Gutes bedeutete.
Fällt das Wort Liebe, denkt man ans Herz, und das Lebzeltherz hat als einziges Motiv bis in die Gegenwart überdauert. Ihm ist auch eine besonders ausführliche Sonderdarstellung (S. 22–25 und Abb. 147–155) gewidmet.
Zwei weitere Motive hielten sich ebenfalls außergewöhnlich lang und wurden so zu »klassischen« oder »Standardmotiven« der Lebzelterei; es waren dies das »Kindl« (»Fatschenkindl«) und der »Reiter« (»Roßreiter«), auf die ebenfalls etwas näher eingegangen wird (S. 25f. und Abb. 156–158, 160–164, 169 sowie S. 26f. und Abb. 171–173).
Die »Kindln« müssen aber erst einmal »gebracht« werden, wofür die Kinderbringer zuständig waren (S. 27ff. und Abb. 175–177, 179, 180), sofern man sie nicht vom Kinderbaum (S. 29 und Abb. 181) schüttelte. Der Kinderfresser hingegen brachte sie zum Verschwinden (S. 27ff. und Abb. 174, 178). Zu welchem Anlaß und wem schenkte man wohl dieses Motiv? Denkbar wäre eine erzieherische Verwendung, um aus bösen Kindern brave zu machen.
Mit den »Kinderbringern« und »Kinderfressern« erreichen wir jene Gruppe, bei der sowohl mythische Gestalten und Fabelwesen als auch antike Götter, Heroen und Allegorien zusammengefaßt sind. Bacchus, der Gott des Weines (Abb. 185), ist nach wie vor volkstümlich, wird er doch oft im Zusammenhang mit Weintrinken und Zechen dargestellt[39] und zitiert. Seine Darstellung auf einem Model ist allerdings eher die Ausnahme, wenn wir auch daran erinnern müssen, daß eine gängige Lebkuchensorte »Weinbeißer« heißt. Warum sollte man nicht auch »Bacchustäfelchen« zum »Vermischten« (Mischung aus Met und Wein, vgl. S. 56) genossen haben?
Jupiter mit Blitzbündel und Donnerkeilen (Abb. 189 links) und Merkur/Hermes (mit der Flügelhaube und dem schlangenumwundenen Heroldsstab [Caduceus bzw. Kerykeion], Abb. 189 rechts) setzen die Reihe der Götter fort. Merkur, Gott der Reisenden und Kaufleute, war auch Symbol der oft zum Markt fahrenden Lebzelter; auf unserem Bild aber sind beide Teil eines Models mit vielen weiteren Darstellungen und wahrscheinlich weniger für einen bestimmten Handwerksstand als für eine der Antike zugewandte Zeit und ihre Vorliebe für Mythologie typisch. Dafür spricht auch die formale Gestaltung als kreisrunde Medaillen.
Die Personifikation von Tugenden ist ebenfalls lange Zeit ein Teil der allgemeinverständlichen Bildersprache gewesen. Besonders leicht fällt das »Lesen« natürlich dann, wenn die dargestellte Tugend auch »dazugeschrieben« wird, wie dies bei »Glaube«, »Hoffnung«, »Liebe« und »Geduld« auf Abbildung 188 ist. Wegen der Attribute wäre die Entzifferung aber auch ohne Erläuterung nicht schwer gefallen, höchstens bei der »Liebe«, die hier nicht das obligate Herzattribut besitzt[40], und bei der nicht mehr so geläufigen »Geduldsallegorie«[41]. In diesem Fall gibt uns die beschriftete Darstellung jene Hilfe, die unsere so wenig symbolfreudige Zeit doch häufig braucht. Abbildung 186 ist danach leichter lesbar.
Liebe als christliche Tugend ist in der Allegorie eine »Frau (Mutter) mit Kindern« oder eine »Frau mit Herz«. Menschliche Liebe findet in der Bildersprache häufig ihren Ausdruck im »Liebespaar«. In manchen Fällen ist das einigende Liebesband deutlich ausgedrückt, u.a. im engen Aneinanderschmiegen (Abb. 191, 192), in den ineinandergelegten Händen, aus denen ein (entflammtes) Herz aufsprießt (Abb. 193) und in der besonderen Fassung als »Paar in der Blume« (Abb. 196, 197). Wir kennen dieses besondere Motiv in drei Varianten: als Liebespaar im Innern eines Blütenkelchs, wobei eine ovale Durchsicht medaillonartig den Blick ins Innere freigibt; als Liebespaar in einer »hochgeklappten« Blüte, die wie eine Rosette die menschlichen Gestalten einfaßt (Abb. 197)[42] und als liebendes Paar, das büstenartig aus den Blütenkelchen herauswächst (Abb. 196). Diese Art wird auch als »Manschettenblume« bezeichnet. Im Barock steckte man Blumensträuße in vasenartige Tüllen (»Manschetten«) aus Silber- oder Kupferblech, im Biedermeier verwendete man Papiermanschetten[43]. In manchen Fällen ist auch das Liebespaar noch in

Fig. 6 »Paar in der Blume«. Ausschnitt. 13 × 21 cm. Rheinland, Privatbesitz

Fig. 7 »Manschettenblume« mit Liebespaar. Ausschnitt. 8,5 × 17 cm. Stuttgart, Württembergisches Landesmuseum

eine solche Blume mit deutlich erkennbarer Manschette eingebunden[44].
Diese Darstellung war nicht nur liebenden Pärchen vorbehalten. Auch Heilige wie der »Kindltoni« (der hl. Antonius mit dem Jesuskind) oder eine junge Mutter mit Kind wurden in dieser Form dargestellt und die auffälligsten Parallelen zu diesem besonderen Modelmotiv sind denn auch die kupfergestochenen Heiligen- oder Andachtsbildchen, wie sie z.B. Raphael Sadeler (1561–1628) schuf[45]. Die Heiligen wiederum waren im Mittelalter an jene Stelle getreten, die im Hellenismus und in der römischen Kaiserzeit sowohl menschliche Büsten als auch der kleine geflügelte Gott Eros innehatten. Die Frage, ob es sich bei diesem Darstellungstypus um eine unabhängige Neuschöpfung oder um eine Kontinuität mit verchristlichtem Inhalt handelt, wäre noch näher zu untersuchen.
Neben den deutlich als solche erkennbaren »Liebespaaren« gibt es viele andere menschliche Paare auf den Modeln, wie das zur Jagd reitende Paar (Abb. 190) oder die enger (Abb. 191) und weiter (Abb. 194) nebeneinanderstehenden Gestalten. Sie teilen ebenfalls dem Betrachter mit, daß sie sich »als Verlobte (Vermählte) empfehlen«, »endlich gefunden« haben und »zusammengehören«; andere wieder stellen sich formell vor und wirken so, wie wir es auch von den »aus diesem Anlaß aufgenommenen« Erinnerungsfotos (vgl. Abb. 194) oder »Repräsentationsbildern« (vgl. Abb. 190) kennen.
Manche »Paare« sind zwar deutlich als zusammengehörige Figuren erkennbar, es steht aber jeder für sich auf einer eigenen Modelseite (z.T. derselben Modelplatte). Hier geht es vor allem um Stand und Typus, dargestellt im Kleid der Zeit (Abb. 195, 198–211). Das gilt noch mehr für die Einzeldarstellungen von Frauen und Männern, Damen und Herren. Gewand und Attribut weisen die Betreffenden als »reich« und »vornehm« aus, so der Falke, denn die Jagd war Vorrecht der höheren Stände (Abb. 195), oder der Fächer, den die Dame stets bei sich trug (Abb. 195 rechts und Abb. 204).
Teilweise sind diese Abbildungen ausgezeichnete Quellen zur Geschichte der Kleidung, z.T. sowohl für Schnitt und Stoff, z.T. mehr für den Schnitt, da an die Stelle der Stoffmuster oder Stickereien das dekorative ornamentale Gestaltungselement, das keine Rücksicht auf den engeren Zusammenhang nimmt, tritt (Abb. 195, 204).
Zum Menschen gehören menschliche Schwächen, deren eine die Lust am Spott ist. Der Ehespott wird besonders oft und gern zum Bildvorwurf gewählt. Zum stehenden Themenkreis gehören lächerlich wirkende Ehemänner, Pantoffelhelden, betrogene Mannsbilder, aber auch Mädchen, bei denen sich der Vater ihres Kindes davonmacht, streitende Paare, zänkische Weiber u.ä. (Abb. 212–218).
Immer wieder dargestellt wird der geprügelte Ehemann (Abb. 217). Die Frau verdrischt das (oft nackte) Hinterteil des Mannes und sitzt dabei in manchen Fällen auf seinem Rücken; sie hat es dabei bequemer und außerdem bringt sie so noch einmal ihre Überlegenheit zum Ausdruck. In anderen Fassungen kniet der Mann vor der Frau, die seinen Rücken bearbeitet (Abb. 217). Der verprügelte Ehemann begegnet vom 16. bis zum 18. Jahrhundert überall und sehr häufig, nicht nur auf Modeln, sondern auch in der Graphik. Er gehörte zum Repertoire des volkstümlichen Bilderschatzes, der wiederum auf eine viel ältere Tradition zurückgeht, die allerdings zumeist nicht mehr bewußt war. Wer denkt schon beim Motiv des Mannes, der spinnen muß, während die Frau zuschaut oder aus- bzw. auf die Jagd geht, an Herakles und Omphale? Manchmal ist sogar noch der ursprüngliche Kleidertausch dargestellt, wobei man aber eher an die »Verkehrte Welt« als an den unbezwinglichen Helden der Antike denkt. Das Motiv der Hörigkeit des Helden bzw. Mannes wird variiert und ausgebaut, bis schließlich der von der Frau beherrschte Pantoffelheld übrigbleibt[46].
Es ist nicht anzunehmen, daß die letztlich verächtliche Szene in verletzender Absicht geschenkt wurde. Viel wahrscheinlicher ist es, daß ihr spöttischer und derber Inhalt zur übermütigen Stimmung am Polterabend paßte, wo ja auch nach wie vor derartige verbale Anspielungen üblich sind.
Spott und Sozialkritik vermischen sich, wenn der junge Mann dem Tod, der sein viel älteres Weib holt, erleichtert zuruft: »Tod, Du hast diesmal Verstand!« Im zünftischen Handwerk stand den unbehausten Gesellen nur ein Weg zu Meisterwürde, Gewerberecht und Bürgerstand offen: die Heirat mit einer Meisterswitwe bzw. die Einheirat in einen Witwenfortbetrieb[47]. Da kamen dann oft seltsame Paarungen zustande, die zwar sonst nicht unbekannt waren, sich aber gerade im alten Handwerk gehäuft fanden.
Wegen der volksetymologischen Anspielung des Hahnreiters auf den »Hahnrei«, den gehörnten Ehemann, folgen nun die Bilder des auf einem großen Hahn reitenden Menschen (Abb. 219–221), wobei die tatsächliche Herleitung von »Hahnrei« eine ganz andere ist[48], wenn sich auch mit dem Hahnreitermotiv vom Bild selbst her (Hahn![49]) erotisch-komische Vorstellungen verbinden. Der Hahnreiter gehört in die Motivgruppe der Vogelreiter sowie der »von einem Vogel Getragenen« und ist in diesem Sinn Zeichen der Superbia (Hochmut, Stolz)[50].
Das Motiv vom jungen Mann und seiner alten Ehefrau konnte aber auch auf das Handwerk gemünzt sein und im Spott Mißstände aufdekken; so gibt es den direkten Handwerkerspott, wie z.B. den auf der »Schneidergeiß« reitenden (Abb. 225) bzw. dahersprengenden Schneider (Abb. 223). Spott, Karikatur und Groteske (Abb. 226–229) sowie Persiflage dienen aber immer auch der klareren Selbsterkenntnis, auf deren Notwendigkeit der »Vogel, der sich selbst an der Nase packt«, auch »Vogel Selbsterkenntnis« genannt, aufmerksam macht (Abb. 224).
Dem Handwerksspott folgt eine größere Gruppe von Handwerksdarstellungen, die als Modelmotive im 18. Jahrhundert aufkommen, sonst aber eine lange, bereits in die Antike zurückreichende Tradition haben[51]. Auch im Mittelalter waren Handwerkerbilder durchaus üblich; von besonderer Berühmtheit wurden die milieugetreuen Darstellungen im älteren Mendelschen Stiftungsbuch[52]. Ab dem 16. Jahrhundert begegnen wir der Aufzählung einzelner Stände und Berufe in Holzschnitt- oder Kupferstichserien, die zumeist moralisierende Beschriftungen aufwiesen. Sie hielten sich bis ins 18. Jahrhundert.
Bei den Handwerksdarstellungen auf Modeln unterscheiden wir zwei Gruppen: einerseits die Darstellung bei der Arbeit (mit kaum oder gar nicht angedeuteter Werkstatt; vgl. Abb. 230, 233), die, wie soeben erwähnt, auch sonst üblich war, und andererseits die Charakterisierung des Handwerkers ausschließlich durch ein Attribut (charakteristische Werkzeuge oder Fertigprodukt), das er entweder in Händen hält oder das – wie ein Zunftzeichen, aber auch ein Ladenschild – neben ihm in Kopfhöhe angebracht ist (vgl. z.B. Abb. 231, 232, 239, 240, 243). Auch dieser Typus geht auf ältere Vorbilder zurück. Arbeit und Beruf, ausgedrückt durch typische Geräte (Abb. 244, 248) oder Tätigkeiten und Situationen (Abb. 245, 247, 253 als Beispiele) runden das reichhaltige und vielfältige Kapitel »Handwerk, Beruf, Tätigkeiten« ab. Die nun folgende »Jagd« ist ebenso realer Beruf und vornehmer Zeitvertreib wie Bildmetapher. Für die Beurteilung, ob eine Jagd auch »tiefere Bedeutung« hat, ist verstärkt auf zusätzliche Motive mit Symbolwert zu achten (wie z.B. auf das Vorhandensein des Einhorns unter den jagdbaren Tieren im breiten Umlaufband des Jagdmodels, Abb. 257).
Von Jäger und Jagdhorn ist der Schritt zu musi-

zierenden Damen oder Herren (Abb. 263–266) leicht getan, ebenso leicht auch zum musizierenden Paar, das unter einem Baum im Freien sitzt (Abb. 261). Häufig findet man auch ein Musikantenpaar, wobei die Kombination Geiger oder Bläser mit Baßgeigenspieler typisch zu sein scheint. Musizierende Tiere können aus der »Verkehrten Welt« stammen, sie können aber auch erotische Anspielungen darstellen (wie der Bär, der die Baßgeige streicht, denn »Meister Petz« ist u. a. auch ein Fruchtbarkeitstier und das Spielen von Musikinstrumenten häufig ein Synonym für koitieren[53]; vgl. Abb. 271).

Bär und Bärentreiber (Abb. 269, 272) sah man früher auf allen Jahrmärkten; der Lebzelter, der regelmäßig die Märkte befuhr, war mit dieser Gruppe wohlvertraut und hatte das lebende Vorbild des Motivs deutlich vor Augen. Als typisches Markt- oder Kirtagsmotiv war der Tanzbär passendes Geschenk für Besucher bzw. Mitbringsel für die Daheimgebliebenen.

Musik und Tanz gehören zusammen. Tanzszenen auf Modeln haben zumeist eine ganz typische Darstellungsform: die gleichgroßen Personen sind nebeneinander aufgereiht, keine Figur überschneidet die andere. Die Paare halten sich an den Händen und bringen so ihre Zusammengehörigkeit (beim Tanz oder sogar darüber hinaus fürs Leben) zum Ausdruck. Für die Tanzmusik begnügt man sich mit einem, höchstens mit zwei Musikanten (vgl. dazu Abb. 268)[54].

Wie das Musizieren im Freien war auch der Tanz unter Bäumen höfischer Zeitvertreib. Die Unterhaltungsform war auch den unteren Sozialschichten nicht fremd (Tanz unter der Linde). Im bäuerlichen Milieu entsprach jedoch dem Tändeln und der gesellschaftlichen Gepflogenheit handfeste Tanzunterhaltung, wie sie letztlich bis in unsere Zeit für den »Tanzboden« üblich ist. Nur die Instrumente wechselten und die Zahl der Musiker vergrößerte sich etwas; der Dudelsack ist verschwunden, den Geigern folgten vielfach die Bläser (»Blasmusik«) im Verein mit der »Harmonika« und heute ist die »Band« an ihre Stelle getreten. In den grenznahen Gebieten des niederösterreichischen Weinviertels spielen wieder die »böhmischen Musikanten« zum Kirtag auf.

Die liebenden Paare gingen nicht nur zum Tanz, sie fuhren auch in der Kutsche oder im Schlitten. Spätestens in der Hochzeitskutsche zeigten sie sich als Paar. Die »Liebeskutsche« mit dem »Liebespaar«, das übrigens später fehlen konnte, wurde zum Bildtopos der Verliebten, Verlobten, Verheirateten. In unserer Bilderfolge wurden alle Transportgeräte zusammengefaßt (Abb.

Fig. 8 Der Model als Bildzeitung der Vergangenheit: »Porträt« der Kaiserin Maria Theresia (mit Bildunterschrift) in barocker Rahmung. Ausschnitt. 15,5 × 26 cm.
Stuttgart, Württembergisches Landesmuseum

274–279). Auf ihren sachvolkskundlichen bzw. kulturgeschichtlichen Wert sei ebenso verwiesen wie auf ihre symbolischen Möglichkeiten. Zusätzliche Motive – wie das entflammte Herz auf der Sänfte (Abb. 274) – erleichtern natürlich auch hier die Interpretation[55].

Auf die großen Sachgüter der Wagen und Schlitten folgen die kleinen Objekte der Waffen (Abb. 280, 282, 283)[56] und andere Einzeldarstellungen von Geräten, Utensilien und Instrumenten wie Pfeife (»Tschibuk«, Abb. 281), Trompete (Abb. 284), Sichel (Abb. 285), Beil (oder »Wolfgangihackl«, Abb. 286), Schere (Abb. 288), Brille (Abb. 289, 290), Taschenuhr (Abb. 293), Handschuhe, Schuhe und Stiefel (Abb. 291, 292, 294). Viele dieser Motive haben auch einen – zumindest potentiellen – Symbolwert und damit eine über die reale Objektdarstellung und Verwendung, z.B. als Spielzeug usw., hinausgehende Funktion (erotische Anspielungen als Spaß oder Wunsch usw.).

Die Uhr als Zeitmesser hat einen besonderen Bezug zum Jahreswechsel und war und ist daher auch ein passendes Neujahrsmotiv. Dies gilt selbstverständlich noch mehr für die nun folgenden Glückszeichen, die man fallweise zu außergewöhnlichen Anlässen, wie einer »Premiere« bei Schauspielern, üblicherweise jedoch vor allem zu Neujahr schenkt und die daher vielfach einfach »Neujahrsglücksbringer« heißen. Dazu gehören der Kamin- oder Rauchfangkehrer (Abb. 298) sowie der Geld- oder Dukatenscheißer (Abb. 299)[57]. Die Glücks- oder Jahresräder (Abb. 295–297) sind allerdings nicht mehr ohne weiteres verständlich, wenn man auch noch immer auf das »Rad des Schicksals« oder das »Glücksrad« (auch »Rad der Fortuna«) als sprachliche Allegorie verweist. Der »Geldscheißer« ist ebenfalls ein sprachlich durchaus lebendiges Bild[58], er spielt aber auch als Bildmotiv (Neujahrssymbol und allgemeiner Glücksbringer – Maskottchen –, vor allem in Schauspielerkreisen) eine besondere Rolle. Der Rauchfangkehrer (Schornsteinfeger) hingegen ist Glücksbringer im täglichen Leben[59], in ganz besonderem Maß jedoch zum Neuen Jahr. Zusammen mit dem vierblättrigen Klee (»Glücksklee«), der heute eigens für den Jahreswechsel gezüchtet wird, den Fliegenpilzen und dem Schwein (»Glücksschwein«) und noch einigen anderen Symbolen ist er eines der klassischen Glückszeichen zum Neuen Jahr.

Schon Taschenuhr und Brille hatten auch einen innovatorischen Stellenwert in der Bilderwelt der Lebzeltmodel. Der Innovationscharakter wird aber bei der Darstellung von Eisenbahn und Dampfschiff (Abb. 300, 301) noch deutlicher. Wenn es sich dann noch um bestimmte historische Ereignisse handelt wie beim ersten Dampfschiff auf der Donau (Abb. 301), dann kann man im Model auch die Bildzeitung der Vergangenheit erblicken. Dies gilt ebenfalls für die als Modelmotive durchaus üblichen und beliebten Herrscherporträts und Darstellungen berühmter Persönlichkeiten (z.B. Abb. 302–310). Neben zeitgenössischen Abbildungen finden wir hier auch Bilder historisch überragender, fast zum Typus gewordener Personen wie im Fall Karls des Großen (Abb. 302, 304), der zum Herrscherbild schlechthin geworden ist. Münzen[60] und Medaillen sowie münzähnliche Talismane sind von der Form her (klein und rund) gleich, und häufig genug auch gemeinsam auf einer Modelplatte zu finden. Die Motive im einzelnen sind Vorder- und Rückseite (Avers und Revers) verschiedener Münzen (mit Herrscherporträts und Wappen sowie den üblichen Angaben; vgl. Abb. 308) sowie Wappen und – zumindest potentiell magische – Symbole (Abb. 307).

Zur aktuellen Berichterstattung gehört auch die Bild- und Textreportage, wie sie das Beispiel der »ersten Giraffe auf Wiener Boden« (Abb. 311, 312) bietet. Wie der – sicherlich als Vorlage anzusehende – Stich zeigt das Modelbild (Abb. 311) Tier und arabischen Begleiter, darunter den erklärenden Text. Das Bild wurde auch anders (ohne graphische Vorlage?, später?) angeboten (Abb. 312), doch fehlen bei dieser Fassung Textbericht bzw. Erklärung. Es ist möglich, daß das Ereignis zeitlich bereits etwas zurücklag oder sich die Kunde von diesem Geschenk des ägyptischen Vizekönigs mündlich schon so weit verbreitet hatte, daß das Bild allein genügte; auch kann dem Stecher der lange Text zu langweilig oder mühsam gewesen sein. Wie es sich auch immer verhält: das Bild dieses neuen und seltsamen Tieres wollte und sollte geboten werden.

Auch zeitgeschichtlich bedeutsame Ereignisse fanden ihren bildlichen Niederschlag auf Modeln, die somit auch die Funktion von Sozialkritik – in Spott und Satire verpackt[61] – haben konnten. Ein Beispiel zeigt einen an den Wucherpreisen für Getreide verdienenden Bauern oder Getreidehändler nach der Mißernte von 1817 (Abb. 313).

Die Motive zu den religiösen Jahresfesten (vor allem der Festkreise um Weihnachten und Ostern) stellen eine geschlossene und eindeutige Gruppe dar, doch auch sie müssen nicht unbedingt an ihre Termine gebunden bleiben; das »Osterlamm« hat auch einen vom religiösen Festtermin unabhängigen Symbol- und Funktionswert, um nur ein Beispiel herauszugreifen. Dies gilt durchaus für die anderen religiösen Motive auch. Neben der Illustrationsqualität im Sinn einer »biblia pauperum« ist immer auch mit der Möglichkeit einer besonderen symbolischen Aktualisierung zu rechnen. Die »Hochzeit zu Kana« ist natürlich als Motiv eines Stiches oder Modellebkuchens auch ein passendes Hochzeitsgeschenk, und die »Taufe Christi im Jordan« war, wie wir wissen, ein Hauptmotiv der sogenannten »Tauftaler«. Warum sollte dies nicht auch bei den Modellebkuchen der Fall gewesen sein? Zur Erstkommunion passen alle Eucharistiemotive, angefangen vom »Letzten Abendmahl« (vgl. Abb. 43) bis zur Monstranz (Abb. 92).

Diese vielfältigen Symbolbezüge und Anwendungsmöglichkeiten gibt es selbstverständlich auch bei den nichtchristlichen[62] Motiven, bei denen die Frage der symbolischen Aussage und bedeutungsvollen Absicht zumeist viel schwerer zu beantworten und oft vom Bild, also vom formalen Motiv her, gar nicht zu lösen ist. Zum Wissen um Traditionswege und Motivwanderung, um Symbolgehalt und Kontinuitätsprobleme muß hier unbedingt die Kenntnis um den tatsächlichen Anlaß und die Intentionen der beteiligten Menschen treten, die – für unseren Fall gesprochen – den betreffenden Modellebkuchen gekauft und verwendet (geschenkt, aufbewahrt, verspeist usw.) haben. Wenn man vom Modelbild allein ausgeht, kann man höchstens die allgemeinen Deutungsmöglichkeiten umreißen sowie das Motiv ikonographisch bestimmen und motivgeschichtlich interpretieren und einordnen.

In der bisherigen Motivabfolge fehlten noch Model zu zwei Einschnitten im Lebenslauf, nämlich zum Schuleintritt (Abb. 314–316) und zur (protestantischen) Konfirmation und (katholischen) Firmung (Abb. 317). Letztere lag früher zeitlich gar nicht so weit vom Schulaustritt entfernt wie in jüngerer Vergangenheit, wo sie noch im Volksschulalter erfolgte. Heute ist das Mindestalter für die Firmung wieder etwas angehoben[63]; bei den Protestanten sind Konfirmation und Schulaustritt nach wie vor zeitlich aufeinander abgestimmt[64].

Beide Ereignisse betreffen in entscheidender Weise das Leben des Kindes selbst, während Geburt und Taufe[65] eines Kindes ja doch vor allem tief in das Leben der Erwachsenen (der Eltern sowie auch der größeren Familie) eingreifen und dieses nachhaltig prägen. Sie sind daher an den Beginn der Motive zum »Kinderleben« gestellt, die dann mit Kinderspielszenen (Abb. 318, 319) und Spielzeug (Abb. 320, 322–324) fortgesetzt werden. Mit Spielkarten (Abb. 325–328) wird die »Motivwanderung« abgeschlossen und gleichzeitig wiederum die Brücke geschlagen zur Welt der Erwachsenen, denn Karten spielen die Großen noch genauso wie die Kleinen, bzw. wie sie es als Kinder getan hatten.

Die drei letzten Bildseiten sind schließlich dem größeren handwerklichen Zusammenhang (Lebkuchenbereitung, Abb. 329–336) und der technischen Seite (Modelschneiden, Abb. 337–339) vorbehalten.

Wie vorausgeschickt, hätte man die Motivanordnung auch anders vornehmen können. Statt des hier benützten und z. T. rein äußerliche Motivassoziationen heranziehenden Einteilungskriteriums wären z. B. auch die vom Bildinhalt abgeleiteten Funktionen oder Funktionsmöglichkeiten als Grundlage für die Motivabfolge denkbar gewesen. Allerdings ist die dafür notwendige und manchmal einfach als gegeben, gesichert und gleichbleibend vorausgesetzte Verbindung von sinnbildhaftem Inhalt und zeichenhafter Verwendung nur in den wenigsten Fällen so eindeutig und einseitig, wie es das Durchhalten dieses Ordnungsprinzips erfordert. Auch ist die potentielle Funktionsvielfalt ein Hindernis. Wenn auch die reinen Weihnachts- und Ostermotive positive Beispiele darstellen und dazu das Firmungsmotiv (Abb. 317) und sicher noch einiges andere hier genannt werden könnte, so gibt es doch weit mehr Motivgruppen, bei denen der Symbolgehalt so viele funktionelle Anwendungen zuließe, daß man letztlich in die unlösbare Lage geriete, nicht zu wissen, welcher Funktion man nun – und warum – den Vorzug einräumen und wie man bei der Einteilung weiter vorgehen solle. So ist das »Jesuskind« ein Motiv von Weihnachten und Neujahr, zu welchen Terminen es sicherlich geschenkt wurde, gleichzeitig aber auch als Mitbringsel beim Wöchnerinnenbesuch oder für Nonnen (mit ihrer innigen Verehrung des Jesuskindes) denkbar. Und was uns geeignet erscheint, war sicher auch für unsere Vorfahren brauchbar. Man könnte obige Aufzählung geeigneter Anlässe noch viel weiter fortsetzen.

Bei den christlichen Motiven könnte man sich noch hinaussehen. Ganz unbrauchbar wird das Prinzip dann m. E. bei den hinsichtlich ihrer »Bedeutung« nicht so eindeutigen Motiven. Wann war der Hirsch ein hübsches Bildmotiv, das gefiel? Wann wählte man ihn für einen Jäger oder wollte ihn als Motiv der Liebe, als sexuelle Anspielung, als Ausdruck der Hoffnung auf Nachwuchs sehen? Überreichte man ihn – sofern man es tat – dem geistlichen Herrn im Bewußtsein seiner möglichen christologischen Ausdeutung?

Die Fragen ließen sich fortsetzen und wären bei dem einen Motiv länger, beim anderen kürzer. Hier wurden sie nur angeführt, um zu zeigen, daß die gewählte Reihenfolge weniger Unsicherheiten und mehr Brauchbarkeit, ja sogar Realitätsbezogenheit aufweist als eine auf der Annahme eines festen und gleichbleibenden Symbolgehalts und dessen bewußter Anwendung beruhende Einteilung.

Einzelne Motivgruppen näher beleuchtet

Krampus und Nikolaus

Der 6. Dezember und seine Termingestalten Nikolaus und Krampus stellen den vorweihnachtlichen Höhepunkt im Weihnachtsfestkreis dar. Zu den traditionellen Gaben der bischöflichen Maskengestalt sowie zu den charakteristischen Geschenken, die heimlich zurückgelassen werden, gehören Lebkuchen, sogenannte Busserln, aber auch kleine Tafeln mit Zuckerspritzguß oder einem mit Zucker aufgeklebten Papierbildchen. Früher waren die Bildlebkuchen gemodelte Ware, deren Gestaltung die episodenreiche Heiligenlegende sowie die vielfältigen Brauchformen des Tages widerspiegelten.

Ins Auge fallend sind vor allem zwei Typen von Nikolausmodeln: solche, die einen Bischof in vollem Ornat, aber ohne Heiligenschein, wie er Sankt Nikolaus eigentlich zustünde, zeigen, und dann diejenigen, wo ein (himmlischer) Gabenbringer, nicht immer als Bischof dargestellt, reitend oder ein Lasttier führend die Kinder aufsucht und beschenkt.

Zur letztgenannten Gruppe gehört der auf einem Pferd reitende Bischof der Abbildung 1, aus dessen Geschenkkorb Gebäck und Gebildbrote (oder Modellebkuchen?) herausgucken. Unser Nikolaus zu Pferd stammt aus den Rheinlanden, einem Gebiet, das den berittenen bischöflichen Gabenbringer bis in unsere Tage kennt, der übrigens – genauso wie der rheinische Karneval – andernorts nachgeahmt zu werden beginnt[66].

Der Gabenbringer auf Abbildung 5 ist nicht als Bischof erkennbar. Ihn charakterisieren Spitzkappe, Schellengurte und Glocken sowie Wanderstab[67]. In der Rechten hält er nicht nur die Zügel seines Tragesels, sondern auch ein mit Gebäck behangenes Nikolausbäumchen. Neben ihm steht ein voller Gabenkorb und einen ebensolchen trägt der Esel auf seinem Rücken. Der heute im Schweizerischen Museum für Volkskunde, Basel, befindliche Model stammt aus Deutschland (19. Jahrhundert)[68] und zwar, wie wir mit Sicherheit annehmen können, aus reformiertem Gebiet, denn hier stießen Tagesheiliger und Nikolausbrauch auf Widerstand. »In protestantischen Gegenden wurde der Brauch der Nikolauseinkehr in seiner katholischen Gestalt und Namengebung entweder abgeschafft oder auf Weihnachten verlegt. Der Nikolaus wurde so zum farblosen Weihnachtsmann, wie ihn Norddeutschland und besonders die Städte jetzt kennen. Daneben bestehen allerdings redensartliche und brauchtümliche Restformen...«[69]

Auch die Niederlande taten schließlich (im 17. Jahrhundert) »papistische« Motive, an vorderster Stelle den Bischof Nikolaus, in Acht und Bann. Aber auch wenn man – hier mehr, da weniger, mancherorts (wie z. B. in Amsterdam) gar vollends – den Nikolauskult und Nikolausbrauch innerhalb der Kirche abschaffen konnte, außerhalb der kirchlich-religiösen Sphäre widerstand der »Kinderfreund« und »Gabenbringer« allen Angriffen und lebte fort, zwar in anderer Aufmachung, aber ebenso erkennbar an seinen Gabenkörben, wie wir es schon im protestantischen Deutschland gesehen haben. Der niederländische, nachreformatorische Nikolaus erscheint dabei häufig in der Art der sonstigen sogenannten »Reitermodel«, allerdings mit Gabenkörben und manchmal sogar noch zusätzlich mit einem charakteristischen Attribut wie dem Schaff mit Knaben ausgestattet[70].

Neben der jungen Innovation des mit großem Pomp in die Stadt einziehenden berittenen Nikolaus gibt es in Österreich aber auch die Tradition des mit einem Tragtier umziehenden Nikolaus, die älter und von größerer Verbreitung ist. Man erzählt vor allem den Kindern, daß der hl. Nikolaus mit seinem Esel, der die Gaben trägt, sogar schon Tage vor dem Fest umherziehe und an den Fenstern lausche, ob die Kinder auch brav seien. Die Kinder wiederum legen »Futter für den Esel des Nikolaus«[71] bereit (z. B. Rüben, Heu usw.). Dafür bedankt sich der Heilige vor dem Festtag mit einigen kleinen Gaben (z. B. Zuckerl [Bonbons]); am Nikolaustag selbst aber legt er dann die größeren Geschenke ein.

Der Nikolaus als Hauptgeschenkebringer der Weihnachtszeit wurde bekanntlich im Laufe des 19. Jahrhunderts vom Christkind abgelöst (oder machte zumindest als Gabenbringer unter verschiedenen Namen [»Weihnachtsmann«; im angelsächsischen Raum »Santa Claus«] den 24. Dezember zu seinem Tag). Wir finden daher in analoger Übertragung fallweise auch den das Christkind begleitenden Esel, für den ebenfalls Futter bereitgelegt wird.

Die weithin übliche bildliche Darstellung der bescherenden Gestalt ist die des Bischofs Nikolaus (erkennbar an der Gewandung, vor allem aber an Mitra und Bischofsstab), zumeist mit charakteristischen Attributen ausgestattet (Abb. 1–4, 7). Für die maskierte Umzugsgestalt wird eine bischöfliche Erscheinung angestrebt[72].

Zu den oft dargestellten Attributen des heiligen Nikolaus von Myra (Kleinasien) – später Bari (Italien)[73] – gehören die drei goldenen Kugeln, die er auf einem Buch trägt (weil er laut Jungfrauenlegende drei jungen Mädchen eine standesgemäße Mitgift schenkte; vgl. Abb. 4), und drei aus einem Bottich aufsteigende Knaben (weil er nach der Schülerlegende drei von einem Wirt ermordete und in einem Bottich eingepökelte Kinder zum Leben erweckte; vgl. dazu die Abb. 2 und 3). Manchmal trägt Bischof Nikolaus ein Buch ohne Kugeln (wie hier auf Abb. 3), das mit zu seiner priesterlichen Funktion gehören kann (Meßbuch), zumeist aber als »Großes Goldenes Buch« gedeutet wird, in welches der Heilige die guten und bösen Taten der Kinder einträgt, um diese dann dementsprechend bei seinem Besuch zu belohnen, zu ermahnen und zu bestrafen (bzw. Lohn, Mahnung und Tadel durch die eingelegten Geschenke auszudrükken)[74].

Trotz den Vorstößen der Aufklärer und den auch in unserer Zeit – manchmal als Periode einer »zweiten Aufklärung« charakterisiert – immer wieder erneuerten Angriffen auf den schwarzen oder teuflischen Begleiter des guten Nikolaus hält sich der »Krampus«, »Bartl«, »Klaubauf«, »Leutfresser«, »Pelzmärte«, »Pelznickel« usw. bis in unsere Tage. Früher wie heute ist er übliches und beliebtes sogenanntes »Zeit-« oder »Termingebäck«, sei es als händisch geformtes Gebildbrot aus Weißbrot- oder Briocheteig, sei es als »besseres« Gebäck aus Lebkuchenteig (nach Schablone geschnitten oder ausgestochen, mit »Zuckereis« verziert u. ä.). Noch heute finden wir Lebkuchentäfelchen mit aufgeklebten Krampusköpfen oder ganzen Figuren im Angebot der Bäckereien oder in Kaufhäusern, deren Teig aber zumeist hart und trocken ist und sich daher wahrscheinlich nicht viel vom »sperren« (dürren, trocknen) Teig der gemodelten Krampusse früherer Tage unterscheidet. Für diese Ware aber war ausschließlich diese Art von Teig geeignet, denn nur er bewahrte das ausgemodelte Relief.

Auf den Modeln wird der Krampus so dargestellt, wie er letztlich auch sonst im Bild erscheint sowie erzählend beschrieben und in der Maskierung der Umzugsgestalt angestrebt wird: mit Hörnern und langer Zunge, Kette und Butte (für die schlimmen Kinder) und in pelzigem Gewand. Vorbild für den dunklen Begleiter des guten, hellen Bischofs ist natürlich der Teufel, daher hat auch der Krampus in Beschreibung und bildlicher Darstellung nicht selten einen Pferdehuf oder Bocksfuß und darüber hinaus einen langen Schweif. Der pelzige Überrock der Maskengestalt erscheint als natürliches Fellkleid.

Der Krampus von Abbildung 6 ist ein weitverbreiteter Typus; wie zumeist auf Krampusmodeln oder sonstigen -bildern stecken schlimme Kinder in der »Butte« (die hier ein geflochtener Rückentragekorb ist) und eines wird von ihm am Haarschopf mitgeschleppt.

Der Krampus von Abbildung 8 dagegen fällt aus dem Rahmen oder ist zumindest kein so gängiger Typus. Die hochgezogenen spitzen Ohren, die lang heraushängende Zunge und das Fellkleid begegnen allerdings auch auf Postkartendarstellungen (»Krampuskarten«, »Terminkarten«).

Der Krampus als »Fatschenkindl« ist ebenfalls nicht außergewöhnlich. Diese formale Lösung ist ein stilistisches Darstellungsmittel; durch die Verwendung von Ketten (eines charakteristischen Krampusattributs) statt eines Bandes besteht hier sogar ein tieferer Bezug zur Gestalt[75]. Das Fatschenkindl im Arm jedoch bringt die Figur in die Nähe von Kinderbringern und -fressern (vgl. Abb. 174–180), denn kleine Kinder können nicht im eigentlichen Sinn »schlimm«, also unfolgsam sein und dürften daher auch nicht aus Strafe mitgenommen werden. Andererseits aber stand das Fatschenkindl für das Kind schlechthin und war eben auch ein Stilmittel sowie stilisierter Darstellungstypus. Darüber hinaus ist sicher auch mit Zwitterformen und Übergängen zu den schon erwähnten Kinderbringern, vor allem aber zu den Kinderfressern zu rechnen.

Hinweisend soll noch vermerkt werden, daß die maskierten Begleiter, die sagenhaften Umzugsgestalten und die Miniaturabbilder (nicht zuletzt aus Teig) jeweils denselben regional üblichen Namen tragen, der auch als Bezeichnung der terminungebundenen Schreckgestalt (»Kinderschreck«) auftaucht[76].

Außer dem Krampus oder mehreren teuflischen Begleitern gibt es noch weitere Gestalten im Gefolge des Nikolaus, u. a. Fell- und Strohmasken, die im Brauchtum so oft begegnende Habergeiß und viele andere mehr. Besonders auffallend ist natürlich eine unter den Bezeichnungen »Nikolaus-« oder »Bischofsfrau«, »Nigloweibl« usw. auftretende weibliche Begleitmaske, die zum überwiegenden Teil »gut« und »schön«, weiß (hell) gekleidet, mit einer Krone oder sogar einer Bischofsmütze auf dem Kopf auftritt. (Eine solche ist an der Seite des Nikolaus auf Abbildung 7 zu sehen.) Diese weibliche Begleitmaske kann aber auch als alte Frau, die teils belohnt, teils bestraft, erscheinen und wird auch z. T. zur häßlichen Schreckgestalt mit hexenhaften Zügen. Manchmal gibt es sogar eine gute und schöne bzw. böse und häßliche Begleitung nebeneinander in einer Gruppe, so z. B. im oberösterreichischen Steyr- und Stodertal[77].

Aus der Kernlandschaft weiblicher Begleiterinnen der beiden Termingestalten des 5. bzw. 6. Dezember, nämlich Oberösterreich, stammen auch die hierher gehörigen Abbildungen: die Darstellung eines »Krampusweiberls« und die Umzugs- und Einkehrgruppe (Abb. 7) mit dem Bischof und seiner ebenfalls mitrageschmückten Bischofsfrau, mit der – dem Heiligen untertanen und daher kleineren – Krampusgestalt und den »belehrten und bescherten« (examinierten und beschenkten) Kindern.

Der Hirsch

Der Hirsch ist ein häufiges Modelmotiv und unter den auf Modeln dargestellten Tieren eines der häufigsten. In vielen Fällen schreitet er gravitätisch einher, den Vorderlauf zierlich erhoben (Abb. 93). Manchmal wird die Verfolgung in der Jagd angedeutet: durch einen Hund, der kläffend am gejagten, fliehenden Hirsch hochspringt (Abb. 95) oder das vom Pfeil in den Hals getroffene Tier gestellt hat und verbellt (Abb. 99).

Zum Bildtypus gehören fast immer noch folgende Attribute: das Blatt (Abb. 93, 96) oder die Eichel (mit Blättern) im Äser (Abb. 95, 99) sowie das breite, häufig ornamentierte Halsband (Abb. 96).

Vom Motiv her formal verständlich, wird der Hirsch im Model zumeist auf einem hochgestellten Rechteck dargestellt. Das Tier steht ohne Hintergrund auf glatter Fläche, allerdings zumeist auf einer Waldwiese – mit Gras, Kräutern und Blumen oder sogar mit einem angedeuteten Baum. Die Darstellung auf einem Rundmodel ist selten (Abb. 98).

Dem Hirsch wird schon in der Antike besonders langes Leben zugeschrieben. Nach Plinius wird er dreimal so alt wie der Mensch, nach Pausanias sogar älter als ein Elefant, dem man eine zweihundert- bis dreihundertjährige Lebensdauer nachrühmte. Langes Leben und ewige Jugend verdankt der Hirsch seiner Kenntnis von Lebenskraut und Lebensbaum (Blatt oder sogenanntem Dreisproß im Äser), mit deren Hilfe er auch erlittene Verwundungen heilt.

Die Eichel ist ein altes Fruchtbarkeitszeichen, was weniger auf einer Gleichsetzung des Lebensbaumes mit einer Eiche beruhen dürfte als auf der Beziehung zum männlichen Geschlechtsteil in Wort und Form.

Das Halsband bzw. der Halsring steht ebenfalls in Beziehung zu dem diesem Tier nachgesagten hohen Alter. Nach einer deutschen Sage legte Karl der Große (768–814) einem Hirsch ein goldenes Halsband um; das Tiere wurde dann von Friedrich Barbarossa (1152–1190) gefangen. Im antiken Vorbild war es Alexander der Große, der dem Hirsch das Halsband anlegte.

Das Halsband war nicht nur Beweis des hohen Alters, sondern galt auch als Zeichen der Zahmheit. Nach Theokrit war es eine Zeitlang Mode, Hindinnen statt Hunde an der Leine spazierenzuführen, eine spielerische Mode, die auch von mittelalterlichen Wandteppichen her bekannt ist. In diesem zahmen, gegängelten Wesen, das seiner Herrin zu Füßen liegt, wird als Wunschassoziation auch das Bild vom gezähmten Mann angesprochen.

Frei geformte Gebildbrote in Hirschgestalt sind als sogenannte Patenspenden und Zeitgebäcke wohlbekannt[78]. Wir wissen aber, daß das gleiche »Gebilde« auch in anderer Form geschenkt werden konnte, so z. B. als ausgestochener oder gemodelter Lebkuchen[79]. Gebildbrot und Modelware sind also funktionsgleich, weshalb wir An-

Fig. 9 »Musikantenzeile« oder Zeilenmodel mit Musikern, die verschiedene Instrumente (Trompete, Horn, Geige, Tschinellen, Trommel) spielen. Jeder Musikant steht für sich in einem Rahmen und kann leicht und sauber abgetrennt und allein gekauft oder verteilt werden. 21,5 × 9,5 cm.
Wien, Österreichisches Museum für Volkskunde

laß des Schenkens und Empfänger in beiden Fällen als gleich annehmen können. Sicher aber war der gemodelte Lebkuchen in der Stadt und bei den »Bessergestellten« früher und in stärkerem Maße üblich, denn er war nur gegen Geld zu haben – während die ärmeren Leute auf dem Land das aus Weißbrotteig von Hand geformte Gebildbrot vor allem früher (zumindest) zuhause selbst billiger herstellten.
Vom Symbolgehalt her konnte man mit dem Hirschgebäck die Vorstellung und den Wunsch des Wachsens und Gedeihens verbinden, weshalb man es gern Kindern schenkte. Als Zeichen langen Lebens war der Hirsch den Erwachsenen ebenfalls ein willkommenes Motiv und Geschenk. Da man dem Tier auch besondere, fruchtbar machende Kräfte zuschrieb und daher seine Geschlechtsteile trocknete, pulverisierte und dann als Arznei gegen Impotenz und für erwünschte Zeugung reichte, ist das Hirschmotiv mit Sicherheit nicht nur an den Jahreswenden, sondern auch bei der Lebenswende, der Hochzeit, und im ganzen Umkreis von Liebe, Heirat und Kindersegen anzutreffen.

Der Fisch und ein Exkurs über »Zeilenmodel«

Große Modelfische sind nicht unbekannt, kleine aber häufiger; vor allem aber ist der Fisch ein sogenannter »Zeilenmodel« (vgl. Abb. 109), eine Form, die wir auch bei einigen anderen Motiven (z. B. Wickelkind oder Soldat, vgl. Abb. 170) kennen.
Von »Zeilenmodeln« spricht man dann, wenn ein und dasselbe Motiv in gleicher Art und Größe neben- oder untereinander gereiht worden ist und auch in einem Stück gemodelt und gebacken wurde. Daneben gibt es aber noch andere Reihen in anderer Anordnung, z. B. zwei senkrecht nebeneinander verlaufende Reihen von jeweils drei gleichen Herzen, die miteinander verbunden sind; über einen Model verteilte und miteinander nicht verbundene Wickel- oder Fatschenkinder, wobei immer eines mit dem Kopf oben und das nächste mit dem Kopf nach unten angeordnet ist – vielleicht, um den Platz besser nützen zu können, vielleicht wegen der besseren optischen Ausgewogenheit – und viele andere mehr.
Die Wiederholung desselben Motivs gestattet die serielle und damit rationelle Herstellung, wenn wir bei den untereinander verbundenen Motiven annehmen, daß sie nach dem Backen zerteilt wurden. Bei den jeweils für sich stehenden Motiven ist diese Überlegung ohne Einschränkung möglich. Außerdem kennen wir Model, wo das gleiche Motiv in verschiedenen Größen auf einem Model wiederholt wird. Hier wird nicht nur rationell gefertigt, sondern auch gleich in einem Arbeitsgang »in allen Größen und Preislagen«.
Bei den »Wiederholungsmodeln«, und da besonders bei den »Zeilenmodeln«, stoßen wir immer wieder auf bestimmte »Wiederholungszahlen«, darunter vor allem die Sechs und die Zwölf, und die naheliegende Frage, ob dies ein Zufall sei, wurde oft genug diskutiert.
Überall und zu jeder Zeit gab es sogenannte »heilige Zahlen«. Sie waren in Religion und Astrologie, in Mystik und Volksglauben von großer Bedeutung, wirkten aber in konventioneller Weise auch dann noch nach, wenn sie schon längst bedeutungslos geworden waren. In »optischer Umsetzung« allerdings können sie als künstlerische Gestaltungsprinzipien ebenfalls noch lange in Funktion sein.
Die Drei, »die höhere Synthese aus dem einen (1) und dem anderen (2)«[80], ist also eine dialektische Zahl. Ihre Bedeutung im christlichen und nichtchristlichen Bereich ist bekannt (vgl. nur beispielsweise die Bedeutung der Dreizahl in vielen Märchen[81], im Volksglauben[82] sowie im christlichen Kult[83]). Die Sechs, Neun und Zwölf sind Vielfache von Drei. Zwölf Apostel waren um den Herrn geschart und sollten sein Werk fortsetzen und vollenden, zwölf Monate runden das Jahr. Die Zwölf ist aber auch in nicht-dekadischen Zahlensystemen von Bedeutung gewesen und Spuren davon haben sich ja noch erhalten[84]. Die Aufzählung der genannten und anderer heiliger Zahlen ließe sich lange fortsetzen, ist jedoch hier nicht entscheidend. Als Hinweise für die

Möglichkeit angewandter Zahlensymbolik reichen die Beispiele aus.
Wichtig ist aber festzuhalten, daß Wiederholungsmodel eher selten und im wesentlichen auf einige Motive beschränkt sind, zu denen an vorderster Stelle der Fisch gehört.
Der Fisch ist ein wohlbekanntes Zeichen für Leben und Fruchtbarkeit. Seine Form und in manchen Sprachen auch das Wort setzen ihn dem Phallus gleich (ital. pesce = Penis). Es ist einleuchtend, daß er von seinem Symbolwert her überall dort eine Rolle spielt, wo man auf Gedeihen, Fruchtbarkeit und Kindersegen anspielt oder diesen herbeiwünscht, vor allem also zur Jahreswende, bei der Hochzeit sowie im Liebeszauber[85].
Wir begegnen dem Fisch in vielen Bereichen der Volkskunst[86] und natürlich auch als »figürliches Gebäck«[87], sei es als Gebildbrot, sei es als Modelgebäck. In Wien, im niederösterreichischen Weinviertel und im nordöstlichen Oberösterreich war es üblich, zu Weihnachten und zu Neujahr ein Festgebäck in Fischform zu backen. Zu Silvester kauft man in Wien noch immer »süße« Fische, wobei vor allem die schachtelweise verpackten Biskottenfischchen zu erwähnen sind. Aber auch bei den eßbaren »Glücksbringern« der Zuckerindustrie und Konditorenware steht der Fisch aus Marzipan usw. an vorderster Stelle.
Vor allem die Fischchen aus Biskottenteig werden zu Silvester und Neujahr in der Familie bzw. an die eingeladenen Gäste verteilt und »in ritueller Weise« verzehrt, d. h. »von hinten« (denn der Fisch schwimmt vorwärts und man will und soll ja auch im neuen Jahr vorwärtskommen) oder »vom Kopf her«. Die Meinungen gehen hier auseinander, spaßhafte Streitgespräche über die »richtige« Art des Essens flammen jedes Jahr neu auf. Unwidersprochen aber ist die Meinung, daß das Teigfischerl zum Jahreswechsel gehört und daß es zumindest nicht schadet, wenn man es ißt, und vielleicht wirklich Glück bringt. Daher hebt man auch Fischschuppen auf: wegen ihrer großen Zahl sieht man in ihnen, wie auch in vielen Körnerfrüchten (Erbsen, Linsen, Mohn)[88], Bringer des Reichtums und Wohlergehens.
Es ist fast unnötig, jeweils darauf hinzuweisen, daß die Funktion eines Gebildbrotes oder Modelgebäcks usw. desselben Motivs identisch ist. Was gerade gesagt wurde, gilt also auch für das Modelfischchen.
Die von vielen Forschern, u. a. auch von Karl von Spieß, geäußerte Meinung, der Zeilenfisch oder die »Fischzeile« sei zum Jahreswechsel »Zeile für Zeile« an die Familie und Mitfeiernden verteilt und »nach bestimmten Vorschriften verzehrt« worden, hat einiges für sich. Andererseits macht Walzer im Zusammenhang mit deutlich verbundenen sechs Wickelkindern (Fatschenkindern) darauf aufmerksam, daß man auch daran denken könne, daß solche Zeilen als Ganzes verwendet und nicht zerbrochen worden seien. Dies gelte auch von anderen Motiven. Walzer sieht in der sechsteiligen Zeile die Kombination von bestimmtem Wunsch (Motiv) und besonderer Kraft (hl. Zahl). Die Wiederholung diene also vor allem der Potenzierung des Segenswunsches[89].

Die klassischen drei Lebkuchen: Herz, Kindl und Reiter

DAS LEBZELTHERZ

Das Herz, Sitz des Lebens und der Liebe, ist ein Grundmotiv der profanen und religiösen Ikonographie. Es gehört auch zu den klassischen Motiven der Lebzeltmodel, wo seine durch den Umriß gegebene Form durch zusätzliche Ausgestaltung noch motivlich bereichert bzw. spezifiziert wird.
Zur Ausgestaltung der Herzform gehören vor allem Ranken, so am Rand, und florale Ornamente, besonders der sogenannte Dreisproß oder Lebensbaum, figurale oder szenische Darstellungen, z. B. das menschliche Paar, Weihnachts- und Osterszenen sowie Symbole wie etwa die verschlungenen Hände als Verlobungsmotiv, das Christusmonogramm IHS, der Doppeladler u. v. a. m. Es gibt aber auch Herzmotive, die Teil eines übergeordneten Bildzusammenhangs sind und dann zumeist allegorische Bedeutung haben, so z. B. das in Liebe entbrannte (Flammen), durch Liebe verwundete (Blutstropfen) Herz, das zur geliebten Person reitet, zur Eile angetrieben durch die Peitsche, die aus dem ungeduldigen Herzen wächst[90].
Zum Verständnis der Bedeutung der Lebkuchen ist nicht nur die Deutung der Motive und ihre historische Herleitung, z. B. das Aufzeigen der Vorlagen, wichtig, sondern ebenso das Wissen um ihre Funktion im Leben der Menschen. Anlaß, Käufer und Empfänger geben hier grundsätzlichen Aufschluß. Nachfrage und Absatz machen Angaben zur Intensität der Verwendung: d. h. Produktion und Produkt, wie sie in den Geschäftsbüchern der Lebzeltereien in nüchternen Zahlen über Größe, Menge und Preis aufgeführt werden, sind genauso zu erforschen wie die Bilder auf den Lebkuchen.
Nach den Geschäftsbüchern der Welser Lebzelterei Urbann (Oberösterreich) wurden zwischen 1818 und 1861 in der Weihnachtszeit an erster Stelle »Herzen in neun Größen ausgeschlagen«. Wir können dabei mit Sicherheit annehmen, daß darunter solche mit Weihnachtsmotiven waren, aber ebenso sicher auch andere, denn der Bursch wird für sein Mädchen häufig ein Herz mit Liebessymbolik als Gabe vom Weihnachtsmarkt vorgezogen haben. In den Jahren 1868 bis 1877 sind unter der Weihnachtsware »Herzen in elf Arten« ausgewiesen. Nach den Verkaufspreisen der Lebzelten gab es im 19. Jahrhundert »Herzen zu 1, 2, 3, 7, 10, 15, 18, 20, 27 und 35 Kreuzern«. Vielleicht gehörte das Herz zu einem Kreuzer zur sogenannten »kleinen Ware«, die auch als Christbaumbehang, wahrscheinlich auch als Spielzeug, Verwendung fand. Bei den Lebzeltherzen zu 35 Kreuzern könnte es sich um solche Herzen handeln, wie sie die »Godenkinder« zu Weihnachten von ihren Paten erhielten und die etwa 40 cm maßen[91].
Neben den verschiedenen Herzen und neutralen Formen wie den sogenannten »Scheiberln« wurden in der Weihnachtszeit u. a. auch noch »Fische in 4 Größen«, »Kindeln in 4 Größen«, »große und mittlere Docken – Männer und Weiber –« sowie der »Nikolo in zwei Arten« verkauft[92]. Das Angebot umfaßte also auch typische Zeitmotive wie den Nikolaus und das Kindl, wobei man sich unter letzterem nur in den selteneren Fällen ein »Christkindl«, z. B. das göttliche Kind mit Szepter und Krone oder das Christkind in der Kutsche, vorstellen sollte. Viel eher schon handelt es sich dabei um das »Kindl im Körbl« oder das »Kindl in der Wiege«, mit dem natürlich auch der Bezug auf das neugeborene göttliche Kind gegeben ist, das aber auch zur Geburt bzw. Taufe eines Menschenkindes geschenkt werden konnte. Am häufigsten aber war es der »Fatschenkindl«-Typus, der – unabhängig von der Weihnachtszeit – zu den gängigsten Lebzeltmotiven gehörte und u. a. als Geschenk und Mitbringsel für kleine Mädchen von den Eltern, Paten und Besuchern, für die Geliebte vom Burschen, und für Bräute von glückwünschenden Gästen üblich war. Die lebzeltene Gegengabe eines Mädchens an den Burschen – z. B. für das ihr von ihm verehrte Osterei – war ebenfalls das Lebzeltherz.
Als gemodelte österliche Ware sind »Herzen« einerseits und »kleine Ware« andererseits ausgewiesen[93]. Abgesehen davon, daß ein Teil dieser Herzen sicherlich mit Ostermotiven bebildert war, wie zu Weihnachten mit Weihnachtsdarstellungen, fehlen hier sonstige typische Ostermodel.
Das Lebzeltherz spielt aber nicht nur im 19. Jahr-

hundert eine hervorragende Rolle, wie das Welser Material u.a. deutlich zeigt, sondern dominiert mengenmäßig auch schon im 18. Jahrhundert, wie aus dem Eferdinger Material für die Weihnachtszeit aus dieser Epoche hervorgeht[94].

War ein Model in verschiedener Ausstattung und in verschiedenen Größen oft vorhanden, läßt das auf seine ganz große allgemeine Beliebtheit schließen. Unter den Modeln des Welser Materials steht das Herz mit achtzehn verschiedenen Ausführungen an zweiter Stelle, nachgeordnet nur den »Taferln« mit ihren 28 verschiedenen Arten. An dritter Stelle folgen die »Fischwekken« mit siebzehn und an vierter die »Wickelkinder«, d.h. die Fatschenkinder, mit fünfzehn verschiedenen Formen. Für die »Scheiberln« sind zehn, für Reiter, Pferd, Schere, Krampus und »Pflastersteine« vier bis sechs Arten belegt[95].

Zweifellos ist das Lebzeltherz der beliebteste Model und die lebzeltene Universalform schlechthin, jene Form, die – wenn auch nicht mehr als ausgemodelte Ware, sondern nach Schablone geschnitten oder mit einer Metallform ausgestochen – bis in die Gegenwart überlebt hat.

Neben der Verschiedenheit der Größe und Ausgestaltung ist, wie schon dargestellt, die »multifunktionale« Verwendung dieses Models hervorzuheben. Das Herz ist ebenso weihnachtlicher und österlicher Lebzelten wie Liebesgabe und Ausdruck des Werbens. In Karl Schönherrs (1867–1943) Volksstück »Frau Suitner« bringt Kaspar Suitner seiner schon ältlichen, kinderlosen Frau vom Markt eine Haube mit (»Und grad mei Farb; die richtige Altweiber-Haubn!«), der bei ihnen angestellten jungen Gretl aber ein Lebzeltherz.

»›Und grad, daß sie nit ganz leer ausgeht, mein Gott, die Madlen tun halt gern a bißl naschen und schlecken ... und daß sie bei uns halt nit ganz verdrossen wird, und da hab i wollen beim Lebzelter so an' lebzeltenen Reiter haben. Und da sind die Reiter grad ausgangen gwesen; na, und da, wenn man schon im Laden drin ist‹, wickelt ein großmächtiges Lebzeltenherz nicht ohne Verlegenheit aus dem Papier, ›hab i halt das da kauft!‹ Wie um von vornherein schon jede befremdende Äußerung abzuschneiden. ›Mein Gott, Lebzelten ist Lebzelten! Da gibt's einmal nix!‹ Legt es vor dem Weib auf das Fensterbrett hin ...
Frau Suitner, innerlich mächtig bewegt, verbirgt ihre Bewegung: ›Ah, da schau her, ein Lebzeltenherz. Und was für a großmächtigs ...‹
Kaspar: ›Reiter hab i kein kriegt, weißt, Anna. Sonst hätt i an Reiter gnommen, wenn i ein kriegt hätt!‹
Frau Suitner gibt Gretl das Herz: ›Nimm's nur. Es soll dir sagen, daß wir mit dir zufrieden sind, Gretl, verstehst?‹
Gretl, die noch immer zögert und rot geworden ist: ›Ja, aber das, grad a Herz! Wie komm i denn zu ein Herz?‹, während Kaspar beteuert: ›Reiter hab i kein kriegt, sonst hätt ich an' Reiter gnommen, wenn i ein kriegt hätt!‹
Erst später gesteht Kaspar, daß die Wahl des Lebzeltherzens bewußt erfolgte, denn: ›I hätt schon an' Reiter auch kriegt!‹«[96]

Gottfried Keller läßt in seiner Novelle »Romeo und Julia auf dem Dorfe« das Liebespaar Sali und Vreneli eine Kirchweih besuchen. Der Bursch kauft ihr ein Lebkuchenhaus, auf dem ein langer Vers geschrieben steht, das Mädchen revanchiert sich mit einem Lebzeltherz, welches ein sinniger Spruch ziert. Beiden fällt übrigens die Wahl nicht leicht bei dem großen Angebot und sie brauchen lange zum Studium dieser »Liebesliteratur«, denn »alles dünkt sie schön und einzig zutreffend«[97].

Gemodelte Lebzeltherzen und ihre Nachfolger, die ausgestochenen Herzen mit Zuckerguß-Aufschriften oder aufgeklebten Zettelchen, auf denen gedruckte Sprüche stehen, fanden und finden sich noch im ständigen Geschäftsangebot auf allen Märkten, zu welchem Termin auch immer diese abgehalten wurden. Sie waren letztlich »Allerweltsware«, deren Bilderschmuck sowohl Sinnbild als auch Verzierung oder Bildzeitung sein konnte. Auf alle Fälle aber waren sie immer recht absatzfördernd – den neuzeitlichen Verpackungen vergleichbar – gestaltet und ausgestattet.

Die Lebkuchenpoesie der Sprüche war bereits geschnitzt auf Modeln vorhanden, aber erst in späterer Zeit als kalligraphischer Zuckerspritzguß oder aufgeklebtes Spruchbild auf den ausgestochenen Lebkuchen en masse vertreten. Sie umfaßt die ganze Palette der Emotionen, von inniger Zuneigung über freundschaftliche oder scherzhafte Widmung bis hin zu derber Komik und verletzendem Spott. Einige Beispiele:

Gib hir (sic!) das deine
So gib ich dir das meine
(... sprechen Mann und Frau, die ihre in Liebe entflammten Herzen in Händen halten und austauschen. Herzförmiger Holzmodel um 1820, Württemberg, aus dem Landesmuseum Stuttgart.)

Ein süßer Mandelkern steckt in dem Herzen hier.
Doch süßer als der Mandelkern ist meine Lieb zu Dir.

Wenn Du dies Herz gegessen, vergiß dies Sprüchlein nicht:
Viel eh'r als meine Liebe mein braunes Auge bricht.
(Vorder- und Rückseite jenes Lebzeltherzens, das Sali von Vrenchen geschenkt bekam[98].)

Die reinste Gabe sey
Mein Herz für dich allein
Und stets durch wahre Treu
Mit dir beglückt zu seyn.

Unter Tändeln Schärzen Küssen
Soll das Leben dir verflieszen.
Bis der schöne Tag erscheind,
Der auf immer uns vereint.

Die Liebe lohnet sich
Durch Gegenlieb allein.
So wünsch und hoffe ich,
Mit dir beglückt zu seyn.

Holder Engel, werth und Theuer,
Lasz mich mit dir glücklich seyn.
Deiner Liebe reinem Feuer,
Will ich Weihrauchopfer streun.
(Gedruckte »Liebesgrüße für Lebkuchen« aus Berlin; insgesamt 21 bedruckte Blättchen auf einem Blatt, die auseinanderzuschneiden und aufzukleben waren[99].)

Die Sprüche sind eher bürgerliche, literarische Kleinkunst als Schöpfungen des ländlichen Raumes und vor allem in ihren Versicherungen der Freundschaft und dem Ausdruck von Liebe und Zuneigung sind sie Teil der im Biedermeier und in der spätbiedermeierlichen Epoche so beliebten sentimentalen Idylle. Wie die Reime und Verschen auf Billetts und Ostereiern – die ebenfalls in dieser Periode eine Hochblüte erlebten – wurden auch die Lebkuchensprüche gesammelt und in den einzelnen Lebzelterfamilien bzw. -betrieben weitervererbt, der vorhandene Stock bei Bedarf und Gelegenheit auch jeweils ergänzt und erweitert, notfalls sogar durch selbst verfaßte Zeilen.

Zur amourösen Lyrik kommen weiterhin Anspielungen auf das Heiratenwollen bzw. das Nichtgeheiratetwerden, sowie Moralsprüche und Tugenddevisen. Allmählich werden die Äußerungen immer kürzer, reimlose Wendungen und der Name allein herrschen schließlich vor. Was an Namen nicht vorrätig war, wurde vorbestellt oder auch sofort angefertigt, vergleichbar den heute noch oder wieder beliebten billigen, mit Namen versehenen Tassen, Gläsern usw., die wie die Lebzeltherzen zum charakteristischen Bestand auf Jahrmärkten oder von Wallfahrtsbuden gehören. Beliebte Wendungen verschiedenster Akzentuierung waren und sind u.a. »Frohes Fest!«, »Zum Andenken«, »Dem Fleißigen«, aber auch »Dem Poussierstengel« oder »Der alten Saufnudel!«. Die beiden letzteren Bezeichnungen waren 1936 auf dem Frankfurter Weihnachtsmarkt zu finden[100]. Vom selben »Christkindchesmarkt« aus dem Jahre 1977 stammen Lebkuchenherzen, auf denen steht: »Alte, brumm net« bzw. »Lausbub«, und das alles in Zuckerguß[101].

Von der Lebzeltherzenpoesie zum Bilderschatz der herzförmigen Model zurückkehrend, muß noch die Herzsymbolik im besonderen besprochen werden. (Die anderen Motive wie Weih-

nachts- und Osterszenen, Wappenadler usw. sind an anderer Stelle behandelt; vgl. S. 10–14.)
Die Herzsymbolik der gemodelten Lebzeltherzen zeigt große Vielfalt, ist aber letztlich aus einer überschaubaren Anzahl von Grundelementen aufgebaut. Die Bilder sprechen zumeist auch eine sofort verständliche Sprache. Zu den typischen Bildbeispielen gehören der Herzentausch, wo zwei Liebende einander ihre in Liebe entflammten Herzen zum Tausch anbieten; das zwei Liebende einende Herz, das sie gemeinsam in Händen halten, das aber auch – als Ausdruck ihrer Verbundenheit – durch ein Vorhängeschloß ersetzt werden kann; das Herz mit einer 3 (»drei« – auf die umgangssprachliche Aussprache anspielend und auch leicht scherzhaft – für »treu«) als Zeichen für Liebe und Treue u. a. Bei diesen Darstellungen können auch einzelne Bildkomponenten wegfallen, sei es das Paar selbst, sei es ein Partner, sei es das Herz. So kann beim »Paar in der Blume« das sie verbindende Herz durch ein Wickelkind ersetzt sein, ein Ausdruck des Segenswunsches an das Brautpaar, ihre Verbindung möge fruchtbar sein, wahrscheinlich aber auch als Taufgeschenk verwendet zur Geburt eines (des ersten) Kindes als Krönung der ehelichen Liebe. Auf anderen Modeln halten statt des Menschenpaares schnäbelnde Tauben, die seit antiker Zeit Sinnbild lebenslanger Treue und liebender Verbundenheit sind, das Herz.
Tiefere Kenntnis über Herkunft und Verwandtschaft der gängigsten Bildmotive auf herzförmigen Modellebkuchen verdanken wir Albert Walzer[102]. Er weist z. B. nach, daß sich das Motiv des Herzentausches auch auf barocken Hochzeitsmedaillen findet und bereits in einer Bildbeschreibung des 13. Jahrhunderts bei Ulrich von dem Türlin vorkommt, wo Frau Venus den Tausch besorgt.
Weltlicher Liebe und Heirat entsprechen geistliche Liebe und Hochzeit in der »Profeß«, der Ablegung der ewigen Gelübde. Wir begegnen daher dem Motiv auch in Legenden; so wird von den Heiligen Luitgard von Tongern (1182–1246, eine der ersten Herz Jesu-Verehrerinnen) und Katharina von Siena (1347–1380; zu ihren Attributen zählt ein Herz, aus dem ein Kreuz herauswächst; ein Symbol für die mystische Verlobung mit Christus) berichtet, daß sie ihr Herz Christus schenkten und dafür im Tausch seines empfingen. Das Herz war also auch Ausdruck der Gottesminne und wurde vor allem in der Gegenreformationszeit sehr beliebt. Für die Hochzeit mit dem himmlischen Bräutigam schenkte man der Nonne ein Herz mit dem Christusmonogramm IHS (»Profeßherz«). Solche Herzen waren nicht unbedingt Lebkuchen. Max Höfler[103] zeigt ein gebackenes »Verlobungsherz« mit IHS aus dem Nonnenkloster Reutberg in Oberbayern. Bei weltlichen Verlobungs- und Hochzeitsfeierlichkeiten trugen die Herzlebkuchen und -gebäcke häufig die Namen von Braut und Bräutigam, wofür auch auf Modellebkuchen schon ein Platz ausgespart war. Andere Herzen waren mit Liebespaaren und Liebesemblemen geschmückt. Besonders hervorzuheben ist dabei der Handschlag bzw. das Treuhandzeichen als Besiegelung und Symbol des rechtlichen Aktes der Eheschließung. Die Bezeichnung »Verlobungsherzen« spiegelt noch die frühere Auffassung von der Verlobung als eigentlichem Akt der Eheschließung wider[104]. Lebzeltherzen mit dem Treuhandsymbol erhielten in Sachsen das Brautpaar sowie der Prediger; die übrigen Gäste bekamen andere »Verlobungsherzen«[105].
Das Bildmotiv des »brennenden Herzens« ist relativ jung. Als weltliches Liebessymbol finden wir es ab dem frühen 17. Jahrhundert. Anläßlich der Taufe seines Sohnes Ulrich und der Hochzeit seines Bruders Ludwig Friedrich 1617 in Stuttgart veranstaltete Herzog Johann Friedrich von Württemberg große Feierlichkeiten mit Festspielen und Umzügen. Auf dem Triumphwagen mit den Göttinnen Pax, Concordia und Fidelitas befand sich auch – im Fond bei den Nymphen und Amoretten (»Liebelein«) – ein flammendes Herz auf einem Obelisken. Dieses Flammenherz wurde dann in der zweiten Hälfte des 17. Jahrhunderts, mit dem Beginn der barocken Kunst, zum volkstümlichen Symbol weltlicher und geistlicher Liebe.
Die Bildersprache des Herzens wurde in jenen so symbol- und allegoriefreudigen Zeiten immer mehr erweitert. Sie ist aber noch heute leicht zu lesen. Das mit einer Säge zerschnittene Herz steht für die Sorge der Liebenden, daß die Liebe des andern nachlassen könnte, aber auch für die Eifersucht, die so oft die Liebe begleitet; das bekrönte Herz verweist auf die Erfüllung der Liebe, die die Krönung des menschlichen Daseins ist usw.
Neben dem Flammenherz ist das von Pfeilen durchbohrte Herz hervorzuheben, das ebenfalls Heiligenattribut und Symbol der Liebe zu Gott ist. Dem für seine »Herzenssprache« berühmten hl. Augustinus (»Inquietum est cor nostrum usque ad requiescat in te, Domine«, »Unruhig ist unser Herz, bis es ruht in Dir, o Gott!«) war früher das durchpfeilte Herz beigegeben, heute ist es das geflammte, in Gottesliebe entbrannte Herz. Schon immer wurde die Liebe als heiß und brennend charakterisiert, adäquat ausgedrückt durch Flammen. Das von Pfeilen durchbohrte Herz geht auf antike Vorstellungsbilder zurück. Die Götter sandten den Menschen Gutes und Böses durch Pfeile, die Liebe (Amor) ebenso wie die Pest. Das antike Bilderdenken wurde dann ins Christliche übersetzt; vgl. z. B. Augustinus: »Sagittaveras tu [Gott] cor nostrum charitate tua et gestabamus verba tua transfixa visceribus.«[106] Aber auch der christliche Gott schickt Seuchen durch Pfeile (vgl. zahlreiche Sebastiansdarstellungen).
Häufig wird das Liebespaar auch musizierend, z. T. im Freien, dargestellt, wobei die Instrumente wechseln. U. a. kommen Laute, Harfe und Flöte vor. Den einzelnen Musikinstrumenten scheint weniger erotische Bedeutung zuzukommen als bestimmten Instrumententypen einerseits und besonderen Arten des Spielens andererseits (so z. B. dem Streichen der Baßgeige durch einen musizierenden Mann auf einem Welser Model von 1871)[107]. Das im Freien musizierende Paar steht aber sicherlich auch in Zusammenhang mit der früher von vornehmen Paaren geübten Sitte, sich musizierend im Garten zu unterhalten.
Wir kennen aber auch Herzen, auf denen eine verliebte oder liebebedürftige Person allein dargestellt ist. Der Bildtypus reicht hier vom schon erwähnten musizierenden Mann mit seiner Anspielung auf die Erfüllung erotischer Wünsche und dergleichen bis zu Porträtmedaillons, wie sie in gehobenen Kreisen z. B. in Form von Elfenbeinminiaturen zugesandt wurden, um Auskunft über das Aussehen des zukünftigen Partners zu geben.
Genauso wie die Bildmotive auf den Lebkuchen Teil einer allgemeinen Ikonographie sind und auf vielen anderen Bildträgern, in verschiedensten Techniken ausgeführt, auftauchen, genauso wenig sind Verwendung und Funktion der Lebkuchen einzigartig. In unserem Zusammenhang sind den Herzlebkuchen herzförmige Gebäcke an die Seite zu stellen. Zu letzteren gehören z. B. händisch geformte, teilweise geflochtene Gebildbrote sowie in Formen (Backmodeln) gebackene Herzen wie die »Herrnhuter Bruder-Herzen« aus gerührten Eiern, Milch und Zucker, die »Schwummherzen« aus lockerem Butterteig, aber auch die als Herzen geformten Schmalzwaffeln oder herzförmiges Konfekt, wie es in Frauenklöstern bereitet wurde u. a. m.
Das Herz spielt, wie erwähnt, in Ikonographie und Volksglauben eine herausragende Rolle. In Sage und Märchen ist es Sitz des Lebens und der Seele, Herzen aus Wachs oder eßbarem Material sind von entscheidender Bedeutung im Liebes-

zauber; eiserne, silberne und wächserne Herzen gehören zu den am meisten verwendeten Votivgaben. In der Volkskunst ist das Herz, aus dem häufig ein sogenannter »Lebensbaum« wächst, ein unendlich oft abgewandeltes Motiv. Herzgebäcke, darunter auch Lebkuchen, haben im Lebens- und Jahresbrauchtum eine wichtige Funktion, bei Hochzeit, Weihnachten, Ostern usw. Abgesehen von der Symbolik der Bilder im herzförmigen Rahmen ist auch der Umriß selbst bedeutungsvoll.

Der kommunikative Charakter des Lebzeltherzens kommt auch beim sogenannten »Liebstattsonntag« in Gmunden zum Ausdruck, noch dazu in Verbindung mit jenem »zweiten Dasein«, das Hans Moser als »Folklorismus« erkannt und behandelt hat[108]. An Lätare, dem dritten Sonntag vor Ostern, »statten« die Burschen ihren Mädchen, Freunde den Freunden, Bekannte ihren Bekannten, Verwandte einander ihre Liebe »ab«; »jeder beschenkt jeden«, wie es einmal hieß. In der Konditorei Grellinger in Gmunden werden für diesen Zweck Lebkuchenherzen in verschiedenen Größen gebacken, die mit als Klebebilder oder Zuckergußverzierungen ausgeführten Sprüchen oder Liedanfängen geschmückt sind. Kleine Herzen werden für die Trachtenvereine hergestellt, die sie an die Touristen verschenken. Der Brauch des Herzenschenkens am Liebstattsonntag wurde nach dem Zweiten Weltkrieg auf Initiative der Herren Langer (Besitzer des Gasthofs »Zur Sonne«) und Grellinger (von der gleichnamigen Konditorei auf der Esplanade) »wiederbelebt«. Er soll letztlich auf eine Schenksitte der Corpus-Christi-Bruderschaft zurückgehen, die früher am Sonntag Lätare Armen und Spitalinsassen Gaben zukommen ließ. Das Besuchen und Beschenken zu diesem Termin war früher weithin in Europa verbreitet. England, das einst an diesem Tag den »Mothering Day« beging, behielt Lätare auch für den modernen Muttertag – der überall sonst am zweiten Sonntag im Mai gefeiert wird – bei.

Teig- und Lebkuchenherzen sind Wunschgeschenke der Liebenden und Verlobten. Wenn man solche Herzen ißt, kann man aber auch geistersichtig werden. Als Opfersubstitute sollen sie Tier- und Menschenherzen ersetzt haben[109].

DAS »KINDL« (FATSCHEN- ODER WICKELKIND)

Das in ein Tuch bzw. einen »Wickelpolster« eingebundene (»gefaschte« oder »gefatschte«) Kind gehört zu den klassischen oder Standardmotiven der Lebkuchenmodel. In diesem Zusammenhang wird es auch heute noch zumeist »Fatschenkindl«, in der Schweiz und im Schwäbischen »Fätschkind« oder »Pfätschkind«, genannt. Ebenfalls häufig war und ist die verkürzte Bezeichnung »Kindl«. »Wickelkind« begegnet mehr für den wirklichen Säugling im Steckkissen, wenn auch die Bezeichnung mit dem Abkommen vom »Wickelpolster« rückläufig ist.

Mit »Fasche«, »Fäsche«, »Fatsche« und »Fätsche« u. ä. bezeichnet man das breite Band, womit kleine Kinder umwickelt wurden. Diese Wickelbänder waren oftmals schön bestickt, bei Wohlhabenden auch aus kostbaren Materialien. Die »Fasche« war das Kennzeichnen des neugeborenen Kindes und Täuflings, dem man das Taufgeschenk nicht nur »einband« (vgl. »Angebinde«), sondern auch »in die Fatschen verehrte«. Das Wort geht auf lat. fascia (Bündel) zurück. »Es mag seyn, daß die süddeutschen Mütter das Wort *fätschen* von den italienischen oder gar lateinischen gelernt haben, welche dieselbe, der Gesundheit und Körper-Entwicklung der Kinder keineswegs vorteilhafte Sache fascia und fasciare nennen.«[110]

Das Fatschenkind ist ein Motiv, das von der zweiten Hälfte des 17. bis ins späte 18. Jahrhundert immer wieder auch auf Backmodeln vorkommt. Bei den Lebzeltmodeln ist es bis zuletzt gestochen worden, und zwar durchaus in der überlieferten, reich ornamentierten und stilisierten Form (vgl. Abb. 173). Andere – einfachere und naturalistischere – Formen sind seltener (vgl. Abb. 171, übrigens in ähnlicher Art auch in einem Zeilenmodel vorliegend).

Ältere Kindl-Model sind manchmal von auffallender Größe (40 cm sind dabei nicht selten, wogegen die kleinsten Darstellungen gerade 5 cm erreichen). Wie Walzer anmerkt, könnte hier eine Beziehung zu den wächsernen Votivkindln bestehen, die ja nicht selten in Lebensgröße geopfert wurden. Vom selben Meister hergestellt, könnte – falls er auch sein eigener Modelschnitzer war – die Größe der Votivmodel die der Lebkuchenmodel beeinflußt haben.

Was das Motiv und seine Anordnung anlangt, so finden wir eine große Anzahl Model, die das Fatschenkindl als einziges Motiv tragen. Es gibt aber auch solche, wo das Kindl als eines unter mehreren anderen Motiven aufscheint, und dann gibt es die nebeneinander oder paarweise untereinander aufgereihten »Wiederholungsmodel«, wie schon erwähnt häufig in der sechsmaligen Folge (vgl. unter Fisch, S. 21 f.).

Es versteht sich von selbst, daß gebackene und andere[111] Wickelkinder oder Wickelkinderserien ein passendes und beziehungsvolles Geschenk für die Braut am Hochzeitstag waren. Neben solchen Kindln als Hochzeitsgebäck finden wir auch gebackene Neujahrskindln, »die das kommende Jahr mit all seiner erhofften Fruchtbarkeit symbolisieren«[112]. Neben dem im Kind mit seinen angelegten Wachstumskräften verkörperten Fruchtbarkeitswunsch sollte man auch an die allegorische Beziehung zwischen dem soeben beginnenden Jahr und dem neugeborenen Kindl denken. Auch glaube ich, daß man bei den Fatschenkindln nicht nur an die zeichenhafte Verwendung dieses Motivs denken sollte, sondern ebenso daran, daß sie Spielzeug-Docken (Puppen) sein konnten (und meiner Überzeugung nach auch tatsächlich waren). Wir kennen Tragantpuppen (vgl. Abb. 322) und Tragantspielzeug. Wenn auch Tragant dauerhafter war und sich daher für die Verwendung als Spielzeug eignete, so war es nicht nur teurer, sondern auch nicht überall zu haben – Lebkuchenkindln dagegen schon, gehörten sie doch immer zum Angebot der Standlware.

Für die Großformen der Lebkuchenkindln könnten noch andere große Kindln als die schon erwähnten wächsernen Votivgaben eine Rolle gespielt haben. Gegendweise[113] war es üblich, daß die zur Hochzeit Geladenen einen »Butterkuchen in Kindsform« in das Hochzeitshaus sandten. Dieser wurde in großen irdenen, innen glasierten Formen gebacken, die auch in Süddeutschland nachweisbar sind. Sicherlich konnten anstelle solcher Kuchen große Modelgebäcke in Kindergestalt überreicht werden.

Zu erwähnen sind noch spielerische Variationen des Fatschenkindl-Motivs, wobei einmal das Kind selbst, zum anderen aber auch der Wickelpolster das Beziehungselement oder den Vergleichsgegenstand darstellen kann.

Der »Kinderwickel« enthält manchmal kein Kind, sondern ein erwachsenes Paar (vgl. Abb. 321). Walzer stellt die Frage, ob man das Paar deswegen einfatschte, weil Liebende so »unzurechnungsfähig« wie ein neugeborenes Kind sein können, macht aber noch auf eine andere Deutungsmöglichkeit aufmerksam. Genauso wie man ein zänkisches Paar in eine »Wiege der Alten« gelegt habe, wo sie gezwungen waren, eng beieinander auszuharren, könne man sie auch zusammen im Wickelpolster eingeschnürt haben. Dort, wo man zwei Fatschenkinder gemeinsam in einen Wickel band, was gleichfalls vorkommt, könne man an eine spaßhafte Fassung des Wunsches für reichen Kindersegen denken[114]. Das gleiche gilt für die Variante, die mehrere Kinder in einem »Körbl« zeigt (Abb. 172), wobei aber über dieses Motiv - vor allem, wenn es nur ein

Kindl beinhaltet – noch einiges gesagt werden soll.

Der Korb ist ein Transportgerät und könnte daher auch unter dem Aspekt des Kinderbringens gesehen werden. So haben die Kinderbringer Buckel- und Handkörbe, in denen die Kinder transportiert und »zugestellt« werden (vgl. Abb. 175). Sitzen also mehrere Kinder in einem Körbchen, das noch dazu einen Henkel zum Tragen hat (vgl. Abb. 172), dann ist wohl an reichlichen Kindersegen durch den Kinderbringer zu denken.

Befindet sich hingegen nur ein Kind im Körbchen, dann denken wir zuerst an die Schlafstätte des Kindes. Dies konnte eine Wiege, aber auch ein Korb sein. Manchmal brachte der Kindermann das Kindlein bereits in der Wiege oder im Körbchen liegend, wie es übrigens die Abbildung 180 verdeutlicht: der Kindermann trägt ein Fatschenkindl im Flechtkorb auf dem Kopf, während er vor dem Bauch eine Wiege mit Kind, die an Tragegurten hängt, mitträgt.

Sowohl das »Fatschenkindl« als auch das »Kindl im Körbl« wurden ins Religiöse transponiert und im speziellen auf Christus als Kind (Christkind) bezogen. Jesus als Fatschenkind trägt jedoch z. B. eine Krone (vgl. Abb. 33), oder es bewachen, wenn er – diesmal mit einem Nimbus – im geflochtenen Körbchen liegt, drei Engel seinen Schlaf und künden anbetend von seiner Göttlichkeit (Abb. 32). Jesus als Kind im Körbchen war auch ein beliebtes Motiv auf Andachtsbildern, die Ausdruck und Produkt frauenklösterlicher Frömmigkeit darstellten[115].

DER REITER

Einen »Reiter« oder »Roßreiter« (vgl. Abb. 156–158, 160–164, 169) bekamen die Buben vom Vater oder Paten am Markt, während den kleinen Mädchen das »Fatschenkindl« vorbehalten blieb. (Den jungen Mädchen verehrten die Burschen dann das beziehungsvolle Herz, die jungen Ehefrauen hingegen wurden gern mit dem »Kindl« bedacht.) Die bescheidenen Christbäume hatten nicht so viel Behang wie heute, der Lebkuchen gehörte aber in jedem Fall dazu. Auch hier waren die »Kindln« und »Reiter« am häufigsten und längsten vertreten, zuletzt als ausgestochene und mit einem prächtig bunten Bild beklebte Lebkuchen, früher als gemodelte Offiziere zu Pferd usw.

Das Reitermotiv hatte seine Glanzzeit im 18. Jahrhundert, wo wir es in seiner imposantesten und stolzesten Ausformung antreffen. Ein hoher Offizier sitzt hier gern in kämpferischer Pose auf seinem Roß, angetan mit Allongeperücke und federnbesetztem Dreispitz, einem an Zierat reichen, bortenbesetzten Rock mit Spitzenfichu und Spitzenkrausen an den Ärmeln, und mit Stulpenstiefeln. Sein Gaul setzt gerade zum Sprung an. Um die Bedeutung des Reiters noch mehr hervorzuheben, hat der Stecher ihn manchmal fast größer als das Pferd dargestellt.

Allmählich wandelt sich die Darstellungsart: der Reiter ist immer noch ein hoher Offizier, sein Kostüm ist aber nicht mehr ganz so effektvoll, und er und sein Roß wirken nicht mehr so energiegeladen. Zu Beginn des 19. Jahrhunderts trägt der Kavallerist bereits statt Kommandostab oder des nur dem Feldherrn zustehenden ausziehbaren Tubus z. B. eine Trompete. Die hohen Ränge waren Reitern niederer Chargen gewichen, der Typus war wichtiger als die Statusfunktion. Wollte man früher einen fürstlichen General und Anführer haben (oder eine vornehme Adlige bei den Frauen), kaufte und schenkte man später eben den Typus des Roßreiters (bzw. der Dame). Wie so oft zu beobachten, wurden auch die älteren Fassungen noch immer gestochen, bildeten aber jetzt nur noch einen Teil einer an Varianten reichen Reihe.

Die Frage der Vorbilder für die Reitermodel ist für die frühere Zeit leicht zu beantworten. Wir finden als Vorlage die im 17. und 18. Jahrhundert so beliebten Fürstenporträts. Was man in Kupfer stach und dann auf Papier druckte und anbot, schnitt man ebenfalls – vielleicht etwas später – in Holz und modelte es in Marzipan, Tragant oder Lebkuchenteig aus. Man konnte also tatsächlich einen guten fürstlichen Landesherrn »zum Fressen gernhaben«.

Zu den Versatz- und Ausstattungsstücken der Reitermodel gehörten nicht selten auch eine Festung oder der besiegte Feind, der häufig als Türke dargestellt ist. Dies ist nach der großen Türkengefahr und ihrer siegreichen Überwindung nicht überraschend. Die Festung erstreckt sich zwischen den Beinen des zum Sprung ansetzenden Pferdes, während der unterworfene Türke unter die Vorderhufe des Rosses zu liegen kommt. Ursprünglich handelte es sich bei solchen Bildern heldenhafter Türkenbesieger um historische Porträtierungen im Sinn auch der beliebten Reiterstandbilder. Vor allem saßen dabei der »Türkenlouis«, der badische Markgraf (1655–1707), oder Prinz Eugen (1663–1737), »der edle Ritter«, Sieger bei Zenta (1697) und Peterwardein (1716) sowie Belgrad (1717)[116], Modell, aber auch Graf Raimund Montecuccoli (1609–1680), der die Türken 1664 bei St. Gotthard a. d. Raab schlug (vgl. Fig. 15).

Der Sprung über den gefallenen oder zu Boden gezwungenen Feind ist ebenfalls ein Motiv mit langer Tradition und breiter Ausgestaltungsvielfalt. Wir finden es schon auf romanischen Kirchenfassaden[117] und auch in der Ikonenmalerei[118]. Karl von Spieß vertrat die Ansicht, daß das Motiv auf eine uralte Tradition zurückgeht und jeweils dem Zeitgeschmack entsprechend umstilisiert wurde[119]. Dies ist sicher insofern richtig, als tatsächlich ein altes Motiv vorliegt, wie die Bildzeugnisse beweisen. Von einer geschlossenen Kontinuität kann allerdings keine Rede sein. Die Vorbilder unserer Modelreiter sind graphische und plastische Fassungen des Themas aus nur wenig älterer Vergangenheit bzw. zeitgenössische Darstellungen. In der Zeit um das Wiener Türkenjubiläumsjahr 1983 sei als Beispiel auf den Denkmalentwurf für Kaiser Leopold I. als Türkensieger verwiesen, wo der Kaiser über einen Türken hinwegreitet. Die kleine Elfenbeinstatue stammt von Matthias Steinle (1645–1727)[120]. Ein anderes Vorbild war der Entwurf aus Porzellan für ein Reiterdenkmal König August III. von Sachsen, den Johann Joachim Kändler 1753 ausführte. Hier setzt das Roß über einen gefallenen Gegner hinweg[121].

Häufig finden wir aber auch unter den hochgehobenen Vorderhufen des Pferdes eine Kartusche mit Wappen, Besitzerzeichen usw. (vgl. z. B. Abb. 157, 158). Zur inhaltlichen Bedeutung (vgl. »Wappenmodel«, S. 13 f.) tritt ein formal wichtiger Umstand: auf diese Weise wird die bei Motiven ohne (rechteckige oder runde) Rahmung notwendige geschlossene Kontur erzielt, so daß man den abgemodelten Reiter dann entlang des Bildumrisses gut ausschneiden konnte.

Neben diesem »Reiter« im eigentlichen Sinn, verdeutlichend auch als »Roßreiter« bezeichnet, gibt es noch die »Hirsch-« und »Hahnreiter«. Da es sich bei den »Roßreitern« häufig um Feldherrn (oder Fürsten als Heerführer) und Kavallerieoffiziere bzw. berittene Soldaten (zuletzt häufig Ulanen und Husaren[122]) handelt, seien hier auch die Fußsoldaten kurz gestreift. (Zivilisten zu Pferd sind, von Jägern abgesehen, nicht gänzlich unbekannt, aber eher die Ausnahme.)

Die Soldaten auf den Modeln (vgl. Abb. 156, 165–168, 170) sind jüngere Beispiele einer langen Entwicklung und Varianten eines alten und weitverbreiteten Themas. Wir begegnen den »strammen Musketieren« und »stolzen Grenadieren« – wie Walzer sie nennt[123] – sowie den Husaren als plastisches Kinderspielzeug[124] ebenso wie auf den Bilder- bzw. »Mandlbogen«[125], und letztere dürften auch unmittelbar

als Vorlagen für die Modelsoldaten gedient haben.
Das Bildthema aber ist älter als die Bilderbogen bzw. die Darstellungen des 18. Jahrhunderts. Was in dieser Zeit die Model und Soldatenreihen der Mandlbogen sind, waren hundert Jahre früher die Serien von Einzelblättern, auf denen jeweils ein Typus oder eine Charge in anderer Pose vor wechselndem Hintergrund dargestellt wurde. Diese Bilderserien wiederum gingen auf die Landsknechtsbilder des 16. Jahrhunderts zurück, wie wir sie z. B. von Sebald Beham (1500–1550) kennen. In dieser Zeit waren die Söldner sehr angesehen und die Darstellungen verfolgten nicht zuletzt werbende Zwecke. Sie stellten das Landsknechtsleben als erstrebenswert hin und schufen ein positives Bild dieses Berufes[126].
Die Bilderbogen und Modelbilder des 18. Jahrhunderts zeigten die Welt des Kommiß, wobei aber immer noch nach Rang und Bewaffnung unterschieden wurde. Im Gegensatz zu früher gab es nun auf diesen Darstellungen immer weniger historische Porträts, der einzelne blieb unpersönlich. Vorherrschend wurde die Einzeldarstellung von Soldatentypen, wobei allmählich der Husar alle anderen (Musketiere, Grenadiere usw.) weit in den Hintergrund drängte. Wir finden den Husaren auch außerhalb der Bilderbogen- und Modelwelt, u.a. als Krippenfigur (im Gefolge der Hl. Drei Könige), als Zinn- und Porzellanfigur usw. Neben den Offizieren mit Degen sind bei den Soldatenbildern natürlich auch die Gemeinen vertreten, manchmal sogar zusammen auf einem Bild exerzierend, zumeist aber einzeln: als Trommler, mit dem Gewehr bei Fuß usw.
Zu den unüblichen Reittieren zählen der überdimensionierte Hahn und der Hirsch. Der »Hahnreiter« wurde bereits früher behandelt (vgl. S. 16), auf den »Hirschreiter« sei hier kurz eingegangen.
Es handelt sich dabei um ein altes Bildmotiv, dessen Interpretation auch im Zusammenhang mit der Symbolbedeutung des Hirsches (vgl. S. 20f.) zu sehen ist. So ist der Hirsch ein Reittier der Dämonen, sagenhafter Gestalten wie des wilden Jägers und des schlesischen Rübezahl, und schließlich für den Teufel selbst. Nach der Sage werden dem Tod Verfallene vom Hirsch abgeholt. Andererseits aber kommt der Hirsch auch, um bedrängten Menschen, vor allem Heiligen, in kritischen Situationen helfend beizustehen; nicht nur das Hirschmotiv, sondern auch das Motiv des Hirschreiters ist ambivalent.
Die Verbindung von Hirsch und Hirschreiter mit dem Tod hat auch einen christlichen Aspekt, der sicherlich mit der folgenden Psalmstelle (41, 4) in Zusammenhang steht; dort heißt es: »Quemadmodum desiderat cervus ad fontes aquarum, ita desiderat anima mea ad te Deus.«[127] Die Gestalt, vor allem, wenn sie kindhaft klein ist, kann also auch die zum Brunnen reitende Seele verkörpern[128].
Eine Sonderform ist der auf einem Hirsch reitende Hanswurst mit Spitzhut und Halskrause. Manchmal macht er mit der Hand die sogenannte »Feige«, nach Walzer zum Zeichen dafür, daß er sich geschlechtlich austoben möchte[129]; diese Ausdeutung paßt wiederum ausgezeichnet zum Hirsch als Fruchtbarkeitstier (vgl. S. 20f.). Auch der Hanswurst oder Narr für sich allein genommen hat Bezüge zu Erotik und Fruchtbarkeit. Mit seiner Pritsche oder (Leder-)Wurst schlägt er vor allem im Fasching (Karneval) die Mädchen, aber auch sonstige Zuschauer[130], er trägt auch Kinder in einem Rückenkorb oder sonstwie und ist also auch eine Art Kinderbringer (vgl. Abb. 179). Das Hirschreitermotiv, dem wir übrigens in eßbarer Form auch bei den Gebildbroten begegnen, wird wohl eher unter dem so oft vorkommenden Aspekt von Fruchtbarkeit und Gedeihen einzuordnen sein als unter den erstgenannten düsteren Symbolbezügen von Todesahnung oder -drohung.
Zuletzt sei noch auf eine ganz besondere Reitergruppe verwiesen, auf die schon einmal Bezug genommen wurde: auf den reitenden Nikolaus »in disguise« (getarnt), wie er nach der Bekämpfung durch die Reformatoren im protestantischen Deutschland, noch mehr aber im protestantischen Holland aussah. Er ist vor allem an den Geschenkkörben erkennbar, wenn er auch sonst z.T. ganz als weltlicher Herr dahinreitet. Auch diese Variante wird von J. J. Schilstra in seinem Artikel »Ruiters op taai-en speculaasvormen« (Reiter auf Lebkuchen- und Spekulatiusformen) berücksichtigt, wo er das Reitermotiv der Model anhand des niederländischen Materials umfassend abhandelt[131].

Fig. 10 »Evangelischer Nikolaus«. Der bischöfliche Gabenbringer katholischer Gebiete reitet in protestantischen Gegenden als vornehm gekleideter Herr getarnt mit seinem Geschenkkörbchen – woran er übrigens erkennbar ist – zu den Kindern. 20 × 25 cm. Rheinland, Privatbesitz

Kinderbringer – Kinderfresser

Heute denkt man bei der Frage nach dem Kinderbringer zuerst an den Storch, der jedoch früher diese Rolle mit einer Reihe anderer Gestalten teilen mußte, so u.a. Kindermännern und -frauen in mancherlei Erscheinungsformen, dem hl. Nikolaus, dem Wassermann und auch einigen Tieren wie Eule, Fuchs, Rabe usw. Über die landschaftliche Verbreitung der häufigsten Kinderbringer in Deutschland und Österreich gibt eine Karte im »Atlas der deutschen Volkskunde« Auskunft[132].
Auch die Vorstellungen vom Ort der Kinderherkunft sind mannigfaltig. So heißt es u.a., daß die Kinder auf Bäumen oder Kohlköpfen wachsen, im Wasser (Brunnen, Teich, Bach usw.) leben und von dort jeweils von den Kinderbringern geholt werden: von den Bäumen gepflückt, aus Brunnen, Teich und Bach gefischt, von den Kohlköpfen abgeklaubt.
Ein Teil dieser Vorstellungen und Überlieferungen fand auch unter den Modelmotiven Niederschlag, im besonderen der Kindermann, wie er gerade Kinder transportiert (vgl. Abb. 179 und 180).
Der Kindermann hat die Kinder im Rückenkorb, in der Wiege oder im Schlafkörbchen, in Rock- und Hosentaschen, und manche laufen bereits neben ihm her oder gehen an seiner Hand. Manchmal verwendet er zum Transport der Kinder auch einen Schubkarren.
Die Kinderfrau trägt z.B. – wie in unserem Fall (vgl. Abb. 175) – über dem rechten Arm einen Handkorb, aus dem drei Kinder herausschauen, je zwei sitzen in ihren beiden Schürzentaschen, drei trägt sie an Bändern in der linken Hand, zwei befinden sich zu ihren Füßen, eines steht auf der Hutkrempe und hält sich am spitzen Stumpen fest, je ein Kind schaut rechts und links über die Schulter (was so aussieht, als trüge die Frau

Kindsköpfe als Ohrgehänge), und ein Fatschenkindl wird mit der rechten Hand an die Brust gedrückt.
Kinderbringerinnen waren gar nicht so selten und sie begegnen sowohl im ländlichen Bereich als auch in der Stadt. Unsere Kinderfrau auf Abbildung 175 trägt ländliche Tracht; ein Wiener Wunschbildchen der Biedermeierzeit (1818) zeigt eine Kinderbringerin als »dienende Person« in städtischer Kleidung. Als sogenanntes Zugbildchen – wie es für die damalige Zeit typisch war – konzipiert, kann man aus der Butte, die das hübsche »Kammerkätzchen« auf dem Rücken trägt, nacheinander drei Bildstreifen mit drei, vier und schließlich fünf Kindern herausziehen. Auf dem Bildchen selbst ist der folgende Spruch zu lesen:

Was ich trag auf meinem Rücken
wünscht euch zum Beglücken
....
(hier folgt der Name des Übersenders[133])

Insgesamt trägt sie also zwölf Kinder mit sich. Andere Darstellungen wiederum weisen die Sechszahl auf, u.a. in der besonderen Kombination mit einem Sechsstern (in jeder Zacke ein Kind und im Mittelpunkt die Kinderbringerin). Walzer denkt dabei an magische Bezüge: an den Stern als Glücks- und Schutzzeichen (»unter einem guten Stern geboren« gedeiht das Neugeborene besonders gut) sowie an Zahlenmagie und Zahlensymbolik (zur Bedeutung der Sechs- und Zwölfzahl vgl. die Ausführungen bei den »Zeilenmodeln«, S. 21f.). In diesem Zusammenhang kann man aber bei den verschiedenen Varianten auch noch an die sieben Wochentage (in jeder Sternzacke ein Kind sowie eines in der Mitte, das Sonntagskind) und an die zwölf Monate des Jahres denken. Der Kinderbringer hat für alle Wochentage und für jeden Monat das Jahres vorgesorgt.
Der Kindermann kann in verschiedener Aufmachung erscheinen, z.B. als Bote oder Wandersmann, als Müllersknecht, aber auch als Hanswurst oder Narr (vgl. Abb. 179). Albert Walzer bringt den Narren mit Hochzeitsmasken in Verbindung, die in vielen Gebieten bei der Hochzeit in Erscheinung treten und die z.T. dem Brautpaar auch eine Brauttorte mit Kinderpüppchen übergeben konnten.
Neben der Hochzeit ist es der Fasching, wo die »Narren« (Masken) eine besondere Rolle spielen. Bei manchen Bräuchen wirft eine Maske den Mädchen und Frauen ein Kindl (Fatschenkindl, Fetzenpoppele) zu, das sie dann wieder an einer Gummischnur zu sich zurückholt.

Für Walzer ist der mit den Kinderbringermotiven verbundene Fruchtbarkeitswunsch, im besonderen der Wunsch nach reichem Kindersegen oder Kindersegen überhaupt, keine Frage – m.E. aber reicht schon die scherzhafte oder sogar derbe Anspielung auf den nach der Hochzeit zu erwartenden Nachwuchs zumindest in vielen Fällen als Erklärung für Lebkuchen mit Kinderbringermotiven aus. Dabei griff man bei den Darstellungen auf die verschiedenen volkstümlichen Vorstellungen über Kinderherkunft und Kinderbringer zurück: neben Kindermann und Kinderfrau auf Storch oder Storchenreiter, auf Hebamme und Putto und noch viele andere.
Da die Hebamme tatsächlich »das Kind holte und auf die Welt brachte«, ist es verständlich, daß sie auch in die Rolle der mythischen Kinderbringerin schlüpfen mußte, zumindest gegenüber den Kindern, denen man erzählte, sie habe das neue Schwesterchen oder Brüderlein aus dem Brunnen geholt, aus dem Teich gefischt und dergleichen mehr. Auch der Müllersknecht ist deswegen ein geeigneter Kinderbringer, da er ja am Wasser lebt (Wassermühlen!) und die Kinder einfach aus dem Mühlbach fischt. Bote und Wandersmann sind ebenfalls leicht erklärliche Erscheinungsformen der Kinderbringer: sie stellen zu und kommen von weit her, von dort, wo es eben die noch ungeborenen Kinder gibt. Daher finden wir unter den Kinderbringern auch immer wieder Angehörige des »fahrenden Volkes«: Zirkusleute genauso wie Bettler, die ja früher von Ort zu Ort zogen.
Zu den überlieferten Kinderbringern gehören auch Engel[134]. Engel sind nach katholischer Auffassung Gott dienende und den Menschen helfende Geistwesen, die vor allem zu den hilflosen und schutzbedürftigen kleinen Kindern in besonderer Beziehung stehen (was im katholischen Bereich zur Ausprägung des Schutzengelglaubens führte). Engel stehen auch schützend und verehrend beim neugeborenen Jesusknaben und verweisen durch Anwesenheit und Haltung auf dessen göttliche Herkunft (vgl. Abb. 32).
Eine andere Art Engel als Kinderbringer ist der Putto. Walzer verweist auf einen Model, wo ein Putto von einer Art Arche aus mit einer zweizinkigen Gabel (ähnlich der bekannten Ofengabel, mit der man die Töpfe aus dem Ofenraum zieht) Kinder aus dem Wasser holt. Andere Modeldarstellungen zeigen puttenartige Engel, die mit Kindern vom Himmel herabschweben. Für diese Putten als Kinderbringer dient Amor als Erklärung. Amor, das Vor- oder Urbild der Putten, verführt die Menschen zur Liebe, deren Frucht die Kinder sind. Puttenartige Kinderbringer scheinen aber nicht vor dem 18. Jahrhundert dargestellt worden zu sein.
Bei der Vielfalt und weiten Verbreitung tierischer Kinderbringer[135] ist es nicht verwunderlich, daß auch sie auf den Modeln dargestellt werden (vgl. Abb. 176, 177). Fuchs (?) und Bär (?) tragen ein Wickelkind in Händen (als Frucht der Liebe, ausgedrückt durch das Herz) bzw. ein Kind in der Butte. Der Wanderstab spricht dafür, daß es sich nicht um einen Kinderschreck, der die schlimmen Kinder mitnimmt (und dessen Prototyp der Krampus ist), handelt. Tiere des Waldes sind als Kinderbringer leicht erklärlich, gehören doch auch Erdlöcher, Höhlen und Grotten zu den bevorzugten Aufenthaltsplätzen und Herkunftsorten der Kinder [136].
Was den Storch (Abb. 103) anlangt, so ist er neben der Hebamme der »Großunternehmer unter den Kinderbringern« (Bildbelege für den Storch als Kinderbringer, die weiter als das 18. und 19. Jahrhundert zurückreichen, sind allerdings selten). Wo er herkömmlicherweise als Kinderbringer galt, ersieht man aus den Karten des »Atlas der deutschen Volkskunde«.
»Adebar, der Klapperstorch, getragen von Bild, Zeitungswitz und Operettenschlager, aber gewiß auch von Spruch und Sprichwort des Volkes und von der Liebe und dem immer neuen Staunen aller Kinder«[137] würde sich als *der* Kinderbringer schlechthin erweisen und durchsetzen, prophezeite Richard Beitl vor nunmehr vierzig Jahren[138]. Er behielt recht, muß man zugeben. Richard Beitl bringt die »geographische Verbreitung der Rede vom Storch als Kinderbringer« mit den bevorzugten Nistgebieten in Zusammenhang. Wie er überhaupt zu dieser Rolle gekommen ist, hängt nach Beitl und auch Meyer mit Vorstellung und bildlicher Umsetzung folgender Art zusammen: »Der Storch, der mit seinem Schnabel das Kindlein irgendwoher oder auch aus einem Teich bringt, gleichwie er auf der Wiese die zappelnden Fröschlein aus dem Wasser zieht und davonträgt«[139], ist ein sich natürlich anbietender Bote vom Kinderort zur Menschenwohnung, eine Vorstellung, die um so leichter angenommen wird, wenn sie durch das Bild eine eindeutige Unterstützung erfährt. R. Beitl verweist hier auf einen Holzschnitt[140] des 15. Jahrhunderts, wo die Frösche, die Lieblingsspeise des großen Sumpfvogels, unter der schwerfälligen Handhabung des Schneidmessers Ähnlichkeit mit Kindern bekommen haben[141].
Da der Storch dort lebt, wo auch die ungeborenen Kinder leben, würde das als Erklärung für seine Rolle genügen. Dazu kommt, daß der Storch (wie auch u.a. der Aal und die Schlange)

ein Symbol der Fruchtbarkeit oder des »männlich zeugenden Wassers« war, was zumindest gut zur Kinderbringerfunktion paßt, wenn es auch diese nicht unbedingt begründet haben muß. Im übrigen ist der Storch auch ein Frühlingsbote und Künder der warmen Jahreszeit, in der alles zu grünen und blühen beginnt und auch die Fruchtbarkeit in der Natur wieder erwacht[142].

In der Litaratur wird der Storch immer wieder als »Freund« oder »Meister Adebar« bezeichnet, so daß dieser Name heute allgemein im deutschen Sprachraum verständlich ist. In manchen Gegenden jedoch ist »Adebar« (und seine mundartlichen Formen wie Adebor, Adbor, Odbor, Olbor, aber auch Äbär, Eiber u. v. a.) die übliche Bezeichnung für diesen Großvogel, der »von allen Großvögeln unserer Heimat allein eng mit dem Menschen zusammenlebt«. Durch sein jährliches Kommen und Verschwinden bringt er den Rhythmus des Jahres sinnfällig zum Ausdruck; dem entspricht auch das ihm manchmal beigegebene Attribut eines Jahresrades bzw. eine sonstige Verbindung mit diesem Zeichen in der Darstellung[143].

Die Bezeichnung Adebar ist für unseren Zusammenhang sehr aufschlußreich. In »Adebar«, ahd. ôdebero, ôdeboro, steckt einerseits das Wort boro = Träger (vom Infinitiv bern = tragen, bringen), andererseits das Substantiv »ôd« = Gabe, Schatz, Besitz, Wohlstand, Glück (das wir ja heute noch im Wort Kleinod = feine, zierliche Sache, wertvolles [Gast-]Geschenk ganz allgemein gebrauchen). Schatz oder Gabe besonderer Art ist das Kind. Adebar bringt also allgemein Glück und im besonderen Kinder. Schenkt man sein Abbild, wünscht man Kindersegen. Sicherlich hat bei der Verbreitung des Glaubens an den Storch als Kinderbringer auch der Wunsch nach Beschwichtigung kindlicher Wißbegier mitgewirkt[144].

Der Kinderbaum

Wie die Verbreitungskarten des »Atlas der deutschen Volkskunde« zeigen (vgl. S. 27), wachsen der volkstümlichen Überlieferung nach im Süden und Westen Deutschlands die Kinder auf Bäumen. Dies gilt teilweise auch für den österreichischen Raum. Dabei ist in manchen Fällen dieser »Kinderbaum« sogar ein ganz bestimmter Baum: eine bestimmte Lärche hier, eine Tanne (»Tititanne«) da usw. In Niederösterreich wird erzählt, daß der Kinderbaum im Meer stünde. Auf ihm reiften die Kinder, in Schachteln verpackt, heran. Sobald ihre Zeit gekommen sei, fielen sie herab, da die Schnüre, mit denen die Schachteln am Baum hingen, rissen. Die Kinder schwämmen dann vom Meer her die Flüsse und Bäche herauf, bis sie herausgefischt würden.

Dieser Baum steht an einer unzugänglichen Stelle (»weit draußen im Meer«); es kann sich dabei durchaus um ein Bild des Paradiesbaumes handeln.

Aus dem Wasser kommt das Leben, im Wasser steht aber auch der Allsamenbaum, der den Samen allen Lebens trägt, ein Bild vom Lebensbaum in einer von seinen verschiedenen Konzeptionen.

Die Antike kannte eher die auf den Bäumen in »Kindernestern« lebenden Kinder; bei Herrad von Landsberg begegnet aber bereits die Darstellung eines Kinderbaumes (Baum des Lebens) mit den Kindern als Baumfrüchten. Es handelt sich bei dieser aus dem 12. Jahrhundert stammenden Darstellung (im »hortus deliciarum«) um die älteste derartige bildliche Konzeption.

Ungeduldig oder notwendigerweise wird auch an diesen Kinderbäumen geschüttelt: von der Hebamme, dem künftigen Elternpaar, aber auch der Frau Holle. Von sogenannten »Frau-Holle-Bäumen« sprechen nämlich auch die Weistümer und sogar Gerichtsprotokolle. Auf unserem Beispiel (Abb. 181) hat der Mann bereits ein ausgewachsenes Fatschenkind losgeschüttelt, das gerade in die aufgespannte Schürze der Frau fällt. In der Baumkrone selbst sehen wir fruchtartige Kindergesichtchen und eine sich schon zum Wickelkind formende Kinderfrucht.

Spätere Vor- und Darstellungen des Baumes, auch auf Modeln, sind der Herzen-, Liebes- und Narrenbaum.

Der Herzenbaum begegnet u. a. auch auf einer Hochzeitsmedaille des 18. Jahrhunderts, die die anzügliche Umschrift »Lebt fruchtbar und vergnügt« trägt. Auf einem Herzenbaum der ersten Hälfte des 19. Jahrhunderts holen sich Amoretten die Herzen.

Volkstümlicher ist die Auffassung vom Liebesbaum, der auch im Volkswitz eine Rolle spielt. Es heißt nicht nur, das Mädchen könne sich einen Buben (Bräutigam) herausbacken lassen, sondern auch, daß es sich einen vom Baum schütteln könne oder solle, wenn sie gar zu anspruchsvoll ist. Die jungen Männer warten z. T. fertig in der Baumkrone, z. T. wachsen auch sie sich erst beim Herabschütteln oder -pflücken aus. Als Hilfsgerät bedienen sich die Mädchen dabei der Ofengabel, der wir schon beim Kinder angelnden Putto begegnet sind. Der »l'arbre d'amour« ist auch den Französinnen bekannt, die den Baum gleich umschneiden, eine Variante, die auch bei unseren biedermeierlichen Fassungen auftaucht.

Eine karikierende Umdeutung liegt beim Narrenbaum vor: wenn die junge Frau den Baum schüttelt, prasseln junge Narren herab, die sich dann am Boden auswachsen. Walzer wird wohl recht haben, wenn er motivdeutend meint, daß eben hübsche Weiber die Männer zu Narren machten.

Das Motiv des Kinderbaumes hat eine lange und breite Tradition; einen Teil davon bilden die Kinderbäume auf den Lebzeltmodel[145].

Handschuhe, Stiefel und Schuhe

Zu den häufigen und überall verbreiteten Motiven gehören die Handschuhe, die als bestickte oder ornamental verzierte Stulpenhandschuhe und zumeist als Paar dargestellt sind.

Walzer macht darauf aufmerksam, daß es auch andere gebackene Handschuhe als die lebzeltenen gegeben hat. So servierte das Café Männer in Stuttgart bis zum Zweiten Weltkrieg 10 cm lange Handschuhe aus Biskuitteig. Er nimmt an, daß sie in irdenen, innen glasierten Formen gebacken worden sind.

Handschuhe spielen in der Tat im Lebensbrauchtum, vor allem bei Verlobung und Hochzeit, eine wichtige Rolle. Es war durchaus üblich und weitverbreitet, früher sogar »vorgeschrieben«, daß der Bräutigam seiner Braut zur Verlobung und Hochzeit Handschuhe schenkte. Auch die Hochzeitsgäste erhielten zu diesem Anlaß echte Handschuhe.

Der Handschuh steht stellvertretend für die Hand und wird damit zum Unterpfand und Zeichen der Treue. Die Übergabe von Handschuhen war gleichbedeutend mit der Übertragung von Rechten. Mit dem Handschlag erhielt ein Vertrag Rechtsgültigkeit. Die Verlobung, die früher der Eheschließung gleichzusetzen war, hieß auch »Handstreich«; im wesentlichen ein Rechtsakt, wurde sie wie sonst ein Vertrag geschlossen. Noch heute ist diese Wortbedeutung aus der Redewendung »um die Hand anhalten« abzulesen.

Die echten Handschuhe wurden allmählich durch gebackene abgelöst. Gemodelte lebzeltene Handschuhe (vgl. Abb. 291) schenkte man zur Hochzeit, aber auch zur Taufe, wo die Paten ein Rechtsverhältnis mit dem Täufling und Patenkind eingehen. Auch hier ersetzten dann Handschuhgebäck, aber auch »Handschuhgeld« die eigentlichen Handschuhe[146].

Fig. 11 Model für dreidimensional »zusammengesetzte Ware«, wie sie u. a. in der Tafeldekoration beliebt war. Die zwei Teile eines Hauses (Front und Seite) werden nach dem Abformen zusammengefügt und vielfach noch vergoldet oder farbig gefaßt. Je 23 × 29,5 cm.
Wasserburg, Heimathaus

Stellvertretend für die Person des Trägers steht übrigens auch die Fuß- und Kopfbekleidung (der Hut sowie Schuh und Stiefel usw.). Bekannt ist ja die Verwendung dieser Objekte im Orakelbrauch, so z. B. beim »Hütlheben« und »Pantoffelwerfen«. Wie der Fuß, ist auch der Schuh Sinnbild von Macht, Recht und Besitz. Darüber hinaus spielen Schuh und Stiefel in der erotischen Symbolik eine wichtige Rolle. Für diese spezielle Sinngebung war das Verhältnis von Fuß und Schuh mitentscheidend. Der Schuh ist weibliches Geschlechtszeichen und der Ausdruck, »man muß nicht die Füße in fremde Schuhe stekken«, ist eine Warnung an den Mann vor dem Ehebruch.
In Gedichtform umschreibt die erotische Bedeutung des Schuhs (hier in der Form des Holzschuhs vorkommend) folgendes Lied aus dem Böhmerwald (sprachlich etwas überarbeitet):

Dirndl, wennst heiratst,
Dann heiratst halt mi(ch),
I(ch) hab an altn Holzschuah,
Den wirf i(ch) in di(ch).
Die Holzschuah wer(d)n brocha,
Sie kimmt in d'Sechswocha;
Am Sonntag geht's für,
Der Holzschuah mit ihr[147].
(»Brechen der Holzschuhe« = Niederkunft; »Fürgehen« = Vorsegnen, Aussegnen der Wöchnerin)

Es ist also anzunehmen, daß auch »Schuhgebäck« zu Verlobung, Polterabend und Hochzeit geschenkt wurde. Darüber hinaus ist bei allen »Wunschmotiven« immer auch mit der Funktion als »Anspielungsmotive« zu rechnen, wobei diese Anspielung scherzhaft-beziehungsvoll, aber auch derb-drastisch sein kann.
Unsere Bildbeispiele zeigen einen Stiefel mit Sporn (Abb. 294) und einen Halbschuh mit Stöckel (Abb. 292). Form und Details sind naturalistisch, hingegen ist die ornamentale Bedekkung der glatten Flächen des Objekts typisch für den Stil der Volkskunst. Daß in unserem Schuh zwei Fatschenkinder stecken, ist nach dem oben Gesagten bzw. dem Vers nicht verwunderlich.

Uhr, »Jahres-« oder »Sonnenrad« und »Dukatenscheißer«

Uhren aus und auf Lebkuchen gehörten zum engeren Motivbestand und wurden auch zur Zeit des Klebebildchens massenweise hergestellt.
Im Anschluß an die vorhergehenden, oft erotisch aufzufassenden Motive wollen wir auch bei der Uhr auf diese Interpretationsmöglichkeit aufmerksam machen, denn manchmal kann man hören, daß der »Mann« als »Zeiger«, die »Frau« hingegen als »Gehäuse« bezeichnet wird.

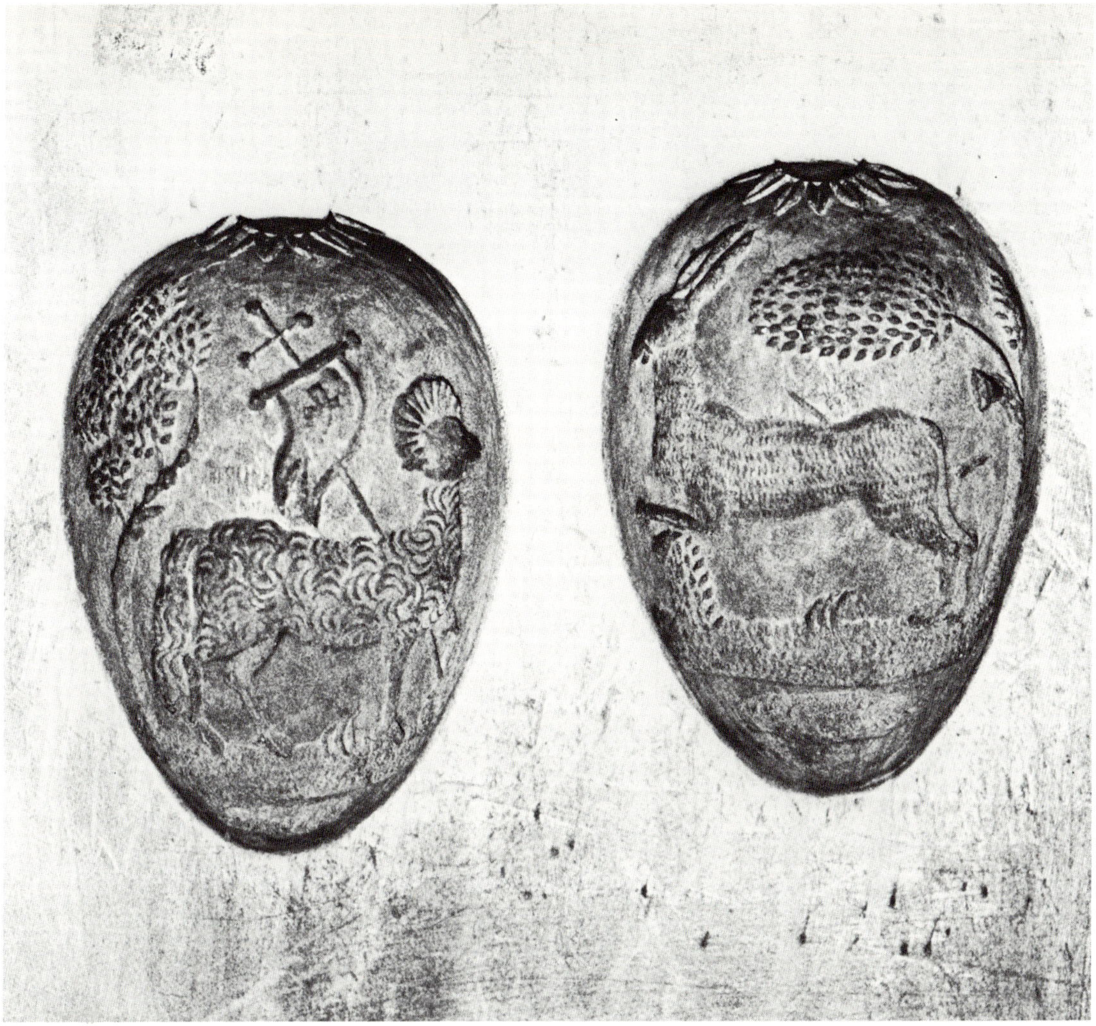

Fig. 12 Model für plastisch »zusammengesetzte Ware«. Verschieden verzierte Vorder- und Rückseite eines Ostereis. Die beiden einzeln ausgeformten Hälften (mit dem Osterlamm und dem »Oster«-Hasen) werden zur vollplastischen Form zusammengefügt. Ausschnitt. 14,5 × 11,5 cm. Calw, Museum

Ein weiterer sinnbildhafter Bezug basiert auf der Funktion der Uhr als Zeitmesser. Der vergangenen und kommenden Zeit wird man sich vor allem bei einem bedeutungsvollen Einschnitt bewußt, sei es im Lebens-, sei es im Jahreslauf. »Zur Firmung eine Uhr« war und ist eine geläufige Feststellung. Auch zur Jahreswende paßten die Uhren und wurden sicherlich auch zu diesem Termin gekauft und verschenkt. Während aber zumindest der Firmpate eine »richtige« Uhr, womöglich aus Gold, spendieren mußte, genügten zum neuen Jahr die eßbaren.

Unser Beispiel (Abb. 293) ist eine »zusammengesetzte« Modelware. Vorderseite (mit Zifferblatt) und Rückseite (mit Ornamenten, die hier sogar eine Ziergravur imitieren könnten) wurden separat ausgeformt und dann zusammengesetzt, um eine möglichst genaue, plastische Wiedergabe des Objekts zu erhalten. (Noch deutlicher wird die Besonderheit einer »zusammengesetzten Ware« bei stark dreidimensionalen Objekten wie einem Haus, einer Wiege, einem Schuh u.ä.; vgl. dazu Fig. 11 und 23.) Diese Art von Modellebkuchen war selten; für zusammengesetzte Objekte bevorzugte man Marzipan, Tragant oder Wachs. Zusammengesetzte Modelware diente vor allem als Zierat (auf Torten oder bei Tafeldekorationen), aber auch als Spielzeug und, was die wächsernen Stücke anlangt, vor allem als Votivgabe.

Die vielfältigen Formen sogenannter »Jahresräder« (vgl. Abb. 295–297) stehen wahrscheinlich vom Bildinhalt her vor allem mit der Jahreswende in Beziehung und wurden auch zu diesem Termin gebacken. Sie sind heute als Neujahrssymbole praktisch verschwunden. Anders verhält es sich beim Rauchfangkehrer (Schornstein- oder Kaminfeger, Abb. 298). Dieser gilt in natura bis in die Gegenwart als allgemeiner Glücksbringer. Besonders zu Silvester und Neujahr schätzt man die Begegnung mit ihm als positive Vorbedeutung für das kommende Jahr. Noch besser und wirksamer ist es, wenn er einen »anschwärzt« oder man ihm Borsten aus seiner Bürste zupfen kann.

Rauchfangkehrer in effigie schenkt man aber auch nach wie vor als Neujahrsglücksbringer. Heute sind es meist winzige Figuren aus Plastik, die Teil von »Arrangements« wurden: unter einem Plastikhufeisen, das einen kleinen Abreißkalender überspannt, sind Schweinchen, Kleeblatt und Rauchfangkehrer als Glücksbringer vereint. Seit es keine gemodelten oder ausgestochenen lebzeltenen Rauchfangkehrer mehr gibt, ist der eßbare »schwarze Mann« eigentlich abgekommen[148], denn er ist schwieriger und nur viel arbeitsaufwendiger herzustellen als z.B. Kleeblatt und Schwein. Viele Glücksbringer gibt es nach wie vor sogar in mehreren verzehrbaren Varianten, u.a. aus Marzipan.

Glücksbringer und Talisman ohne entscheidende Beziehung zum Jahreswechsel ist der sogenannte »Dukaten-« oder »Geldscheißer« (Abb. 299), der in weiterer Auslegung des Wunsches nach wunderbarer Geldvermehrung zum Sinnbild für Glück und Erfolg, Gesundheit und Wohlergehen wurde. Gerne wird er in Schauspielerkreisen geschenkt.

Diese »Geldscheißer« oder »Dukatenmännchen« wurden »von Bildhauern und Malern (Brueghel) humorvoll dargestellt«. In der Volksüberlieferung entsprechen ihnen die »Heckmännchen«. So nennt der Volksglaube kleine Kobolde, »die Geld bringen oder brüten oder selber aus Gold sind und wachsen«[149].

Das Motiv fand Eingang in die graphische und sprachliche Bildwelt. Wenn jemand außergewöhnliche finanzielle Forderungen stellt oder die Kinder um teure, nicht vorgesehene Geschenke betteln, dann sagt man heute noch auf dieses Bitten und Betteln: »Du glaubst wohl, ich habe einen Geldscheißer!«

Nach Erich und Beitl war das Dukatenmännchen auf Jahr- und Weihnachtsmärkten als Scherzartikel zu haben, u.a. in Berlin[150].

ABC-Täfelchen

Bei den sogenannten ABC-Täfelchen der Lebkuchenmodel unterscheiden wir formal zwei Grundtypen – zuerst einmal die einfache rechteckige Tafel mit Buchstabenreihen auf Linien, von einer Rahmenleiste eingefaßt und mit einem

Henkel mit knaufartigem Schlußstück in der Mitte oben oder unten (oder oben und unten). Diese Form entspricht genau den Schulwandtafeln, wie sie seit dem Mittelalter und bis ins 17. und 18. Jahrhundert hinein in Gebrauch waren (vgl. Abb. 314). Die andere Grundform ist oben häufig von einem geflügelten Engelkopf bekrönt (vgl. Abb. 315, aber auch Abb. 316) und zeigt in ihrem unteren Teil eine szenische Darstellung, zumeist eine Schulszene mit Lehrer (häufig mit Zuchtrute) und zwei Schülern. Auch Brautleute als Schüler und Anfänger in der Ehe haben noch viel zu lernen, daher »unterrichtet« der Lehrer manchmal auch ein erwachsenes Paar (vgl. Abb. 315).

Großbuchstaben sind häufiger als kleine. In der Schriftart herrscht die Antiqua vor, welche auf der Basis römischer Schriftdenkmäler, unter Vermittlung der Renaissance, im 15. Jahrhundert entwickelt worden war. Die Verwendung von V für U und umgekehrt ist nur eine bedingte Datierungshilfe, da häufig das V einfach aus technischen Gründen vorgezogen wurde, weil es leichter zu stechen ist. Auch wurden bestimmte Typen von Modeln immer wieder gleich nachgeschnitzt, was sicherlich auch für ABC-Täfelchen gilt. Ende des 15. und Anfang des 16. Jahrhunderts ist fast ausschließlich V (für U und V) üblich.

Täfelchen mit Kleinbuchstaben (Minuskeln) kommen, wenn auch seltener, ebenfalls vor. Diese Tradition ist älter als die der soeben erwähnten römischen Majuskeln (Großbuchstaben).

Für den Kulturhistoriker und Volkskundler sind allerdings Fragen der Funktion fast interessanter als Formprobleme. Wann und warum schenkte man ABC-Lebkuchentäfelchen?

ABC-Lebkuchen waren mit Sicherheit Geschenke zum Schulanfang, vor allem zum Schuleintritt (für die »ABC-Schützen« der 1. Klasse). »Schon die alten Römer« verschenkten Zuckerzeug an die Schulneulinge, wie wir von Horaz[151] wissen. Näschereien versüßten den Anfang eines neuen und wichtigen Lebensabschnittes im Le-

Fig. 13 Schulszene (Lehrer mit Zuchtrute, Schüler, Schulzimmer mit Pulten), wie sie sonst zumeist in Verbindung mit einem ABC-Täfelchen vorkommt. Rahmung und Interieur deuten auf eine junge Fassung des Motivs. Ausschnitt. 20,5 × 33 cm. Feuchtwangen, Heimatmuseum

ben des Kindes, die ABC-Täfelchen sollten und konnten der Volksmeinung nach aber mehr. Das eßbare Alphabet (Lebkuchentäfelchen, Teigbuchstaben) galt auch als magisches Mittel zur Stärkung des Auffassungsvermögens: per analogiam sollte das Kind nach dem Genuß des Alphabets leichter lesen und schreiben lernen[152]. Darüber hinaus galt das ABC auch als Schutz- und Glückszeichen, und war dem Augenmotiv (gegen den bösen Blick) mit seiner hohen Abwehrfunktion vergleichbar. Es ist nicht verwunderlich, wenn wir dem Alphabet auf antiken Votivgaben, auf griechischen und römischen Sicherheitsschlössern sowie auf spätrömischen und mittelalterlichen Grabsteinen begegnen[153]. Christliche Kirchen weisen oft ein griechisches oder lateinisches Alphabet in Kreuzesform auf den Fußböden auf: hier ist es Symbol des göttlichen Alls bzw. Zeichen Christi, der nach der Offenbarung des Johannes das Alpha und Omega (Anfang und Ende) ist. (Alpha ist der erste, Omega der letzte Buchstabe des griechischen Alphabets.)

Abgesehen von der besonderen Beziehung der ABC-Täfelchen zum Schulbeginn und zu den Schulneulingen, sind die ABC-Lebkuchen sicherlich auch von spezieller Bedeutung für Erwachsene. ABC-Gebäck ist z. B. als Heilspeise vorstellbar, und die Überlegung Walzers, der Engel auf den ABC-Modeln könnte auch eine segensreiche Wirkung der ABC-Lebkuchen andeuten und eventuell noch steigern, hat durchaus etwas für sich.

Manchmal werden die Buchstaben einzeln gerahmt (vgl. Abb. 316) und fallweise kommt es dabei auch zur Bildung eines Alphabet-Quadrates (wobei I und J als ein Buchstabe aufgefaßt und dargestellt werden, so daß sich je fünf Buchstabenreihen ergeben). Auf diese Weise verbindet sich das magische Alphabet[154] mit dem magischen Quadrat und es kommt zur »Potenzierung der potentiellen Segenskraft«. Es ist in den Fällen der einzeln gerahmten Buchstaben möglich, daß man ein ABC-Täfelchen weiter teilt und in die einzelnen Buchstaben-Zelten zerschneidet. Ihnen entsprechen dann die großen Einzelbuchstaben, die, lose und unabhängig nebeneinandergesetzt, ebenfalls auf Modeln begegnen. Sie wurden einzeln ausgemodelt und gebacken und sind jenen eßbaren Buchstaben vergleichbar, die als »Russisch Brot« bis heute bekannt sind.

Wie immer man das ABC-Täfelchen und die Buchstaben aus eßbarem Material im allgemeinen und aus Lebkuchenteig im besonderen auffaßt, passende Belohnung für gutes Lernen, Schulanfangsnäscherei und damit »Zeit-« oder »Termingebäck« waren sie sicherlich.

Fig. 14 Ladenschild eines Lebzelters, Wachsziehers und Metsieders. Das vielfältige Warenangebot dieser zumeist verbundenen Gewerbe ist zur Information und Anlockung der Kunden gut »ausgelegt«: die verschiedenen einfachen Lebkuchentaferln und -scheiberln; die Holzmodel für die besonderen Bildlebkuchen (»Modelware«), die man z. T. erst aussuchen und bestellen mußte; die gegossenen plastischen Votivwaren (Kind, Vieh, ein Bein, Kerzen); und schließlich der Met, der hier gerade einem Gast serviert wird. Unter dem Warenangebot die werbende Aufforderung: »Komher mein liebe Gret / da gibts guden Meht / Wilst du auch was guts / darzu, das kanst du / haben alles gnu.« Um 1760. München, Bayerisches Nationalmuseum ▷

Komher mein liebe grei
da gibts guden Meht
willst du auch was guts
darzu, das kanst du
haben alles gnu:

Fig. 15 Graf Raimund Montecuccoli, Sieger in der Schlacht von St. Gotthard/Mogersdorf gegen die Türken 1664. 19,5 × 30 cm. Graz, Steirisches Volkskundemuseum

Wer schnitzte die hölzernen Lebkuchenmodel?

Wer sich mit Lebkuchenmodeln beschäftigt, kommt zwangsläufig zu der Frage, wer sie geschnitzt hat. Häufig wird diese Frage mit dem Hinweis abgetan, daß zur Ausbildung des Lehrlings in diesem Gewerbe auch das Schnitzenlernen gehörte und zur Gesellenprüfung ein vom zukünftigen Gesellen selbst »geschnittener« oder »gestochener« Model. Dies stimmt, wie so vieles, zum Teil.

Model gestochen oder geschnitten hat derjenige, der mußte, konnte und durfte, wobei die engeren Umstände bedingt wurden durch Profession, Talent, Notwendigkeit und den Geldbeutel. Manchmal war es notwendig, auch im Rahmen der Ausbildung eine Form zu schneiden, aber – wie schon erwähnt – durchaus nicht immer. Hier wechseln die Regeln sowohl nach Zeit als auch nach Ort.

Model im Sinn von »Matrizen« gab es aus verschiedenen Materialien und für verschiedene Zwecke. Sie wurden berufsmäßig von eigenen »Formenschneidern« oder »Modelstechern« hergestellt. Daneben verfertigte immer wieder auch der jeweilige Handwerker seine eigenen Formen, sei es, weil er besonders begabt war und so seine Ideen am besten umsetzen konnte, sei es, weil er so arm war, daß er sich den Auftrag an einen professionellen Modelstecher nicht leisten konnte. Auch waren letztere für viele ländliche Betriebe nicht ohne weiteres erreichbar. Manchmal half auch ein im Stechen erfahrener Handwerker einem anderen aus, z. B. ein Goldschmied einem Lebzelter. So nimmt J. B. Dornbusch an, daß die ältesten uns bekannten Printenformen – Steinmodel aus einem sehr harten Graphit, von denen einer mit 1493 datiert ist – von einem Goldschmied stammen. Wegen der hohen künstlerischen Vollendung dieser Formen schließt er sogar den Meister der getriebenen Apostelbilder des früheren Hochaltars im Aachener Dom als Stecher der Form nicht aus. Insgesamt waren seinerzeit sechzehn Steinmodel vorhanden gewesen. Von dreien weiß man, daß sie sich einmal in der bekannten Sammlung Fritz Bock befunden haben. Die eine dieser drei jetzt verschollenen Printenformen, bei der es sich im übrigen um die erwähnte datierte Form handelt, stellte eine Madonna mit Kind dar. Im Heiligenschein Mariens war in gotischen Lettern zu lesen: EGO SUM MATER MISERICORD (IAE). Eine im Motiv genau gleiche, jedoch aus einem Metallhartguß hergestellte Printenform befand sich früher im Besitz des Aachener Domgoldschmieds A. Witte. Wie sich die beiden Matrizen zueinander verhalten, ist ein ungelöstes Problem. Leichter ist eine Überlegung hinsichtlich der Vorlage für diese künstlerische Darstellung. Mit allergrößter Wahrscheinlichkeit wurde dieser spätgotische Model nach einer Darstellung Martin Schongauers (vor 1450–1491), dessen Madonnen als Einblattdrucke im letzten Viertel des 15. Jahrhunderts auf den deutschen Märkten und Messen angeboten wurden, geschaffen; er stellt die früheste datierbare Aachener Printenform dar[155].

Das Vergleichen von Vorlage und Model ist eine reizvolle Aufgabe, bei der auch noch viel für die Zukunft zu tun bleibt. Für die frühen professionell geschnittenen Model wird man zumeist Holzschnitte oder Kupferstiche als Vorlage annehmen können. Sicher sind auch eigene Entwürfe der Formschneider oder künstlerischer Berufsgruppen wie der Goldschmiede nicht auszuschließen. Mit dem wachsenden Bedarf an Modeln umfaßte schließlich die Qualität von Entwurf und Ausführung ein breites Band; sie reicht von hochkünstlerischen Prachtmodeln, wie sie vor allem in der Barockzeit gestochen wurden, bis zu einfachen, z. T. rührend unbeholfenen Darstellungen.

Während man für die Stempel und Medaillen, aber auch für die frühen Küchenmodel Stein, Ton, Kelheimer »Schiefer« (Plattenkalke) u. ä. als Matrizenmaterial verwendete, sind für die spätere Gebrauchskunst und die Serien- oder sogar Massenware der Lebkuchen hölzerne Formen typisch.

Die verwendeten Hölzer schwanken nach Zeit und Gegend; trotzdem kann man gewisse Regelmäßigkeiten feststellen. Grundsätzlich eigneten sich zum Stechen Weichhölzer, wobei Birnbaumholz vielfach an der Spitze steht. Daneben kommen noch u. a. Nußbaum, Buche, Fichte, Ahorn, seltener Eiche und schließlich – seit dem ausgehenden 18. Jahrhundert in vermehrtem Ausmaß – Buchsbaum vor. Letzteres eignete sich wegen seiner Ebenmäßigkeit vor allem für besonders feine Schnitte und wurde daher von den berufsmäßigen Graveuren bevorzugt. Interessant und u. U. eine wichtige Hilfe bei Datierungsfragen ist der Umstand, daß bis etwa 1600 die Model in Hirnholzbrettchen, d. h. in quer zur Faser geschnittene Tafeln gestochen wurden, während die Stecher seit dem Beginn des 17. Jahrhunderts die Form in Langholz, d. h. in längs zur Faser geschnittene Hölzer stachen[156].

Für die Wahl des Schnitzholzes ist der jeweilige Verwendungszweck entscheidend. Für plastische Figuren und Reliefs (z. B. auf Altären) wurde und wird fast immer die Linde verwendet. Lindenholz hält jedoch keiner hohen Beanspruchung stand. Die hölzernen Lebkuchenmodel waren aber einer solchen Beanspruchung ausgesetzt. Der Teig wurde u. a. ausgeschlagen, die Model wurden ausgewaschen und der Produktionsvorgang war nichts Seltenes, sondern erfolgte immer und immer wieder. Sie konnten daher nur aus widerstandsfähigen, allerdings noch bearbeitbaren Hölzern verfertigt werden. Dieser Umstand erklärt einerseits, warum die weniger leicht zu stechende Eiche selten ist und warum andererseits Lebkuchenmodel aus Lindenholz Zierformen der Gegenwart sind, nicht erzeugt zu handwerklicher oder kunsthandwerklicher Verwendung, sondern »zum Aufhängen«. Nach einer Zeit des Rückgangs der gemodelten Ware, als leider viele Model weggeworfen oder verbrannt (Holz zum Einheizen!) wurden, erfolgte eine Um- und Neubewertung. Einerseits verwendete man sie zur Herstellung von Zierformen aus Wachs, Masse usw., andererseits sah man im Model selbst ein schätzenswertes Produkt der Volkskunst, und nicht das abgeformte Bild, sondern der negative Bildträger wurde aufgehängt. Heutzutage hat man bereits Möglichkeiten, jeden Holzmodel ganz detailgetreu und im Aussehen täuschend ähnlich zu faksimilieren, wobei oft nur Gewicht und Materialverhalten den Unterschied zum echten Holzmodel deutlich machen. Man muß den Model angreifen; optisch kann man das Original und die Kopie nicht auseinanderhalten. Aber auch die Modelstecherei lebte in einem gewissen Umfang wieder auf. Dabei genügt dann für eine Model-Zierform das leicht und gut zu stechende Lindenholz. Für Holzmodel zum Abformen von Wachs usw. werden nach wie vor die bewährten Holzarten verwendet.

Wenn man größere Bestände an Modeln sichtet, fallen immer wieder beidseitig beschnitzte Formen auf (vgl. z. B. Abb. 19/30, 29/41, 48/61 und viele andere).

Daneben finden wir aus zwei Holzarten zusammengesetzte Model. Aus Gründen der Ersparnis verwendete man als Bildträger gutes, fadenreines Holz, das in einer dünnen Platte auf einen massiven Block aus einem anderen Holz, häufig von schlechterer Güte, durch Leimen, Zinken oder Dübeln aufgebracht wurde. Auch suchte man, einen Model so lange als möglich verwendungsfähig zu erhalten und reparierte Risse mit »schmiedeeisernen Bandagen«. Mangelndes Geld und auch Mangel an Gelegenheit, neue Model zu bekommen, führten dazu, daß man das Vorhandene maximal ausnützte. Diese beiden Umstände brachten es aber auch mit sich, daß man sich im Bedarfsfall sogar bei mangelndem Talent die Model selbst schnitt oder vom Gesellen stechen ließ.

Wie hoch ein begabter Geselle geschätzt wurde, geht daraus hervor, daß er bei Tisch neben dem Meister saß, also einen Ehrenplatz hatte, und auf der Wanderschaft den Hirschfänger tragen durfte[157].

Ein Lebzeltergeselle, der sich gut auf das Modelstechen verstand, wanderte mit seinem Werkzeug im Lederranzen manchmal auch nur als Schnitzer von einer Lebzelterei zur andern und führte dort an Ort und Stelle Aufträge wunschgemäß aus; er gab seinerseits Anregungen, berichtete, was er anderswo an neuen Motiven gesehen hatte, und machte Vorschläge, was seiner Meinung nach gestochen werden sollte und ob und wie er es ausführen könne und wolle. Manchmal setzte er sogar seine Initialen – wie z. T. die anderen Stecherkollegen (berufsmäßige Stein- oder Formschneider, Kupfer-, Stempel- bzw. Petschierstecher usw.) auch – in den Model, allerdings in die glatte Fläche oder in die

Fig. 16 Porträt des 80jährigen Franz Anton Surauer, der sein Lebzelterwappen (Herz mit Merkurstab und seinen Initialen) in der Hand hält. 1759. 69 × 90 cm.
Wasserburg, Heimathaus

Schmalseite der Platte. Das Monogramm im gestochenen Bild selbst ist das Zeichen des Besitzers.

Neben den Monogrammen des Meisters (Besitzers) und des Stechers (z. B. Gesellen) finden wir auch Lebzelterzeichen auf Modeln. Zu den häufigsten Lebzeltersymbolen zählt die Raute, auch eine der gängigsten Lebzeltformen, die häufig auch »Schifferl«, »Schiferl«, »Schiffli« u. ä. genannt wird. Ferner finden wir unter den Zeichen auch den Merkurstab als das Symbol der fahrenden Kaufleute, und wir dürfen nicht vergessen, daß der Lebzelter zu vielen Anlässen während des Jahres unterwegs war, die Märkte besuchte und so für den notwendigen Absatz sorgte.

Mit Humanismus und Renaissance tritt das Individuum immer mehr in den Vordergrund und Künstler werden auch namentlich genannt und bekannt. Es wurde zunehmend üblich, die eigenen Werke zu signieren und so finden wir im Laufe der Zeit immer mehr Schnitzermarken. »Zwar lassen sich schon im 15. Jahrhundert – wenn auch nur selten – solche Marken auf den Tonmodeln finden. Sie entsprechen den einfachen runenhaften Haus- und Steinmetzzeichen, aber es wird sich schwerlich feststellen lassen, welcher Künstlername oder welche Werkstatt sich hinter ihnen verbirgt. Es ist eine Ausnahme, daß wir für die Signaturtäfelchen, die Hartmann Kistener in die Ornamentik seiner Model einfügte, die Deutung wissen. Ein kostbares Unikum aber ist die volle Künstlersignatur, noch dazu mit Angabe des Empfängers, wie sie sich auf einem Holzmodel mit einer Krönungsszene von 1569 befindet, der ehemals im Besitz des Germanischen Nationalmuseums zu Nürnberg war. Hier lesen wir: Prixner sculpsit Pauli Kaerner, und wissen, daß der genannte Schnitzer diesen Model, sei es als Bestellung oder Geschenk, für Paulus Kaerner arbeitete.«[158]

Auch aus dem Germanischen Nationalmuseum stammt ein Model, der den Namen des Formschneiders Timotheus Prunner (um 1644) trägt. Das Bayerische Nationalmuseum in München hat einen voll signierten und datierten Model aus dem frühen 17. Jahrhundert, ein ebenfalls seltener Fall (Fig. 17). Dort heißt es auf einem auf der Rückseite eingeschnitzten Medaillon: »Marx Holzapfel von Rotenman aus der Obern Steiermarck 1628.«[159]

Ebenso interessant wie die seltenen frühen Signaturen und die noch spärlicheren begleitenden Datierungen sind die – später immer häufiger anzutreffenden – Schnitzer- und Besitzerzeichen, die mit Hilfe von Familiengeschichte sowie archivalischer Forschung usw. identifiziert und handwerksgeschichtlich in einem größeren Zusammenhang interpretiert werden können. So hat Joseph Ofner die über hundert Lebkuchenformen einer Sammlung[160], die zum größten Teil in der oberösterreichischen Stadt Steyr, einem Lebzelterzentrum, zusammengetragen worden waren, durch genaues und vielseitiges Studium zeitlich und personell ein- und zugeordnet. Einige Namen und Daten aus seiner langen Liste seien als Beispiele angeführt:

FAH = Franz Adam Hofer, Lebzelter von 1716 bis 1746 in Steyr
PP = Pongras Perger, Lebzelter um 1631 in Steyr
GM = Georg Mayer, um 1650 Lebzelter in Steyr
BF = Benedikt Fiedler, Lebzelter um 1651 in Steyr
IP = J. Prunner, Lebzelter um 1768 in Steyr
AM = Anton Müller, Lebzelter von 1746 bis 1762 in Steyr
JH = Johann B. Hasch, Lebzelter um 1770 in Steyr
FS = Franz Stahl, Lebzelter von 1892 bis 1919 in Steyr[161]

Weitere Zusammenstellungen, so für Holland

(durch Schilstra) und für Ungarn, finden wir an gleicher Stelle.
Eine gute Übersicht aus jüngster Zeit stammt von Rudolf Suppan, der ein »Verzeichnis steirischer Lebzeltermeister zum Teil mit Symbolen und Monogrammen« bringt, die alphabetisch gereiht sind. Wie schon der Verfasser betont, ist die Liste unvollständig. Trotzdem ist sie beachtlich. Nicht nur handwerksgeschichtliches Interesse ließ Suppan die Aufzählung in sein Buch aufnehmen; er wollte auch »Sammlern und Besitzern von Modeln oder Wachsabdrücken die Möglichkeit einer leichteren Bestimmung« schaffen. Seine Liste steirischer Lebzeltmeister umfaßt 163 Namen einschließlich Lebensdaten und Wirkungsort[162]. 22 Beispiele von Signaturen und Kennzeichnungen auf Lebzeltmodeln ergänzen die Aufstellung[163].
An dieser Stelle sei auch noch ein nützlicher Hinweis angebracht. Man soll bei den Signaturen nicht vergessen, daß im deutschsprachigen Raum häufig und vor allem in späterer Zeit die erste Initiale den Vornamen, die zweite bzw., bei mehreren Vornamen, die letzte Initiale den Nach- oder Familiennamen bedeuten. Anders ist es im Ungarischen, wo der Familienname an erster Stelle steht. PZ bzw. PCZ für die ungarische Schreibweise steht für Paulus Zechmeister bzw. Czehmeister, wie aus dem Archiv der Stadt Raab (Györ) hervorgeht. Auch Leander Zitterbarth zeichnete nach ungarischer Sitte ZL[164].
Im 19. Jahrhundert erlebte die Modelschnitzerei oder Formstecherei bzw. -schneiderei, wie diese Kunst genannt wird, noch eine späte – und letzte – Blüte. Nun sind es aber zumeist künstlerisch begabte Lebzelter oder Zuckerbäcker bzw. Konditoren, die sich Model für ihre Lebkuchen oder für Marzipan verfertigten. Auch letztere konnten von respektabler Größe sein, selbst wenn man fürs erste nicht daran denkt. Große runde Marzipanabdrücke wurden gerne auf repräsentative Torten gelegt.
Zu jenen Lebzeltermeistern, die wegen ihrer Formschnitzerei ebenso bekannt waren wie wegen ihrer Lebkuchenerzeugung, gehörten die Angehörigen der Lebzelterdynastie Beliczay in Budapest. Reiches Archivmaterial läßt die Geschichte dieser Pester Lebzelterei und späteren Lebkuchenfirma Imre Beliczay lebendig werden. »Der 1806 geborene Gründer lebte zunächst von der Formenschnitzerei, wanderte durch Transdanubien und Österreich und ließ sich – nach schweren Kämpfen mit der Innung – 1832 in Pest nieder. Generationen hindurch blühte das Unternehmen, dessen Stolz die 140 Sorten Lebkuchen waren, die in alle Welt gingen. Die alten, mit IB oder EB [für Imre B. oder, auf deutsch, Emmerich B.] gezeichneten Formen wurden vom letzten Inhaber dem Budapester Museum für Kunst und Gewerbe übergeben.«[165] Diese Vorgangsweise ist dem Vorgehen der Münchner Lebzelterfamilie Ebenböck vergleichbar, deren Familien- und Handwerksgeschichte nunmehr aufgearbeitet wurde (vgl. dazu S. 54ff.). Die ebenfalls in ihrer Familien- und Handwerksgeschichte genau erfaßbare und zeitlich genau vergleichbare Lebzelterfamilie Rachenzentner (vgl. S. 59–65), die sogar die Lebzelterei noch heute ausübt, hat fast keine Model mehr; sie wurden während der Besatzungszeit als Heizmaterial verwendet.
Der Formschneider bei der Arbeit wurde zwar im Stich, kaum aber in der Fotografie gezeigt. Eine seltene Ausnahme ist das Foto, das den Lebzelter Alexander Szikszai aus Békés in der ungarischen Tiefebene bei der Herstellung einer Form in seiner Werkstatt zeigt. Die Darstellung seiner Arbeit in Wort und Bild enthält auch eine Gegenüberstellung von fertigen Modeln und zeichnerischen Vorlagen sowie »ausgeschnittene Papierformen«, also Schablonen, mit deren Hilfe der Lebzelter den Rahmen der zu verfertigenden Form auf das Holz zeichnete[166]. Solche Vorlagen für Model haben sich kaum erhalten. Sie wurden, als man keine gemodelte Ware mehr herstellte, noch eher weggeworfen als die Model selbst. Daher hat Karl Haiding recht, als er anläßlich der Ausstellung »Bienenzucht und Lebzelter-Handwerk« schrieb: »Als Seltenheit zeigt die Sammlung aus dem Besitze von Wilhelm Hofer in Rottenmann auch Zeichnungen der Modelstecher ...«[167]

Wie hat man geschnitzt?

József Végh beobachtete den schon erwähnten Békéser Lebzelter Alexander Szikszai, wie er sich seine Formen herstellte. In der deutschen Zusammenfassung seines Berichts heißt es: »Das

Fig. 17 Signatur des Modelstechers Max (früher Marx) Holzapfel aus Rottenmann in der Steiermark. Sie lautet: »Marx Holzapfel von Rotenman aus der Obern Steiermarck 1628« und befindet sich auf der Rückseite des Models (rechts). Das Modelmotiv ist »Maria in der Glorie« (links). Seltenes Beispiel eines vom Stecher voll signierten, datierten und noch dazu relativ frühen Models. München, Bayerisches Nationalmuseum

ausgetrocknete Holz wird zersägt und glatt gehobelt. Die Form skizziert der Meister auf Karton und schneidet sie aus. Mit Hilfe einer ausgeschnittenen Papierform zeichnet er den Rahmen der zu verfertigenden Form auf das Holz auf. Der Form und dem Rahmen entsprechend schnitzt er in das Holz eine glatte Gründung von 3 mm Tiefe und zeichnet die Umrisse der Form in die Gründung hinein. Jetzt folgt die Ausbildung der Form mittels verschiedener Meißel und Schnitzmesser. Die Lebzeltform darf weder zu dick noch zu schmal sein.«[168]

Von Interesse ist auch die Beschreibung im Zusammenhang mit der Herstellung von Schwefelformen für Marzipanabdrücke durch Carl Anton Schröder in Lübeck[169].

C. A. Schröder wurde 1809 in Bremen geboren und kam als Grützmacher nach Lübeck, wurde aber bald Konditoreigehilfe bei Hebich am Markt. Nicht nur die Ausbildung zum Lebzelter, sondern auch die zum Konditor umfaßte, sicherlich ebenfalls nur zeit- und gebietsweise, das Modelschnitzen. Schröder hatte dafür ein besonderes Talent. Er sattelte zwischen 1856 und 1868[170] ganz auf die Formschneiderei um, vorerst noch als Angestellter in der Firma »Borgwald, Grütz-, Graupen- und Mehlhandlung«, später aber als »selbständiger Formfabrikant«. Zu seinen Kunden zählten Firmen von Weltruf wie z. B. die Gebr. Stollwerck. In seinem Nachruf 1901 hieß es: »Schröders Arbeiten sollen, wie uns von Fachleuten versichert wird, was die peinlich saubere Ausführung anbelangt, bisher von keinem der wenigen vorhandenen Formschneider übertroffen worden sein.«[171]

Das Modelschneiden nahm Schröder so vor: er »schnitzte aus Birnbaumholz die Formen vertieft aus. In feiner und sorgfältiger Stichelarbeit bemühte er sich um jedes Detail. Er ließ das meist quadratische Brett nicht rund aussägen, sondern zeichnete mit dem Zirkel die Größe der Rundform ein«[172]. Es handelte sich also hier um Formen für Marzipantorten[173].

Ruhm und Reichtum, oder vielleicht doch eher Ruf und Wohlhabenheit Schröders beruhten natürlich in erster Linie auf seiner Kunstfertigkeit. Dazu kam aber noch ein zweiter entscheidender Umstand. Während die hölzernen Lebzeltmodel Werkzeuge zur Herstellung der Lebkuchen waren, waren Schröders Holzformen Mittel zur Produktion weiterer Model, denn die fertige

Fig. 18 Formschneider (Modelstecher) bei der Arbeit. Bei Holzmodeln spricht man auch vom »Modelschnitzer«. Der für seine Berufsdarstellungen berühmte Christoff Weigel schreibt über das Formschneiden 1698: Ist das Holz sehr glatt gehobelt, »wird es mit einem zart-geriebenen Kreidengrund ganz überstrichen, alsdann von dem Formenschneider selbst, so er des Zeichnens kundig ist, oder aber einem in dem Schraffieren wohl geübten Mahler und Zeichner die beliebige Figur aufgerissen«. Dann konnte die Arbeit des »Stechens« oder »Schneidens« bzw. »Schnitzens« mit Schnitzmesser, Hohleisen und Grabstichel beginnen. Kupferstich von Georg Vogel (nach Gabler). 10 × 16,5 cm.
Langenau, Heimatmuseum

Holzform wurde »mit Tragant ausgedrückt, dieses Positiv mit einem Rand versehen und mit Schwefel ausgegossen. Nach dem Erkalten bekam der Schwefel zur besseren Haltbarkeit noch einen Gipsmantel, der mit Schellack überzogen wurde. Auf die Rückseite wurde dann die Nummer der Form geschrieben ... Wenn sich im Herbst im Hinblick auf die Weihnachtszeit die Bestellungen häuften, half auch der Sohn beim Vervielfältigen. Die fertigen Formen mußten sorgfältig in Kisten verpackt werden ... Für die schweren Formen hatten die Konditoren besondere Schränke mit schmalen Fächern, in die jeweils eine Form senkrecht hineingestellt wurde. Eine Form von etwa 30 cm Durchmesser kostete vor dem Ersten Weltkrieg 20 Mark, also damals eine ziemliche Summe ...«. Nicht alle Hersteller von Schwefelformen arbeiteten allerdings nach Holzformen wie Schröder, manche gingen von gröberen Tonmodellen aus[174]. Noch heute besitzen viele Konditoreien solche Schwefelformen für das Ausformen von Marzipan. Auch unter dem Angebot für Konditoreibedarf, z. B. der Firma Vydra & Bohuslav in Prag, treffen wir auf Marzipan-Schwefelformen[175].

Mit dem einmal geschnitzten Holzmodel, dem Tragantabdruck und der Schwefelform war die serielle Fertigung immer gleicher Matrizen in unbeschränkter Zahl problemlos möglich geworden und jede Matrize brachte Geld und verbreitete den Ruf des Herstellers.

Die Nachfolge des Schwefels hat in der heutigen Zeit das Silikon angetreten, mit dessen Hilfe man mühelos von jedem Abdruck (Positiv) eine Negativform herstellen kann, was eine freie Verfügbarkeit jedes erreichbaren Modelmotivs zur Folge hat. Während man anfänglich, als Wachs- oder andere nicht eßbare Abdrücke von Lebzeltmodeln in Mode kamen[176], vom Originalnegativ (Holzmodel) eine Silikonkautschukform (über ein Abdruck-Positiv) herstellte, um den – bereits als Volkskunst geschätzten und teuren – Holzmodel zu schonen, fertigten sich mit steigender Geschäftsaussicht auch solche Leute, die keine Beziehung zu den hölzernen »Urformen« hatten und auch keine solchen besaßen, von ausgeborgten Modeln oder von gekauften Abdrükken die für ihre weitere Produktion benötigten Silikonkautschukformen an. Mit diesen konnten sie nun eine gewisse Serienproduktion anlaufen lassen, denn ein Silikonnegativ ist für ungefähr 200 Abformungen gut. Danach ist es zu sehr geschrumpft und spröde für weiteren Gebrauch[177]. In dieser Hinsicht ist ihm die hölzerne, geschnitzte Form bei weitem überlegen, von der Schönheit des Materials einmal ganz abgesehen. Noch immer werden Model geschnitzt, nicht nur als negative Zierbilder aus Lindenholz, die für den praktischen Gebrauch untauglich sind (vgl. S. 35), sondern auch für Abdrücke aus Wachs usw. Einer dieser selten gewordenen Formschneider ist Herbert Rohr aus Gradenegg bei Moosburg in Kärnten. Wenn auch nicht als Handwerk und Beruf, so doch als Hobby und »Berufung« lebt also die Kunst, hölzerne Model zu stechen, fort.

Von der Bestimmbarkeit der Model

Die Erkenntnis des wohl besten bisherigen Modelkenners, Albert Walzer, daß bei vielen Modeln die Frage, ob sie für Lebkuchen oder Springerle, für Frankfurter Brenten oder Schweizer Tirggel verwendet worden sind, unbeantwortet bleiben muß, »denn das ließe sich heute kaum noch recht auseinanderhalten«[178], ist nicht nur aufschlußreich, sondern von grundsätzlicher Wichtigkeit. Eindeutige feste Beziehungen zwischen bestimmten Modelgebäcken (und damit Teigarten) und bestimmten Modeln sind nur in den wenigsten Fällen gegeben und für eine Einteilung der hölzernen Model nicht von ausschlaggebender Bedeutung. Aber natürlich gibt es auch hier ergänzende Ausnahmen.

Alterfahrenen Konditoren zufolge[179] gibt es ganz wenige »ausgesprochene Lebkuchenformen«; solche seien von der Art, wie sie unsere Abbildungen 138 und 139 zeigen[180], und noch zu Beginn unseres Jahrhunderts in Gebrauch gewesen.

Eine gewisse Zuordnung von Teig und Form ist auch bei den Spekulatiusmodeln gegeben. Der Spekulatiusteig ist ein Mürbteig mit halb so viel Fett wie Mehl, wenig Ei und keinem Treibmittel, der leicht »verlaufen« kann. Spekulatiusmotive, als Einzelfiguren untereinander oder als dicht zusammengerückte Gestalten nebeneinander und jeweils ohne Rahmen gestochen, weisen einen flachen Boden und einen drei bis vier Millimeter hohen senkrechten Rand auf, was eine gute Figurenkontur ermöglicht. Kerbschnittartige Bodenmusterungen ergeben die Binnenzeichnung[181].

Für die »Zürcher Tirggel« wird Mehl mit Honig vermischt, dann kommen Zucker und wenige, allerdings besondere Gewürze[182], aber kein Treibmittel hinein. Diese Tirggel sind dünne Scheiben. Sie kommen nur so lange in den Ofen, bis die plastisch erhabenen Stellen, also die Reliefs, angebräunt sind; die tieferen bzw. flachen Stellen sowie die Rückseite müssen hell bleiben. Aus diesem Grund sind bei diesem Modelgebäck keine großen Höhenunterschiede möglich. Die Motivgestaltung verlangt gleichstarke Akzente und schließt eine »Steigerung auf das Zentralmotiv« hin aus[183].

Mit »Springerlesmodel« werden heute im Schwäbischen alle Model, die ohne eigene Randung plattenfüllend Figur an Figur reihen, bezeichnet. Aber viele dieser Model waren ursprünglich für Honiglebkuchen gedacht und sind so verwendet worden. Eine Beurteilungshilfe dafür, für welche Teigart der Model anfänglich bestimmt und dementsprechend gestochen worden war, ist folgende Überlegung bzw. Erkenntnis, die als eine Art »Daumenregel« anzusprechen wäre: weniger, größere und tiefer geschnittene Figuren einer Modelplatte lassen eher auf eine Lebkuchenform schließen, tiefere Springerlemotive (obiger Definition) auf Eierspringerleformen, flachere bzw. auffallend flache Motive auf Wasserspringerle-Model (vgl. dazu S. 50 und 53). Wie relativ jedoch auch diese Aussage ist, läßt eine mir unlängst brieflich von Hans Pflüger (Heimatmuseum Langenau) zugegangene Mitteilung erkennen, die besagt: »Erwähnenswert scheint mir noch, daß es sich [die Rede ist von Abb. 300] um keine Lebkuchenform, sondern um einen Marzipanmodel handelt. Diese Marzipanmodel wurden im Schwäbischen in schlechteren Zeiten zur Herstellung von ›Springerle‹ verwendet. Der Springerlesteig war weniger aufwendig.«[184] Hier wird also eine Marzipanform, die für diese besonders fein abmodelbare Masse geschnitzt worden war[185], zum Abformen mit Springerleteig herangezogen, der andere Anforderungen an einen Model stellt. Es geht aber gleichzeitig klar hervor, daß die Springerlemasse als Marzipanersatz diente (und auch als solcher entstand?)[186].

Fig. 19 Flechtornament, oft als »Liebesknoten« bezeichnet. Im wesentlichen ein frühes Modelmotiv. 17 × 19,5 cm. Wien, Österreichisches Museum für Volkskunde

Die Model können also Unterschiede aufweisen, die durch das Gebäck, das geformt werden soll, also funktional, bedingt sind; dazu kommen noch entwicklungsgeschichtliche Verschiedenheiten in der formalen und z. T. auch in der inhaltlichen Gestaltung; einige sollen hier gestreift werden[187].

Die Masse der erhaltenen Model gehört dem 17. und 18. Jahrhundert an, wobei sowohl das vorangehende 16. als auch das nachfolgende 19. Jahrhundert, wo es zu einer nochmaligen Blüte der Modelkunst kam, gut vertreten sind. Die Kunststile der Vergangenheit wirken dabei lange nach, was auch generell für die Volkskunst immer wieder gesagt worden ist. So finden wir die gotische Ornamentform des Vierpasses gelegentlich noch bis ins 17. und sogar 18. Jahrhundert. Vorherrschend im 16. und 17. Jahrhundert ist allerdings der Rundmodel, der bis zu 30 und 40 cm im Durchmesser erreichen kann. Zumeist füllt ein Motiv die gesamte Fläche und wird von einer Girlande bzw. einem Blattstabornament eingefaßt bzw. gerahmt. Zu den häufigen Bildinhalten solcher Model zählen u. a. religiöse und profane Szenen vor Architekturkulissen (Stall von Bethlehem, Tempel usw.) oder im Vordergrund einer Landschaft, Figuren (allein oder zu

Fig. 20 Liebessymbol und Blumenornamente mit jeweils einem Vornamen. Die vier »Täfelchen« konnten auseinandergeschnitten und einzeln verehrt werden. Solche Motive waren inhaltlich und formal in der Biedermeierzeit beliebt und wurden gern für die kleinen »Springerle« verwendet. Man spricht daher heute fast immer in diesen Fällen von einem »Springerlemodel«. 10 × 29,5 cm. Langenau, Heimatmuseum

Fig. 21 Viele kleine, in der Biedermeierzeit in Mode gekommene und fortlebende Motive auf einem »Springerlemodel« (vgl. Fig. 20). In Wassermarzipan ausgeformt und bemalt, wurden und werden sie häufig als Christbaumbehang verwendet. 15 × 16 cm. Crailsheim, Café Frank

zweit, auch als Paar) vor einer Ornamentwand oder einem Landschaftshintergrund, Wappen u. ä. Nicht selten handelt es sich bei diesem Motivgut um mittelalterliches Bilderbe.
Neben den runden finden wir ebenfalls zahlreiche rhombenförmige Model. Auch sie beruhen auf mittelalterlicher Tradition. Ihr Bildinhalt besteht bei den kleineren aus ein bis zwei Figuren mit flächenfüllendem Beiwerk (»horror vacui«), bei den größeren bzw. den ganz großen (bis zu 40 und 50 cm hoch und z. T. noch höher) aus figurenreichen Szenenbildern, vor allem aus der Heilsgeschichte (vgl. hier zu diesem Typus Abb. 9 und die verwandten Sonderformen von Abb. 73 und 74). Diese großen Rhombenmodel haben keine mittelalterlichen Vorbilder. Daneben finden sich auch quadratische oder annähernd quadratische Formen wie die berühmte Golgathaszene des Models aus dem Jahre 1587 (Abb. 42). Ab der zweiten Hälfte des 17. Jahrhunderts überwiegen die stark hochrechteckigen Formen. Auf ihnen finden wir viele Einzelfiguren und Figurengruppen, die ohne inhaltlichen Zusammenhang und ohne verbindenden Hintergrund dargestellt werden. Später erscheinen diese Gestalten gleich hoch und zu Reihen geordnet.
Vom späten 18. Jahrhundert an mehren sich die Modelplatten mit Motiven in gleich großen Rahmen. Sie wirken, wie Walzer in einem guten Vergleich sagt, »wie Blätter eines Briefmarkenalbums«[188]. Dieser Typus wurde vor allem im Biedermeier stark bevorzugt.
Wegen der weitgehend unsicheren Bestimmbarkeit der hölzernen Model auf der einen und der mehrfachen Verwendungsmöglichkeit vieler oder sogar der meisten Model auf der anderen Seite wurde von einer näheren Zuordnung bei den Bildtexten Abstand genommen. Ohne den Model jeweils in der Hand gehabt und sich ihn womöglich noch mit einem Praktiker (Lebzelter- und Konditormeister) begutachtet, sich dessen Kenntnis und Erfahrung zunutze gemacht, und ihn sogar vielleicht noch verwendet zu haben, ist jede diesbezügliche Aussage zumindest einseitig.

Der Model als Universalgerät serieller Vervielfältigung

Wichtige Daten aus der Geschichte der Modelkunst bzw. der Gebäckmodel im besonderen finden sich schon im Werk von H. J. Hansen, Kunstgeschichte des Backwerks[189]. Das im Vorjahr erschienene Buch von Herbert Kürth, Kunst der Model[190], faßt die bisherigen Kenntnisse und Erkenntnisse über die Technologie und den Verwendungszweck der frühen Model in so anschaulicher und gut lesbarer Form zusammen, daß hier nur ganz Wichtiges zur grundsätzlichen Orientierung gesagt und im übrigen auf Kürths Ausführungen verwiesen sei.

Heute denkt der Laie bei dem Wort »Modelabdruck« kaum an die Reliefauflagen, mit denen die Töpfer früher[191] z.T. ihre Krüge, Kannen und anderes Geschirr verzierten. Diese Abdrücke wurden mit etwas Tonschlicker auf die lederhart getrockneten Gefäße aufgeklebt. Derartige Erzeugnisse, zu denen auch die berühmten »Siegburger Schnellen« (Trinkkannen) zählen, sind heute sehr begehrt.

Diese Töpfereierzeugnisse sind für das Verständnis der Modeltechnologie als »Kette von Modelfertigung und Modelgebrauch« sehr wichtig. Die Reliefauflagen sind zumeist von einer so außerordentlichen Feinheit, daß sie nicht auf eine Grundform aus Ton zurückgehen können, denn Ton ist zu weich und läßt sich nicht so fein schneiden. Das Motiv wurde in Sandstein geschnitten[192]. So gut sich dieses Steinmaterial zum Stechen eignet, so wenig brauchbar ist es für das Abformen mit dem nassen, weichen Ton, denn der Stein konnte bald nicht mehr genügend Wasser aufsaugen. Dies aber konnten wiederum Tonmatrizen. Daher nahm man vom fein gestochenen Steinmodel eine gute Tonpatrize ab,

Fig. 22 Klapp- oder Paßmodel zur Herstellung von plastischer Ware. Die beiden Hälften des Models können genau passend zusammengefügt werden (mit Zapfen und Loch), dann wird Wachs eingefüllt (daher spricht man auch von einem »Gußmodel«), und die beiden Hälften werden nach dem Erstarren auseinandergeklappt. Es ist aber auch getrenntes Ausformen der Vorder- und Rückseite mit festem (eßbarem) Material wie Marzipan, Tragant oder Lebkuchenteig möglich, wobei die beiden Hälften nachträglich zusammengesetzt werden (vgl. z.B. Fig. 12 oder Abb. 293 und 319). Je 47 × 7 cm.
Köln, Stadtmuseum

brannte sie, stellte mit ihrer Hilfe eine nunmehr ebenfalls feine Tonmatrize her und brannte diese ebenfalls. Mit diesem Model aus gebranntem Ton konnte man nun so oft arbeiten, wie man wollte. Darüber hinaus konnte man mit solchen Sekundärmatrizen auch Handel treiben, da man sich bei Bedarf von der Steinmatrize, aber auch von gebrannten Tonpatrizen jederzeit ein Ton-Negativ abnehmen und brennen konnte. Dieser Vorgang erinnert an die viel spätere Vervielfältigung von Schwefelformen für Marzipanreliefs[193] und ist gleichzeitig eine mögliche Erklärung für Motivwanderung und -übernahme[194].

Andere Töpferwerkstätten stellten mit Hilfe von Modeln Terrakotta-Reliefs[195] her, so die Lübekker Werkstatt des Statius von Düren. Bei diesen Abformungen arbeitete man im großen Stil, denn »solche Reliefplatten wurden zu Friesen, Pilastern, auch Fensterumrahmungen gereiht und dienten repräsentativen Bauwerken als Schmuck«[196].

Mit Hilfe der Modeltechnik verzierte man auch große und kleine Gegenstände aus Metall wie Glocken[197] und Mörser, des weiteren aber auch Schachteln, Dosen und Kästchen. Diese Reliefs waren im ersteren Fall immer, im letzteren häufig aus Metall. Metallene Modelabgüsse begegneten aber auch als Andachtsbilder und Devotionalien sowie als Plaketten oder Pilgerzeichen, die man sich auf Hut oder Mantel nähte[198]. Wir kennen aber auch kleine Andachtsbilder in Form modelgeprägter Medaillons aus Papiermasse. »Derartige Papierreliefs fertigten die Nonnen selbst an, kolorierten sie und hängten sie zum Schmuck an die Wand ihrer Zelle ... Papier war leicht, unzerbrechlich, zugleich wohlfeil und ergab dazu recht gute Ausformungen.«[199]

Zur großen Gruppe weiterer Model gehören dann noch z. B. die Backformen oder Gebäckmodel (aus Ton oder Metall – Kupfer, Zinn, Blech), in die die rohe Teigmasse eingefüllt und in der Form gebacken wird; die »Stürzformen« für Gelees oder dick mit Zucker eingekochte Fruchtsäfte u. ä., die z. T. als »Sulzen« bzw. »Sülzen« und »Käse« (Quittenkäs u. v. a.) bekannt sind und die wie das »Gefrorene« oder Eis nach dem Erkalten (Erstarren) aus der Form »gestürzt« werden usw.; ferner auch die verschiedenen Buttermodel, die Waffeleisen, sowie, um vom eßbaren Modelrelief wegzukommen, auch die Druckmodel für den Blaudruck, für Tapeten

Fig. 23 Model für dreidimensionale »zusammengesetzte Ware«: Körbchen (links) und Wiege mit Fatschenkindl (rechts). Auf der Wiege Dreisproß und Lebzelterzeichen. 14 × 33,5 cm. Wasserburg, Heimathaus

u. a. m.[200]. Letztgenannte Model dienen zum Bedrucken von Textilien oder Papier und sind in Art und Herstellung von den früher besprochenen Modeln grundsätzlich verschieden. Auch wird mit ihnen anders gearbeitet.

Bei den Druckmodeln ist das Muster (Bildmotiv, Schrift) »erhaben«: »Der Stoffdruckmodel ist auf einer Ebene geschnitzt ... Das Muster geht nicht in die Tiefe, sondern wird ja auch nur auf eine Ebene gedruckt. Für den Modelschnitzer besteht die Kunst darin, daß eine glatte Oberfläche ohne Abweichungen, schön plan geschliffen, eine möglichst präzise Wiedergabe des Motivs möglich macht.«[201] Bei den Formen zum Ausmodeln ist das Bildmotiv sowie die fallweise ebenfalls vorhandene Schrift in die Modelplatte eingetieft. In diese Hohlformen wird die jeweilige Masse (Teig, Ton usw.) eingedrückt und dann herausgeholt (durch Abziehen, Herausschlagen usw.). Das Ergebnis ist der Modelabdruck, ein erhabenes Relief, technologisch auch als Positiv oder Patrize bezeichnet. Mit dieser Art von Modeln wird einer plastischen Masse Gestalt verliehen, wobei man sowohl den Massekörper als auch dessen Oberflächenrelief prägt. »Die ornamentale oder figürliche Reliefgestaltung kann sehr in den Vordergrund treten, der Körper schrumpft dann zur bloßen Schichtfläche, die das Bildrelief trägt.«[202]

Für vollplastische Objekte oder Figuren benötigt man zweiteilige, sogenannte Klapp- oder Paßformen, die Vorder- und Rückseite zugleich ausformen. Während hier das Ausformen vor allem durch Eingießen der Masse, zumeist Wachs[203], in einem Arbeitsgang erfolgt, gibt es noch eine andere Art, plastische Formen herzustellen, wobei aber zumindest zwei oder mehr Arbeitsgänge erforderlich sind. Es gibt nämlich auch die mit Hilfe der einfachen Matrizen hergestellte sogenannte »zusammengesetzte Ware«, bei der die einzelnen Teile ausgeformt und dann erst nach dem Backen oder Übertrocknen im Backrohr zusammengefügt bzw. miteinander verbunden werden. Derartige Figuren oder Objekte konnten sowohl aus eßbarem Material (Tragant, Marzipan, auch Lebkuchenteig) als auch aus dem nicht genießbaren Wachs abgeformt werden. Zu verweisen ist hier auf die Abbildung 293 (Taschenuhr), Abbildung 320 (Schaukelpferd) und Abbildung 322 (Puppe), aber auch Häuser (Fig. 11), Obelisken, Schuhe, Wiegen (Fig. 23) u. v. a. m. begegnen als dreidimensionale Modelware. Vor allem die Architektur der Tafeldekorationen an Fürstenhöfen verlangte diese Produkte.

Besonders gute und schöne Bildbeispiele von zusammengesetzter Ware bietet Kürth (u. a. einen Pavillon, einen Laubengang und eine Dose, siehe dort Abb. 35, einen Obelisken, Abb. 39, und einen Pantoffel, Abb. 38).

Was ist eigentlich ein Lebkuchen?

Diese Frage ist, wo es doch in diesem Buch in erster Linie um Lebkuchenmodel geht, von grundlegender Bedeutung und ebenso wichtig wie die Frage nach den Modeln. Sie ist vom Fachmann, dem Lebzeltermeister (der zumeist gleichzeitig Konditormeister und Zuckerbäcker ist), ohne weiteres und sogar kurz und bündig zu beantworten.

»Das Charakteristische am Lebkuchen ist, daß er aus einem *gesottenen Teig* bereitet wird«, heißt es. Im Arbeitsvorgang des Siedens »zeigt sich der grundlegende Unterschied zum Zuckerbäckerhandwerk. Alle Teige für die Herstellung von Lebkuchen müssen gesotten werden. Zu diesem Zweck bringt man den Süßstoff, also Honig, Zucker oder Sirup oder ein Gemisch aus diesen unter Beigabe von einer jeweils entsprechenden Menge von Wasser oder auch Milch in einem Kupfer- oder verzinnten Kessel zum Kochen, so lange, bis die Flüssigkeit auf der Zuckerwaage 32 bis 38 Grad anzeigt ...«. Diese Flüssigkeit wird filtriert und dann in die Mischmaschine oder den Mischtrog geschüttet, wo, wie bei der Broterzeugung, mit Mehl abgemischt wird[204]. »Mit dem Ausmischen darf erst begonnen werden, wenn die Flüssigkeit bis zur Körpertemperatur des Menschen abgekühlt ist. Das Mehl wird vorher gesiebt und ist nach Tunlichkeit, besonders bei der Herstellung von Honigteigen, vorzuwärmen.«[205] Der fertige Teig muß vor seiner Aufarbeitung zumindest ein bis zwei Tage lagern, »damit das Zusammenziehen beim Ausrollen ... durch das vollständige Auskühlen eliminiert wird. Reine Honigteige nehmen hier eine Sonderstellung ein. Ihre notwendige Lagerung beträgt ein Vielfaches der gewöhnlichen Lagerzeit und kann bis zu einem Jahr reichen. In dieser Dauer vollzieht sich ein Gärungsprozeß, der die Backfähigkeit des Teiges stetig steigert«[206].

Die gelagerten Teige werden unter Zusatz von Treibmitteln und Gewürzen sowie sonstigen, »den Geschmack und die Konsistenz hebenden Stoffen« wie Eiern, Fett, Mandeln und Früchten »back- und mundfähig« gemacht. »Zu diesem Zweck kommen sie aus den Lagerfässern in die Breche oder Knetmaschine, in der die vollständige Vermengung der einzelnen Materialien erfolgt ... Besondere Sorten, wie zum Beispiel die Pfeffernüsse, die aus reinem Honigteig bestehen, werden nur mit der Hand gezogen (vermengt), um eine beste Vermischung zu erhalten.«[207] Die Pfeffernüsse, »auch Pfefferkuchen oder Lemonitaferln genannt, werden aus einem Spezialgrundteig von reinem Honigseim oder Tropfhonig erzeugt. Nach einer entsprechend langen Lagerzeit wird der Teig unter Beimischung des sogenannten Bröckelteiges, einer Mischung aus gekochtem Honig, Mehl, Wachs und Schmalz, mit Ammonium und flüssiger Pottasche getrieben und ungewürzt zu fingerdicken Platten ausgerollt und im Ganzen gebacken ... Der Teig soll bis fast zur vierfachen Höhe seiner Rohstärke aufgehen. Durch Aufdrücken traubenförmig aneinander gegliederter Blechringe im Durchmesser von einem halben Zentimeter vor dem Bakken erhält die Oberfläche ein prägeartiges Muster. Nach vollständigem Erkalten werden die Taferln in jeweils kleinere Stücke geschnitten und die Oberfläche mit einer Eiweiß-Stärke-Glasur überzogen.«

Die Pfeffernüsse »stellen seit eh und je das Meisterstück des Lebzelters dar«, sie sind sozusagen die Krone des Handwerks. »Wer Pfeffernüsse in der voran beschriebenen Weise zu erzeugen imstande ist, beherrscht die Lebzelterei.«[208]

Welch großes handwerkliches Können bei gelungenen Pfeffernüssen dahintersteckt, weiß wahrscheinlich nur der Fachmann und Kenner. Von gemodelten Lebkuchen ist jedermann sofort beeindruckt. In der Fachsprache heißen sie »Doggenware«[209]. Diese Schreibweise gibt die Aussprache wieder; nach der Herkunft der Bezeichnung würde man »Dockenware« schreiben. »Docke«, mhd. »tocke« bedeutete »Puppe, Mädchen, aber auch ein walzenförmiges Stück« (Holz)[210] und lebte volkstümlich für Puppe, vor allem für die bemalte Holzpuppe Grödner oder Berchtesgadner Provenienz noch lange weiter und wird z. T. sogar noch heute verwendet oder zumindest verstanden. Auch die Model- oder Dockenware »kann nur aus reinem Honig erzeugt werden«.

Waren die Pfeffernüsse der Wertmesser für das fachliche Können eines Meisters, so stellt diese Warengattung den Gradmesser für seinen Kunstsinn dar. Denn dieser Teig wird weder ausgestochen, noch geschnitten, noch im Ganzen gebacken, sondern in holzgeschnitzte Model gepreßt, die Ränder mit einem Messer glattgeschnitten und dann auf ein Backblech gesetzt. Im Entwurf und in der Ausführung dieser Holzmodeln kann sich der Kunstsinn des Lebzelters voll ausleben[211].

»... Die Doggenware wird zumeist auf Lager gearbeitet, da der Teig, um den Stich zu halten, etwas sperrer[212] gekocht werden muß, und die Mundlichkeit erst durch längeres Abliegen erreicht wird.«[213]

Neben den im Ganzen gebackenen Pfeffernüssen und der einzeln ausgeformten Dockenware gibt es als große Masse die vielen ausgestochenen und geschnittenen Lebkuchen in einfachen Formen (Kreise, Rechtecke usw.). Eine Sonderform und kleine Menge stellt darunter die »figurierte Ware« dar, die mit Blechausstechern hergestellt oder nach Schablonen geschnitten wird. »Figurierte Lebkuchen oder sogenannte Kirtagsware sind die Schmuckstücke auf dem Standl eines jeden Kirchweihfestes. Herzen, Reiter und Kinder sind die altübernommenen Formen. Die Erstellung des Grundteiges geschieht zumeist aus Honigersatzprodukten, besonders um ein Weichwerden der Ware zu verhindern, da diese gewöhnlich im Freien gehandelt und dadurch den Witterungsverhältnissen voll und ganz ausgesetzt ist. Nach dem Backen werden die einzelnen Stücke mit Dextrin gestrichen, zum Teil mit Bildern beklebt und ›beeist‹. Unter ›Beeisen‹ versteht man das Aufspritzen einer festen Glasurmasse in arabesken Formen: Blumen, Blätter, Ränder, Schriften ... usw.«[214]

Eine besondere Form heutiger Lebkuchenkunst ist das »Lebkuchen-«, »Knusper-« oder Hexenhaus, auch »Hänsel-und-Gretel-Haus« genannt, das gerne auch als Meisterstück verfertigt wird (vgl. auch S. 46).

Neben der handwerklichen Lebkuchenerzeugung gab es immer auch das häusliche Lebkuchenbacken, dem vor allem in der Vorweihnachtszeit hingebungsvoll gefrönt wird. (Manche glauben auch, daß sich aus der häuslichen allmählich eine hausgewerbliche Lebkuchenproduktion entwickelte und diese, zusammen mit der vergleichbaren Klosterlebküchnerei, chronolgisch vor die handwerkliche Erzeugung zu reihen ist[215].)

Die Vielzahl handwerklich-gewerblicher und familiärer Lebkuchenrezepte[216] hatte die bekannte »Qual der Wahl« zur Folge. Als Beispiel ist nun – nach einem alten Rezept der Familie Sauer – die Zubereitung von »Troppauer Lebkuchen« wiedergegeben[217]:

»Zutaten: 1 kg Roggenmehl, 40 dkg Zucker, 4 ganze Eier, 12 dkg Honig, 2 ganze Backpulver, ca. 1 Liter Milch, verschiedene Gewürze (z. B. Zimt, geriebene Nelken, Neugewürz, Ingwer), von einer (ungespritzten!) Zitrone die geriebene Schale, sowie je 10 dkg geschnittene Feigen, Nüsse, Aranzini, kandierte Kürbis und Rosinen. Alle diese Zutaten werden im Weitling vermengt. Dann schmiert man die Backpfanne gut aus, staubt mit Semmelbröseln aus und bäckt den Lebkuchen.«

Fig. 24 Der »Bruder Lebküchner« beim Backen von Bildlebkuchen. Aus dem »Hausbuch der Mendelschen Zwölfbrüderstiftung zu Nürnberg«, Nürnberg, 16. Jahrhundert. Original (aquarellierte Zeichnung) in der Stadtbibliothek zu Nürnberg.

Aufschlußreiche Dokumente zum Backen in Zeiten der Not sowie zur Erforschung von Surrogaten sind auch »Kriegsrezepte« für Lebkuchen. Sie spiegeln den zunehmenden Mangel an Lebensmitteln wider. Ist vorerst nur von »Honig oder Kunsthonig« die Rede, heißt es später bereits »Sirup, Kunsthonig oder Marmelade«. Es ist manchmal rührend und berührend, wie man die Fiktion normaler Zeiten und unveränderter Festesfreude aufrechterhalten wollte. Im Sinne der Soldatenweihnacht bzw. für den Vater (Sohn, Bruder) im Feld empfiehlt ein Rezept auch Lebkuchen (im besonderen Pflastersteine) als »besonders für das Feldpostpäckchen geeignet«[218].

Ebenfalls interessant und der Beachtung und Betrachtung wert ist der Lebkuchen nicht als Endprodukt, als den wir ihn gewöhnt sind, sondern der Lebkuchen als Zwischenprodukt, Mittel zum Zweck und Ausgangsform weiterer Verarbeitung. So kennen wir geriebenen Lebkuchen[219] u. a. als Bröselvariante besonderen Geschmacks bei Germ- sowie Marillen- und Zwetschkenknödeln, als Saucenbeigabe zu böhmischem Karpfen und Wild sowie als Krapfenfülle. Zu letzterem ein Beispiel: »Fedtlkrapfen«:

»Auf einen Germteigfleck werden zur Hälfte kleine Lebzeltstückchen gelegt, zur Hälfte kleine Rosinenhäufchen gemacht. Darüber kommt ein zweites Germteigblatt, das zwischen den Füllungen mit dem Finger eingedrückt wird. Dann schneidet man entlang der zusammengedrückten Germteigränder auseinander und erhält so die eckigen und die runden Fedtlkrapfen, die man in Butterschmalz herausbäckt.«[220]

ANMERKUNGEN ZUM AUSMODELN

Bei den verschiedenen Angaben zur Herstellung der Modelware finden wir sowohl Nachrichten, daß der Model dem Teig aufgedrückt wird[221] als auch die häufigere Beschreibung, daß der Teig in die Vertiefung eingedrückt oder eingepreßt und so das Reliefbild erzielt wird[222]. Der reliefierte rohe Teig wird dann »aus der Model geschlagen«[223] oder »abgezogen«. Hierzu eine Beschreibung zum besseren Verständnis:

»Um nun den Teig vom Model zu lösen, wird die Form, mit der Teigschicht nach unten, ca. 30° schräg auf den Tisch gestellt. Mit der freien Hand wird oben der Teig vorsichtig auf der ganzen Schmalseite gelöst. Durch das Eigengewicht zieht sich dann die Teigschicht selbst vom Model weg.«[224]

Sicherlich ist das Herausschlagen hauptsächlich bei kleineren Formen, das »Abziehen« bei den größeren und großen Lebkuchen bzw. »Tirggeln« möglich und üblich. »Dem ... Teigstück mit dem eingeprägten Flachrelief werden nun noch die Ränder glattgeschnitten.«[225] Das Be-

Fig. 25 Walzenmodel, mit Motiven bedeckt. Sichtbar: Tier mit Lebensbaum (gegengleiche Darstellung, aber jeweils gerahmt). Zur schnelleren Fertigung (»Serienproduktion«) wurde die Modelwalze (ein beschnitztes Rollholz, auch Rollmodel genannt) entwickelt. Sie wird zuerst händisch, später auch mechanisch (in die Maschine eingesetzt) betrieben (vgl. z. B. heutige Tirggelproduktion). Die einzelnen Täfelchen werden bei diesen Endlosproduktionen durch Schneiden getrennt. Walze: 26,5 cm, mit Griffen: 41 cm, Walzendurchmesser: 18 cm. Innsbruck, Tiroler Volkskunstmuseum

schneiden der Teigreliefs, die nicht eine klare Bildrahmung aufweisen (wie z. B. eine Blattstabornamentik), kann auf zwei Arten erfolgen: entweder schneidet man entlang der unregelmäßigen, aber geschlossenen Bildkontur, oder man nimmt das Ausschneiden so vor, »daß um das ausgepreßte Motiv immer noch ein hochrechteckiges Rahmenfeld stehen bleibt«. (Gute Beispiele für die beiden letztgenannten Arten wären z. B. Abb. 180 und 181.)
Auch in früherer Zeit war das Abformen mit nicht eßbaren Materialien, vor allem Wachs, nicht unbekannt. Man gewann auf diese Weise billige Zierbilder und wohlfeilen Wandschmuck und dem Lebzelter und Wachszieher war das Wachs so zur Hand wie der Honig. Zum Abformen von Zierstücken verwendet man heute neben Wachs auch Gips, Ton und verschiedene Kunstmassen. Der Arbeitsvorgang ist z. B. von Rudolf Suppan im Sinn einer Werkanleitung gut beschrieben.

Lebkuchen und Lebzelten

»Lebkuchen« oder »Lebzelten« sind fast jedem als Begriffe seit der frühen Kinderzeit vertraut, wozu das Märchen von »Hänsel und Gretel« sprachlich und anschaulich wesentlich beiträgt. Die Illustratoren lassen sich auch fast nie das bildwirksame, aus Lebkuchentäfelchen zusammengesetzte Knusperhaus der Hexe entgehen. Die heute noch häufig verwendete Fassung Ludwig Richters hat dabei Generationen von Zeichnern inspiriert und beeinflußt und die Vorstellung der Kinder geprägt.
Wenn wir »Lebkuchen« sagen und hören, denken wir fast immer zuerst an zwei Gruppen: an die runden (Nürnberger) sowie an die rechteckigen, mit fünf Mandeln besteckten Täfelchen, wie wir sie vom Hexenhaus bereits kennen, und an Herzen, die uns heute in erster Linie vom Jahrmarkt und Kirtag (Kirchweih) vertraut sind. Ferner kommt uns Nikolaus in den Sinn, denn Lebkuchen gehören nach wie vor zu den traditionellen Nikolausgeschenken. Sie sind in den genannten Formen auf vielen Darstellungen der Nikolausbescherung zu sehen. Lebkuchen spielen auch in den Werbebildern der Advent- und Weihnachtszeit eine wichtige Rolle, denn Lebzelt- und Tannenduft gehören zur Atmosphäre heimeligen Feierns. Das ist jener Eindruck, den die Werbeindustrie hervorrufen will, um dabei die jeweiligen Produkte als auch zum Fest gehörig darzustellen. In Tannenreis und Lebzelten eingebettete Waren erhalten durch diesen Rahmen die Bedeutung besonders geeigneter Weihnachtsgeschenke.
Das im ganzen deutschen Sprachraum bekannte und mit Ausnahme des österreichischen Raumes auch vorwiegend verwendete Wort »Lebkuchen« geht auf mittelhochdeutsches »lebekuoche« zurück. Daneben gab es in mittelhochdeutscher Zeit den gleichbedeutenden Ausdruck »lebezelte«, der in den gerade genannten Regionen bis heute gebräuchlich ist. Hier finden wir auch als Handwerkerbezeichnung und Familiennamen ausschließlich »Lebzelter« und nicht »Lebküchner« wie sonst. Die vielen »Lebzeltergassen« erinnern an die ehemals häufigen »Lebzeltereien«, den Laden oder das »Gewölbe« der »Lebzelter und Wachszieher«. Noch heute erlernt man in Österreich das Handwerk eines »Lebzelters« und wird Meister der »Lebzelterei«[226].
Wörter eröffnen häufig einen ersten wichtigen Zugang zu Sachen und erschließen nicht selten Herkunft, ursprüngliche Bedeutung und bei gegebenem Bedeutungswandel auch eine etwaige Entwicklung. Das ist auch bei unserem Thema der Fall.
Schon im 16. und 17. Jahrhundert und seither immer wieder befaßte sich die Sprachforschung mit der Etymologie von »Leb«. Dabei dachte man wortausdeutend natürlich auch an den naheliegenden Zusammenhang mit »Leben« und »leben«, galt ja doch der Lebkuchen als kräftigendes, gesundmachendes und -erhaltendes Gebäck. Neben dieser, zur Funktion des Gebäcks gut passenden volksetymologischen Ausdeutung gibt es verschiedene wissenschaftliche Erklärungsversuche.
Eine Anknüpfung an lateinisch »libum« (Fladen, Opferkuchen) ist verständlich, wobei den mittelalterlichen Klosterküchen bzw. -bäckereien und ihrer Lebkuchenherstellung die plausible und nicht vereinzelte Vermittlerrolle zukäme, eine Ableitung, zu der sich u.a. auch J. A. Schmeller[227] bekennt und die wir auch bei Heyne[228] finden. Allerdings ist späteren Autoritäten zufolge lautlich eine Urverwandtschaft unmöglich, denn die »Entlehnung müßte mit einer vokalischen Störung rechnen«. Kluge bringt daher »Leb« mit »Laib« ([geformtes] Brot) in Zusammenhang. Für »Laib« (mhd. leip oder leib, ahd. leib, got. hlaifs) ist *kloibho- anzusetzen, das »in Pfannen gebackenes Brot« bedeutet. Im Ablautverhältnis zu *kloibho- steht *klibho-, zu dem griechisch »klibanos« (als Bezeichnung des irdenen Geschirrs, in dem man Brot bäckt) und unser »Leb«kuchen gehören[229].
Das »Handwörterbuch des deutschen Aberglaubens« hingegen gibt der Deutung Adelungs den Vorzug, der auf den Ausdruck »Lebhonig« für grobgezeidelten Honig, der in einen Sack getan und ausgepreßt wurde, verweist[230].
Am Rande der Diskussion steht die Möglichkeit, »Leb« von polnisch »lipa« abzuleiten. »Lipa« heißt »Linde« und die Linde ist der bevorzugte Bienenbaum.
Die Ableitung von »libenzelten« ist seit H. Fincke als etymologische Möglichkeit ausgeschieden. »Libenzelten vel lebkuoch« heißt es im »Vocabularius optimus«[231], aber Fincke wies das Wort als falsche Lesart oder Verwechslung mit der Schweizer Lebkuchenbenennung »Bibenzelten« nach[232].
»Kuchen« und »Zelten« werden als eigenständige Wörter und in Komposita gebraucht. Kuchen (ahd. kuocho, mhd. kuoche) ist wahrscheinlich aus einer reduplizierenden Bildung der Kindersprache hervorgegangen und bedeutet ein flaches, dichtes, im Ofen hergestelltes Gebäck, darüber hinaus sicherlich auch besondere Speise, feines Backwerk, denn nicht ohne Grund hängt auch der Märchenname des Schlaraffenlandes, »Cocania«, mit dieser Wortfamilie zusammen[233].
Mit »Zelten« (ahd. zelto, mhd. zelte, nhd. zelte[n]) bezeichnete man ebenfalls ein flaches Gebäck: ein »plattes Backwerk«, einen »Fladen« bzw. einen »flachen Kuchen«. Für die Wortbedeutung gibt es aufschlußreiche Belegstellen bzw. Übersetzungen: zelten – trochiscus, pastillus; zelto – tortella; pheforzelto – libum; liba – opferzelt; libetum – lebzelt; placenta – pfanzelt. Andere Zusammensetzungen als Leb- und Pfefferzelten (vgl. S. 46f.) bzw. Pfannzelten[234] sind noch u.a. Brot-, Feuer-, Ofen-, Äpfel-, Birn-, Hutzel- und Weihnachtszelten sowie Anis-, Brust-, Husten-, Mandel-, Manna-, Purgier- und Wurmzeltlein, die man in der »leiblichen Apotheke« bekommt. Aus der »geistigen Apotheke« stammen die Agatha-, Erhard- und Lukaszeltlein, wo »Zelten« in übertragenem Sinn verwendet und vielleicht auch auf die beiden ähnlichen Wörter »Zelten, Zeltel« und »Zettel« (aus Papier) angespielt wird. Über alle diese »Kraftzeltln« geht, wie der wortgewaltige Abraham a Sancta Clara predigt, der Name Jesu IHC (sic!), der »auf der Zunge zergeht«.
Der Familienname »Zelter« bedeutete ursprünglich »Bäcker«. Die frühere weitere Bedeutung des Wortes als »flaches Gebäck« lebt noch in der Phrase »Zelten anschneiden« fort, wobei »Zelten« das runde und nicht sehr hohe weihnachtliche Kletzenbrot bezeichnet, als »Krone« der Brot- und Hutzelzelten usw. angesprochen. »Ihre Krone ist am Gebirge der Weihnachtszel-

ten, welcher, mit gedörrten Birnschnitzen, Mandeln, Nüssen, Cibeben und dergl. gefüllt, vom Bauer zu Weihnachten herkömmlich den weiblichen Dienstboten zu reichen ist. Weiß sich Eine einen Liebhaber, so ladet sie ihn ein, diesen vorher durch dreymaliges Rauchen geweihten Zelten anzuschneiden, wofür er seinerseits ein kleines Gegengeschenk, besonders ein Fläschchen Gebranntes, mitzubringen pflegt.«
Im süddeutschen und im österreichischen Raum leben – wie erwähnt – die Zusammensetzungen »Lebzelt«, »Lebzelterei« und »Lebzelter« sogar in der Fachsprache weiter; sie waren früher weiter verbreitet. Der »Lebzelter« ist derjenige, »der Backwerk mit Honig verfertigt, Met siedet, und Wachs, kurz alle Erzeugnisse der Biene, verarbeitet und feil hat«. Das Wort ist gleichbedeutend mit »Lebküchner« und erscheint auch als »Lebzelterer«, »Lebzeltner«, »Letzelter« u. a. m. Die lateinische Entsprechung ist dulciarius[235].

Pfeffer- und Honigkuchen, Pfeffer- und Bibenzelten

Neben den Leb-Kuchen und Leb-Zelten finden wir auch weitere – z. T. nur regional gebrauchte oder historische – Zusammensetzungen wie Pfeffer- und Honigkuchen oder Pfeffer- und Bibenzelten. Hier ist »Leb-« durch andere Wörter ersetzt.
In einigen Gegenden Deutschlands, wie z. B. Braunschweig, Hamburg und Hannover, finden wir »Honigkuchen« als Bezeichnung unserer Lebkuchen. Sie versteht sich von selbst und nimmt auf das entscheidende Ingrediens Bezug. Alt ist die – heute noch regional vorkommende – Bildung »Pfefferzelten«, die als »pheforzeltun« schon im 11. Jahrhundert aus dem Kloster Tegernsee belegt ist[236].
»Pfeffer« (ahd. peffar, pheffar, mhd. pheffer, pfeffer) geht auf lateinisch piper zurück, das seinerseits wiederum griechisch peperi zur Grundlage hat. Durch persische Vermittlung war das Wort, das altindisch pippali (Beere, Pfefferkorn) lautet, nach Griechenland gekommen[237]. Pfeffer war ein begehrtes Gewürz. Auch die Germanen schätzten ihn sehr früh. Alarich gewährte 410 n. Chr. der Stadt Rom Schonung u. a. gegen Lieferung von 3000 Pfund Pfeffer[238]. Kostbar und teuer blieb der Pfeffer das ganze Mittelalter hindurch; er machte die Händler (»Pfeffersäcke«) reich und war ein willkommenes Ehrengeschenk. »Ein Pfund Pfeffer, zwey weiße Handschuh und ein weißes Stäblein überreichte ehmals dem Magistrat von München derjenige Kaufmann, der der erste zur Dult (Messe) am

Fig. 26 Lebkuchenhaus aus dem »Schlauraffenlandt«. Einblattholzschnitt, Ende 15. Jahrhundert.
Wien, Österreichische Nationalbibliothek

Thore ankam.«[239] »Pfeffer« war gleichbedeutend mit »Gold« oder »Geld« – daher spricht man heute noch von »gepfefferten Preisen«. »Pfeffer« war aber auch ein Synonym für »Gewürz«. Es ist auch außer Zweifel, daß man mit »Pfeffer« nicht immer das bezeichnet hat, was wir heute damit meinen. Dafür war schon allein die Variantenvielfalt des importierten Gewürzes Grund und Erklärung genug. Wegen seiner Kostbarkeit und seines Symbolwerts – »Pfeffer« stand für »Luxus«, »Reichtum« und »das Beste vom Besten« – gab man ihn auch in Speisen, wo er geschmacklich nichts verloren hatte – z. B. in Mandelmilch oder Blancmanger (Mandelgelee). Auch verwendete man Pfeffer im Übermaß, weil – wie man folgerte – »teuer« auch »gut« bedeute und die Speisen durch ihn noch besser würden bzw. man es sich ja leisten konnte.
Leisten konnten sich nach und nach immer mehr Menschen den Pfeffer, und in kleinen Quantitäten allmählich alle. Unsere Frage ist: *leistete* man sich Pfeffer auch in Pfefferzelten oder -kuchen? »Pfeffern« bedeutet heute einfach »mit Pfeffer würzen« und früher auch allgemein »würzen«. »Pfeffern« hat aber auch noch eine übertragene Bedeutung. »Pfeffern« bedeutet »in Schwaben, der Oberpfalz und in einigen Gegenden von Franken das, was in Altbayern Kindeln, Aufkindeln genannt wird«[240]. In anderen Gegenden gibt es für dieses brauchmäßige Schlagen mit Ruten und Zweigen andere Namen[241]. »Gepfeffert« wird häufig am Unschuldigen Kindertag (28. Dezember), der auch den Namen »Pfeffer-« oder »Pfefferleinstag« trägt. Das Schlagen mit den Ruten oder Zweigen gilt als glückbringend, »wofür denn ein kleines Douceur zu reichen ist, das vielleicht ursprünglich ein Pfefferzelten sein mußte«[242]. In den Heischesprüchen der Brauchträger, zumeist Kinder, wird auf »Pfefferkuchen« als Gaben Bezug genommen, z. B.:

Frische Grün, hübsch und fein,
Pfefferkuchen und Branntwein.

Pfeffer, Nussa, Küechlen rouss
Oder i laß da Marder ind Hühnerhaus[243].

»Pfeffern« für Schlagen ist im süddeutschen und österreichischen Raum weniger bekannt, hier spricht man eher vom »Salzen«.
Es war und ist eine Streitfrage, ob bei den »Pfefferkuchen« und »-zelten« Pfeffer die Gewürzbeigabe bedeutet oder ob der Brauch des »Pfefferns« – mit Leb- bzw. Pfefferkuchen als Belohnung – namengebend wirkte. H. Fincke hat in seiner Spezialuntersuchung »Über die Begriffe ›Pfefferkuchen‹ und ›Pfeffernüsse‹ und über den Zusatz von Pfeffer bei Lebkuchen«[244] für ersteres plädiert und er hat sicher recht damit. Die Lebkuchen sind ja nicht nur durch den Honig und den besonderen Teig (vgl. S. 43 f.), sondern auch durch die Gewürzbeigaben charakterisiert, die z. T. auch schon fertig gemischt auf den Markt kommen (Lebkuchengewürz), und ich bin überzeugt, daß der Wortteil »Pfeffer-« darauf Bezug nimmt.
Das Kompositum »Pfefferzelten« (ahd. pheforzeltun) wurde dann im 15. Jahrhundert wortmäßig durch »Pfefferkuchen« (mdh. pfefferkuoche) abgelöst, jene Bezeichnung, die wir heute vorwiegend im Nordosten des deutschen Sprachraumes finden[245]. Durch das Kinderlied von Hänsel und Gretel wurde dieser Name schon vor den Koch- und Backrezepten aus Illustrierten Allgemeingut, denn wer kennt nicht:

Hänsel und Gretel
verliefen sich im Wald.
Es war so finster
und auch so grimmig kalt.
Sie kamen an ein Häuschen
von Pfefferkuchen fein ...

Diese Verse trugen sicher auch zur weiteren Verbreitung der Bekanntheit des Hexen- oder Knusperhäuschens bei.

Ebenfalls allgemein bekannt sind die »Pfeffernüsse«, eine Lebkuchenspezialität, die heute allerdings sprachlich und sachlich mit den »(Lebkuchen-)Busserln« durcheinandergebracht wird. Diese »Pfeffernüsse« seien die Krone des Lebzelterhandwerks, versicherte mir ein Lebzeltermeister, an der Qualität der »Nüsse« erkenne man die Qualität des Meisters, auch wenn diese »Nüsse« vom Aussehen her eher unansehnlich seien (vgl. auch S. 43).
Pfefferzelten und -kuchen sind überwiegend regionale Bezeichnungen. Sie werden jedoch überall verstanden, da sie großräumig verwendet und durch die Medien verbreitet bzw. synonym für »Lebkuchen, -zelten« gesetzt werden. Im Falle der »Bibenzelten«, auch »Biber« genannt, ist das anders. Diese Ausdrücke sind regional auf die Schweiz, ja sogar auf einzelne Orte, beschränkt. Das Wort »Biben-« wird in der Form »Bimen-« (St. Gallens Bimenzelterei) leichter verständlich: »Bimen« bzw. Piment, Biment (aus lat. pigmentum, ahd. pimenta, mhd. pimente) ist ein Wort des älteren Sprachschatzes und bedeutet »Gewürz, Spezerei«[246]. Die schweizerischen »Bimen-« oder »Bibenzelten« gehen in ihrer Wortbildung auf dieselbe Vorstellung zurück wie die »Pfefferzelten«: beide nehmen auf die charakteristische Gewürzkomponente der Lebkuchen Bezug. Für die namenbildende Bedeutung spricht auch, daß die (charakteristischen) Gewürze im Französischen sogar der Gattung den Namen gaben: Lebkuchen heißt hier »pain d'épice«, d.h. Gewürzbrot. Das Englische hingegen nimmt mit der Bezeichnung »gingerbread« (Ingwerbrot) auf ein bestimmtes, wenn vorhanden allerdings dominierendes Gewürz Bezug.
Mit den »Bibenzelten« erreichen wir die Gruppe von Sondernamen, die nicht selten auch den Charakter der Bezeichnung einer Sachspezialität erhalten haben. Häufig werden sie mit einem bestimmten Ort verbunden, weit weniger mit berühmten Namen. Teigmäßige und geschmackliche Unterschiede und verschiedene Form (geschnittene, gestochene oder gemodelte Lebkuchen mit ihrem jeweiligen Formenschatz) führen vielfach dazu, daß der besonderen Benennung auch ein spezielles Produkt entspricht.

Zürcher Tirggel und Basler Leckerli

Was dem Aachener die Printen, sind dem Zürcher die Tirggel schon lange. Die erste – bisher bekannte – Erwähnung dieser Bezeichnung stammt aus Zürcher Prozeßakten des Jahres 1416 (»Dirgely«). 1487 gestand dann die der Hexerei verdächtigte Margaretha Stucki-Bucher u.a., sie habe jemandem »in ein tirggeli Gift zuo essen geben, daz er stürbe«. Im gleichen Jahr – und wahrscheinlich im Zusammenhang mit diesem Hexenprozeß – wird erstmals der Begriff auch definiert, und zwar als »placenta mellitae« (Honigkuchen).
Immer wieder stößt man in den offiziellen Dokumenten (Gerichtsakte, Ratsprotokolle, Mandate [d.s. Verordnungen] u.ä.) auf das »Dirgely« oder »Türggelin«. 1546 gab es in Schaffhausen ein »Tirggel-Mandat«: die Stadt schritt ein, weil die schönen Bilder die Leute von der Kirche fernhielten, da sie, wie es heißt, »so an den Sonntagen vor der bredig dirggelen fail haben«. Aus einer Rapperswiler Verordnung (gegen zu großen Aufwand und Luxus) von 1717 erhalten wir die Bestätigung, daß auch die Tirggel zu den Patengeschenken gehörten, allerdings: »Soll jeder Gottin oder Gotten nit mehr als ein Batzen, einen batzenwertigen Ring und drey Tirgelin oder Scheiblin zum gueten Jahr geben.«
Solche Verordnungen über das »Verguetjahren« (Schenken zum Neuen Jahr) wurden zugunsten der Armen verfügt, die sich – was für die Brauchtümlichkeit, aber auch für die Qualität und den Preis dieses Gebäcks spricht – der Tirggeli wegen oft in Schulden stürzten. Schließlich wurde aber die Brauch- und Sozialfunktion des Tirggels – mit besonderem Hinweis auf die Kinder – auch respektiert. Ein 1709 erlassenes Mandat nimmt das Tirggelin vom Backverbot aus, »um den liebenswürdigen Kindern die Freude nicht zu verderben«.
Entgegen heutigen Annahmen richteten sich die Mandate nie gegen die Bildinhalte, sondern nur gegen unvernünftigen Aufwand bei jenen, die es sich nicht leisten konnten, sowie in Zeiten drohender Hungersnot gegen die Verschwendung von Mehl für eine nicht unbedingt lebensnotwendige Sache[247].
Die Bezeichnung »Tirggel«, »Dirggel« oder »Türggeli« ist aber nicht nur einem »Flachgebäck mit eingepreßtem Bild«, im besonderen dem Honigfladen und Anisgebäck, vorbehalten, sondern auch ein Sammelbegriff für kleines Gebäck sowie ein Name für einen Wecken aus dem letzten Teigrest, ein walzenförmiges Schmalzgebäck und schließlich für Konfekt[248].
Die Basler »Leckerli« bieten wortmäßig keine Schwierigkeiten. »Leckerei« als Bezeichnung von süßen Köstlichkeiten, Naschwerk und Schleckerei, ist noch heute allgemein bekannt und üblich. Im engeren Sinn bezeichnete »das Leckerlein (Leckel)« den Leb- oder Pfefferkuchen, wie Schmeller bezeugt[249].
Die Basler Leckerli sind wohl eine Spezialität, sie sind aber, wie übrigens auch die wohl berühmtesten Lebzelten, die Nürnberger Lebkuchen, keine figurierte und schon gar keine »Doggen-«, d.h. gemodelte Ware (vgl. dazu S. 43).
In diesem Zusammenhang ist auch der im mittelalterlichen Nürnberg gebräuchliche Ausdruck »Leckkuchen« zu nennen. Nach Marianne Ebert-Wolf hängt dies »nicht mit lecken oder lecker zusammen, sondern stellt eine Assimilation eines Schluß-b mit k von Kuchen dar, eine auch sonst anzutreffende sprachliche Erscheinung«[250].
Die »Basler Leckerli« sind die berühmtesten, aber nicht die einzigen. Daneben gibt es auch noch die »Augsburger Leckerle«, die »Memminger Leckerli« und die »Straubinger Leckerl«.

Nicht immer gab es »Printen« in Aachen

»Printe« bedeutet »Abdruck« oder »Abbild«. Seit dem 15. Jahrhundert kennen wir das Zeitwort »prenten« für »drucken«. In der »Sachsenchronik« von Mainz 1492 findet sich folgender Druckvermerk: »Dusse Kronecke hefft geprent Peter Schoffer in Mencz, die eyn Anfang ist der Prenterey.« Englisches »to print« bedeutet heute noch »drucken«, holländisches »Prent« einen Bilderbogen, Kupferstich oder Holzschnitt. »Printe« und »Presse« sind gleichbedeutend und vom Wortstamm her verwandt. Ursprünglich bezeichneten beide nur das Werkzeug zum »Printen« oder »Pressen«, später (wie auch noch heute) das Druckerzeugnis. Auch in unserem speziellen Zusammenhang meinen wir mit »Aachener Printen« nicht die Model, sondern das gebackene Produkt, die Lebkuchen.
Die zu internationalem Ruf gelangte »Aachener Printe« wird heute täglich tausendfach maschinell hergestellt, und zwar aus Gründen der Verpackung und des Versands als Schnittchenprinte. Die Entwicklung von der früheren Bildprinte zur heutigen Zweckform ging Hand in Hand mit einer Änderung des Backteiges.
Die Bildprinte gehört »zu den illustrierten Druckwerken. Mit Schilderungen aus der Heilsgeschichte und Heiligenlegende wurde sie zur eingänglichen Hauspostille, mit der Darstellung von Kostümen, Trachten, Uniformen, Damenkleidern und Herrenanzügen zum knusprigen Modeblatt, mit der Abbildung von zahlreichen Vertretern der Pflanzen- und Tierwelt zur ebenso wahrhaften wie nahrhaften Verbreiterin botanisch-zoologischer Kenntnisse, mit Schnappschüssen aus der großen Welt der Höfe

und der Politik zur wohlschmeckenden Vorläuferin jener modernen Illustrierten, die ihre Leser mit Aus- und Einblicken in das Leben jüngstverflossener Könige, Feldherrn und Edelfrauen zu unterhalten bemüht sind. Leider hat man für diese Printendruckwerke keine Sammelstätten geschaffen, wie die Erzeugnisse der Presse sie in Archiven, Bibliotheken und Zeitungsmuseen gefunden haben«, schreibt Will Hermanns (dessen Ausführungen wir überhaupt in diesem Kapitel folgen[251]) und gibt damit eine schöne Darstellung von Bandbreite und Funktionsvielfalt der Bildinhalte.

Nicht immer aber sprach man in Aachen von »Printen«. Ein Ratsedikt vom 14. Mai 1704 verbietet, »Pfefferkuchen« zur Kirmesprozession zu schicken und die Verfasser des ältesten Aachener Wörterbuches (1836), Müller/Weitz, übersetzen »die Prent« erst an letzter Stelle mit »auch ein Pfefferkuchen, der eine Figur darstellt«[252].

Die übliche frühere Bezeichnung war jedoch höchstwahrscheinlich »Lebkuchen« (in Aachener Mundart: »Liiverköch«). Der in Aachener Mundart schreibende Malerpoet Ferdinand Jansen (1756–1834) kennt »Printe« noch nicht, er erzählt von »Liiverköch«. Auch der 1802 geborene Mundartdichter Josef Müller spricht ursprünglich vom »Liiverkochssteär«, wenn er den späteren »Printenstern« meint[253]. »Prent« scheint erst später in seinem Wortschatz auf und wird noch eigens erläutert: »Printen sind eine beliebte Art von Lebkuchen.« In dem anonymen und vermutlich zwischen 1830 und 1840 entstandenen Gedicht »Zenterklos« kommen »Liiverkochssavelster« (Lebkuchensäbel) und »Prente« nebeneinander vor. »Prent« als Bezeichnung eines geprägten Lebkuchens scheint also um 1840 in Aachen aufgekommen zu sein[254]. Die Frage ist nun: warum und woher?

Um 1830 kam der gebürtige Niederländer Wilhelm Balthasar van Rey, der in der Heiratsurkunde von 1833 als »Pfefferküchler« bezeichnet wird, nach Aachen und übernahm vorerst das alte Bäckerhaus Am Hof Nr. 1, später den Laden einer Bäckerswitwe in der Oberen Kölnstraße. Er erzeugte nicht nur den heute noch beliebten, lockeren und bilderlosen »Amsterdamer Lebkuchen«, sondern auch »Dinang-Printen« (Bildlebkuchen aus »Dinang«[-Teig]). Die Aachener Mundart kannte das Zeitwort »prenten« für »drucken«, somit war die von dem Zuwanderer aus dem »Land der Prenten« gewählte besondere Bezeichnung für seine Lebkuchen den Aachenern nicht fremd und für die Sache passend.

Die »gebackene Illustrierte« – wie Hermanns die »Bildprinten« zusammenfassend nennt – war also, was die Sache angeht, in Aachen Jahrhunderte früher da als die Bezeichnung »Printe«, die heute so unlösbar mit dem Herstellungsort verbunden ist, daß sie zum unverwechselbaren Markenzeichen wurde und es niemanden einfallen würde, von »Aachener Lebkuchen« zu sprechen.

Aus van Reys Besitz stammten auch die meisten der »im jetzt zerstörten Printenladen des Aachener Heimatmuseums aufbewahrten Modeln«; andere, und zwar alte (aus dem ausgehenden 17. Jahrhundert), aus der Bäckerei »Im Römer« (Ecke Jakobstraße/Klostergasse), die um 1695 der Familie von Mewen gehört hatte und bald darauf in den Besitz des Franz Branten übergegangen war, dessen Besitzerzeichen F. B. einen reich ausgestatteten Reiter zeigt. (Die Rückseite eines Models mit den Maßen 35 x 34 x 3 cm trägt den Doppeladler mit Szepter, Krone und Reichsapfel, denn wie viele Printenformen bzw. Model war auch dieser beidseitig beschnitzt und benützbar.)

Ein anderes Aachener Eignerzeichen, das auf einer von zwei Pferden gezogenen Prunkkutsche aufscheint, nämlich S. P., konnte noch nicht identifiziert werden[255].

Fast ein ABC der Lebkuchen

Im allgemeinen genügt es, über die Bezeichnungen Lebkuchen oder -zelten bzw. Pfefferkuchen und -zelten Bescheid zu wissen. Wenn man sich aber speziell mit dem Lebkuchen befaßt, muß man nicht nur sonstige Lebkuchen-Benennungen anführen, sondern auch jene Orte, die in besonderer Weise mit Lebkuchen in Verbindung gebracht werden; und das sind viele. Eine Aufzählung führt uns nicht nur durch ganz Deutschland sowie in die Schweiz und auch nach Österreich, sondern umfaßt fast das ganze Alphabet. Es sei daher angemerkt, daß die nachfolgende Aufzählung nur beispielhaft und nicht vollständig sein kann (für Ergänzungen ist die Autorin dankbar).

A Aachener Printen
Allgäuer Steg
Augsburger Leckerle
B Bas(e)ler Leckerli und Bas(e)ler, Baseler Brunsli
Berliner Steinpflaster
Berner Biber (Bibenzelten)
Braunschweiger oder Braunschweiger Pfefferkuchen, (Braunschweiger) Dicke Honigkuchen
C Coburger Schmätzchen
E Elisenlebkuchen
F Frankfurter Figuren
Französische Scheiben
G Goethekuchen
H Hallesche (Honig-)Lebkuchen oder Pfefferkuchen (Halle a. d. Saale)
Hamburger Lebkuchen
K Kaufbeurer Sauce-Nudel
L Lausitzer Pfefferkuchen (aus der sächsischen Lausitz)
Leonfeldner Lebzelten
Liegnitzer und Liegnitzer Bomben
Lübbauer Lebkuchen
M Mariazeller Lebzelten
Mecklenburger Pfeffernüsse
Memminger Leckerli
N Neisser Konfekt, Neustädter Schiffle
Nürnberger Lebkuchen – mit vielen Untergruppen wie braune L., weiße L., Vanille-L., Mandel-Baseler, Elisen-L., Schachtel-L. u. v. a. m.
O Offenbacher Pfeffernüsse
P Pariser Schokoladenüsse
Pfälzer Lebkuchen
Pulsnitziner Pfefferkuchen
R Russische Nüsse
S Sächsische Pumpernickel
Schlesische Bauernbissen
St. Galler Biber (Bibenzelten)
Straubinger Leckerl
T Thorner Kath(a)rinchen
Troppauer Lebkuchen
U Ulmer Spatzen
V Viktoria-Lebkuchen
W Waldbockelheimer Herze
Wiener Herrenkuchen
Z Zürcher Tirggel[256]

Diese lokalen Spezialitäten stellen auch einen Handels- und z. T. sogar Exportartikel dar. Das Marken- und Gütezeichen des Namens kurbelt den Umsatz an und ist nicht nur beliebtes Touristenmitbringsel und Produkt der Souvenir-Industrie, sondern auch begehrte Weihnachtsware, wie die Regale der Lebensmittelabteilungen und Konditoreien bezeugen. Viele Orte kennt man vor allem wegen eines bestimmten Produkts; das gilt auch für den Lebkuchen. »Viele Städte in deutschen Landen und im übrigen Europa sind durch ihre Honig- oder Pfefferkuchen berühmt geworden ... Die Ware fand nicht nur in der Umgebung ihres Herstellungsortes rege Nachfrage, sondern wurde auch zu einem Handelsartikel, der eine stattliche Reihe von Betrieben beschäftigte ... Straubinger Leckerl, Pfefferkuchen aus Braunschweig ... Sie alle haben eine lange – bis ins Mittelalter reichende – Tradition und unbestreitbare wirtschaftliche Bedeutung für ihre Heimat.« – Im übrigen: »In Frankreich, wo Lebkuchen pain d'épice heißt, rivalisieren Metz, Reims und Verdun um den Ruhm des besten Produkts.«[257] Auch Paris fehlt nicht bei einer Aufzählung berühmter Lebkuchenstädte. Ferner werden »Französische Scheiben« – neben »Russischen Nüssen« – hervorgehoben, was sicherlich auf einen charakteristischen Geschmack und eine besondere Art dieser Varianten hinweist.

Zu den Gebieten und Orten des deutschsprachigen Raumes, die auch wegen ihrer Lebkuchen(spezialitäten) berühmt geworden sind, zählen u.a. Aachen, das Allgäu, Appenzell, Augsburg, Basel, Berlin, Bern, Biberach, Braunschweig, Bremen, Bretten/Baden, Coburg, Einsiedeln, Eschwege, Frankfurt, Halle a.d. Saale, Hamburg, Kamenz, Kaufbeuren, Lausitz, Leonfelden, Leipzig, Lübbau, Mariazell, Memmingen, Neustadt, Nürnberg, Offenbach, die Pfalz, Pulsnitz/Sa., Sachsen, Straubing, St. Gallen, Waldbockelheim, Walldürn, Wien und Zürich.

Über Deutschland (BRD und DDR), Österreich und die Schweiz hinaus sind es vor allem polnische und niederländische Gebiete und Orte, die zu nennen sind. Für die angrenzende polnische Region stehen Danzig, Liegnitz, Neisse, Schlesien, Schweidnitz, Thorn und Wartha. In den Niederlanden waren die »Amsterdamsche«, »Boschsche«, »Emmeriksche« und die »Venlosche« bekannte und typische Arten, wie aus Gerrit van den Brenks Rezeptbuch des 18. Jahrhunderts[258] hervorgeht. Auch Deventer ist in diesem Zusammenhang zu nennen[259].

Weniger bekannt sind die Lebkuchen-, oder besser gesagt, die »Gingerbread-Traditionen« des angelsächsischen Raumes in Europa und in Übersee. Für Großbritannien sind u.a. Ashbourne, Buxton, Dundee, Fochabers, Kirremuir, Leek, Market Drayton, Norfolk, Ormskirk und Wakefield zu nennen[260].

Die Herkunftsbezeichnungen werden leicht auch zu Typenbezeichnungen, die dann »in dieser (jeweiligen) Art« auch ganz woanders erzeugt werden. Solche Fälle sind z.B. die »Baseler« und die »Nürnberger«, die in vielen Städten, von vielen Erzeugern im großen und im kleinen nach dem Basler bzw. Nürnberger Vorbild oder »Urmuster« hergestellt werden, wobei die »Originaltreue« großen Schwankungen unterworfen ist. Auch berühmte Lebkuchenstädte sind nicht über eine Nachahmung erhaben, im Gegenteil: in ihrer Angebotsvielfalt wollen sie eben möglichst jede wichtige und vor allem berühmte Variante enthalten wissen. Dabei kommt es zu weiteren Spezialformen wie den »Feinen gemandelten Baselern (Nürnberger Art)« oder den »Nürnberger Mandel-Baselern Ia«[261].

Die Bezeichnungen von Lebkuchensorten können, abgesehen von den Ortsbezeichnungen, auch nach einer Reihe anderer Gesichtspunkte enger zusammengefaßt und gruppiert werden. So finden wir z.B. neben den allgemeinen Namen »Lebkuchen«, »Lebzelten« und »Pfefferkuchen, -zelten« die Sonderbezeichnungen »Printen« und »Tirggel« sowie Benennungen, die auf Aussehen und Funktion Bezug nehmen wie z.B. »Pflastersteine« und »Steinpflaster«, »Bomben«, »Schiffle« bzw. »Schifteln«[262], »Scheiben«, »Herze« und »Figuren« bzw. »Sauce-Nudeln« u.v.a.m.

Bei »Printen« und »Tirggel« denkt man sofort, wenn auch z.T. aus historischen Gründen[263] an Modellebkuchen, auch »gemodelte Ware«, »Dockenware« (vgl. S. 43) oder »Bildlebkuchen« genannt.

»Printen« und »Brenten«

Was in und für Aachen die »Printen«, sind für die Frankfurter die »Brenten«. Die Wortverwandtschaft ist evident, weniger bedacht wird der für uns wichtige Unterschied: die Brenten bestehen nicht aus Lebkuchenteig, sondern werden aus einer Mandel-Zucker-Masse ausgeformt. Zum besseren Verständnis ein Rezept:

»Frankfurter Brenten. 1½ Kilo weisse Mandeln (darunter 180 g bittere) werden mit 1½ Kilo Zucker fein gestossen, mit 13 Eiweiss, für 10 Eiweiss Wasser zusammen am Feuer und zwar gut heiss abgeröstet, auf einen Stein geschüttet, abkühlen gelassen, später Vanille und Zitronengeschmack daran gegeben und 45 g Mehl hinzugemengt. Die Masse wird dann in Holzformen gedrückt, auf papierbelegte Bleche gebracht und kühl gebacken.«[264]

Die »Brenten« sind also zwar keine Lebkuchen, wohl aber gemodelte Ware; und das soeben Gesagte gilt auch für die weithin bekannten und zumeist mit dem regionalen Hinweis »schwäbisch« versehenen »Springerle« und für die »Spekulatius« der Rhein- und Niederlande.

»Spekulatius« und »Springerle«

»Die Deutung des Wortes Spekulatius, um die sich auch heute noch Germanistik und Volkskunde bemühen, ist ... vielseitig schillernd«, schreibt Werner Jüttner und faßt im folgenden die wichtigsten Erklärungsversuche zusammen[265]. Die einen leiten es von lateinisch »speculum« (Spiegel, Schauseite) ab[266], andere vom »episcopus speculator«, dem visitierenden Bischof, und zwar deswegen, weil auf den alten Spekulatiusbrettern immer auch ein Bischof zu finden war. Heinrich Fincke geht von einem ähnlichen Ansatz aus, zieht aber andere Schlüsse. Auch er nimmt an, daß auf den alten Formen ein Bischof abgebildet war. Fincke setzt diesen Bischof mit dem hl. Bischof Nikolaus, dem bedeutenden Geschenkebringer der Vorweihnachtszeit, gleich. Die sprachliche Herleitung erfolgt nach Fincke aus dem niederländischen »Speculaas«, d.i. Nikolaus – Klaus – Klaas.

Eine Verbindung zwischen dem bischöflichen Geschenkebringer der Vorweihnachtszeit und den »Spekulatius« besteht sicher: sie galten und gelten als ausgesprochenes Nikolausgebäck (wie unsere Lebkuchen auch).

Natürlich gibt es auch eine volksetymologische Erklärung, die auf den Kölner Ernst Weyden zurückgeht und etwa 150 Jahre alt ist. Nach ihm steckt in »Spekulatius« das lateinische Wort »speculor«, d.h. ich spekuliere, nehme an, grüble nach (vgl. engl. to speculate), und bei diesen Modeln müsse man eben nachgrübeln, was die einzelnen Figuren darstellen.

Der Spekulatiusteig ist ein fetter, mürber Teig. Ein Rezept für »Spekulatius vom Rhein« soll das verdeutlichen:

»Spekulatius (ca. 300 Stück). 750 g Zucker, 375 g Butter, 6 Eier, ⅛ l Milch, 2 Zitronen-Abgeriebenes, 8 g Zimt, 3 Päckchen Vanillinzucker, 1 Prise Kardamom, 1 Prise Nelken, 1 Prise Salz, 3000 g Mehl, 10 g Hirschhornsalz, ein Schluck Milch. – Das Mehl auf dem Backbrett zum Kranz formen. In die Mitte die griffige Butter, darauf den Zucker, die Eier und die Gewürze geben. Diese Zutaten gut durcheinandermengen, die Milch, in der das Hirschhornsalz aufgelöst wurde, dazu gießen, und nun von außen her das Mehl darunterwirken. Das Kneten muß rasch gehen wie bei einem Mürbteig. Der Teig soll vor Gebrauch 20 Minuten kühl ruhen. – Jetzt Rollen in der Länge des Models formen und auf die gut gemehlten Holzformen legen. Mit dem Handballen den Teig in die Form drücken, mit einem langen Messer den überstehenden Teig abschneiden und die Teigformen auf einem Tuch herausklopfen. Die Stücke auf gefettete Bleche setzen. Sollten sich die Teigformen nicht aus dem Holz lösen, so muß es entweder besser gemehlt oder dem Teig noch etwas Mehl untergewirkt werden. Man kann die geformten Teigstücke mit Milch bestreichen, ehe sie auf das Blech gesetzt werden. – Bei 200° C ca. 15 Minuten backen.«[267]

Ein älteres Rezept verwendet dazu auch Mandeln:

»Spekulatius. 3 Kilo Mehl, 5–6 Eier, 375 g Mandeln (fein gestossen), ½ Kilo Butter, 1¼ Kilo Zucker, 25 g Ammonium, ½ Liter Milch und gestossener Zimt werden zur Masse angewirkt, ausgerollt, in Formen gedrückt und gebakken.«[268]

Was das »Ausschneiden« anlangt, so hat Albert Walzer, der sich nicht nur mit den Model-Motiven, ihrer Bedeutung und vor allem ihrer Entstehung, sondern auch mit der praktischen Arbeit der Modelformung gründlich befaßte, folgendes festgestellt: Während Lebkuchen und Springerle zumeist so ausgeschnitten werden, daß um das ausgepreßte Motiv immer noch ein hochrechteckiges Rahmenfeld stehenbleibt, werden die Spekulatius ohne Rahmen, also der Kontur folgend, ausgeschnitten[269].
Wie bei den Lebkuchen, gibt es auch ausgestochene Spekulatius[270]. Die industriell hergestellten Spekulatius haben, im Gegensatz zu den Printen, ihren Charakter als Bild-Spekulatius bewahrt, werden allerdings verständlicherweise nicht mit hölzernen Modelbrettern, sondern mit metallenen Modelwalzen hergestellt (»bebildert«).
Die holländischen Spekulatius bzw. »speculaas« haben ebenfalls ein kleineres Format als die gemodelten Lebkuchen (taaivormen = Lebkuchenformen) und wurden auch hier »später oft ohne Honig, nur mit viel Zucker, Butter und Gewürzen gebacken«[271]. Schilstra[272] macht auf den interessanten Umstand aufmerksam, daß eine Änderung des Teiges für den ungefähr ab 1850 zu beobachtenden Qualitätsabfall der Model zumindest mitverantwortlich ist. Da dem Teig seit dieser Zeit mehr Fett beigefügt wurde, erhielt das geformte Bild keine so scharfen Konturen mehr wie früher mit der härteren Teigmasse. Es war daher gar nicht mehr notwendig bzw. sogar überflüssig, detailreiche Bilder zu stechen.
Die Beschaffenheit der »Springerle«, fallweise auch »Sprengerl« genannt, wird schon in den Synonyma deutlich. Sie heißen nämlich auch u.a. »Eierzucker«, »Eiermarzipan«, »Anisguezli« und »-brötli« und im Französischen »pain d'anis«[273]. Aus diesen sprechenden Bezeichnungen geht hervor, daß der Teig auf einer Eier-Zucker-Masse beruht und wie richtiges Marzipan in kleine, feine Model gedrückt und so geformt wird. Wie beim Marzipan zeichnen sich die Bilder gut und genau auf dem Teig ab. Nach langem Übertrocknen, über Nacht oder länger, setzt man die Springerle auf ein mit Butter bestrichenes und oft noch mit Anis besätes Backblech und bäckt sie bei mäßiger Hitze. Die Springerle gehen beim Backen beinahe um die Hälfte ihrer Höhe auf: sie »springen« also direkt in die Höhe. Vorgang und Bezeichnung werden dann auch als namengebende Faktoren angeführt.
Der Backvorgang ist genauestens zu beobachten und zu steuern, denn die Oberfläche muß fast weiß bleiben. Gelungene Springerle müssen ein weißes »Köpfle« und zart goldgelbe, gleichmäßige »Füßle« haben. »Das ist ein Prüfstein und Ehrenpunkt.«[274]
Das Bildmotiv muß sich nicht nur auf dem rohen Teig gut abformen, sondern auch beim Backen gut erhalten bleiben (oder, wenn möglich, noch besser werden).
Zum Verständnis und zur Beurteilung einer Sache, vor allem im Bereich der Nahrung, ist mehr als nur eine allgemeine Charakteristik vonnöten; deshalb folgt auch hier Näheres über Zutaten und Zubereitung. Auch das Ausmodeln wird genau beschrieben:

»Springerle, auch Sprengerl, Eier-Zucker, Eier-Marzipan, Anisguezli, oder Pain d'Anis genannt. Zur Herstellung dieser in ganz Süddeutschland und der Schweiz beliebten Weihnachtsbäckerei werden 500 g feiner Zucker mit 4 ganzen Eiern (= 180 g Ei-Inhalt) so lange schaumig gerührt, bis der Zucker vollständig gelöst ist. Danach werden 500 g feines, trockenes Weizenmehl und 3 g feinst gepulvertes Hirschhornsalz eingeknetet und der fertige Teig in ein mit Kirschwasser angefeuchtetes Tuch gehüllt, eine Stunde kühl gelagert. Danach nimmt man sich etwas von dem Teig, arbeitet ihn nochmals schön glatt und rollt ihn zwischen einen Zentimeter hohen Holzstäben aus. Die Oberfläche des Teiges wird ganz leicht mit Weizenpuder (auch Mondamin oder Maizena) überpudert und durch Reiben mit dem Handballen glatt massiert. Der vorgesehene Model wird mit der Bildseite nach unten fest auf den Teig aufgedrückt, damit sich die Bilder gut und vollständig auf dem Teig abzeichnen, und dann senkrecht nach oben abgehoben. Die Model selbst sollen nie mit Mehl oder Puder ausgestaubt werden, weil man dann immer etwas von dem Mehl im Model festdrückt, was sich nachher schwer wieder entfernen läßt. Mit einem scharfen Messer oder einem entsprechenden Ausstecher werden die einzelnen Stücke voneinander geteilt und auf ein gleichmäßig gefettetes Blech zum Trocknen gelegt. Das Trocknen soll in einem mäßig warmen Raum und unbedingt zugfrei erfolgen. Nach mindestens 12 Stunden Trockenzeit werden die Springerle auf ein leicht mit Butter bestrichenes und mit Anis übersätes Backblech umgesetzt, wobei zwischen den einzelnen Stücken ein etwa fingerbreiter Abstand bleiben muß. Das Abbacken erfolgt bei mäßiger Hitze von 180 Grad und leicht geöffneter Backraumtür. Dabei darf nur der Boden eine goldbraune Farbe erhalten, während die Oberfläche fast weiß bleiben muß. Das Wichtigste ist aber immer, daß sich recht schöne Füßchen bilden, indem sich die getrocknete Oberfläche vom feuchteren Unterteil leicht abhebt. Größere Figuren werden dagegen ›eingeformt‹, das heißt, der ausgerollte Teig wird mit der polierten Oberfläche auf den Model gelegt, und nun werden mit den Fingerspitzen die Vertiefungen eingedrückt. Zum Schluß wird mit einem Rollholz darübergerollt, damit das Stück einen gleichmäßigen Boden bekommt. Nun wird ein passendes Brettchen auf den Teig gelegt, beides zusammen gewendet und damit die Figur ausgeformt. Die Umrisse der Figur werden dann mit einem scharfen Messerchen ausgestochen. Sofern die Springerle nicht zum Verzehr bestimmt sind, fertigt man sich den billigeren Wasserspringerle-Teig an. Dazu werden 500 g Zucker und 5 g Ammoniumbicarbonat (Hirschhornsalz) mit 2/10 Liter lauwarmem Wasser aufgelöst und dann mit etwa 700 g feinem, trockenem Weizenmehl der Teig geknetet, welcher wohl fest, aber nicht brüchig sein darf. Teigruhe, Ausmodeln und die weitere Behandlung ist die gleiche wie bei den Eier-Springerle ... Diese Wasserspringerle werden nach dem Backen meist recht schön bemalt, wie es aus dem Fränkischen her bekannt ist. Die zugehörigen Farben wurden früher aus Pflanzensäften bereitet und mit Milch verkocht. Sind die Springerle aber nur als Schaustück bestimmt, kann zum Malen bedenkenlos jede erforderliche Wasserfarbe des Tuschkastens genommen werden.«[275]

Bei den Springerle müssen wir also grundsätzlich die beliebte Weihnachtsbäckerei zum Essen (Eierspringerle u.v.a.m.) von der billigeren, dafür aber schöner verzierten Ausführung (Wasserspringerle), die als Christbaumschmuck oder Baumbehang Verwendung findet, unterscheiden.
Das Backen von Springerle ist heute eine weithin verbreitete vorweihnachtliche Mode geworden. Kleine Springerle-Model werden heute relativ preisgünstig in vielen Bastelgeschäften, in den Heimatwerken und auf sogenannten »Christkindlmärkten« von Boutiquen usw. angeboten, zumeist mit einem Rezept und den wichtigsten Angaben zum Herstellungsvorgang[276].
Wenn die Springerle, wie schon erwähnt, in ganz Süddeutschland und der Schweiz vorkommen, so bringt man sie doch unwillkürlich vor allem mit Schwaben in Verbindung, denn: »Wohl in keiner anderen Gegend Deutschlands ist das Backen eine solche Herzensangelegenheit der ganzen Familie wie im Schwäbischen, wo sich Rezepte und Model von Geschlecht zu Geschlecht vererben. Wie in der Rhön die Spinnstuben-, so kennt man hier in der Adventszeit die ›Springerlesbackabende‹. Da wird abgewogen, gesiebt, gerührt und der Teig mit Andacht in die altvertrauten Holzformen gepreßt. Früher schnitzten die Zuckerbäcker ihre Model selbst, ursprünglich sogar in dickes Leder, wie man aus manchen Museumsstücken ersieht.«[277]

»Marzibaulich« – »Marzipan«
oder: Ein Leckerbissen wird billiger

Die »Wasserspringerle« sind dünner als die »Eier-« oder »Milchspringerle«, fehlt ihnen doch der Zusatz von Eiern bzw. einem Treibmittel, der sie beim Backen aufgehen läßt[278]. Diese »dünnscheibigen Wasserspringerle« heißen im Hohenlohe-Fränkischen auch »Marzibaulich«, was unmittelbar eine Assoziation mit »Marzipan« hervorruft und Albert Walzer fragen läßt: »Sind sie zu diesem Namen einfach deswegen gekommen, weil sie zunächst einmal im Volk als

Fig. 27 *Kaiser Heinrich II. und seine Gemahlin Kunigunde tragen als Gründer des Bistums Bamberg und Erbauer des dortigen Domes das Kirchenmodell. Unter der Kirche drei Wappen: oben zwei dem kaiserlichen Paar beigegebene Fantasiewappen, unten das Wappen von Fürstbischof Georg III., der von 1505 bis 1522 Bischof von Bamberg war. Aufgrund dieses Wappens ist eine Entstehung des Models im frühen 16. Jahrhundert anzunehmen. Unten befindet sich der heraldische Reichsadler.*
Dinkelsbühl, Heimatmuseum ▷

Fig. 28 *Der armlose Stadtschreiber von Schwäbisch Hall, Thomas Schweicker (1541–1602). Er sitzt auf dem Tisch und schreibt mit den Füßen. Über ihm seine Initialen (T. S.). Neben dem Tisch stehen – vermutlich – zwei Ratsherren. Über dem einen sind die Initialen A. S. angebracht; wahrscheinlich handelt es sich bei diesem um den Vormund Thomas Schweickers, Aegidius Seckel. Die Kleidung der Personen entspricht der Zeit (16. Jahrhundert), der Model selbst stammt aus dem 18. Jahrhundert (historisierende Darstellung oder nach alter Vorlage angefertigt?). Ø 17,5 cm.*
Crailsheim, Café Frank ▷▷

Fig. 29 *Allianzwappen des Markgrafen Georg Friedrich d. Ä. von Ansbach (1539–1603) und der Markgräfin Sophia aus dem Hause Braunschweig-Lüneburg (1563–1639). Wappen zeigten gerne die territorialen Besitzungen, und wappengeschmücktes Gebäck diente bei fürstlichen Banketten der standesgemäßen Repräsentation. Der Model gehörte einst zum Hausrat der Markgräfin Sophie.*
Ansbach, Privatbesitz

billiger Ersatz für den ursprünglich sehr teuren echten Marzipan betrachtet wurden?«[279]
Es ist fast unnötig, hier besonders anzumerken, daß ein Entbehren ausgefallener Delikatessen und vor allem von Genußmitteln zur Erfindung von Surrogaten führt. Wenn wir dabei z. B. an den echten Bohnenkaffee und an dessen viele »Ersatzlösungen« denken, haben wir gleichzeitig auch ein ausgezeichnetes Beispiel für die mögliche Bandbreite und Qualität solcher Surrogate.
»Marzibaulich« als billiger Marzipan ist nicht nur wahrscheinlich, sondern m. E. eine gesicherte Tatsache. Auch das jüngst erschienene Werk »Kunst der Model« (1981) nimmt das als gegeben an. Der Verfasser Herbert Kürth schreibt: »Süßigkeiten fanden nunmehr [d. h. in den Jahrzehnten nach dem Dreißigjährigen Krieg] auch in bürgerlichen Haushalten Eingang. Dem kam vor allem zustatten, daß man für das teure Marzipan einen Ersatz gefunden hatte, einen Teig, mit dem sich die Reliefs ebensogut ausprägen ließen. Er bestand aus Mehl anstelle der Mandeln, dazu aus Zucker sowie geschlagenem Ei oder Eiklar, und wurde Eierzucker, Eiermarzipan, auch ordinäres Marzipan, Nürnberger Bauernmarzipan und ähnliches genannt. Sollte der Teig noch billiger ausfallen, setzte man statt Eiern Wasser zu – die Namen Wasserzukker, Wassermarzipan oder Wasserkonfekt verraten es.«[280]
Dazu paßt auch das aufschlußreiche Beispiel aus dem Rezeptbuch des Konditormeisters Friedrich Renz, Langenau, aus der Zeit um 1850, das Walzer anführt. »Ordinäres Marzipan« wird hier aus folgenden Zutaten bereitet:

»Zucker, Mehl (feingemahlen, darunter etwas Stärkemehl), Wasser, 3 Eiweiß (ungeschlagen und damit kein Triebmittel) sowie 1 Lot[281] Tragant, was den Teig hart macht und gute Bilder ergibt. Aufstellungen über die jährlich angefertigten ›Reiter‹ und ›Spinnerinnen‹ etc. aus diesem Wasserspringerle-Marzipan beweisen zur Genüge, daß es sich hier um die gleiche Gruppe von Modelgebäck handelt wie bei den Hohenlohe-Fränkischen Zuckerdockelich[282] oder Marzibaulich.«

Auch Carl Grubers in Buchform erschienene Rezeptsammlung enthält als Nr. 697 die Angaben für »Ordinäres Wassermarzipan zu Figuren«. Es heißt:

»Diese Art wird ausschließlich in Süddeutschland fabriziert und zur Weihnachtszeit viel auf den Markt gebracht. 1 Kilo Farinzucker, 30 g Ammonium, 2 Eier, 1/2 Liter Wasser werden zusammen eine Weile gerührt, dann mit 2 Kilo Mehl zu einem Teige angewirkt. Diesen rollt man partieweise aus, drückt ihn in mehlbestaubte Holzformen, legt diese, mit scharfem Messer schön zugeschnittenen Figuren auf butterbestrichene Bleche und läßt sie trocknen, um sie dann schön weiß zu backen. Teilweise werden die Figuren bemalt, in verschiedene farbige Glasuren getunkt, auch teilweise mit Nonpareille bestreut.«

In derselben Abteilung des Buches, die mit »Marzipan« überschrieben ist, finden wir auch noch ein Rezept für »Wasser-Marzipan« und für »Eier-Marzipan«. Beide nehmen auf ein drittes Rezept Bezug, das in der Abteilung »Weihnachts-Gebäck« als »Anisgebackenes« aufscheint. Dabei handelt es sich eindeutig um die uns schon bekannten »Eierspringerle«. Ersetzt man dabei den Anis durch »Zitronengeschmack«, erhält man nach Gruber den Eier-Marzipan. Wasser-Marzipan wird ohne Eier zubereitet und deckt sich in der Ausarbeitung der Masse mit dem Anisgebackenen[283]. Die Beispiele von weiteren Varianten könnten noch sehr lange fortgesetzt werden.
War es nun wirklich »nötig« gewesen, Ersatz-Marzipan zu entwickeln? Da es diese Surrogate heute noch gibt, muß man auch gleichzeitig die Zusatzfrage stellen, warum man sie auch nach Verbilligung der Marzipan-Ingredienzien beibehielt.
Marzipan besteht im wesentlichen aus Mandeln und Zucker[284]. Beides mußte eingeführt werden und besonders der Rohrzucker war lange Zeit sehr teuer und nur für die Reichsten erschwinglich. Anfangs wurde er, dem man – wie übrigens auch dem Marzipan selbst – Heilkräfte zuschrieb, in den Apotheken und zu »Apothekerpreisen« gehandelt. Erst allmählich ging die Erzeugung von Konfekt usw. auf die Zuckerbäcker über[285].
Wenn auch nach dem Dreißigjährigen Krieg der allgemeine Lebensstandard stieg und die Einfuhr westindischen Zuckers zunahm[286], so war Zukker doch noch immer kein »Volksnahrungsmittel«. Dies wurde er erst nach der Erfindung des Rübenzuckers und der damit ermöglichten billigen einheimischen Massenproduktion. Diese Entwicklung vollzog sich im 19. Jahrhundert und es ist leicht verständlich, warum sich parallel dazu der Schwerpunkt der Süßigkeitenerzeugung von den honigverarbeitenden Lebzeltern auf die »Zucker-Bäcker« und Süßwarenhersteller verlagerte.
Marzipan war ursprünglich Luxusgut und dann immer noch teure Delikatesse; es hatte durchaus auch die Funktion eines Statussymbols. Dadurch war es um so erstrebenswerter. Es war aber nicht für alle erschwinglich, weshalb man es einerseits zu verbilligen, andererseits zu ersetzen trachtete. Aus Verweisen und der Forderung, nur eine reine Mandel-Zucker-Masse als »Marzipan« zu bezeichnen, wissen wir, daß die Zuckerbäcker fallweise auch dem echten Marzipan Mehl zusetzten, um es zu »strecken« und dadurch wohlfeiler zu machen. Wer nicht ganz ehrlich war und die Preise beibehielt, für den wurde das zusätzlich mit Mehl versetzte Marzipan rentabler.
Echtes Marzipan besteht aus teuren und früher zur Gänze importierten Zutaten, deren Umschlagplatz anfangs Venedig, die Stadt des hl. Markus, war. Trotzdem bedeutet »Marzipan« nicht »Marci panis«, Brot des Markus, wie die Volksetymologie so ansprechend und poetisch meinte, sondern geht zurück auf eine byzantinische Münzbezeichnung, die die Venezianer als »Mataban« übernahmen und in einer bestimmten Wertrelation auch auf andere Maße übertrugen, so z. B. auf Schachtelmaße. Gewürze und Konfekte wurden aber bereits früh in Spanschachteln versandt. Schließlich, und zwar seit dem 13. Jahrhundert, bezeichnet »Mataban« nicht nur die Verpackung, sondern auch den Schachtelinhalt. Den ersten Beleg für »Marzipan« als Süßigkeit auf europäischem Boden gibt der katalanische Arzt Arnoldus de Villanova, der 1313 starb[287].
Nicht nur das Wort, auch das Erzeugnis kommt aus dem Orient, trotz aller schönen Entstehungssagen, die uns für viele Orte und natürlich auch für die wohl berühmtesten »Marzipanstädte« Lübeck und Königsberg überliefert sind. Zumeist schreiben sie die Erfindung dieser Köstlichkeit dem Vorhandensein von Zucker und Mandeln als den einzigen Vorräten in einer Extremsituation (Hungersnot, Belagerung) zu. Das Ergebnis ist dabei gleichzeitig ein Zufallsprodukt wie auch »aus der Not geboren«. Tatsächlich jedoch entstand die Mischung aus Mandeln, Zucker und Rosenwasser im Vorderen Orient, worauf auch Thomas Mann wortschöpferisch Bezug nimmt, wenn er das Marzipan »Haremskonfekt« nannte.

◁ Fig. 30 Spinnerin (sitzend) bei der Arbeit (mit Spinnrocken und Spinnrad). Zu ihren Füßen ein Hündchen. Spinnen war charakteristische und passende Tätigkeit auch vornehmer Damen, das kleine Hündchen Statussymbol früherer Zeit. Eisernes Merkzeichen. Elsaß, 17. Jahrhundert. 18,5 × 27 cm. Straßburg, Musée Alsacien

Leben, Taten und Untaten der sogenannten »Großen« vergangener Zeiten sind soweit bekannt, wie es die Quellen zulassen und wissenschaftliche Interpretation und zulässige Phantasie es erlauben. Von einem Herrscher wissen wir mehr als von tausenden seiner Untertanen. Und doch ist auch das Leben der »kleinen Leute« Geschichte. Dieser Erkenntnis trägt man heute zunehmend Rechnung.

Nicht immer sind diese »kleinen Leute« namenlos, bei näherem Hinsehen sind sie auch gar keine kleinen Leute mehr, sondern einfach Leute, Menschen, Familien. Auch Handwerksgeschichte kann als »Geschichte eines Hauses«, als dynastische Familienhistorie geschrieben werden. Sie läßt aber auch die Typisierung zu und mag als repräsentatives Beispiel genommen werden. Individuelles und gleichzeitig berufsgeprägtes Schicksal und Geschick eines Berufsstandes werden nun am Beispiel der Ebenböck aus München und der Rachenzentner aus Mödling bei Wien deutlich, wenn wir uns das Gesagte gegen den Hintergrund des Alten Handwerks im 18. und 19. Jahrhundert vorstellen[288].

Die Lebzelterfamilie Ebenböck in München

Die Geschichte und Bedeutung der Lebzelterfamilie Ebenböck haben Ausstellung und Katalog »Wachszieher und Lebzelter im alten München – Sammlung Ebenböck«[289] vor Augen geführt. Im besonderen behandelt Ludwig Morenz »Die Ebenböck« im Sinne einer »Chronik einer Münchner Lebzelter- und Wachszieherfamilie«[290], dessen Ausführungen wir hier folgen.

Wie im Falle der anschließend vorgestellten Mödlinger Lebzelterfamilie Rachenzentner setzt die engere Geschichte der Familie mit der Biedermeierzeit ein, und zwar fast genau zum gleichen Zeitpunkt. So erwirbt Vinzenz Rachenzentner 1807 Haus und Gewerbe in Mödling bei Wien und übersiedelt dorthin aus dem niederösterreichischen Mistelbach. Theresia Lindner, die Tochter des Lebzelters Joseph Lindner, übernimmt am 23. August 1806 »anläßlich ihrer bevorstehenden Eheschließung mit dem gleichaltrigen Johann Paul Ebenböck das väterliche Haus in der Sendlinger Straße 2* (A, B, C)[291] mit Warenlager und Mobilien, der Wachsbleiche und dem Sommerhaus vor dem Isartor um 28022 Gulden«[292].

Wie beim Vergleichsfall Rachenzentner wissen wir auch hier einiges über die Vorgeschichte dieses Lebzelterhauses. 1558 wird der Lebzelter Hans Staudhamer erstmals als Eigentümer des Hauses Sendlinger Straße 2* (A), des Eckhauses zum Rosental hin, genannt. 1572 bzw. 1574 erwirbt er die im Rosental anschließenden Häuser B und C (später Rosental 21), die von da an ständig im Besitz verbunden bleiben.

»Auf Staudhamer folgen bis zum Beginn des 19. Jahrhunderts die Lebzelterfamilien Camerloher, Wielepacher, Kriegl und Lindner auf dem damals üblichen Weg: Haus und Gerechtsame gehen vom Vater auf den Sohn über oder auf einen seiner Gesellen, der die Tochter des Meisters oder die verwitwete Meisterin ehelicht, wodurch der Besitz letztlich immer in der Familie bleibt.«[293]

Johann Paul Ebenböck (geb. am 18.10.1779) war der Sohn des Lebzelters Johann Paul Ebenböck in Dingolfing. Er kommt 1804 nach München und tritt als Geselle beim Lebzelter Lindner

Fig. 31 Titelblatt für die Lebzelter und Wachszieher im Münchner Zunftbuch. 1473 erfolgte in München der Zusammenschluß der Wachszieher und Lebzelter zu einer Zunft, 1474 wurden die »Sätz und Ordnung der Lebzelter der fürstl. Haubt- u. Residentz Statt München« erstellt, die in einem kalligraphisch schönen Pergamentband (aus späterer Zeit) erhalten sind. München, Stadtarchiv

ein. 1806 wird der Besitz auf Lindners Tochter überschrieben und von Ebenböck die Heiratsbewilligung und die Aufnahme als Meister beantragt. Die Gebühr beträgt 24 Gulden. 1807 kommt die Tochter Viktoria zur Welt, 1808 stirbt Theresia Ebenböck, geb. Lindner, mit 29 Jahren.

Viktoria stirbt 1813 und »Joh. Paulus Ebenböck« ist Alleinerbe. In zweiter Ehe heiratet er die Münchner Salzstößlerstochter Barbara Roider, die vier Söhne zur Welt bringt, von denen nur der jüngste – Mathias Joseph, geb. 1819 – überlebt. Er tritt später die Nachfolge des Vaters an. Barbara stirbt 1822 und noch im gleichen Jahr heiratet der 43jährige »Paul Ebenböck«, wie er sich nennt, die 28jährige Mainburger Lebzelterstochter Maria Elisabetha Kirchberger. Sie stirbt 1834 und zwei Jahre später ehelicht Paul Ebenböck die Lehrerstochter Theresia Grad, die ihren Mann um fast 14 Jahre überlebt. Die Heiratsbewilligungen werden jeweils erteilt, nachdem den Söhnen ihr »Muttergut« ordnungsgemäß »angezeigt« worden ist.

1848 stirbt Johann Paul Ebenböck und Mathias Ebenböck übernimmt mit 29 Jahren das Geschäft. Er begründet den Ruf der Ebenböckschen Lebzelterei und Wachszieherei bzw. Wachslichterfabrikation, den man bis heute mit dem Namen »Ebenböck aus München« in Verbindung bringt, auch wenn es die Firma gar nicht mehr gibt.

Mathias Ebenböck hatte eine vielseitige und erstklassige Ausbildung. Er besuchte die lateinischen Vorbereitungsklassen und danach die neueingerichtete Gewerbeschule sowie zwei Jahre lang die Chemie- und Bossieranstalt der Feiertagsschule, zusätzlich wurde er – als letzter bayerischer Lehrling – nach altem Handwerksbrauch freigesprochen (1837) und begab sich anschließend auf Wanderschaft. Nach seiner Rückkehr besuchte er nochmals, diesmal für acht Jahre, die Chemie- und Bossieranstalt und erhielt auch hier, wie schon in der Gewerbeschule, einen ersten Preis. Er war u.a. Mitglied im Polytechnischen Verein und hatte praktische Erfahrungen in den großen Wachslichterfabriken Deutschlands sowie des Auslands[294] gesammelt. 1848, als der Vater starb, legte er die Meisterprüfung als Lebzelter mit der Note »ausgezeichnet« ab. Durch ein Übereinkommen mit seinem Halbbruder Alois (aus der dritten Ehe seines Vaters und von Beruf Gymnasialprofessor) sichert sich Mathias Ebenböck die alleinige Lebzeltergerechtigkeit. Mit 90 Gulden Bürgerrechtsaufnahmegebühr wird Mathias Ebenböck Bürger und er wird auch als Lebzelter in die Nachfolgeorganisation der alten Zunft, den Verein der Lebzelter, aufgenommen.

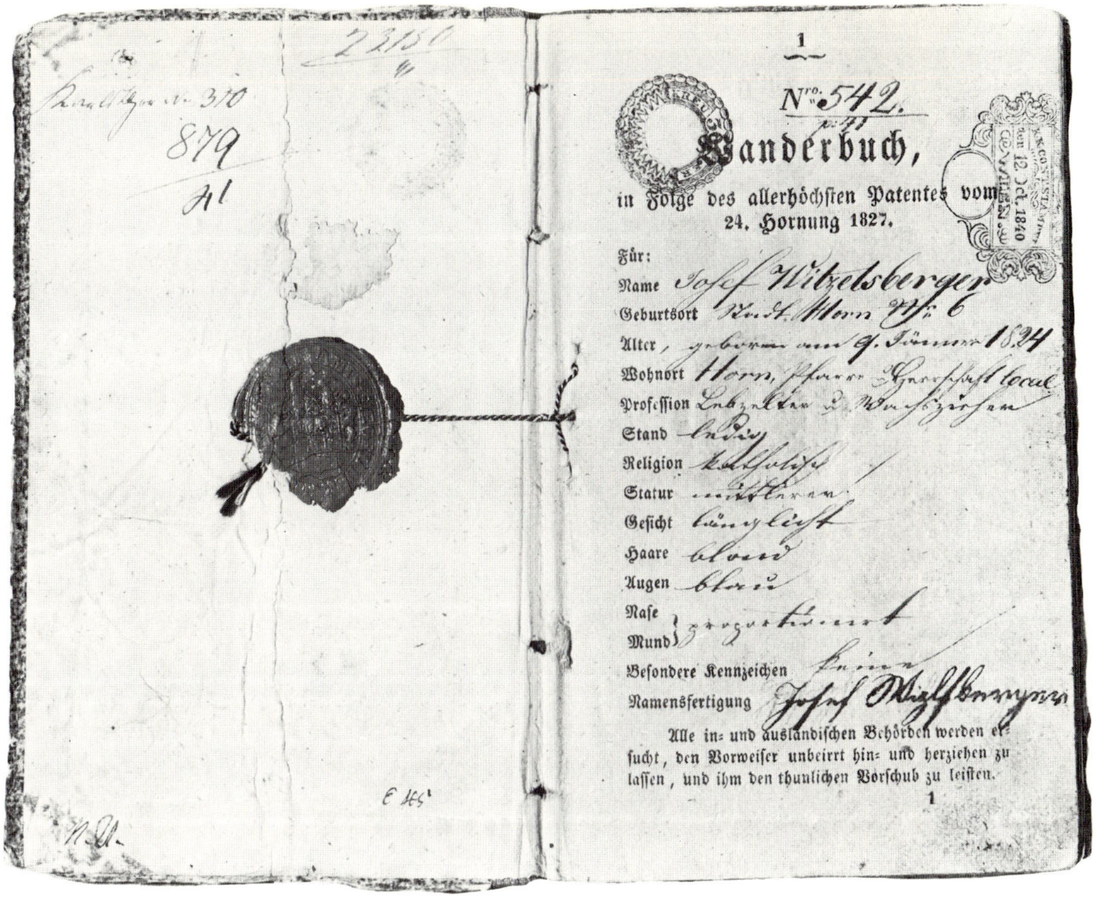
1

Nro: 542.

Wanderbuch,

in Folge des allerhöchsten Patentes vom 24. Hornung 1827.

Für:
Name Josef Witzelsberger
Geburtsort
Alter
Wohnort
Profession
Stand
Religion
Statur
Gesicht
Haare
Augen
Nase
Mund
Besondere Kennzeichen
Namensfertigung

Alle in- und ausländischen Behörden werden ersucht, den Vorweiser unbeirrt hin- und herziehen zu lassen, und ihm den thunlichen Vorschub zu leisten.

1

Fig. 32 Wanderbuch des Josef Witzelsberger (Unterschrift: Wizlsberger), von »Profession« Lebzelter und Wachszieher, ausgestellt Wien 1840; heute im Besitz von Eduard Wizlsperger, Bezirksinnungsmeister der Konditoren (Zuckerbäcker), Wolkersdorf.

Die Bilanz bei Geschäftsantritt 1849 weist ein Vermögen von insgesamt 122307 Gulden aus, wovon auf Material und Waren 17143 Gulden, auf Handwerkszeug, Hauseinrichtung und Ökonomie 3578 Gulden und auf das Lebzelterrecht 1000 Gulden entfallen.

1849 heiratet Mathias Ebenböck zum ersten und 1855 zum zweiten Mal[295]. Im selben Jahr erhält er die Konzession als Wachslichterfabrikant, wenn er auch diese Berufsbezeichnung – wie schon sein Vater – bereits früher geführt hatte. Damals gab es in München vier persönliche und fünf reale Lebzeltergewerbe, aber noch keine Wachslichterfabrik-Konzession. 1858 darf sich Mathias Ebenböck dann bereits »Hofwachslichterfabrikant« nennen.

1870 verzichtet Mathias Ebenböck auf seine Konzession zur Erzeugung von Wachsbildern, vier Jahre später baut er auf dem Metgartengrundstück Schwanthalerstraße $17^1/_2$ (später 35) ein viergeschossiges Haus mit Konditorei-Café, das im Jahr darauf Johann Baptist Finsterwalder, seit demselben Jahr Ehemann der Tochter Klara, als Geschäftsführer übernimmt. Erweiterungen und Umbauten im Ebenböckschen Stammhaus in der Sendlinger Straße schaffen 1877 Raum für eine Filialkonditorei des Schwiegersohnes Finsterwalder.

Mathias Ebenböck eröffnet zehn Jahre später seinerseits eine Filiale in der Maxvorstadt. Auf den – seit mindestens 1885 nachgewiesenen – Einladungen zur alljährlichen Weihnachtsausstellung ist dann ausdrücklich vermerkt, daß »Lebkuchen, Marzipan, Pfeffernüsse und Makronen«, die neben »Christbaumkonfekt, echten Wachslichtern und Wachsstöcken« im Stammhaus ausgestellt sind, auch in der Filiale bezogen werden können.

1905 stirbt Mathias Ebenböck; seine Söhne Alois und Ernst (vgl. Anm. 295), deren Gewerbeanmeldung als Lebzelter und Wachslichterfabrikaten 1894 erfolgt war, führen die Firma gemeinsam unter dem Namen des Vaters weiter, aber nicht im bisherigen Umfang. Einmal war das Interesse an Lebzelten gegen Ende des Jahrhunderts erloschen. In einer Zeit, die den Begriff »Nostalgie« noch nicht kannte, vermochte etwa das spartanische Rezept der einstmals so berühmten »Leckerln« nicht mehr mit feinen Konditorwaren zu konkurrieren. Dann hatte der Siegeszug des Biers den ehedem so reichen Metausschank auf einen Bruchteil absinken lassen. Für den Rückgang des Wachsverbrauchs gibt es gleich zwei Gründe: Die Einführung der elektrischen Beleuchtung und das Aufkommen verschiedener Surrogate wie Paraffin, Stearin, Ceresin und des Pflanzenwachses.

Der Tatsache, daß diese Erscheinungen sich annähernd gleichzeitig auszuwirken begannen, wäre ein an Phantasie so reicher Unternehmer wie Vater Ebenböck wohl gewachsen gewesen. Die übereinstimmend als besonders liebenswert, aber doch eher weltfremd geschilderten Söhne waren es ganz offenbar nicht. Und »sie liebten ihren Beruf vermutlich zu sehr, um seine Möglichkeiten unter den veränderten Umständen realistisch zu sehen«[296].

Die Fabrikation wurde eingeschränkt, das Erdgeschoß des Stammhauses z.T. als Läden vermietet u.ä. Der Filialladen in der Theresienstraße 34 wurde aufgegeben und die Weihnachtsausstellungen wurden (ab 1910) auch nicht mehr im bisherigen Umfang weitergeführt. Vor allem aber wurde 1908 das Wachsbleichen zur Gänze eingestellt. Am 19. März 1919 wird dann die »Hofwachslichterfabrik und Lebzelterei Mathias Ebenböck« auf Antrag der beiden Brüder in der Gewerbeliste gelöscht, die Lebzelterei jedoch noch in gewisser Weise weitergeführt.

1921 verkaufen Alois und Ernst Ebenböck Haus und Metgarten in der Schwanthalerstraße an den Neffen Peter Finsterwalder und eröffnen im selben Jahr im zweiten Stock der Sendlinger Straße eine »Kunstgewerbliche Werkstätte«. Seit 1927 erzeugen sie hier die sogenannten »Künstlerlebkuchen«.

1936 stirbt Alois, 1939 Maria, 1950 Therese (vgl. Anm. 295). Ernst Ebenböck stirbt 80jährig im April 1952, letzter Vertreter einer fast vierhundertjährigen Lebzeltertradition, nachdem er noch Wiederaufbau und Reparaturen am Haus eingeleitet und einen Teil seiner Kunstschätze dem Münchner Stadtmuseum übergeben hatte.

DIE KÜNSTLERLEBKUCHEN

Die »(Münchner) Künstlerlebkuchen« stellen den letzten Höhepunkt künstlerischer Bildlebkuchen dar. 1927 beginnen Alois und Ernst Ebenböck nach »Zurücklegung« des Gewerberechts dieses »Unternehmen, bei dem nach Entwürfen bekannter Künstler zierliche Figuren aus farbigem Zuckerguß auf Lebkuchen gespritzt werden«, und zwar wahrscheinlich weniger aus wirtschaftlichen Erwägungen als aus dem Bedürfnis nach liebevoller Beschäftigung mit freundlichen Dingen[297].

Zu den Künstlern, die für die Ebenböck solche Entwürfe, aber auch Prospekte, Schachteletiketten, Werbemarken u.ä. schufen, zählte Hermann Stockmann (1867–1938), »der neue Spitzweg«, mit dem Ernst Ebenböck vielleicht durch die Künstlergenossenschaft »Allotria«, der beide angehörten, bekannt geworden war. Andere für ihn tätige Künstler(freunde) waren Ignaz Taschner und Paul Neu.

Fig. 33 Motive und Preise für »Lebzelterbilder eigener Auflage« der Firma Vydra & Bohuslav, Prag. Katalog der Firma vom Juni 1909, S. 84.
Wien, Privatbesitz

VYDRA & BOHUSLAV, Prag.

Lebzelterbilder eigener Auflage.

Nro. 200	17 Dragoner und Husaren und 17 Pferdeköpfe	1 Bogen	K —·08
» 201.	Dragoner und Husaren; 10 Reiter und 10 Pferdeköpfe	1 »	» —·08
» 202.	Uhrenzifferblätter, 54 Stück auf 1 Bogen, Grösse No. 6	1 »	» —·06
	Dieselben ausgestanzt, in Rollen à 1000 Stück	1 Rolle	» 1·20
» 203.	10 »Sokolen« und 10 Pferdeköpfe	1 Bogen	» —·08
» 204.	7 »Sokolen« und 7 Pferdeköpfe	1 »	» —·08
» 205.	7 Dragoner und Husaren und 7 Pferdeköpfe	1 »	» —·08
» 206.	Uhrenzifferblätter, 54 Stück auf 1 Bogen, Grösse No. 5	1 »	» —·06
	Dieselben ausgestanzt, in Rollen à 1000 Stück	1 Rolle	» 1·10
» 207.	Uhrenzifferblätter, 72 Stück auf 1 Bogen, Grösse No. 4	1 Bogen	» —·06
	Dieselben ausgestanzt, in Rollen à 1000 Stück	1 Rolle	» 1 —
» 208.	Uhrenzifferblätter, 124 Stück auf 1 Bogen, Grösse No. 3	1 Bogen	» —·06
	Dieselben ausgestanzt, in Rollen à 1000 Stück	1 Rolle	» —·90
» 209.	Uhrenzifferblätter, 135 Stück auf 1 Bogen, Grösse No 2	1 Bogen	» —·06
	Dieselben ausgestanzt, in Rollen à 1000 Stück	1 Rolle	» —·80

Ausstecher für No. 200 passend . . . . K 1—

» für No. 201 u. 203 passend . . . . K 1·50

» für No. 204 u. 205 passend . . . . K 1·90

Bei Abnahme von je 100 Bogen Bilder einer Nummer geben wir den dazu nötigen Ausstecher gratis bei, oder berechnen 100 Bogen jeder Nummer um 1 Krone billiger.

— 84 —

Stockmann, volks- und heimatkundlich interessiert[298], gehörte dem Kreis um den Osternberger Gutsherrn und Volkskundler Hugo von Preen[299] an und ging dann später in den Malerort Dachau[300], dessen Künstler auch an der regionalen Kultur Gefallen fanden. Dieses Interesse lag damals sozusagen in der Luft. Während jedoch »Der Blaue Reiter« die »einmal erkannten Qualitäten und Prinzipien der so lange Zeit unbeachteten Volkskunst für die eigenen Bestrebungen nutzbar zu machen verstand, ging es Stockmann mehr um die historisierende Wiederbelebung in einem folkloristischen Gewand«[301].

Ernst Ebenböck wiederum hatte ein handwerkliches Interesse an der Erneuerung bayerischer Volkskunst. Die für ihn von Stockmann, Taschner, Neu u.a. geschaffene »Warenästhetik« ist charakterisiert durch eine Mischung von Jugendstil- und folkloristischen Elementen und läßt sich vielleicht mit den Bemühungen der Firma Bahlsen in Hannover um dieselbe Zeit vergleichen, die für Verpackung und Propagandakarten ebenfalls Münchner Künstler einsetzte, so z.B. den Graphiker Ludwig Hohlwein. Ebenböck hatte auch ihn entdeckt und ihm kleine Aufträge für Kerzenpackungen und Lebkuchenschachteln gegeben, aber »der neue Spitzweg« lag ihm schließlich mehr.

Entwürfe zu den Künstlerlebkuchen befinden sich heute natürlich auch in der Sammlung Ebenböck im Münchner Stadtmuseum[302]. Nach den Vorlagen wurden die Konturen auf die Lebkuchen übertragen und die Flächen dann in der vorgeschriebenen Farbe ausgefüllt. Ernst Ebenböck verwendete dazu kleine Tüten (»Stanitzel«) aus Papier[303]. »Künstlerlebkuchen« sind auch im Buch von Gust. A. Parton über die Lebkuchen-Fabrikation als Anregung abgebildet; im Text führt der Verfasser dann über »Künstlerlebkuchen« aus:

»Die ›Kunst im Handwerk‹ hat sich in neuer Zeit auch die Konditorei und Lebküchnerei als dankbares Feld ausgesucht und neue Verzierungen für sogenannte Künstlerlebkuchen gebracht. – Durch die von Künstlern entworfenen Zeichnungen ist in die Lebkuchen sozusagen mehr Leben, Geschmack, Schönheit und Abwechslung gekommen. Der Schwerpunkt liegt bei den Künstlerlebkuchen in der Dekoration.

Die Phantasie der Künstler hat da einen großen Spielraum und immer neue Figuren aus Volk und Leben werden geschaffen. Besonders dankbar ist der Biedermeierstil.

Wer Erfindungsgabe hat, kann selbst neue Sujets entwerfen, die auf örtliche berühmte Personen, Häuser, Begebenheiten Bezug haben oder auch auf bestimmte Feste wie Schützen-, Turn- und Sportfeste usw. Bezug haben. Am meisten Stoff bietet natürlich Weihnachten mit seinem Riesenbedarf in Lebkuchen, zum Teil auch Ostern.

Wer keinen geübten Glasierer hat, beziehe von C. Österle,

VYDRA & BOHUSLAV, Prag.

Giftfreie Zuckerwarenfarben

den Bestimmungen der k. k. Ministerialverordnung vom 17. Juli 1906 sowie der königl. ungarischen Ministerialverordnung v. 17. Juli 1905 entsprechend, deshalb in der gesamten Österreich-Ungar. Monarchie zum Färben von Kanditen, Zuckerwaren usw. zugelassen.

Farben in Pulver, allerbester Qualität, in Originalpackung.

Preis per . . .	Blechdosen				
	1 dkg.	1 kg.	1/2 kg.	1/4 kg.	1/8 kg.
	Kronen				
Blau					
Brillantblau	—·25	16·—	8·50	4·75	2·75
Dunkelblau	—·20	13·50	7·—	3·75	2·25
Hellblau	—·30	24·—	12·25	6·25	3·50
Türkisblau, höchst feuriges, reines Blau	—·40	26·—	13·50	7·—	3·75
Braun					
Echt Chocoladebraun	—·25	16·—	8·50	4·75	2·75
Chocoladebraun	—·—	9·—	4·75	2·50	—·—
Mandelbraun	—·—	9·—	4·75	2·50	—·—
Gelb					
Brillantgelb	—·30	16·—	8·50	4·50	2·50
Hellgelb (Zitronengelb)	—·30	15·50	8·25	4·25	2·50
Hellgelb IIa.	—·—	8·—	4·25	—·—	—·—
Eigelb	—·20	10·50	5·50	3·—	1·75
Edelsteingelb konzentriert	—·35	16·—	8·50	4·50	2·50
Goldgelb	—·—	11·—	5·75	3·25	2·—
Pomeranzengelb	—·—	11·—	5·75	3·25	2·—
Orleansurrogat, Ersatz für naturel. Orlean	—·—	15·—	7·75	4·25	2·50
Grün					
Grün gelblich oder bläulich	—·25	11·—	5·75	3·25	2·—
Brillantgrün	—·30	15·—	7·75	4·25	2·25
Smaragdgrün	—·25	11·—	5·75	3·25	2·—
Heliotrope					
Heliotrope	—·30	18·—	9·50	5·—	2·75
Karmin					
Nacarat Pariser in Stückchen	—·—	—·—	—·—	15·—	7·75
Rosa					
Brillantrosa gelblich oder bläulich, **gewöhnlich**	—·—	9·—	4·75	—·—	—·—
Brillantrosa gelblich oder bläulich **extrastark, hochprima,** konzentriert	—·30	22·—	11·25	5·75	3·—
Diamantrosa für Lebzeltner, feurigste Nuance	—·35	20·—	10·50	5·75	3·—
Zartrosa	—·35	20·—	10·50	5·75	3·—

Fig. 34 Giftfreie »Farben in Pulver« für Kanditen und Zuckerwaren der Firma Vydra & Bohuslav, Prag. Farbtöne und Preise. Katalog der Firma vom Juni 1909, S. 14. Ausschnitt. Wien, Privatbesitz

VYDRA & BOHUSLAV, Prag.

Giftfreie flüssige Farben

den Bestimmungen der k. k. Ministerialverordnung vom 17. Juli 1906, sowie der königl. ungarischen Ministerialverordnung von 17. Juli 1905 entsprechend, deshalb in der gesamten Österreich-Ungar. Monarchie zum Färben von Zuckerwaren, Lebensmittel usw. zugelassen.

Preis per . . .	Flasche		
	1 kg.	1/2 kg.	1/4 kg.
	Kronen		
Blau			
Dunkelblau	4·25	2·25	1·25
Hellblau	4·25	2·25	1·25
Türkisblau, höchst feuriges, reines Blau	4·75	2·50	1·50
Braun			
Echt Chocoladebraun	4·25	2·25	1·25
Dunkelbraun (Schwarzbraun)	4·25	2·25	1·25
Gelb			
Hellgelb in Teigform	4·25	2·25	1·25
Edelsteingelb A zu Fondants	4·75	2·75	1·50
Edelsteingelb B für Schaum und Glasuren	5·25	2·75	1·50
Goldgelb	6·—	3·25	1·75
Eigelb (Dottergelb) zum Färben des Teiges	4·75	2·50	1·50
Grün			
Grün bläulich	5·—	2·75	1·50
Grün gelblich	5·—	2·75	1·50
Grün extragelblich	5·—	2·75	1·50
Heliotrope			
Heliotrope	6·—	3·25	1·75
Orange			
Orange gelblich	3·75	2·—	1·25
Orange rötlich	3·75	2·—	1·25
Rosa			
Brillantrosa bläulich extrastark	5·50	3·—	1·75
» **gelblich** »	5·50	3·—	1·75
Karamelrosa	7·50	4·—	2·25
Korallenrosa FF	7·50	4·—	2·25
Rot			
Brillantrot	5·50	2·75	1·50
Karminrot	7·25	3·75	2·—

Fig. 35 »Giftfreie flüssige Farben« zum Färben von Zuckerwaren und Lebensmitteln. Farbtöne und Preise. Angebot der Firma Vydra & Bohuslav, Prag. Katalog der Firma vom Juni 1909, S. 15. Ausschnitt. Wien, Privatbesitz

Dekorateur, Naumburg a. Saale, Bahnhofstr. 27, die Formen und Schablonen dazu oder besuche eine Dekorschule. Die beigegebenen Zeichnungen am Schluß des Werkes werden sicher viel Anregung zu neuem Schaffen geben.«

Über den Verzierungsvorgang selbst heißt es:

»Mittels der Schablonen werden nun die verschiedenen Farben der Eiweissglasur No. 133 (entsprechend mit Saftfarbe gefärbt und mit einigen Tropfen Essigsäure versehen) auf die Lebkuchen zu komischen Figuren in Biedermeierstil geformt. Wer ein geübter Zeichner ist, kann sich die Umrisse erst ganz fein mit der Glasurmasse ziehen, z.B. erst Gesicht, Hut, Arme, Hände, Beine usw., und dann in weiss, gelb, rot usw. mit Eiweissglasur ausfüllen. Besonders Gesicht und Augen erfordern Sorgfalt. Auch soll die Glasur nur messerrückenstark aufgetragen werden. Im Anhang folgen einige Dekoriermuster, doch hat die Phantasie des Dekorateurs hier einen grossen Spielraum.«

Das »Verzieren der Künstlerlebkuchen nach Österle« geht so vor sich:

»Die Formen von Österle werden auf den Kuchen gelegt und mit einem Leinenbändchen, welches Talkum enthält, abgetupft, wodurch die Umrisse der Figur auf dem Kuchen sichtbar werden. Nun werden mit schwerer, halbflüssiger, brauner Glasur, mit einer Spritztüte die Umrisse nachgezogen, ganz fein. Ist dieses trocken, füllt man die Räume mit Eiweissglasur No. 127 in passender Farbe aus. – Herr Österle legt jeder Form die Beschreibung bei.«[304]

Die Ausführungen in diesem Handbuch für die »Lebkuchen-Fabrikation« sind sehr aufschlußreich. Wir erfahren hier sehr viel über die Motivwahl bei den verzierten Lebkuchen, die Anlässe für ihre bevorzugte Herstellung sowie die Hilfestellung für nicht so begabte Meister oder Gesellen. Trotzdem war der Übergang zum Klebebildchen vielen mehr als willkommen und im übrigen auch nicht aufzuhalten. Zu groß waren die Vorteile. Ungeachtet jeglicher Begabung oder Vorliebe fürs Glasieren war der mit einem Bildchen versehene Lebkuchen ohne großen Arbeitsaufwand hergestellt; das Resultat stand von vornherein ohne Risiko fest und war dem Erzeugnis der Konkurrenz gleichwertig.

Ende des vorigen und in den ersten Jahrzehnten dieses Jahrhunderts kamen Präge- und Oblatenglanzbildchen in Massen auf den Markt. Dabei war jeweils ein Motiv viele Male auf einem Bogen aneinandergereiht, untereinander durch einen schmalen, leicht zu durchtrennenden Papiersteg verbunden. Auf den herzförmigen Zierbildern, häufig in der Kontur von einer Blumengirlande eingefaßt, waren zumeist Sprüche und Devisen zu lesen. Diese »Lebkuchenpoesie« reichte von den – in der Biedermeierzeit und auch im sogenannten »Spätbiedermeier« so beliebten – Freundschafts- und Memorialversen über ungelenke Reime bis hin zu Platitüden und Derbheiten, die z.T. nur mehr aus einer einzeiligen Aufforderung, einem kurzen Wunsch u.ä. bestehen. Diese Kurzdevisen sind, verständlicherweise, bei der textlichen Zuckerspritzguß-Verzierung vorherrschend.

Im Warenkatalog von Vydra & Bohuslav, Prag, Juni 1909, sind natürlich auch solche Bildchen (»Reliefs und Lebzelterbilder« sowie »Lebzelterbilder eigener Auflage«) enthalten[305].

Parton[306] nennt in seiner Bezugsquellenliste für »Bilder für Lebkuchen« die Firma »Oehmigke & Riemschneider, Neu-Ruppin, Kunstanstalt«.

Alte Restbestände der Lebzelterei Rachenzentner beweisen, daß der Lebzelter früher solche Bilderbogen en masse vorrätig hatte und auch en masse verbrauchte. Unter den Bilderverslein in herzförmiger Rosen- oder Maiglöckchenumrahmung lesen wir da u.a.:

Blicke frohgemuth in's Leben
Treuer Freunde Dir bewußt.
Und im schlichtbewußten Streben
Hebe Kraft und Muth die Brust.

Versäume keine Pflicht
Nimm keine neue an
Bevor die alte nicht
Mit frohem Muth gethan.

Himmel willst Du meinem Leben
Einen edlen Reichtum geben
Schenke mir Geduld im Leid,
Und im Glück Bescheidenheit.

Nicht des Glückes eitle Gaben,
Gottes Blick und Dein Gefühl
Tragen Dein Gemüth erhaben
Ueber dieses Weltgewühl.

Unter Rosen wandle Du!
Wollen Dornen Dich verwunden,
Deck' sie Lieb' und Freundschaft zu
Und versüße Deine Stunden!

Auch rechteckige Bildchen, auf denen allerdings manchmal auch ein Herz aufscheint, tragen derartiges Spruchgut. Unter dem Bild eines liebenden Pärchens im herzförmigen Rahmen, umrankt von Maiglöckchen und Vergißmeinnicht, ist z.B. zu lesen:

Süß, wie dieses hier von Kuchen
soll man sich ein Herz erst suchen.
Aber Deins, das ist gewiß,
ist noch hundertmal so süß.

Ingeborg Weber-Kellermann zeigt »biedermeierliche Aufkleboblaten« folgender Art: jeweils ein Paar im querovalen Medaillon, einmal unter einem von Putten an Bändern gehaltenen Herzen, einmal unter einer Taube »mit Brieflein im Schnabel« (im Blattrahmen); die Sprüche lauten:

Wandle froh des Lebens Runde
Fühle stets Zufriedenheit
Ruh und Glück zu jeder Stunde
Durch die lange Lebenszeit.

Freundschaft winde duftige Kränze
Liebe pflücke Mirthengrün
Und so wird gleich einem Lenze
Spät Dein schönes Leben fliehn[307].

Vom Genre her sind diese Verse der Stammbuchpoesie und den Ostereiersprüchen[308] an die Seite zu stellen.

Mit dieser Zierbilderproduktion der Bilderbogenoffizinen und »Kunstanstalten« war zwangsläufig die uniforme Massenherstellung verbunden, eine Entwicklung, die vielen künstlerischen Handwerkern nicht gefiel, u.a. auch nicht den Brüdern Alois und Ernst Ebenböck. Wenn sie auch, wie schon erwähnt, als weltfremd und versponnen beschrieben werden, so legten sie doch nicht, was man eigentlich erwartet hätte, resignierend die Hände in den Schoß, sondern versuchten, die Entwicklung wenigstens z. T. in die von ihnen gewünschte Richtung zu lenken. Statt industrieller Nivellierung wollten sie die Neubelebung handwerklicher Traditionen, und konnten es sich, »gestützt auf ihre gesicherte finanzielle Lage«, auch leisten, diesen Wunsch in die Tat umzusetzen. »Sie beauftragten« bekanntermaßen »Münchener Künstler, Lebkuchenbilder und Vorlagen zu entwerfen. Nach diesen Vorlagen verzierten sie mit Zuckerspritzguß Lebkuchen, die als ›Münchener Künstler-Lebkuchen‹ in ganz Deutschland verkauft wurden. Volkstypen, Genreszenen, die an die Modelbilder anknüpfenden Hirschjagden, gezeichnet von Seitz, Seltenhorn, Niemeyer, Gmelin, Stockmann, Dasio, Pfeiffer, Ringer, Erlacher, Heizer, Zenker und Kohrt gehörten zum neuen Bilderprogramm der Lebkuchenbilder für Herzen, Rechtecke und Rauten«[309].

Von den Brüdern Ebenböck und München ausgehend, eroberten die »Künstlerlebkuchen« die ganze deutsche und österreichische »Lebkuchenwelt«; mit dem Zweiten Weltkrieg allerdings war auch diese Entwicklungsphase in der Geschichte der Lebkuchen zu Ende.

Von der direkten Warenästhetik oder: »Es ist nicht alles Gold, was glänzt«

Das Bild auf dem gemodelten Lebkuchen war nicht nur Bedeutungsträger, es war auch Verzierung und Dekoration aus Gründen der Ästhetik und Verkaufsstrategie, denn schöne Ware verkauft sich leichter. Während man später die Konsumlebkuchen mit ihren einfachen Formen, deren Qualität aber unbestritten war, schön verpackte[310] und zum Teil sogar eigens Etiketten dafür entwerfen ließ (vgl. S. 56) erlaubten die Modellebkuchen eine direkte Warenästhetik.

Ein frühes Mittel, die zum Verkauf angebotene reliefierte Lebkuchenware so attraktiv wie möglich zu machen, war das Vergolden. Auf den englischen Jahrmärkten wurde Gingerbread in Gestalt eines nach dem Backen vergoldeten Heiligen usw. angeboten. Neben der Notwendigkeit, die Kauflust durch Glanz und Pracht zu fördern, spielte beim Vergolden noch die alte Assoziation von Ingwer (ginger) und Gold mit, sowie die Auffassung, daß Heilige möglichst strahlend aussehen sollten. (Daher wurden auch in der Malerei die »Heiligenscheine« üblich[311].)

Da der Inhalt anscheinend nicht hielt, was der goldene Schein versprach, zumindest aber unter dem goldenen Äußeren das unscheinbare Braun des Lebkuchens zum Vorschein kam, heißt im englischen Sprachgebrauch »taking the gilt off the gingerbread« soviel wie »eine Illusion zerstören«.

Vergoldet wurden auch Marzipan und Tragant: zur Gänze oder nur die hervortretenden Konturen der Bildreliefs. Hansen, vor allem aber Kürth[312], bieten dazu prächtige Beispiele.

Allmählich verschwand das Gold von den Lebkuchen. James White, ein Bäcker aus Dunbar, schrieb 1828 ein Buch über »die Kunst des Brotmachens«. Darin beschreibt er auch die Herstellung von Gingerbread zum Ausmodeln usw. und macht sich über das Vergolden lustig, anscheinend aber noch mehr über die Konsumenten, die nicht zu wissen scheinen, daß die gebräuchliche Goldfarbe auf Kupfer basiere und daher giftig und gesundheitsschädlich sei. Sein Spott ist daher zugleich auch eine Warnung.

Den Warnungen folgten auch Verbote. So untersagte 1791 das Sanitätsamt (Gesundheitsamt) in Frankfurt am Main, »Pfefferkuchen mit Silber- oder Goldschaum zu belegen«[313].

Neben den »goldenen« oder »silbernen« gab es auch die »bunten« Bilder. Lebkuchen, Marzipan (echt und »ordinär«) sowie Tragant wurden auch bunt »gefaßt«. Diese »in die Augen fallenden« Farben waren unschädliche Saftfarben. Man verwendete »zu der Zucker-Mahlerei« für Rot Kirschsaft, Pernambukholz oder die aus der Schildlaus gewonnene Cochenille, für Violett mit Alaun gekochtes Brasilholz, für Braun Umbra (d.i. ein eisenhaltiger Ton) oder Zuckercouleur und für Schwarz Ruß. Blau erzielte man mit zerstoßenen Kornblumen oder Indigo, für Grün zerstampfte man die Früchte des Stechdorns oder Spinat. Gummigutt (ein Harz) ergab Zitronengelb und Safran, der »den Kuchen gel« macht, färbte goldgelb[314].

Nicht jeder verwendete unschädliche bunte Farben, weshalb man 1784 in Wien das Verbot erließ, »Spielwerk aus Pfefferkuchenteig mit farbigen Glasuren herzustellen«[315].

Die buntbemalten Modellebkuchen waren aber nicht nur Spielwerk für die Kinder, sondern auch Objekt der Erwachsenenwelt, sei es als wohlfeiler populärer Wand- und Vitrinenschmuck, sei es als schönes Angebinde unter Liebenden und Freunden.

Die bunten Farben auf den Lebkuchen sind auch bis heute nicht abgekommen, nur werden sie nun auf glatte Flächen aufgebracht (vgl. die Künstlerlebkuchen bzw. den ornamentalen Zuckerspritzguß). Mit Sicherheit aber sind diese Farben giftfrei und unschädlich.

Lebkuchen, vor allem aber Marzipan und Tragant, wurden und werden nach dem Backen bzw. Trocknen bemalt bzw. »geschminkt«, wie der Fachmann sagt. Carl Gruber gibt natürlich auch die »Bereitung von Schminken« an und beginnt mit der Feststellung: »Diese benützt man für Schaumkonfekt, Tragantfiguren, Marzipanfrüchte, Eisblumen, Früchte usw.« Dann heißt es unter der Überschrift »Rote Schminken«: »Trockenen Karmin reibt man sehr fein und vermischt ihn mit einem entsprechenden Quantum Weizenpudermehl.« Daran schließt sich folgende »Bemerkung«: »Andere Arten Schminken bezieht man aus den bekannten Konditor-Farbenfabriken, da durch das Nahrungsmittelgesetz giftfreie Farben dazu vorgeschrieben sind, und solche nur zur Verwendung kommen dürfen. Diese Schminken in allen Farbentonarten lassen an Wirksamkeit nichts zu wünschen übrig. Bezugsquellen werden hier prinzipiell nicht erwähnt, jedoch wird vom Verfasser bereitwilligst über die geeignetsten Fabrikate Auskunft erteilt.«[316]

Vydra & Bohuslav, Prag, waren eine mögliche Bezugsquelle. Sie bieten eine reiche Palette »Giftfreier Zuckerwarenfarben« und »Giftfreier flüssiger Farben« an, die in Blechdosen bzw. in Flaschen verpackt sind. Die Menge reicht von 1 dkg bis zu 1 kg bzw. bei den Flaschen von einem 1/4 bis zu 1 kg[317]. Parton nennt ebenfalls

eine Reihe von Firmen, die giftfreie Farben erzeugen wie Teutonia (Breslau), Julius Basch (Prag) u.a.[318].
Ungeachtet all seiner Hinweise auf die leichte Bezugsmöglichkeit von Farben gibt Carl Gruber noch eine Reihe von Rezepten zur eigenen Bereitung an, so von Cochenillefarbe, Pernambuk-Rot, von gelber, brauner und grüner Farbe, von Farbenmischungen (Violett, Grün, Orange und Braun) und von Zuckercouleur[319].
Gruber berichtet sogar noch über die »Verwendung von Bronzen«, allerdings nur für Ausstellungs- und Reklamestücke. Diese werden, »um dem Ganzen ein wirksames Ansehen zu verleihen, oft bronziert«. Aus den Ausführungen geht hervor, daß es »Wappen« und »Figuren« waren, die man so verzierte[320].
Es ist interessant zu erfahren, daß das Vergolden und Bemalen nicht nur bei den Lebkuchen bzw. in der Tisch- und Tafeldekoration aus Marzipan und Tragant begegnet, sondern der so verzierten »Zuckerarchitektur« auch eine ebenso »gemalte« und »überguldte« in natura entsprach. Ebenso wie die eßbare Masse abgemodelt wurde, wurden auch Reliefplatten aus Terrakotta mit Modeln produziert, die man dann zu Friesen, Fensterumrahmungen und dergleichen zusammensetzte, ein Vorgang, der uns auch in der Tortengestaltung[321] bekannt ist. Diese Art von Dekor an Fürstensitzen und reichen Bürgerhäusern (z.B. in Lübeck und Rostock) war besonders im Norden Deutschlands üblich und beliebt. Die Produktion erfolgte in Töpferwerkstätten, z.B. in der des Statius von Düren. »Einst waren diese Terrakotten bunt bemalt, wie es eine Rechnung für das Mühlentor in Lübeck ausweist, teilweise auch vergoldet. Der Eindruck muß damals großartig gewesen sein.«[322]
Da uns heute die Terrakotten eben nur »terrakottfarbig« vertraut sind, sehen wir ihren Reiz in Relief, Muster und Anordnung, sowie in dem ihnen eigenen Farbton, nicht aber in bunter Farbigkeit. Weil wir diese bei ihnen nicht kennen, vermissen wir sie auch nicht. Wir haben also eigentlich ein falsches oder doch zumindest einseitiges Bild von dieser Verzierungskunst[323].
Das Vergolden von Gebäck war auch sonst üblich. Ein letzter Rest dieser besonderen Verschönerung sind die teilweise bis in unser Jahrhundert vorkommenden und in der Literatur immer wieder genannten »goldenen« Almabtriebsgebäcke«[324], die den Leser stutzen lassen ob der vorgestellten Kostbarkeit und unwirklichen Köstlichkeit.
Auch diese Gebäcke gehören in den größeren Zusammenhang von bunter Pracht und Glitzerglanz, der sich in der Volkskunst bzw. in der Brauchkunst so lange gehalten hat, früher aber auch der »Hochkunst« nicht fremd war. Es seien nur Rauschgold und Flitterwerk, »Flinserln« und Spiegelchen als immer wieder verwendete Elemente der Verzierung genannt, die uns besonders in der Brauchkunst und Tracht auffallen. Desgleichen erfolgt die Ablöse von Vergoldung und Bemalung durch Papierklebebilder nicht nur in unserer ephemeren Lebkuchenkunst allein. Wir kennen diese Entwicklung z.B. auch aus der Kunst der Spanschachtelverzierung, wo das aufgeklebte Bild an die Stelle des gemalten Dekors tritt.
Lebkuchen, mit Bildern versehen, waren bereits im Biedermeier üblich, vor allem als Geschenke der Liebe, Zuneigung und Freundschaft. Schablonenkolorierte Kupferstiche, später Lithographien bzw. geprägte oder gestanzte Papierbildchen wurden auf das Lebkuchenherz oder -täfelchen geklebt und, durchaus nach herkömmlicher Art, oft noch mit Gold kombiniert, z.B. mit Goldpapierspitzen als Umrahmung. Auch die Kombination von Bildchen (»Oblate« genannt) und Zuckerverzierung (Zuckerspritzguß) war und ist üblich. Die erwähnte Vorliebe für kleine Spiegelchen haben die Lebkuchenherzen bis heute bewahrt.
Die bunte Fassung und die goldenen Glanzlichter bei Abformungen von Lebkuchenmodeln sind heute Liebhaber-Produktion oder kunsthandwerkliche Erzeugnisse. Verwendet wird dafür vorzugsweise Wachs. Diese Wachsbilder gab es auch schon früher und sie waren wie heute Wandzier und Wohnungsschmuck[325].
Erwähnt sei zuletzt jene Glasur, die nicht aus dem Grund der Verzierung, sondern aus dem Wunsch nach Nachahmung und Geschmacksverbesserung aufgetragen wurde. Es ist dies vor allem die sogenannte weiße Lebkuchenglasur, die bereits früh auf die einfachen Formen der Konsumlebkuchen kam. In Konkurrenz zu den Zuckerbäckern, zu den »weißen Lebkuchen« und zum Marzipan trug man das »Eyß« auf die braungebackenen Lebkuchen auf. (Auf diese glasierten Täfelchen klebte man später, wie auch auf die unglasierten, ebenfalls gern ein Lebkuchenbild.)
Mit der Schokoladeglasur kehrte man schließlich wieder zur braunen Oberfläche zurück, nur war diese nunmehr dunkelbraun und glänzend wie die neue, teure und vielbegehrte Voll-Schokolade.
Daneben gab es noch viele weitere Lebkuchenglasuren, da man auch auf diese Weise die Vielfalt im Angebot und in der Preisgestaltung steigern konnte[326].

Die Geschichte einer Mödlinger Lebzelterei und der Lebzelterfamilie Rachenzentner[327]

Noch heute betreibt die Familie Rachenzentner im gotischen »Herzoghof« (Herzoggasse 4) in Mödling bei Wien eine Lebzelterei. Die Rachenzentners hatten dieses Haus samt dem Lebzeltergeschäft im Jahre 1807 erworben. Die Verbindung mit der Lebzelterei reicht sowohl beim Haus als auch in der Familie Rachenzentner weiter zurück.

Fig. 36 Briefkopf eines Geschäftspapiers von Anton Rachenzentner, Lebzelter und Wachszieher, Mödling, Herzoggasse 4, mit dem sinnbildhaften Bienenkorb und den Hinweisen auf die »Begründung 1805« (richtig: 1807) sowie auf erhaltene Auszeichnungen (Bronzene und Silberne Medaille, Ehrenpreise des landwirtschaftlichen Bezirksvereines Mödling). Wien, Privatbesitz

Die Lebzelterfamilie Rachenzentner

Die Vorfahren dieser Familie sollen aus Bayern stammen. Später machten sie sich in Mähren und Ungarn ansässig. Die Mehrzahl der männlichen Angehörigen übte das Lebzeltergewerbe aus.

1) Johann Georg R., *1686 geboren, am 27. 7. 1748 in Baden bei Wien gestorben. Bürgerlicher Lebzelter aus Stadt Laa (Niederösterreich). Er war wahrscheinlich mit*

2) Christian R. *verwandt, der in Mistelbach (Niederösterreich) mit einer Rosina die Ehe schloß. Deren Sohn*

3) Johann Adam R. *war Lebzeltermeister in Mistelbach, wo er am 20. 11. 1725 Elisabeth von Rosavort heiratete. Deren Sohn*

4) Johann Michael R. *wurde am 10. 7. 1738 in Mistelbach geboren und ehelichte am 8. 10. 1765 in Znaim (heute CSSR, ganz nahe an der Grenze zu Niederösterreich bzw. der österreichischen Staatsgrenze gelegen) Katharina Kantner, die Tochter des Josephi Kantner, Lebzeltermeister in Znaim. Deren Sohn*

5) Vinzenz R. *kam am 22. 2. 1769 in Znaim zur Welt und war später bürgerlicher Lebzeltermeister in Mistelbach, wo er am 15. 10. 1795 mit der 22jährigen bürgerlichen Grieslertochter*[328] *Anna Maria Kölblin*[329] *(geb. am 31. 5. 1774) getraut wurde. Am 9. 9. 1807 übersiedelte Vinzenz R. mit seiner Familie* nach* →

Die Lebzelterei im Herzoghof von Mödling bei Wien

Der erste nachgewiesene Inhaber der Lebzelterei im Mödlinger Herzoghof ist Mathias Sweidl, *der das Geschäft vor 1696 hatte und bis 1705 führte*[331]. Peter Witzinger *war Inhaber bis 1749. Lebzeltermeister* Franz Redl *kaufte das Haus samt Geschäft am 3. 2. 1749. Er heiratete am 28. 6. 1753 Susanna Kirchhoferin. Franz Redl starb 1769 und noch im selben Jahr heiratete die Witwe den Lebzelter* Josef Hober. *Nach dem Tod der Susanna Hober (verwitwete Redl, geb. Kirchhoferin) ehelicht Josef Hober in zweiter Ehe Josefa Mayer. Dieses Ehepaar verkauft dann Haus und Geschäft der Familie Rachenzentner aus Mistelbach am 9. 9. 1807.*

↓

Mödling, *wo er, wie es heißt, ein Lebzeltergeschäft samt Haus käuflich erworben hatte. Das letzte Kind, Vinzenz**, kam bereits in Mödling zur Welt, und zwar drei Wochen nach dem Ableben des Vaters, der als Vierzigjähriger am 16. 5. 1809 verstorben war. (Dieser Sohn starb am 1. 5. 1825.)*

6) *Die Witwe* Anna Maria R. *führte das Lebzeltergeschäft im Herzoghof bis zu ihrem Tod am 24. 6. 1826.*

7) *Der einzige überlebende Sohn* Anton von Padua R.*** *wurde Lebzelter und Wachszieher. Gemeinsam mit seiner Frau Elisabeth (geb. Gaugusch, einer »hiesigen Müllermeisterstochter«, die er am 18. 10. 1828 geheiratet hatte) führte er das Geschäft (nebst einem Weinhandel) vom 17. 2. 1827 bis zum 25. 3. 1864. Das Ehepaar Anton von Padua und Elisabeth R. hatte insgesamt vier Kinder, von denen das jüngste knapp nach der Geburt starb. Die beiden ältesten Kinder waren Söhne, die beide das Lebzelterhandwerk erlernten. Der erstgeborene Sohn, Johann Nepomuk R. (geb. 29. 9. 1829), war Lebzelter und Bäcker und wurde schließlich Beamter der Donau-Dampfschiffahrtsgesellschaft und Hausbesitzer*[332] *in Preßburg.*

8) Anton Viktor R., *geboren am 3. 4. 1831, war Lebzelter und Wachszieher, aber auch Haus- und Realitätenbesitzer in Mödling*[333]. *Er heiratete in erster Ehe Anna Haupt, Wirtschaftsbesitzerstochter aus Pyhra bei Mistelbach. (Der Sohn aus dieser Ehe, Richard Martin R., wurde Bäckermeister in Wien [wo er die Bäckermeisterstochter Maria Knobel heiratete]; dessen Sohn wiederum, Richard Johann R., war Lebzelter, Zukkerbäcker und Bäckermeister und übernahm das Geschäft des Vaters. Der zweite Sohn von Richard Johann R., Viktor R., lebte ebenfalls als Bäcker in Wien.) In zweiter Ehe heiratete Anton Viktor R. die Zimmermeisterstochter Louise Fischer aus Baden bei Wien. Anton Viktor R. führte, z. T. gemeinsam mit seinen Ehefrauen, das Lebzeltergeschäft in Mödling 28 Jahre hindurch (vom 25. 3. 1864 bis 31. 12. 1891). Dann übernahm es am 1. 1. 1892 der älteste Sohn*

9) Anton Karl R., *geboren am 17. 8. 1868, Lebzelter und Wachszieher, der das Geschäft 38 Jahre lang (bis 31. 12. 1929) führte. Anton Karl R. hatte aus seiner ersten Ehe (mit der Architektentochter Therese Hedwig Fuchs) drei Kinder, von denen das jüngste*[334]*, Rudolf (geb. 1. 9. 1898, gest. 3. 3. 1940), als Lebzelter und Wachszieher tätig war. In zweiter Ehe heiratete Anton Karl R. Paula Theresia Stingelmayer, »Industrielehrerin und Fabrikdirektorstochter aus Wien«. Der Sohn aus dieser Ehe,*

10) Anton Paul R., *geboren am 14. 10. 1905, übernahm als Lebzelter und Wachszieher das väterliche Geschäft*[335]. *Nach seinem Tod (am 15. 11. 1971) übernahm seine Witwe,*

11) Helene *(geb. Grumböck), die Lebzelterei und führt sie bis auf den heutigen Tag als Witwenfortbetrieb weiter. Ihr zur Seite steht der jüngste Sohn,*

12) Herbert R., *der als geprüfter Lebzeltermeister die Familientradition fortsetzt.*

* Zur Familie gehörten damals[330]:
Anna Maria R. (geb. 21. 12. 1798)
Katharina R. (geb. 3. 1. 1801)
Anton von Padua R. (geb. 1. 11. 1802)
Therese R. (geb. 13. 10. 1805)
Johanna R. (geb. 12. 5. 1807)

** Vinzenz R. (1769–1809) hatte höchstwahrscheinlich auch Geschwister, denn eine Lebzelterswitwe namens Anna R. verehelichte sich mit 32 Jahren in Znaim in zweiter Ehe mit dem bürgerlichen Lebzelter Josef Stockleb (am 9. 2. 1812).

*** Von den vier überlebenden Schwestern des Anton von Padua R. ehelichten zwei einen Lebzelter: der eine war Lebzelter in Nikolsburg, der andere aus Schwechat (namens Vogel).

Der Kaufvertrag zwischen dem Verkäufer, dem Ehepaar Joseph und Josepha Hober, und den Käufern Vinzenz und Anna Rachenzentner ist erhalten und soll hier wiedergegeben werden.

»Anheute zu Ende gesetztem Dato ist zwischen dem Hochgeehrten Herrn Joseph Hober, behaustem bürgerlichem Lebzeltermeister zu Mödling, und Frau Josepha, dessen Ehegattin als Verkäufer an einem dann dem Wohlersamen Herrn Rachenzentner, bürgerl. Lebzelter in Mistelbach, und Frau Anna, dessen Ehegattin, als Käufer am anderen Theile, nachstehender Haus=Gewerbs= und Gewerbseinrichtungs=Kauf und Verkauf=Kontrakt verabredet und verbindlich abgeschlossen worden:

Erstens: Verkaufet Herr Joseph Hober und Frau Josepha, dessen Ehegattin ihre zu Mödling besitzende, zum Heil. Kreutzer[336] Grundbuche dienstbare Behausung No. 11 zu Mödling, dann ihr daselbst eigenthümliches verkäufliches Lebzeltergewerb, und Gewerbseinrichtung an den Herrn Vinzenz Rachenzentner und Frau Anna, dessen Ehegattin, nämlich:

a	*das Haus wie solches mit Krin und Streu umfangen, mit Nagel und Band befestiget ist, um einen behandelten Kaufschilling per: ....*	*11 000 f*
b	*das verkäufliche Lebzeltergewerb um den inliegenden Normalpreis pr: ....*	*2000 f*
c	*die Gewerbseinrichtung laut Specifizirten Verzeichniß Dto hodierno um ....*	*6500 f*
d	*und Schlüsselgeld per: ....*	*500 f*
	zusammen um	*20 000 f*
	Sage: Zwanzig Tausend Gulden im baaren Gelde.	

Zweytens: dieser Kaufschilling wird auf folgende Art berichtiget:

a	*anheute ist sogleich bei Unterfertigung dieses Kontraktes baar als Drangabe erlegt worden . .*	*1000 f*
b	*am Michaelitage dieß Jahr, als am Tage der Uibergabe, erlegen die Käufer baar ....*	*4000 f*
c	*zu Lichtmeß des künftigen Jahres 1808[337] werden im baaren bezalt [sic!] .... wofür vom Tage der Uibergabe angefangen von den Käufern 5 prozento Interessen zugleich zu Lichtmeß 1808 bezahlt werden*	*6000 f*
d	*die Art des Kaufschillings per .... lassen die Verkäufer auf drey Jahre, das ist, bis Michaeli 1811, gegen jährl. fünf prozento Interessen auf dem Hause und Gewerbe pro loco dergestalt liegen, daß diese 9000 f pro loco auf Kosten der Käufer grundbüchlich so wie auch im Gewerbsbuch vorgemerkt werden sollen, und wenn die Verkäufer diese 9000 f nicht halbjährig aufkünden, soll dieses Capital noch jederzeit auf ein ferneres halbes Jahr liegen zu verbleiben haben. Sollten die Käufer jedoch früher bezahlen wollen, so soll ihnen solches freystehen.*	*9000 f*
	Wodurch der ganze Kaufschilling pr: ausgewiesen ist.	*20 000 f*

Drittens: Verbindet sich der Herr Anton Mayer, Bürger zu Mistelbach, für die Käufer gänzlich als Bürge und Zahler zu haften.

Viertens: Die Uibergabe des Haus und Gewerbes soll den Michaelitag dieß Jahr 1807 zu erfolgen haben, so wie auch die Uibergabe der Gewerbsrequisiten. Vom Tage der Uibergabe angefangen haben die Käufer alle Lasten, Gröbigkeiten und alle Gefahren zu tragen, so wie auch ihre eigenen

Fig. 37 Lebzeltstand im Hof der Lebzelterei Anton Rachenzentner in Mödling, aufgebaut für ein Erinnerungsbild. Das alte Ehepaar rechts ist Anton Viktor Rachenzentner, der das Geschäft von 1864 bis 1891 führte, und seine zweite Ehefrau Louise (geb. Fischer). – Links sein Sohn Anton Karl, Geschäftsinhaber von 1892 bis 1929, mit seiner zweiten Ehefrau Paula (geb. Stingelmayer) und den Kindern Anton Karls aus erster Ehe (Risa und Rudolf). Aufgenommen im Jahre 1904.
Wien, Privatbesitz

Fig. 38 Lebzeltstand wie Figur 37, aber mit Verkäuferinnen. Diese halten u. a. einen Reiter (mit Zuckergußverzierung), ein verziertes Lebzeltherz sowie einen gemodelten Lebkuchen (mit dem Doppeladlermotiv). Auf dem Stand sind sowohl »figurierte Ware« (Herzen) als auch »Konsumlebkuchen« ausgelegt. Aufgenommen im Jahre 1904.
Wien, Privatbesitz

»Der wohlunterrichtete Lebzelter Oder practischer Schlüssel zur Nachschlagung über die Erzeugung der beliebtesten gangbarsten Lebzeltensorten leichtfaßlich zusammengestellt von Rachenzentner. Mödling 26 Apri 1856. Tabelarische Richtschnur, zur Erzeugung der gebräuchlichsten Lebzelten-Gattungen« von Anton von Padua Rachenzentner

Erklärung von Reschen:
»Die Resch« wurde bis zum Abbruch des alten Backofens ein mit einer Holztüre geschlossener Hohlraum zum Trocknen über dem Backofen genannt. In »die Resch« wurden die »Reischpen« (Trockengitter, bestehend aus Holzrahmen mit Gittern) eingeschoben. Eine mühsehlige Arbeit war das »Busserln Kletzeln«, das Abnehmen (Herunterkletzeln) der getrockneten Busserln von den Gittern. Auf die »Reischpen« kamen vor allem die Busserln und die Weinbeißer. Heute wird für das Trocknen ein »Gärschrank« verwendet. Die Temperatur darin beträgt etwa 35 bis 40°C. Allerdings genügt zum Trocknen auch ein auf niedrige Temperatur geschaltetes Backrohr.

Name der Gattung	Preis eines Stükes in CMZ*	Im gebackenen Zustande				Im Taig sind dieselben aufzuwiegen beiläufige Mischung wens ledige recht gesotten ist				Zu den Taig kommt hinein vor oder unter dem Ausziehen an					
		beil. Größe eines Stükes Zoll		Gewicht eines Stükes	Sonstige Ausfertigung nach dem baken etz.	Lediges	Helfer		Zusammen	Trieb	Gewürz		Eyer	Zuker	
	kr	lang	breit	Loth		℔	℔	Lth	℔	Gwichtl Loth	voll	Loth	Stük	Loth	Loth
Aneis oder Marcipan	2	6¼″	2¾″	2	–	1⅝	⅜	2	2 2/32	4gest.	.	.	.	.	.
	1	5	2	1	–	,,	,,	,,	2 2/,,	,,	.	.	.	.	.
Nürnberger	2	6¼	2¼	1¾	mit Wasser zuerst dan mit Eyer bestreichen	1⅞	⅛	2	2 2/,,	4	8	4	.	.	.
gewöhnlich	1	4½	2	1		,,	,,	,,	2 2/,,	,,	8	4	.	.	.
Taferl respective Pakel	1	8 1/?			mit Eyer bestreichen	2	.	2	2 2/32	4	.	.	.	.	.
	½					,,	.	,,	2 2/,,	,,	.	.	.	.	.
Mandel	3	5⅛	2	1¾–2	–	2	.	2	2 2/,,	4	.	.	.	.	.
Stangel	1	5⅛	1	1	–	,,	.	,,	2 2/,,	,,	.	.	.	.	.
Presburger glacirte	3	7	2	1¾–2	–	das Taig dazu extra fester ausgemischt, oder aus einem speren Taferltaig 3	.	3	3¾	4½	16	.	Dotter 1	.	Lemony schalle 1
feine Nürnberger	3				nach dem Streichen und Reschen mit Zukereis bestreichen, erstere mit 2 St. Citronat bestiken	2½	.	2½	2 19/,,	4¼	16	6	1	.	Lemony schalle 1
Ausseer	2					2½	.	2½	2 19/,,	4¼	16	6	2	? (unleserlich)	1
Basler						½℔ Zuker Taig mit 2 ganzen u. 2 Dötter mit Weizenmehl ausgemischt 1½	.	3		4½	16	6	1	.	1 do
Kleine Waare do	1					1¾	1¼	2	3 2/32	4½	.	.	.	.	.
Stangerl	1					1½	1	2	2 18/,,	4¼	.	.	.	.	.
Wurmlebzelten	1					2	.	2	.	4	.	.	.	.	2

* *Conventionsmünze*

Hievon sind aus dem gezogenen Taige aufzulengen um	Diese Gattung wird auf Papier oder Blech gebaken	Diese Gattung ist aufzulengen, wie viel Stük nach welchem Maßl mit welchem Walker wie breit, und wie lang,	Sonstige Anmerkungen bezüglich des Auflengens des Bestreichens, Bestikens etc. vor dem Bachen
1 F	auf besaete Papier oder Papendekel gebaken	2 breiten, mit dem alten 6er Walker. Breite der Stüke das Maßl N I. 15 Stük lang	nach dem Ziehen in Aneis gelegt, im gelben Mehle aufgelengt
1 F		2 breiten mit dem Holze welches hiezu gerichtet – Breite der Stüke das maßl N II. 30 Stük lang	
1 F 8		2 breiten wie oben 6er Walker Breite der Stüke Masel N III 34 Stüke	in weißen Mehle aufgelengt nachdemselben mit halbe Mandl zu 2 u. 1 bestikt. zu 1 Taig 34 St. ganze.
1 F 9		3 breiten wie oben 6er W. Breite der Stüke Maß N IIII 69 d i Stüke	
1 F 10	vom Taig 2 Blech voll	7er Walker die Breite 5 " " die Länge 70 Stük	mit Wasser bestrichen und bestikt, zu 1 Taig ..... Loth Mandl erforderlich zu 2 Schuß ½ ℔ Mandl
1 F		10er Walker die Breite, der alte 4er Walker d i 12 die Länge 60 Stük	
1 F 12	vom Taig 2 Blech voll, gest.	ohne Maßl: geschnitten werden die dieselben aus 1 Blech 3 breiten aus dem Blech 36 Stükl oder 18 große —	mit Wasser bestrichen und mit gehobelte Mandl besaet, zu 4 Taig ½ ℔ Mandl erforderlich
1 F 12			
3 F 6	auf geschmirte Blech gebaken	2 breite mit dem Holze Länge das Maß N V, 31 lang daher 62 Stük	nach dem Auflengen mit Wasser bestrichen und mit Mandl od Zuker besaet, zu 1 Taig erforderlich: 12 Lth Mandl 8 Lth fein Zuker sodan die Eke rund gedrükt, zu 2 Taig 24 Loth Zuker zu Gasur 8 Eyer ½ Lemony
3 F 6	auf besaete Papier gebaken	2 breiten wie die 1er Aneis 5er Walker 31 mahl Schnitt 62 Stük	
2 F 32		2 breiten mitn 6 Walker mit dem 7-Walker die Länge 38 Schnitt d i 76 Stük	werden glasirt ohne Bestiken
2 F 30	Papier	6er Walker 3 länge die Breite 8er Walker 32 Schnitt 96 Stük	nach dem Bachenge strichen u bestiket
1 F 20	besaete Papiere	werden ausgestochen 2 breiten mit 6er Walker 8er Walker 5 mal die Länge 80 Stük	nachdem Baken bestrichen mit Wasser o. Eyerkl. nach dem Reschen mit ..... [unleserlich] Eis beeiset
	2 best Blech		

Anschreibgebühren zu bestreiten. Jedoch behalten sich die Verkäufer noch durch ein ferneres Monat nach Michaeli d. J. die unentgeltliche Bewohnung des ganzen ersten Stockes im Hause bevor.
Fünftens: Was das vorräthige Material an Wachs, Honig u. d. gl. betrifft, so wird solches von den Käufern bei der Uibergabe nach dem Einkaufspreise insbesondere abgelöst werden und wird hierüber eine besonders Uibereinkunft abgeschlossen werden, wenn sich die Kontrahenten hierüber einverstehen können.
Sechstens: Wenn einem Theile dieser Kauf bis zur Uibergab reuen sollte, so hat derselbe dem anderen Theile das hiemit auf Zweytausend Gulden bestimte [sic] Angeld zu bezahlen. Urkund dessen der beiden Contrahirenden Theile, und der hiezu erbetenen Herren Zeugen, so wie des Herren Bürgen, nachstehende Fertigungen.

Mödling den 9ten September 1807.

Vinzenz Rachenzentner	*Joseph Hober*
als Käufer	*Alß Verkäufer*
Anna Rachenzentnerin	*Josepha Hoberin*
Als Käuferin	*Alß Verkäuferin*
Anton Mayer	*Ferdinand Gallmany*
als Bürg und zaller	*Als Erbedener Zeig*
Michael Gumbscher (?)	*...... [unleserlich]*
als Zeug	

Notification

Aufzubehalten und den Interessenten auf Anlagen Abschriften zu ertheilen: übrigens will der Magistrat obigen Kaufkontrakt hiemit begünstigt, und als Protokollirung verordnet haben.

An Cons: Mag: ...
Mödling den 16ten Sept: 1807
Dr: Jos ... [unleserlich]
Magistratsrath und Syndicus

Die Geschlossenheit der Belege gibt uns nicht nur ein ausgezeichnetes Bild der Geschichte einer Lebzelterfamilie und der Beschaffenheit und Ausrüstung einer Lebzeltwerkstatt, sondern ermöglicht, dank eines besonderen Glücksfalls, auch einen guten Blick in die Art der Erzeugnisse.

Anton v. P. Rachenzentner, der von 1827 bis 1864 das Geschäft in Mödling führte, verfaßte eine handschriftliche Aufstellung folgenden Titels und Inhalts: »Der wohlunterrichtete Lebzelter Oder practischer Schlüssel zur Nachschlagung über die Erzeugung der beliebtesten gangbarsten Lebzeltensorten leichtfaßlich zusammengestellt von Rachenzentner. Mödling 26 Aprl 1856.« In acht Hauptkolonnen und einer größeren Anzahl untergeordneter Spalten, bietet die »Tabelarische Richtschnur, zur Erzeugung der gebräuchlichsten Lebzelten-Gattungen« eine Übersicht über Hauptproduktion und Absatz der Lebzelten für die Mitte des vorigen Jahrhunderts und darüber hinaus (vgl. S. 62/63). Seit

Fig. 39 Verkaufsschilder (mit Warensortiment) der Lebzelterei und Wachszieherei Rachenzentner in Mödling. Die bemalten Blechschilder waren an den Innenseiten der beiden Ladenflügel angebracht und bei geöffneten Flügeln sichtbar. Sie waren bis vor wenigen Jahren »in Verwendung« und wurden erst mit der Renovierung des denkmalgeschützten Hauses entfernt. Sie werden in der Lebzelterei aufbewahrt.
Mödling, Privatbesitz

1827 führte Anton v. P. Rachenzentner das Geschäft und gab seine Zusammenstellung nach etwa vierzig Jahren Berufserfahrung heraus, wenn man die Lehr- und Gesellenzeit mitberücksichtigt. Er führte das Lebzeltergeschäft weiter bis zum Jahre 1864. Es ist wohl anzunehmen, daß er in seiner »Tabellarischen Richtschnur« gravierende Änderungen nachträglich vermerkt hätte.

Zu den »gangbarsten« Lebzelten im 19. Jahrhundert gehörten nach dieser Aufstellung folgende Arten: »Aneis«, »Marcipan«, »Nürnberger« und »Nürnberger gewöhnlich«, »Taferl respective Pakel«, »Mandel«, »Stangel«, »Presburger«, »feine Nürnberger«, »Ausseer«, »Basler«, »kleine Waare do [dito] Stangerl« und »Wurmlebzelten«.

Die Zusammenstellung (vgl. S. 62/63) gibt nicht nur Aufschluß über die Zusammensetzung der speziellen besonderen Teige, die dem gesottenen Grundteig (»Lediges«) beigefügt werden, sondern auch über die Art der Ausfertigung und besonderen Verzierung, vor allem aber über eine rationelle Herstellung mit Hilfe verschiedener Schneidwalzen (»6er Walker«, »8er Walker« usw.) und die sich jeweils ergebende Stückzahl. Diese Aufstellung aus der Mitte des vorigen Jahrhunderts zeigt, wie die Hauptproduktion der Lebzelterei damals aussah und wie man größere Stückzahlen schnell produzierte. Dabei überwiegen die »geschnittenen« Lebkuchen. Die »kleine Waare do Stangerl« wurde »ausgestochen«, Ausstechformen werden keine speziell genannt.

Daneben gab es noch immer die gemodelte Ware. Sie war aber, wie immer wieder allgemein für das 19. Jahrhundert festgehalten wird, schon stark im Niedergang begriffen und wurde nur für besondere Anlässe und auf Bestellung gemacht.

Besonders aufschlußreich sind dabei zwei Fotos aus dem Jahre 1904, die den Lebzeltenstand der Familie Rachenzentner und das alte und das junge Ehepaar zeigen. Der Stand ist im Hof des Herzoghofes aufgebaut, und zwar ausschließlich für den Zweck der fotografischen Aufnahme. Handwerkerstolz und Familientradition standen sicher dabei Pate.

Das alte Ehepaar auf dem Bild sind Anton Viktor Rachenzentner, Geschäftsinhaber von 1864 bis 1891, der Sohn des Verfassers des »Wohlunterrichteten Lebzelters«, und seine zweite Ehefrau Louise (geb. Fischer). Das junge Ehepaar sind sein Sohn Anton Karl Rachenzentner, geb. 1868, der das Geschäft von 1892 bis 1929 führte, und seine – ebenfalls zweite – Ehefrau Paula (geb. Stingelmayer[338]) mit den Kindern aus erster Ehe[339]. Auf dem Stand ist verschiedene Lebkuchenware ausgelegt, wobei die »beeisten« (mit Zuckereis verzierten) Herzen besonders dekorativ aufgebaut und angeordnet sind[340].

Ein zweites Foto zeigt denselben Stand mit vier jungen Damen, von denen eine einen gemodelten Lebkuchen (mit dem Bild des Doppeladlers) hält. Es sei betont, daß Bilder dieser Art höchsten Seltenheits- und damit Dokumentationswert besitzen und sehr wertvolle Bildquellen darstellen[341].

Dieser Stand war für den Fotografen aufgebaut worden. Man stellte ein »Standl« aber jeden Sonntag vor dem Haus auf, ferner auch zum Kirtag (der in Mödling »beim Umgang«, also zu Fronleichnam, abgehalten wurde) sowie zu Allerheiligen beim Friedhof[342].

Als der billige Rübenzucker kam, war es mit dem Honig-Lebkuchen vorbei, heißt die schnell formulierte und ausgesprochene Antwort auf die Frage, warum Lebkuchen heutzutage nur mehr Saisonware der Bäcker und Zuckerbäcker (zur Weihnachtszeit) und bestaunte Spezialität der wenigen noch bestehenden Lebzeltereien sind. Diese Antwort ist zumindest ergänzungsbedürftig, wenn nicht überhaupt von einem anderen Ansatz auszugehen ist.
Der wohlfeile und um die Mitte des 19. Jahrhunderts bereits in Massen verfügbare Rübenzukker[343] brachte nämlich nicht nur Schwierigkeiten für die Lebzelter und ihre Erzeugnisse, er schuf auch den Zuckerbäckern Probleme. Dem Aufschwung durch den billigen Zucker lief die schnell bedeutend werdende, parallel verlaufende Konkurrenz durch Süßwaren- und Schokoladefabriken zuwider. Wie das Ergebnis dieses Kampfes um Kunden und Käufer letztlich ausging, lehrt ein Blick in das heutige Angebot eines Zuckerbäckerladens oder einer Konditorei. Die einstigen Hauptartikel der Produktion der Zukkerbäcker oder Konditoren wie Schokolade und Süßwaren werden zwar in deren Geschäften noch verkauft, aber kaum mehr selbst erzeugt, es wird nur mehr weiterverkauft. Trotzdem hat sich das Gewerbe der Zuckerbäcker (Konditoren)[344] ungehindert bis heute gehalten und blüht nach wie vor.
Warum nahmen die Lebzelter eine andere Entwicklung?
Wolf Neuber, der nicht nur eine schöne und große Modelsammlung besitzt, sondern sich auch für das Handwerk des Lebzelters, Metsieders und Wachsziehers interessiert, bietet wichtige Ansatzpunkte, wenn er schreibt:
»Das arbeitsintensive Handwerk war auf die Dauer der Konkurrenz der billigen Fabrikware nicht gewachsen, ob es nun um die Erzeugung von Kerzen oder um die von Lebkuchen ging. Dazu kamen freilich noch handwerksfeindliche Gewerbeverordnungen, die mit ihrem Verbot für Lebzelter an Sonn- und Feiertagen ihre Waren bei den Kirtagen zu verkaufen, die wirtschaftlichen Fundamente der Betriebe untergruben.«[345]
Mit dieser Feststellung hat Neuber auf den Kern des Problems gewiesen. Seine Erkenntnis wird auf das Schönste und zugleich Traurigste von einem Betroffenen bestätigt, wie ich den in den zwanziger Jahren im Eigenverlag erschienenen diesbezüglichen Ausführungen Karl Ludikowskys, eines Wiener Neustädters Lebzelter und Obmanns des »Vierer-Ausschusses« – der sich um die Belange des Lebzeltergewerbes hochverdient machte, die Entwicklung aber nicht aufhalten konnte –, entnahm[346].

Fig. 40 Einladung zur »öffentlichen Tanz-Musik« in dem »ohnehin bekannten Locale im Lebzelterhause« anläßlich des Kirchtages in Mödling. Einladungszettel, den Anton Rachenzentner, »bürgerl. Lebzelter«, auf Vorrat drucken ließ. Er brauchte dann nur mehr die Daten einzusetzen. Die frühere Gepflogenheit, am Sonntag den Kirtag und am Montag den sogenannten »Nachkirtag« zu feiern, geht aus dem Einladungstext klar hervor. Der Umsatz auf den Kirtagen stellte einen Hauptteil der Einnahmen für den Lebzelter und Wachszieher dar.
Wien, Privatbesitz

Einladung
zur öffentlichen
Tanz-Musik,
am
Kirchtage in Mödling
Sonntag den . und Montag den .
in dem
ohnehin bekannten Locale im Lebzelter-
hause Nr. 11.
Für ein wohlbesetztes Orchester, und gute reinliche Bedienung ist bereits von dem Unterzeichneten bestens gesorgt.
Anton Rachenzentner,
bürgerl. Lebzelter.

Ludikowsky war nicht nur ein Mann der Tat, sondern auch des Wortes. Er erkannte klar, daß es nicht nur mit dem Handwerk alter Tradition im allgemeinen, sondern auch mit der Lebzelterei im besonderen bald vorbei sein würde. Trotzdem kämpfte er verbissen gegen die Schwierigkeiten[347], setzte aber auch der alten Lebzelterei ein Denkmal[348] und schuf mit einem »Lebzelterspiel« einen versöhnlichen Ausklang[349].
Schon in der »Lebzelter-Wachszieherei« weist Ludikowsky darauf hin, »daß der Lebzelter zum Kirchtag gehört, wie die Räder zum Wagen, daß umgekehrt der Kirchtag die Existenzbedingung des Lebzeltergewerbes ist« und beklagt, daß »die Lebzelter, insbesonders in Niederösterreich, einen Existenzkampf führen müssen, der seinesgleichen nicht zu finden ist. Schon lichten sich die Reihen, manch uraltes Gewerbe ist schon eingegangen, nicht aus Leichtsinn des Besitzers, nein, als Opfer bürokratischer Schwerfälligkeit«[350].
In der »Kirchtagsfrage« wird nun dieses existenzentscheidende Problem in all seinen Aspekten und Auswirkungen zusammengefaßt und abgehandelt. Die Ausführungen aus der Zeit des unmittelbaren Kampfes ums Überleben sagen mehr aus als viele andere trockene Feststellungen. Einleitend steht der Satz: »Die Kirchtagsfrage ist eine Angelegenheit, die über das Sein oder Nichtsein des Lebzeltergewerbes entscheidet.«[351] Worum geht es dabei?
Vor dem Jahr 1859 lautete die Jahrmarktsordnung folgendermaßen: Das Recht, ordentliche Jahrmärkte zu halten, beruht auf eigens vom Landesfürsten bei jeder Regierungsveränderung zu erteilenden Privilegien, worin sowohl die Gattung (Haupt- oder gewöhnlicher Jahrmarkt oder nur ein Kirchtag) und die Zeit bezeichnet werden. Die »Kirchtagsbehut« gebührt der Dorfobrigkeit. »Der Besuch der ›Kirchtage‹ zum Handel mit erlaubten Waren ist nur den Ortsbe-

Fig. 41 Modellebkuchen, wie sie heute angeboten werden. Schweizer Tirggel auf dem »Alt-Wiener Christkindlmarkt« eines Geschäftes der Wiener Innenstadt. Aufnahme 1981.

wohnern und den benachbarten Gewerbs- und Handelsleuten, keineswegs aber jedermann und auch ausländischen Handelsleuten gestattet.«[352] Die Gewerbeordnung vom 20. Dezember 1859 hob diese Verfügungen auf. Besondere Vorschriften sollten bestimmen, »wie von den Gemeinden die Berechtigung erworben wird und welche Rücksichten bei solchen Bewilligungen zu beobachten sind«. 1860 begann sich das Gesetz auszuwirken. Jede Gemeinde, die bisher einen Kirchtagmarkt abhielt, sollte nun um die behördliche Genehmigung zur ferneren Abhaltung einkommen. Die meisten Gemeinden erklärten aber, »diese Bewilligung nicht einzuholen oder verhielten sich in dieser Angelegenheit vollkommen passiv«. Die um ihre Existenz besorgten Lebzelter entsandten eine Abordnung, darunter Ludwig Ludikowski (wahrscheinlich der Vater des Autors), in die niederösterreichische Statthalterei. Dort zeigte man sich unbesorgt. Selbst wenn die Kirchtagsmärkte eingestellt würden, seien die Lebzelter durch das Hofkanzleidekret vom 9. Juli 1787 geschützt, das besagt: »Den Lebzeltern ist der öffentliche Verkauf ihrer *Feilschaften* nicht nur an den ehemaligen Kirchweihfesten, sondern auch an allen Sonn- und Feiertagen außer der gewöhnlichen Gottesdienstzeit aller Orten erlaubt.« Man wisse, »daß der Warenumsatz der Lebzelter nur an Sonn- und Feiertagen, hauptsächlich aber auch Kirchtagen stattfindet«. Bis 1892 fanden weiterhin Kirchtagsmärkte statt. Am 14. Dezember des Jahres wurde dann verlautbart, daß »die bloß tatsächliche Entwicklung marktähnlicher Zustände ... den Mangel eines formellen, sei es privilegiumsoder konzessionsmäßigen Rechtes der Gemeinde zur Abhaltung von Märkten nicht ersetzen« könne »und es sind die Behörden ermächtigt, die Fortdauer solcher, bloß faktischen Zustände zu untersagen«. Wiederum reagierten die Lebzelter sofort. Anläßlich der Regelung der Sonntagsruhe wurde dann auch am 18. Oktober 1895 »von der niederösterreichischen und den anderen Statthaltereien das alte Privilegium abermals anerkannt«. In der Statthalterei-Kundmachung heißt es unter »Punkt 8, Lebzelter«: »Verschleiß: Der Warenverkauf ist an allen Sonntagen des Jahres, sowohl in den ständigen Verschleißlokalen, als auch auf Ständen bei Firmungen, Jahrmärkten, Kirchweihfesten und dergleichen Anlässen unbeschränkt gestattet.«

Dies war aber nur mehr ein Verzögern einer Entwicklung, die nicht aufzuhalten war und für die die Weichen anders gestellt waren. »Trotz all dieser Erlässe wuchs die Anzahl der Marktfieranten von Jahr zu Jahr. Neue Bahnlinien stellten einen raschen Verkehr mit Wien bis in das entfernteste Gebirgsdörflein her. Die durch strengere Gesetze sich bedroht fühlenden Hausierer verzichteten auf das mühselige Veräußern ihrer Ware in den vereinzelt liegenden Gehöften, sie stellten sich bei dem Kirchweihfest oder an einem andern Sonntag, wo bisher der Lebzelter allein seine Ware verkaufte, an die Seite desselben und führten bald auch ähnliche Waren, die sie bei Gewerbestörern – die wieder ohne Gewerbe, ohne Steuer zu zahlen, in der Großstadt ihr Unwesen treiben – einkauften. – Pensionierte

Eisenbahner und andere, die mit ihrer Freikarte regielos ihre Einkäufe in der Großstadt besorgen und regielos auf die Kirchtage und auf andere Festlichkeiten fahren konnten, wurden noch von den Bezirkshauptmannschaften unbewußt unterstützt, indem man ihnen direkte Marktfierantenscheine mit dem ausdrücklichen Vermerk ›zum Besuche für Kirchweihfeste‹ ausstellte. Die Folge war, daß viele alte Betriebsstätten eingingen und die Lebzeltergesellen zu Hilfsarbeitern und Taglöhnern degradiert wurden.«

Karl Ludikowsky gründet 1899 eine Fachzeitschrift, die er »Die Honig- und Wachsindustrie« nennt. Nicht zuletzt wegen der Druckkosten für diese Zeitschrift kam Ludikowskys Haus unter den Hammer.

Nach dem Ersten Weltkrieg wurde verlangt, die Lebzelter sollten Mitglieder der Marktfierantengenossenschaft Wien werden, wenn sie am flachen Lande auf einem Kirchtag ihre Waren feilhalten wollten. (Die Lage hatte sich also ins Gegenteil verkehrt: die alten marktfahrenden Lebzelter durften nur mehr die Märkte befahren, wenn sie sich der jungen Marktfierantengruppe genossenschaftlich anschlossen.) Es kam zu harten Auseinandersetzungen, von denen Ludikowsky einige konkrete Fälle schildert[353]. Schließlich brachten Interventionen die »Entschließung«, die Ludikowsky so empörte, nämlich »daß die Lebzelter die gleichen Rechte als die Marktfieranten hätten«. Dramatisch fragt er: »Wollen die Herren den Vorwurf, daß die Handelskammer durch ihr Gutachten zum Henker eines ehrsamen Handwerkerstandes geworden ist, auf sich sitzen lassen?«[354]

Am 8. Oktober 1924 formulierte ein »Vierer-Ausschuß« von Lebzeltern unter der Führung Karl Ludikowskys in Wiener Neustadt ein »Programm«, »Forderungen« und auch einen »Dank«. Die alten Verkaufsrechte sollten neu bestätigt und die Konkurrenz durch die Marktfieranten eingedämmt oder zumindest unter Kontrolle gehalten werden. »Verwahren müssen wir uns ... dagegen, daß die Fieranten jede Wirtshausmusik zum Kirchtag und dann Kirchtagsmarkt entwickeln und jedem Kirchtag einen Nachkirchtag anreihen. Unbedingt notwendig ist die Kreiseinteilung aus sanitären Rücksichten, insbesonders hinsichtlich der Überwachung der Lebensmittelgesetze. – Wir verlangen ferner, daß bei Verleihung eines Marktfierantenscheines, besonders für Zucker- und Lebzelterwaren, unbedingt geprüft werde, ob der Einreicher auch den vorgeschriebenen Raum zur Aufbewahrung, zum Aus- und Einpacken der Waren nachweisen kann. Der Raum unter dem Bette in einem Massenquartier genügt nicht.«[355]

Die meisten Lebzelter gaben den Kampf auf. Oft werkelte der Vater noch fort, sein Sohn aber wandte sich verständlicherweise einer erfolgversprechenderen Berufslaufbahn zu. Besonders begabte und kaufmännisch wendige Lebzelter hatten sogar noch in der Zeit des sich anbahnenden und fortschreitenden Niedergangs Erfolg, wie ja auch die Ebenböcks in München. Allerdings waren die Verhältnisse in der Stadt eben doch etwas anders gelagert und boten andere Absatzmöglichkeiten als das Land, wo für den Bauernburschen der Lebzelterstand mit dem Metschank das darstellte, »was für den Städter auf einem Balle das Büfett mit Eis, Limonade, Konditorwaren ist«. Selbstverständlich kauft der Bursch seiner »Liebsten« ein »buntbemaltes Herz mit irgend einem sinnigen Spruche und Lebkuchen dazu«[356]. Das war kein üppiges, aber ein sicheres Auskommen, bis die Marktfieranten kamen.

Als junger Mann hatte Karl Ludikowsky noch den alten Gruß eines wandernden Lebzeltergesellen gehört, als dieser bei seinem Vater um Arbeit zusprach. Selbst wenn der Meister keine Arbeit für ihn hatte, seinen Mittagstisch und sein Geschenk (20 bis 30 Kreuzer) erhielt der Wandergesell sicher und auch den »Verschreib«, d.h. die Adresse eines befreundeten Meisters, der einen Gesellen benötigte[357]. Den Blick zurück in die Zeit des Alten Handwerks hatte also Ludikowsky tun können, die Gegenwart mit ihren Rückzugsgefechten kannte er nur zu gut; der Blick in die wenig hoffnungsvolle Zukunft des neuen Gewerbes blieb ihm nicht erspart. Trotzdem aber setzt der idealistische Barde einen versöhnlichen Schluß, wenn er im Lebzelterspiel »Anna Marie« zumindest die alte Lebzelterei und die jüngere Konkurrenz der Zuckerbäckerei sich aussöhnen läßt, wenn auch dafür Kaiser Friedrich III. (!; vgl. Anm. 358) als Friedensstifter bemüht werden muß. Meister Wiesbauer reicht dem Kaiser auf einer Tasse verschiedene Honigwaren und spricht:

»Was Nürnberg leistet, kann ich auch,
War lange dort Geselle;
Ich kenn' den Basler Mischungsbrauch,
Auch den von Braunschweig und Zelle!
Auch Ulmerkuchen hab' ich hier –
Die nannte einst Graf Werden:
Das Köstlichste auf Erden! —
Für diese hat der Lebemann
Von sechs seiner Güter fünf vertan!«

Zur Verblüffung, wenn nicht Empörung des alten Lebzeltermeisters antwortet Kaiser Friedrich:

»Alles, was ich jetzt gesehn,
Mag ja gut sein und ist schön,
Doch aus Zucker und Marzipan
Möcht' ich recht schöne Sachen han!«

Wiesbauer erwidert:

»Jeder Beruf hat seine Grenzen,
Das liegt in Handwerkers Natur,
Ich kann nichts anderes kredenzen,
Ich habe Honigware nur!——«

Der Kaiser beklagt zornig die Rückständigkeit und Schwerfälligkeit mancher seiner Untertanen, entdeckt die Zuckerware (Makronen, Torte), die Geselle Ferdinand zum Namenstag des von ihm geliebten Meistertöchterleins Anna Marie hergestellt und sich damit den Unmut des Lebzeltmeisters zugezogen hat und so kann der Kaiser befriedigt sagen:

»Ich seh', ich kam zur rechten Zeit,
Zu schlichten diesen Handwerkerstreit!«

Ferdinand vereint das alte und das neue Handwerk und sieht die Entwicklung auch als eine Art Generationskonflikt.

»Ich kenne es wohl, das große Gebot:
Du sollst das Alter ehren!
Doch ist ein zweites Gesetz von Not:
Du sollst der Jugend nicht wehren! –
Nichts Schöneres gibt's auf dieser Welt,
Als neue Kunst zu pflegen.
Ich bin von diesem Geist beseelt
Und bau auf Gottes Segen! –
Warum ist man so aufgeregt?
So frag' ich mit Vergunst:
Das Alte, das man heute pflegt,
War auch einst neue Kunst!
...
Seid froh bedankt, mein Herr und Kaiser,
Für euren Spruch – für eure Tat!
Ein Führer will ich sein und Weiser
Dem neuen Handwerk früh und spat!
Mit Lust und Liebe will ich lehren
Und Opfer scheuen nicht dabei,
Damit einst blühe hoch in Ehren:
Österreichs Zuckerbäckerei! –«

Kaiser Friedrich führt Ferdinand und Anna Marie dem Meister und Vater zu, der seinen Segen gibt:

»Seid glücklich! Und Gott segne euch
Und unser schönes Österreich!«[358]

1 Nikolaus im Bischofsornat zu Pferd, wie dies in den Rheinlanden in Vorstellung und Brauch üblich ist. Gabenkorb mit Lebkuchen.
40 × 55 cm.
Kommern, Rheinisches Freilichtmuseum

2 △

3 △

4 △

2 Nikolaus im Bischofsornat mit dem Attribut der drei aus einem Bottich aufsteigenden Knaben. (Nach der Schülerlegende erweckte er drei ermordete, in einem Bottich eingepökelte Knaben wieder zum Leben.) 26,5 × 76 cm.
Düsseldorf, Städtisches Museum

3 Nikolaus im Bischofsornat (mit stilisierter Ornamentik), mit Buch (Meßbuch, aber auch Großes Goldenes Buch, in dem die guten und bösen Taten der Kinder verzeichnet sind) und den drei zum Leben erweckten Knaben im Bottich. Inschrift: S. NICOLAUS.
29 × 68 cm.
Kommern, Rheinisches Freilichtmuseum

4 Nikolaus im Bischofsornat mit Buch, darauf drei goldene Kugeln. (Nach der Jungfrauenlegende schenkte er drei jungen Mädchen eine standesgemäße Mitgift und ermöglichte ihnen so die Heirat.) Auch als drei Brote gedeutet (weil er Bari vor einer Hungersnot bewahrte). 9,5 × 30 cm.
Langenlois (Niederösterreich), Heimatmuseum

◁ **5** Nikolaus mit Spitzkappe, wie sie z. B. auch die sog. »Schönen« verschiedener Mittwinterbräuche tragen. Mit Wander- (statt Bischofs-)stab, einen mit einem Geschenkkorb beladenen Tragesel am Zügel führend. Zwei weitere Geschenkkörbe im Bild, verschiedene Gebildbrote (u. a. Brezel) erkennbar. – Solche verschlüsselten Nikolausdarstellungen sind aus den protestantischen Gebieten Deutschlands, aber auch der Niederlande bekannt. Deutsch, 19. Jahrhundert. 19 × 12 cm.
Basel, Schweizerisches Museum für Volkskunde

6 Krampus im Fellkleid, mit Bart und Hörnern, im geflochtenen Buckelkorb am Rücken zwei von ihm mitgenommene schlimme Kinder; ein Kind (an den Haaren?) mit sich schleppend. 11 × 27 cm. Melk (Niederösterreich), Heimatmuseum

7 Umzugsgruppe der Termingestalten vom 6. Dezember, bestehend aus »Nigloweiberl« (»Bischofsfrau«), bischöflich gekleidet, Nikolaus im Bischofsornat sowie Krampus mit Hörnern, Fellkleid und Kette. Im Vordergrund zwei (examinierte und beschenkte?, auf alle Fälle aber visitierte) Kinder (vgl. Text S. 19f.). 17 × 25,5 cm. Oberösterreich, Privatbesitz

8 Krampus mit spitz zulaufenden Tierohren, Bart und langer roter Zunge, Fellkleid, mit Ketten in der Art eines »Fatschenkindls« verschnürt. Trägt Fatschenkindl im Arm. – Manche sehen im Krampus eine Fruchtbarkeitsgestalt, daher Bezüge zu den Kinderbringern denkbar. 12,5 × 31 cm. Graz, Steirisches Volkskundemuseum

6 △ 7 ▽

Obwohl das Fest Maria Verkündigung am 25. März gefeiert wird, gehört es thematisch zum engeren Weihnachtsfestkreis und spielt auch im religiösen Weihnachtsbrauchtum eine Rolle (neben »Maria gravida« das zweite Thema des »Herbergsuchbildes« beim Brauch des »Herbergsuchens« oder »Frautragens«). Das Fest hieß früher »Annuntiatio« oder »Conceptio Christi« (Ankündigung oder Empfängnis Christi) und war ursprünglich ein Herrenfest.

9 Verkündigung der Geburt des Erlösers an Maria durch den Erzengel Gabriel, dargestellt als geflügelter Gottesbote mit dem Lilienstengel als Symbol der Reinheit. Weist nach oben zum Heiligen Geist (Taube), dessen Strahlen direkt auf Maria gerichtet sind. Außerhalb des runden Mittelstücks der Raute oben Gott Vater mit Weltkugel (Herrscher der Welt und Lenker des Kosmos), Segensgestus, und viereckigem Nimbus (vgl. dazu Abb. 84, 85), unten ein Seraph (Engelskopf mit vier Flügeln in charakteristischer Haltung). Die Szene ist – entgegen der Überlieferung (Grotte) – im Hausinnern angesiedelt, auf dem Tisch Doppelhenkelgefäß mit Lebensbaum (Symbolbezug auf Empfängnis). 1685. 43 × 81 cm. Köln, Stadtmuseum

10 Verkündigungsszene in kaum jüngerer Fassung (1694) als auf Abb. 9, aber von einfacherer Art. Maria nimmt ihr Schicksal an (Demutsgestus): Siehe, ich bin die Magd des Herrn, mir geschehe nach seinem Wort. Gabriel als geflügelter Bote mit Verkündigungsgeste und stilisiertem Lilienstengel. Heiliger Geist (Taube) in einem Feld mit Flammensaum, Doppelhenkelgefäß mit Blumen (Lebensbaummotiv), Einfassung der Szene durch Blattstab, daran anschließend ornamental gegliederte Ranke mit Blumen, Granatäpfeln (Symbol der Fruchtbarkeit und Tugenden Mariens) und Weintrauben (Symbol der Verheißung). 29 × 28,5 cm.
Oberösterreich, Privatbesitz ▷

11 Im Mittelstück der Sündenfall im Paradies: Adam und Eva unter dem Baum mit der Schlange, ihre Blößen mit einem Blatt bedeckend. Außerhalb des Blattstabes insgesamt acht Herzen, wobei die gegenüberliegenden jeweils das gleiche Motiv aufweisen: in der Vertikalen und Horizontalen ein Doppelhenkelgefäß mit Lebensbaummotiv, in den Diagonalen Füllhörner sowie Granatäpfel, Weintraube, Pinienzapfen und Blumenornamentik (stilisierter Lebensbaum?). Anschließend nochmals Blattstabornamentik als Begrenzung. (Andere Seite vgl. Abb. 15.) Ø 46 cm. Köln, Stadtmuseum

12 △ 13 ▽

12 Sündenfall im Paradies: Adam und Eva unter dem Baum mit der Schlange, ihre Blößen bedeckend. 12 × 18 cm. Oberösterreich, Privatbesitz

13 Sündenfall im Paradies: Adam und Eva unter dem Baum mit der Schlange, ihre Blößen bedeckend. In den Zweigen zwei Vögel, unter dem Baum Tiere (wie schon bei Abb. 11). 13 × 24 cm.
Ulm, Slg. Deutsches Brotmuseum

14 Sündenfall im Paradies: Adam und Eva, bekleidet, unter dem Baum mit der Schlange. Eva bietet Adam den verbotenen Apfel an. Wie bei Abb. 12 eine in der äußeren Bildkontur geschlossene Darstellung, die man leicht ausschneiden kann. 16,5 × 27 cm.
Thüringen, Privatbesitz

Adam und Eva brachten durch den Sündenfall den Tod über die Menschen, der durch Christus überwunden und aus der Welt geschafft wurde. Adam und Eva werden am 24. Dezember gefeiert, dem Tag der Weihnachtsvigil (Hl. Abend). Christi Geburt feiert die Kirche am 25. Dezember (Christfest).

◁ **15** Anbetung der Hirten. Maria und Josef mit dem neugeborenen Jesuskind, Ochs und Esel, adorierende Hirten. Darüber Engel. Die Geburtsszene wird gerahmt von Füllhornranken mit Granatäpfeln (auch Sinnbild der Vollkommenheit und der unendlichen Zahl der Eigenschaften Gottes) und Weintrauben (christologische Bezüge). In der Vertikalen und Horizontalen je ein Feld mit den vier Evangelisten und ihren Symbolen. (Andere Seite vgl. Abb. 11.) Ø 46 cm.
Köln, Stadtmuseum

16 Geburt Christi im Stall mit Maria, Josef und dem neugeborenen Jesuskind. Ochs und Esel, Blick ins Stallinnere. Außerhalb der runden, blattstabgerahmten Geburtsdarstellung je ein Blumenmotiv in den vier Ecken des rechteckigen Models (als Füllsel der leeren Fläche: horror vacui). Sicher konnte der Model viereckig oder rund (entlang des Blattstabs beschnitten) abgeformt werden. (Andere Seite vgl. Abb. 147.) 16 × 19 cm.
Trier, Simeonstift

17 Geburt Christi im Stall, der mit Boden, Ständern und Dach die Szene auch nach außen begrenzt. Josef in prächtiger, historisierender Gewandung eines Edelmannes mit Laterne. Wie so oft trägt Josef – im Gegensatz zu Maria – keinen Nimbus. 1847. 10 × 13,5 cm.
Innviertel (Oberösterreich), Privatbesitz

◁ **18** Figuren zu einer Krippe (von links nach rechts): kniender Hirte mit Kellenstab (Hirtenzeichen; mit diesem Stab warf man den Schafen Erde nach, um sie zu lenken), Maria und Josef, Hirte mit Kellenstab, das neugeborene Jesuskind in der Krippe, Hirte mit Kellenstab, »Gloria«-Engel mit Spruchband (GLORIA IN EXCELSIS DEO), drei Schafe, die Hl. Drei Könige. 14 × 29 cm. Tirol, Klosterbesitz

19 Anbetung der Hirten. Maria, Josef neben ihr stehend, hebt den neugeborenen Jesusknaben aus der geflochtenen Krippe und zeigt ihn den Hirten. Über diesen Engel mit Spruchband (GLORIA IN EXCELSIS). Im Hintergrund prächtiger »Stall« mit Torbogen, gerahmt von zwei Säulen. 1635, auch in der seitlichen Kehlung diese Jahreszahl. (Andere Seite vgl. Abb. 30.) ∅ 19,5 cm. Budapest, Museum für Kunstgewerbe

20 Geburt Christi im Stall. Das neugeborene Jesuskind in der Krippe (Draufsicht), Maria und Josef knien anbetend dabei (links bzw. rechts), im Hintergrund Ochs und Esel. Szene von Stall (Ständerbau) umrahmt, diese dann in runden Blattstabrahmen gestellt. Außerhalb des Mittelstücks Blumen- und Blätterranken. Teil einer rechteckigen Modelplatte, sonstige Fläche frei bis auf Datierung 1810. Ausschnitt. 26 × 35 cm.
Oberösterreich, Klosterbesitz

21 Figuren zu einer Krippe (von links nach rechts): Maria mit Kind auf ihrem Schoß, Stern (sechszackig, mit Christogramm) mit Schweif (Komet), Wächterengel (in Rüstung), unter dem Stern ein Hahn, Wächterengel (in Rüstung), König (?) mit Kamel, Taube (Hl. Geist?), Esel und Ochs, äsender Hirsch, Steinbock, Hund, Josef (?) in Kutte mit Rosenkranz, Brunnen mit Wasserfontäne, Hirt mit geflochtenem Buckelkorb, darin Huhn. Vermutlich Einzelfiguren zu einer Weihnachts- und Fastenkrippe, evtl. mit Hintergrundszenarium (Jagd- und Waldtiere, wie sie von sog. »Krippenbergen« bekannt sind). 14 × 29 cm.
Tirol, Klosterbesitz ▷

22 Geburt Christi im Stall mit Maria und Josef sowie dem neugeborenen Jesuskind (als Fatschenkindl) in der geflochtenen Krippe, dahinter stehend ein adorierender Engel. Im Vordergrund Ochs und Esel. Außerhalb des Mittelstücks beflügelte Engelsköpfe und Rosettenblumen. (Andere Seite vgl. Abb. 23.) Ausschnitt. 37×39 cm.
Langenlois (Niederösterreich), Heimatmuseum

23 Anbetung der Hl. Drei Könige. Maria mit dem Kind auf ihrem Schoß, vor ihr die drei gabenbringenden Könige, rechts im Hintergrund Josef. Außerhalb des Mittelstücks schalmeiblasende Engel, Blumenmotive und Eicheln. Unten in der Mitte der Jesusknabe mit Kreuz. (Rückseite zu Abb. 22.) Ausschnitt. 37×39 cm.
Langenlois (Niederösterreich), Heimatmuseum

24 Anbetung der Hl. Drei Könige. Maria mit Kind auf dem Schoß, hinter ihr der hl. Josef, den Hut in der Hand. Der Jesusknabe greift mit seinen Händchen in die dargebotene Schale (mit gemünztem Gold?, Myrrhe? – vielleicht symbolhafter Bezug auf sein späteres Leiden und Sterben, zu dem er auf die Welt gekommen ist). Modelabdruck. Ø 19 cm.
Villingen, Museum Altes Rathaus

25 Anbetung der Hl. Drei Könige. Im Gegensatz zu den Abb. 23, 28 und auch Abb. 24, 26 mit ihren Perspektivandeutungen rein flächig und linear aufgebaute Szene: Zu Maria im Stall (sitzend, den Besuchern das Kind entgegenhaltend) kommen die drei Könige, von denen der erste bereits kniet, die beiden anderen aber erst herzuschreiten, die Geschenke hoch vor sich hertragend (Pokal mit Knaufdeckel und Hornpokal). Ein Kamel folgt nach und betritt gerade die Szene. Einfassung der Darstellung durch weitgezogene, einfache Blattstabornamentik. 14 × 8,5 cm.
Ulm, Slg. Deutsches Brotmuseum

26 Maria, bekrönt und mit Nimbus, das Kind auf dem Schoß, vor ihr die Hl. Drei Könige, ebenfalls mit Kronen und Nimben. Die Geschenke sind Myrrhe (in der Gewürzschachtel), Weihrauch (im bedeckten Pokal) und Gold (im Lederbeutel). Die Umschrift lautet: CHRIST WIRT BORN IN ARMVT VND VON Z WEISE GSVCHT. (Vgl. dazu die Ausführungen im Text S. 10.) Modelabdruck. Ø 14 cm. – Villingen, Museum Altes Rathaus

27 »Dreikönigszettel« mit C M B (für Caspar, Melchior, Balthasar, auch als »Christus Mansionem Benedicat« gedeutet). Drei griechische (gleichschenkelige) Kreuze, Christogramm und Zeichen Mariae sowie »Gelobt Sei Jesus Christus In Ewigkeit Amen. 1750«. – Dreikönigszettel aus Papier nagelte man zu Schutz und Segen an die Türen (wie man heute zu Dreikönig CMB, drei Kreuze und die Jahreszahl mit geweihter Kreide an die Türen schreibt) oder man trug sie als Amulette bei sich. Auf Teig »gedruckt«, konnte man solche Dreikönigstäfelchen – wohl zum selben Zweck – essen. 29,5 × 16 cm.
Innsbruck, Tiroler Volkskunstmuseum

28 Anbetung der Könige. Maria mit dem Kind auf dem Schoß, Josef, Ochs, Esel und Stall. Die Hl. Drei Könige (Weisen oder Magier) bringen ihre Geschenke (in den für kostbare Gewürze und Spezereien früher üblichen Behältnissen). Hirt mit Schafen, Engel und Schweifstern; der restliche Teil der Fläche ist mit kleinen Sechssternen bedeckt (Sternenhimmel und horror vacui). Der Rundmodel ist mit Blattstabornamentik eingefaßt. ∅ 30,5 cm. Köln, Stadtmuseum

29 »Salvatorkindl«. Bereits als Kind kann Christus als Salvator Mundi (mit Krone, Weltkugel mit Kreuz) dargestellt werden. Die andere Hand macht zumeist den Segensgestus, hält hier aber einen Rosenkranz (hält sie Leidenswerkzeuge, spricht man vom »Schmerzenskind«). Das Jesuskind ist umgeben von einem runden Strahlenkranz, außen eingefaßt durch Blattstabornamentik. In der oberen und unteren Spitze der Raute je eine Weintraube (hier sicherlich christologisch zu deuten). Auf der anderen Seite der Modelplatte ist die Beschneidung Christi, formal gleich gestaltet, dargestellt (vgl. Abb. 41). 23 × 37 cm. Oberösterreich, Privatbesitz

Zu den bekanntesten Salvator Mundi-Darstellungen des Jesuskindes zählen die zum Typus gewordenen Fassungen des »Prager Jesuleins« und des Salzburger »Lorettokindls«. Regional bekannt wurde das »Reutberger Christuskind«. Solche Statuen waren beliebte Geschenke an Klosterfrauen am Tag ihrer Einkleidung (die sie dann auch in ihrer Zelle behalten durften). Vielleicht waren auch solche »Seelentrösterlein«-Gebäcke Profeßgeschenke (wie das »Profeßherz«, vgl. S. 24). Die Bezüge des Bildthemas zum Weihnachtsfest und Neuen Jahr sind evident (vgl. Abb. 36).

30 Anbetung der Könige. Maria, mit Kind auf dem Schoß, unter einem prächtigen Baldachinzelt (Engel hält Eingangsvorhang in die Höhe). Die drei gabenbringenden Könige bringen ihre Geschenke dar. Sechsstern, eine Zacke als Richtungszeiger gestaltet. Der übliche Schachbrettboden hier ornamental verziert (mit Achtsternen). Vollkommene Durchgestaltung der Fläche (horror vacui), von Blattstabornamentik eingerahmt. 1635. (Andere Seite vgl. Abb. 19.) Ø 19,5 cm.
Budapest, Museum für Kunstgewerbe

31 Anbetung der Könige. Einfachere, aber auch ruhigere Darstellung in rechteckiger Form. Dreibogen- und Säulenbegrenzung der Szene (vgl. die Bogenfelder des Verduner Altars). Wichtigkeit und Perspektive in der Größe der Personen ausgedrückt: Die zum »Szenarium« gehörige Nebenfigur des hl. Josef im Hintergrund ist klein dargestellt, der dritte König hingegen groß und mit dramatischer Geste. Weintraubenranken. Nürnberg. 12 × 16 cm. Wien, Privatbesitz

32 Das Jesuskind in der Flechtkrippe, dahinter drei adorierende Engel. Geschlossene Kontur einer nichtgerahmten Darstellung. 13,5 × 14 cm. Stuttgart, Württembergisches Landesmuseum

33 Jesuskind. Fatschenkindltypus, mit Krone, vor sich »Christ-« oder »Weihnachts-«Baum im Topf. Bezug zum Christkind als gabenbringende Gestalt des Weihnachtsfestes. Die Krone ist Ausdruck von Würde und Macht und eines »festlichen Ausnahmezustandes«, Christus auch »König der Welt«. Bonn, 1. Hälfte 19. Jahrhundert. Ausschnitt. 29 × 68 cm. Kommern, Rheinisches Freilichtmuseum

31 △

32 ▽

34 Jugendlicher Salvator Mundi in der Kalesche. Christus ohne Krone mit Weltkugel (darauf Kreuz), die andere Hand zum Segensgestus erhoben. Das offene antikisierende Gefährt wird von einem Lamm gezogen, das Johannes der Täufer führt. Das Lamm weist auf die Beziehung des Kindes zum Opferlamm hin. Ein Engel im Hintergrund hält die Siegesfahne (mit Christogramm), das Triumphzeichen der Auferstehung (vgl. Text S. 12). Mittelszene umgeben von musizierenden Engeln (mit Geige, Schalmei, Laute und Trompete). Jeweils Einfassung durch verschiedene Blattstabornamentik. Ø 34,5 cm.
Budapest, Museum für Kunstgewerbe

35 Christus als Fatschenkindl (nur angedeutet) im achtzackigen Strahlenkranz, das Ganze Mittelteil eines Achtsterns (Aachener »Printenstern«). Die Acht ist die Zahl der Hauptrichtungen der Windrose und damit Zahl der kosmischen Ordnung. Gleichzeitig verweist sie auf den »achten Schöpfungstag«, d. h. auf die Neuschöpfung des Menschen und ist Symbol der Auferstehung (vgl. Text S. 11). 33 × 32 cm.
Aachen, Museum Burg Frankenberg

36 »Salvatorkindl« (vgl. auch Abb. 29). Hier zusätzlich Christogramm und Zeichen Mariens sowie Lebzelterzeichen. Umlaufende Granatäpfelranke, dazwischen zwei Engelsköpfe und Rosettenblumen. 1717. (Andere Seite vgl. Abb. 76.) Ausschnitt. 27 × 30,5 cm.
Eggenburg (Niederösterreich), Krahuletzmuseum

37 Christkind in der Kalesche, von zwei Engeln gezogen. Christus ohne Krone, mit Weltkugel (darauf Kreuz). Das Gefährt ist ein offener Prunkwagen mit muschelförmigem Kasten und Speichenrad. Lebensbaummotiv (als Hinweis auf Christus, der das ewige Leben bringt?). Ausschnitt. 21 × 18,5 cm.
Oberösterreich, Privatbesitz

Zu Seite 88/89:
38 Flucht nach Ägypten (vgl. Mt. 2, 13–23): Maria sitzt frontal auf dem Esel und hält ihren Sohn in ihren Armen, Josef führt das Tier. Inschrift: MARIA KINT 1559. Ø 13 cm.
Frankfurt, Historisches Museum

39 Darstellung (Darbringung) Jesu im Tempel. Fest der Begegnung des Herrn mit Simeon und Hanna (Anna), also ursprünglich ein Herrenfest. Früher am 40. Tag nach Epiphanie (6. Januar) gefeiert, nach Einführung des Weihnachtsfestes 40 Tage nach diesem Termin (2. Februar). Später als Fest Maria Reinigung (»Lichtmeß«), seit 1960 wieder Herrenfest. Inschrift: »Her, Nun Lesest deinen diener im friden faren. 1648.« Österreich. Ø 17,5 cm.
Ulm, Slg. Deutsches Brotmuseum

40 Flucht nach Ägypten. Übliche Darstellung (vgl. Abb. 38). Schweiz. 14 × 23,5 cm.
Rheinland, Privatbesitz

41 Beschneidung des Herrn. Die Beschneidung (Zeichen des Bundes Gottes mit Abraham) ist für die männlichen Juden acht Tage nach der Geburt vorgeschrieben und wird in bezug auf Christus am 1. Januar (Neujahr) gefeiert. (Andere Seite vgl. Abb. 29, gleiche Form, gleicher Stil, vermutlich von gleicher Hand.) 23 × 37 cm. – Oberösterreich, Privatbesitz

42 Kreuzigung Christi. Detailreiche Darstellung: Christus am Kreuz, umgeben von den zwei mit ihm gekreuzigten Schächern (Räuberkreuze); darunter Maria und Johannes, Longinus und eine zweite Wächterfigur. In den oberen Ecken Sonne und Mond als Zeichen der Herrschaft und Herrlichkeit; unter dem Kreuz der Schädel Adams. Bayerisch, 1587. 28 × 34,5 cm. – Ulm, Slg. Deutsches Brotmuseum

38 △ 39 ▽ 40 △ 41 ▽

42

43 △

44 ▽

43 Abendmahlsszene. Christus mit seinen zwölf Aposteln um einen gedeckten Tisch. Die Szene ist in einem Rauminnern angesiedelt, zur Seite gezogene Vorhänge geben den Blick frei. Zwischen der in der Mitte herabhängenden Leuchte (Ampel) und den gerafften Vorhängen eine glatte, vertiefte Fläche, die beim Abdruck ausgeschnitten wurde. Bildtitel: ZVM KRINDONNERSTAK (Zum Gründonnerstag). Abendmahl und nachfolgender Verrat des Judas setzten den Auftakt zum Leiden und Sterben des Herrn. Inschrift: »Karel Stocek 1826«. 21,5 × 32 cm. Oberösterreich, Privatbesitz

44 Kreuzigung Christi. Ungerahmte, in den Konturen geschlossene Darstellung der Kreuzigung Christi mit Christus am Kreuz und Maria und Johannes unter dem Kreuz. Unten beim Kreuz, symbolhaft für die Eucharistie, ein Kelch. Sonne und Mond hier auch als formales Stilmittel verwendet (um eine geschlossene, zum Ausschneiden geeignete Kontur zu erhalten). 12 × 17 cm. Wasserburg, Heimathaus

45 Kreuzweg: »Jesus fällt unter dem Kreuz« (unter der Last des Kreuzes). Insgesamt dreimal überliefert und drei Kreuzwegstationen. Nach dem dritten Fall »hilft Simon von Sirene Jesus das Kreuz tragen«, was hier gemeint sein könnte. Ein Mann hebt das Kreuz an, Christus stützt sich mit beiden Händen auf den Boden. Zwei Soldaten (mit Lanze bzw. Hellebarde) beraten (ob sie Hilfe zulassen sollen). Flache und feine Darstellung mit sprechenden Gesten und ausdrucksvollem Mienenspiel (vgl. auch Abb. 49). 15,5 × 23 cm. Feuchtwangen, Heimatmuseum ▽

46 Kreuzigung Christi. Rundmodel mit Blattstabumrahmung, Christus mit Dornenkrone am Kreuz, unter dem Kreuz rechts und links Maria und Johannes. Sonne und Mond symmetrisch oberhalb des Kreuzes. Ausschnitt. 23 × 68,5 cm.
Graz, Steirisches Volkskundemuseum ▷

47 Pieta. Maria, mit dem Leichnam ihres verstorbenen Sohnes auf dem Schoß, unter dem Kreuz sitzend. Behelfe zur Kreuzabnahme – Leiter, ein Tuch (?) zum Herablassen des Leichnams – zeugen vom vorangegangenen Geschehen und sind formale Stilmittel einer geschlossenen Kontur. 9 × 15 cm.
Sopron (Ödenburg), Liszt Ferenc Museum

48 Kreuzigung Christi. Christus mit Dornenkrone am Kreuz, unter dem Kreuz Maria und Johannes (Assistenzfiguren). Zu Füßen des Kreuzes der Totenschädel Adams. Umrahmung der Szene durch Säulenpaar mit Rundbogen. (Andere Seite vgl. Abb. 61.) 10 × 15 cm.
Innviertel (Oberösterreich), Privatbesitz

47 ▽

48 ▽

49 Auferstehung Christi. Christus im Strahlenkranz, mit Fahne (Zeichen der Auferstehung, des Sieges über den Tod); ein Engel hält die Grabplatte, neben dem nunmehr leeren Grab ein Wächter in Rüstung (mit Helm, Schild und Lanze). Vgl. zur feinen Art der Darstellung Abb. 45, wahrscheinlich von derselben Hand. 12 × 22 cm.
Feuchtwangen, Heimatmuseum

50 Osterlamm mit Auferstehungsfahne. Das Lamm war das häufigste Opfertier des Altertums, daher auch Symbol für Christus und dessen Opfertod. Mit dem Zeichen der Auferstehung (Fahne, mit Kreuz) besonders häufiges Osterzeichen (»Osterlamm«). Einfache Darstellung mit stark ornamentalisierter Auszier (stilisiertem Fell usw.). 25 × 31,5 cm.
Stuttgart, Württembergisches Landesmuseum

51 Auferstehung Christi. Christus im geflammten Strahlenkranz (stilisierte Mandorla), mit Auferstehungsfahne und Segensgestus. Wie bei Abb. 49 über dem leeren Grab dargestellt. Rechts und links je ein Wächter in Rüstung. 17. Jahrhundert. 11 × 17 cm.
Rosenheim, Heimatmuseum

52 Rautenartiger bzw. mandelförmiger Model mit drei runden Motiven: In der Mitte, als Hauptmotiv, das Agnus Dei, rechts und links davon Löwe und Adler (Auferstehungstiere). Modelabdruck. 11 × 21,5 cm.
Villingen, Museum Altes Rathaus ▷

53 Osterlamm mit Auferstehungsfahne (crux victorialis), umgeben von flächenfüllender Rankenornamentik. Ø 16 cm.
Salzburg, Klosterbesitz

54 Agnus Dei in viermaliger Wiederholung, davon drei stehend, eines liegend. Die beiden größeren Darstellungen weisen das Seitenwundenmotiv auf: Blutstrahl aus der Seitenwunde ergießt sich in den Kelch der Eucharistie. – Die mehrfache und in der Größe unterschiedliche Darstellung auf einer Modelseite ermöglicht eine etwas rationellere Arbeitsweise auf der einen und eine auf Kaufpreis und vielleicht auch Verwendung Rücksicht nehmende Produktion auf der anderen Seite (größere Lämmer für Erwachsene, kleinere für Kinder u. ä.). 38 × 16 cm.
Rheinland, Privatbesitz

55 Osterlamm, in der Fahne Christogramm mit Dreinagelmotiv (Kreuzesnägel). Reiche Blumen- und Rankenornamentik auf der runden Modelfläche, darunter auch Weintrauben (Eucharistiesymbol, Zeichen für Opfertod). Ø 17 cm.
Innsbruck, Tiroler Volkskunstmuseum

53 △
54 ▽

◁ 56 Maria (bekrönt) mit Kind, im breiten Rahmenband umgeben von den vier Evangelisten mit Symbolen und Evangelienbüchern, die deren Namen tragen. Zwischen den Evangelisten achtstrahlige Blüten- und Sonnenmotive, ferner Blumen und Granatäpfel. Achteckige Modelplatte. Inschrift: »1660 F. B.« (Fiedler Benedikt, 1651 in Steyr). 39,5 × 42 cm.
Oberösterreich, Privatbesitz

57 △

58 △

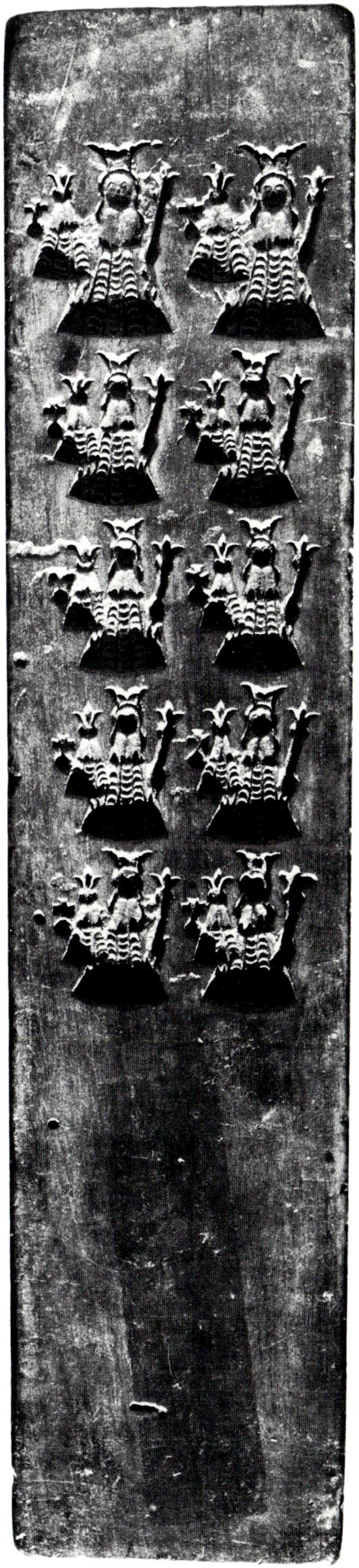

59 ▽

57 Maria (»in bäuerlicher Tracht«) mit Kind. Medaillonartige Darstellung im Blattstabrahmen (Eichenblätter). Nürnberg, um 1820. 12,5 × 16 cm.
Ulm, Slg. Deutsches Brotmuseum

58 Maria mit Kind (Mariahilf-Typus: S. Maria adiuva nos). Das Gnadenbild wird von zwei Votanten gehalten. Unter dem Bild und zwischen den Figuren die Kirche. – Gnadenbilder gehören zu den beliebtesten »Druckwerken«, sei es auf Papier (Kupferstiche usw.), sei es auf Teig. In beiden Formen waren sie beliebte Wallfahrtsandenken, Standardangebot der verschiedenen »Standln« (Marktstände) und Buden. Anfang 17. Jahrhundert. 13 × 20 cm.
Ulm, Slg. Deutsches Brotmuseum

59 Maria mit dem Leichnam ihres Sohnes (Typus der schmerzhaften Mutter). Darunter die Inschrift SANTA MA. LVGGAV (Maria Luggau ist ein Wallfahrtsort in Kärnten). – Der Typus des Maria Luggauer Gnadenbildes ist außergewöhnlich im Hinblick auf die Größenverhältnisse: Christi Leichnam ist in einem auffallend kleineren Maßstab gehalten und erreicht kaum die halbe Höhe seiner Mutter. Auffallende Rahmung (vgl. auch Abb. 124). 15 × 21 cm.
Lienz, Schloßmuseum Bruck

60 Maria (mit Krone und Szepter) mit Kind (bekrönt, mit Weltkugel, darauf Kreuz). Zehn Darstellungen auf dem (unfertigen?) Model, davon die ersten beiden etwas größer. Grobe Darstellung mit schlecht bzw. kaum angedeutetem Gesicht. Schnitzversuche und -übungen wären ebenso denkbar wie Model für Serienfertigung kleiner Marienbilder aus Lebkuchen (zum Andenken, als Amulette). 6 × 26 cm.
Köln, Stadtmuseum

61 Triade (»Drei heilige Madeln«), wahrscheinlich Barbara (mit Turm), Gertrud von Nivelles (mit Spinnrocken und Wasserkrug – zum Netzen der Finger?) und Dorothea (mit Blumen?). Normalerweise sind »die drei heiligen Madeln« Barbara, Margarete und Katharina. (Andere Seite vgl. Abb. 48.) 10 × 15 cm.
Innviertel (Oberösterreich), Privatbesitz

62 Gnadenbild der Wallfahrtskirche Maria Dreieichen (Niederösterreich). Inschrift: »Maria 3 Eichen«. 10 × 18 cm.
Eggenburg (Niederösterreich), Krahuletzmuseum

61 △ 62 ▽

◁ **63** Maria Immaculata (»Immaculata«). Maria (mit Szepter), auf der Mondsichel stehend (die auf der Weltkugel ruht, um die sich die Schlange mit Stachelschwanz schlingt; vgl. dazu Abb. 107), ist das »messianische Weib« oder die »neue Eva«, die der Schlange den Kopf zertritt. – Das Bild der Immaculata Conceptio ist das beherrschende Marienthema des Barock in sämtlichen katholischen Ländern; zahlreiche Immaculata-Säulen legen davon Zeugnis ab. 34 × 54 cm.
Niederösterreich, Privatbesitz

64 Hl. Antonius von Padua (aus der Ordensfamilie der Franziskaner; volkstümlich »Kindltoni« genannt) und Mater dolorosa (auf Heiligtum weisend). Über der Kirche bekröntes Herz, darin Kruzifixus, eine Herzhälfte von Flammen erfüllt (Fegefeuer?). Strahlenkranz und Einfassung durch Zingulum. Blumenmotive als Flächenfüllung. 1657. ∅ 23 cm.
Rosenheim, Heimatmuseum

65 △

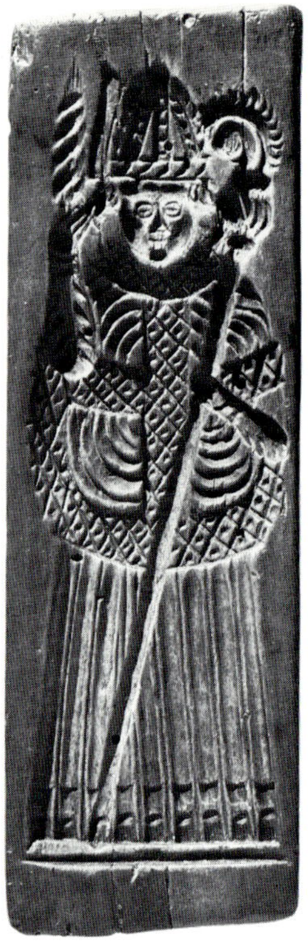

66 △

67 △

68 △

65 Hl. Katharina, vornehm-höfisch gekleidet, mit den Attributen Rad und Schwert. (Katharina wurde der Legende nach auf das Rad geflochten, das auf ihr Gebet hin zerbrach, schließlich mit dem Schwert enthauptet.) Auf dem Schwert die Inschrift S. CATERINA. 9×18 cm.
Rosenheim, Heimatmuseum

66 Hl. Erasmus. Dargestellt als Bischof (war Bischof von Antiochien) und mit mißinterpretierter Schiffswinde: Er war Patron der Seeleute. In den Binnenländern war die Schiffswinde unbekannt, man sah in den aufgewickelten Tauen die Eingeweide des Heiligen; daher fälschlich als »Darmwinde« aufgefaßt. 5,5×17 cm.
Köln, Stadtmuseum

67 Schlüsselübergabe. Christus übergibt Petrus die »Schlüssel des Himmelreiches«, d. h. die höchste Binde- und Lösegewalt. Christus legt ihm die Hand auf und begründet so die bis auf den heutigen Tag reichende »successio«. 10,5×20,5 cm.
Sopron (Ödenburg), Liszt Ferenc Museum

68 Hl. Johannes Nepomuk in üblicher (»standardisierter«) Darstellung als Priester mit Talar, Rochett und Birett auf dem Haupt, in den Händen Kreuz und Märtyrerpalme. Auffallend das Fehlen der sonst üblichen fünf Sterne (Sternenkranz) um das Haupt. (In der Moldau, wo er seinen Märtyrertod fand, zeigten fünf Lichter die Stelle, wo sein Leichnam lag.) Hier nur einfacher Nimbus. Wurde ein habsburgischer »Haus- und Hofheiliger«, sein Kult vom österreichischen Kaiserhaus bewußt gefördert (Tschechenpolitik). 10×29,5 cm.
Wien, Niederösterreichisches Landesmuseum

◁ **69** Engel hält Tuch mit Bild Christi. Obwohl zumeist nur das »Schweißtuch der Veronika« mit dem Abdruck Christi geläufig ist, gibt es zwei Wurzeln des »wahren Bildes« Christi. Die beiden »verae icones« sind: Das »Veronikon« (das Christus immer mit Dornenkrone zeigt) und das Abgar-Bild (König Abgar von Edessa in Syrien wurde durch den Anblick eines »wahren Bildes« geheilt). Hier liegt ein Abgar-Bild vor. (Die andere Seite zeigt einen wappenhaltenden Engel, vgl. Abb. 118.) ∅ 13,5 cm.
Wien, Österreichisches Museum für Volkskunde

70 Der hl. Georg, als Ritter hoch zu Pferd, das Schwert schwingend, liegt im Kampf mit dem Drachen, um die hl. (frühere Prinzessin) Margareta (Frauengestalt mit Krone) vor dem Untier zu retten. – Georg, unter Diokletian enthauptet, gilt im Orient als bewaffneter Verteidiger der Kirche und unbesiegbarer Glaubensheld. An das allgemeine Motiv des Kampfes zwischen Gut und Böse (das auch als Drache dargestellt sein kann) knüpft die Legende vom Drachenkampf an. Ø 24 cm.
Innsbruck, Tiroler Volkskunstmuseum

◁ **71** Hl. Martin, sog. »Mantelteilung«: Der hl. Martin teilte seinen Mantel mit einem armen, frierenden Bettler. In Steinamanger (Westungarn) als Sohn eines römischen Tribuns aus Oberitalien geboren, war er zunächst römischer Reiter in Gallien; nach seiner Bekehrung wurde er schließlich Bischof von Tours. Dementsprechend wird er entweder als (römischer) Krieger zu Pferd oder als Bischof dargestellt. 26 × 28 cm.
Sopron (Ödenburg), Liszt Ferenc Museum

72 Hl. Josef mit Kind. Der hl. Josef wird oft als bärtiger Mann mit Lilie (als Zeichen der Keuschheit, war er doch der jungfräuliche Beschützer Marias) dargestellt. Im oberen Feld Christogramm mit Dreinagelmotiv (Kreuzesnägel Christi), gerahmt und gehalten von zwei Putti. 28,5 × 47 cm.
Niederösterreich, Privatbesitz

73 Samson im Kampf mit dem Löwen. Der »starke Samson« »zerreißt« den Löwen (hier mit Greifenkrallen), indem er seine Kinnbacken auseinanderstemmt. Im Gegensatz zum jungen (bartlosen) David zumeist mit Bart, manchmal in Rüstung (wie hier) dargestellt. Samson verweist typologisch auf Christus; in seinem Löwenkampf sah man eine Vorausdeutung auf die Passion. – Außerhalb des runden Hauptmotivs oben und unten je eine Darstellung: Christophorus und »Pastor bonus« (Guter Hirte) als Lammträger. Im Gegensatz zur formal gleichen Darstellung auf Abb. 74 sind die beiden Nebenszenen gegengleich angelegt. – Formal ist der Model wohl eine Sonderlösung der frühen und weitverbreiteten Rautenform (vgl. dazu als eine Art »Zwischenstufe« Abb. 141). 17,5 × 37 cm.
Frankfurt, Historisches Museum

74 Sündenfall (oben) und Vertreibung aus dem Paradies (unten), im Mittelstück (Hauptmotiv) die Verklärung auf dem Berg Tabor: Im oberen Bildteil, auf Wolken, drei Gestalten: Christus im Strahlenkranz, rechts und links, kniend, Moses und Elias. Dazu die Inschrift: DAS MEIN LIBER SOHN AN DEM ICH WOLGEFALEN. Darunter, sozusagen am Berghang hockend, die drei Apostel Petrus, Johannes und Jakobus. – Die Wolke, die Gott Vater sandte, ist Paradigma der künftigen Auferstehung. Die Verklärungsszene ist besonders bei den Karmeliten beliebt, gilt doch Elias als ihr Ordensgründer. – Formal entsprechen Darstellung und Anlage jener von Abb. 73, mit dem Unterschied, daß hier die Nebenszenen nicht gegengleich sind. 20 × 42,5 cm.
Frankfurt, Historisches Museum

75 Josef von Ägypten wird an die Midianiter verkauft. Josef, der Sohn Jakobs und Rachels, wird vom Vater bevorzugt und (daher) von seinen Brüdern gehaßt, die ihn verkaufen. Er erreicht schließlich in Ägypten eine hohe Stellung und vergibt seinen Brüdern, als diese wegen einer Hungersnot in der Heimat im Land ihres Bruders Getreide kaufen wollen. Ø 26,5 cm. Frankfurt, Historisches Museum

76 Abrahams Opfer. Abraham mit erhobenem Schwert, seinen Sohn Isaak am Schopf packend, holt zum Streich aus. Ein Engel gebietet ihm Einhalt. Seitlich und im Hintergrund: der Brandopferaltar und der Opferwidder als Ersatz (Tieropfer lösen Menschenopfer ab). Einrahmung der Szene durch Blattstabornament, außen umlaufend Granatapfelranken mit zwei Engelsköpfen und zwei Rosettenblumen. (Vgl. Abb. 36, die sich auf der anderen Seite der Modelplatte befindet. Nach den unterschiedlichen Datierungen der beiden Modelseiten, nämlich hier 1724, dort 1717, zu verschiedenen Zeiten entstanden. Datierungen sind überhaupt selten, ein Fall wie dieser kommt nur vereinzelt vor.) Ausschnitt. 27 × 30,5 cm.
Eggenburg, Krahuletzmuseum

77 Jonas wird vom Fisch, der ihn verschlang, ausgespien, nachdem er drei Tage in dessen Bauch verbracht hatte (oben). Typologischer Hinweis auf Tod, Grabesruhe und Auferstehung Christi (3-Tage-Motiv). Inschrift: JONAS. – Daniel in der Löwengrube (unten). Daniel, jung, bartlos und nackt, in Orantenhaltung, sitzt zwischen Löwen (eines der üblichen Darstellungsschemata). Wegen der typologischen Auslegung der Kirchenväter Motiv der Hoffnung auf Errettung und Auferstehung vom Tod. Inschrift: DANIEL. 9 × 15 cm.
Stuttgart, Württembergisches Landesmuseum

78 Judith mit dem Haupt des Holofernes. Judith rettete das jüdische Volk vor der Vernichtung, als sie dem assyrischen Feldherrn mit dessen Schwert das Haupt abschlug. Typologische Bezüge und Gegenüberstellung zu Maria: Der Tod Christi ist so notwendig für die Menschheit wie der Tod des Holofernes für Israel; Judith tötet Holofernes, Maria die Schlange (der sie den Kopf zertritt) bzw. den Teufel. 12 × 19 cm.
Stuttgart, Württembergisches Landesmuseum

79 Erzengel Michael als Seelenwäger mit dem Attribut der Waage. 12,5 × 35 cm.
Thüringen, Privatbesitz

76 △

77 ▽

78 ▽

79 ▽

80 △ 81 ▽

80 Erzengel Michael als Seelenwäger mit Schwert und Waage. 16,5 × 44 cm.
Ulm, Slg. Deutsches Brotmuseum

81 Verschiedene alt- und neutestamentliche Szenen (von links nach rechts): Ringkampf Jakobs mit dem Engel (Gn. 32, 23–33); Verkündigung an Maria; Taufe Christi im Jordan; Daniel in der Löwengrube; Löwenkampf des (bartlosen!) David (mit Bart wäre es Samson); Abrahams Opfer; Flucht nach Ägypten; Jakobsleiter oder Jakobs Traum (Gn. 28, 10–22); Anbetung der Hirten; Moses empfängt die Gesetzestafeln. – Die gerahmten Darstellungen erlauben ohne weiteres ein Zerteilen in die einzelnen Bildelemente, die vielleicht nachher »geordnet« wurden. 17 × 30 cm.
Stuttgart, Württembergisches Landesmuseum

82 Kalebstraube bzw. die Kundschafter (Josua und Kaleb) mit der Traube. Moses schickte zwölf Kundschafter aus der Wüste nach Kanaan. Als Beweis für die Fruchtbarkeit des verheißenden Landes brachten sie u. a. eine Riesenweintraube zurück. Josua und Kaleb waren als einzige der Kundschafter zuversichtlich gewesen und hielten die Eroberung des Landes für möglich; sie wurden als die »Traubenträger« bekannt. – Das Motiv erfuhr vielfache Ausdeutung, u. a.: Die Traube ist Christus, der vordere Träger (mit dem Rücken zur Traube) die Synagoge, der andere Träger stehe für die, die dem christlichen Evangelium aufgeschlossen waren. Inschrift: »IOSVA166?« (letzte Zahl unleserlich). Modelabdruck. Ø 15,5 cm.
Köln, Stadtmuseum

◁ **83** Johannes der Täufer, der »Vorläufer«. In typischer Darstellung mit Kreuzstab und Spruchband (ECCE AGN DEI), daneben das Lamm (typologisch für Christus, das zukünftige Opferlamm). Außerhalb des runden szenischen Mittelstücks Ranken, in den vier Ecken zwei gegenständige Blüten und Granatäpfel (hier sicherlich mit Symbolbezug). Einfassung durch Blattstabornament. 1784. 20,5 × 35 cm.
Salzburg, Privatbesitz

84 Christus als Salvator Mundi (Christkönigsthema) mit Weltkugel, darauf Kreuz und Herz. Ungewöhnlicher viereckiger Nimbus (vgl. auch Abb. 9 und 85). Fassung als Halbfigur ist eine der üblichen Darstellungsweisen. Inschrift: »SALVADER MV« = SALVATOR MU(NDI): dem Stecher ging der Platz aus. Christus ist umgeben von Weintrauben (Eucharistiesymbol). Viereckiges, blattstabumrandetes Mittelstück; außerhalb vier Wirbelmotive und zwei Brezeln (Bäckerzeichen): vielleicht zünftischer Lebkuchen? – Auf der glatten Modelplatte außerhalb des Bildes ANO ... 1768 (im Gegensatz zur seitenverkehrten Schrift im Modelbild normale Schrift). 24,5 × 41 cm.
Düsseldorf, Städtisches Museum

85 Taufe Jesu im Jordan (durch Johannes den Täufer). Der Engel hält nicht, wie häufig vermutet, ein Badetuch, sondern hat seine Hände verhüllt als Demutsgeste gegenüber Gott. Über Jesus, noch innerhalb des runden Mittelfeldes, der Hl. Geist in Gestalt einer Taube. Im oberen Dreieck des rautenförmigen Modelbildes Gott Vater (wieder mit viereckigem Nimbus, vgl. Abb. 9 und 84), die Dreifaltigkeit in der Vertikalen komplettierend. Im unteren Dreiecksfeld ein geflügelter Engelskopf. 18 × 35 cm.
Innviertel (Oberösterreich), Privatbesitz

86 Sog. »Hl. Wandel«: Maria, Josef und der zwölfjährige Jesus auf dem Weg zum Tempel in Jerusalem (vgl. Lk. 2, 42: »Und als er zwölf Jahre alt war, gingen sie [Jesus, Maria und Josef] der Festsitte gemäß hinauf...«). Über Jesus der Hl. Geist (Taube); im Hintergrund der Tempel. Die Blattstabeinrahmung der Szene als Fünfpaß angelegt, in den Spitzen jeweils ein Engelskopf. Die Abformung wäre (war?) sowohl als Fünfpaß als auch, leichter und schneller, als Rundform möglich. 26 × 28 cm.
Eisenstadt, Burgenländisches Landesmuseum

◁ **87** »Hl. Wandel« in anderer (einfacherer) Fassung: Maria, Josef und Jesus (irdische Triade), über Jesus der Hl. Geist (Taube) und Gott Vater (mit dreieckigem Nimbus) in den Wolken (vertikale Trinität). Der »Hl. Wandel« ist Symbol für die christliche Familie sowie die Wallfahrt. – Ungerahmte, in der Außenkontur geschlossene Darstellung auf rechteckiger Modelplatte. 11,5 × 16,5 cm.
Wasserburg, Heimathaus

89 Die vier Evangelisten mit ihren Symbolen und jeweils mit dem Evangelienbuch (darauf ihre Namen). Von oben nach unten: Matthäus mit Engel (auch: geflügelter Mensch), Markus mit dem Löwen, Lukas mit dem Stier und Johannes mit dem Adler. 1656. 17 × 40 cm. Oberösterreich, Privatbesitz

◁ **88** Pelikan. Nach dem Physiologus ein Vogel, der seine widerspenstigen Jungen tötet, sie aber nach drei Tagen mit dem eigenen Blut aus den Wunden, die er sich selber schlägt, wieder zum Leben erweckt. Symbol für aufopfernde Elternliebe. – Im Mittelalter neue Legendenbildung: Der Pelikan nähre seine Jungen mit dem eigenen Blut, bis er selbst stirbt; auf dieser Grundlage wurde er zum Sinnbild für Christi Opfertod. 12 × 21 cm. Innsbruck, Tiroler Volkskunstmuseum

90 Die vier Evangelisten mit ihren Symbolen (vgl. Abb. 89), auf dem Spruchband über ihnen ihre vier Namen. Rundmodel mit schöner doppelter Einfassung (Blattstabornament und Blütenkette). Deutliches Beispiel für die typische unperspektivische Darstellung auf Modelbildern: Standflächenornamentik führt »in die Tiefe«, die Gestalten sind linear auf der Begrenzungslinie aufgereiht. Kein Hintergrund. ∅ 24 cm.
Reutlingen, Heimathaus

91 Zwei Evangelistensymbole: der (geflügelte) Löwe des Markus (mit Greiffüßen; vgl. Abb. 73) und der Adler (mit Buch) des Johannes. Beide Tiere mit Nimben. Tonpositive. Je ∅ 8,5 cm. – Villingen, Museum Altes Rathaus

92 Monstranz (Eucharistiebehälter). Symbol der Eucharistie. Vielleicht zum Fronleichnamsfest gebacken. – Eine stilisierte Darstellung des Kultgegenstandes von Andechs wäre denkbar. 10,5 × 23,5 cm. – Langenlois (Niederösterreich), Heimatmuseum ▷

90 △

91 ▽

93 △

94 ▽

Gegenüberliegende Seite:
93 Hirsch mit prachtvollen Stangen, den »letzten Bissen« (hier ein Blatt) im Äser. 1629. 9,5 × 11,5 cm.
Frankfurt, Historisches Museum

94 Äsender Hirsch. (Andere Seite vgl. Abb. 97.) 1658. 10,5 × 15 cm.
Frankfurt, Historisches Museum

95 Hirschjagd mit hetzendem Hund. Hirsch, von zwei Pfeilen getroffen, im Äser den »letzten Bissen« (hier eine Eichel), neben ihm der Jagdhund. 9,5 × 20 cm.
Oberösterreich, Privatbesitz

96 Hirsch mit Halsband, im Äser den »letzten Bissen« (hier ein Blatt), zum Baum gehend. Ornamentale Durchgestaltung des Tieres durch stilisierte Felllocken und Geweihstangen mit dazwischengerankten Blättern und Eicheln. – Der Hirsch galt bereits im Altertum als Sinnbild männlicher Fruchtbarkeit und langen, sogar ewigen Lebens. Er kennt Kräuter und Bäume, bei denen er Heilung findet, wenn er verwundet ist, durch die er aber auch seine Jugend erneuert. Der Hirsch galt auch seit altersher als Schlangentöter, eine Vorstellung, die dann der Physiologus verbreitete und die der christlichen Sinngebung z.T. zugrundeliegt: Der Hirsch ist Christus, der den Teufel (Schlange) besiegt. (Zur Hirschsymbolik vgl. Text S. 20f.) 19 × 27 cm.
Ulm, Slg. Deutsches Brotmuseum

97 Hirsch und Hindin. (Andere Seite vgl. Abb. 94.) 10,5 × 15 cm.
Frankfurt, Historisches Museum

98 Hirsch. Seltene Darstellung in Rundmodel mit ornamental aufgelöstem (flächenfüllendem) Geweih. Blattstabumrandung. 1658. Ø 15,5 cm.
Frankfurt, Historisches Museum

99 Hirsch, von Jagdhund gehetzt, vom Pfeil getroffen, im Äser den »letzten Bissen«. Bedeckt mit prächtiger Schabrakke. 19 × 29,5 cm.
Wasserburg, Heimathaus

Gegenüberliegende Seite:
100 Nashorn mit Panzerplatten, nach der berühmten Vorlage Albrecht Dürers. 18 × 12,5 cm.
Rheinland, Privatbesitz

101 Hahn. Mögliches Sonnen- und Feuersymbol, Sinnbild der Wachsamkeit, Fruchtbarkeitszeichen. Hahngebäcke waren beliebte Termingeschenke und Patenspenden. 26 × 37 cm.
Düsseldorf, Städtisches Museum

102 Truthahn bei der Paarung. Als Fruchtbarkeitswunsch geschenkt? 9,5 × 15 cm.
Wasserburg, Heimathaus

103 Kranich, Storch oder Reiher, jedenfalls ein sog. »gerechter Vogel«; deswegen so genannt, weil jeder von ihnen die »rechte Zeit« kennt, wann er kommen und wegfliegen muß. Als Zugvögel auch sog. Auferstehungstiere. Waren auch Schlangenbekämpfer, daher Symbole Christi (Schlange = der Teufel, das Böse). Der Storch ist auch weithin *der* Kinderbringer (vgl. Text S. 28f.). 6 × 9 cm.
Salzburg, Klosterbesitz

98

◁ 97

99 ▽

100 △

101 ▽

102 ▽

103 ▽

104 △

105 △

106 △

107 △

108 ▽

104 Krebs. Weil sich der Krebs während seiner Entwicklung häutet, ist er christliches Auferstehungszeichen. 11 × 17,5 cm.
Oberösterreich, Privatbesitz

105 Fisch. Sein Lebenselement ist das Wasser, aus dem das Leben kommt (Urmeer). Daher Sinnbild des Lebens, aber auch der Fruchtbarkeit. Ferner eines der ältesten Geheimsymbole für Christus – die griechische Bezeichnung für Fisch (ichthys) wurde als Akrostichon der Wörter Jesous Christos Theou (H)Yios Soter gedeutet. 13 × 43,5 cm.
Oberösterreich, Privatbesitz

106 Frösche, Kröten, eine Schnecke, Vogel, Schmetterling und Maus sowie eine Eichel. Der Schmetterling ist ein sog. Auferstehungstier, die Maus ein Seelentier. Der Vogel ist Symbol der Seele. Die Schnecke ist Sinnbild der stetigen Erneuerung und Auferstehungszeichen. – Den Kirchenvätern gilt der Frosch als Symbol des Teufels und, wegen des ständigen Quakens, des Häretikers. Die Kröte ist Sinnbild der Gebärmutter, daher auch Helferin bei der Geburt. Die Eichel ist Fruchtbarkeitssymbol. – Vielleicht waren aber alle diese Tiere auch nur Dekorationselemente in der Tafelarchitektur und -dekoration (aus Marzipan oder Tragant). 12 × 21,5 cm.
Wien, Niederösterreichisches Landesmuseum

107 Schlange mit Stachelschwanz. Nach der Volksmeinung kann die Schlange nicht nur beißen, sondern auch stechen (vgl. hier auch die Immaculata-Darstellungen, z. B. Abb. 63). Die Schlange ist Sinnbild der Verführung und des Bösen (Paradiesesschlange), aber auch der Klugheit. Seitlich 1764. 16,5 × 34,5 cm.
Rheinland, Privatbesitz

108 Schlange, Frosch oder Kröte fressend.
21,5 × 9,5 cm.
Wien, Österreichisches Museum für Volkskunde

109 Fischzeile oder Zeilenfisch. Die Zeilen weisen häufig eine sechs- oder zwölffache Aneinanderreihung desselben Motivs auf. Zur Erklärung wird sowohl auf rationelle Serienfertigung als auch auf symbolhafte Zahlensymbolik verwiesen. Motive für Zeilen sind besonders Fische, Fatschenkindln und Soldaten. Der Fisch ist auch ein übliches Neujahrsgebäck mit Glücksbedeutung (vgl. dazu Text S. 21 f.). 11 × 36,5 cm. Oberösterreich, Privatbesitz ▷

110 Löwe, Löwin und Vögel. (Andere Seite vgl. Abb. 319.) 16 × 14,5 cm. Darmstadt, Privatbesitz

111 Vögel, Ziege, Pferd und Esel, Fuchs und Vogel. 16 × 19 cm. Darmstadt, Privatbesitz

110 △

111 ▽

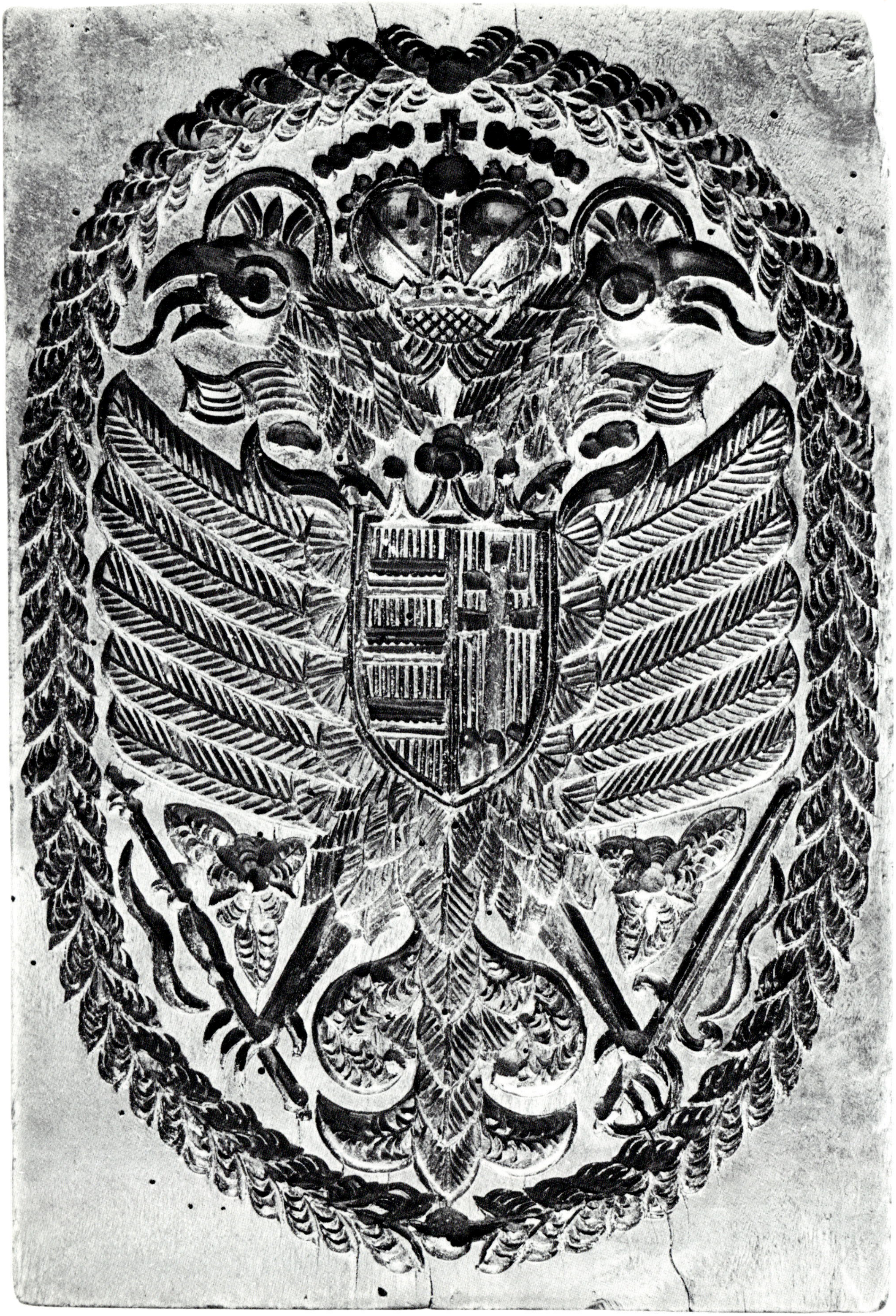

112 Wappen der ungarischen Krone (im Wappenschild das Slowakenkreuz auf den drei Bergen). 19,5 × 28 cm. Eisenstadt, Burgenländisches Landesmuseum

Die Identifizierung seltener oder nur regional bekannter Wappen ist schwierig, wenn auch reizvoll und aufschlußreich. Da die Inventare in Museen und Sammlungen häufig rückwirkend angelegt wurden und die Objekte z. T. erst auf Umwegen in die Bestände gelangten, konnte der Bildautor dazu nichts aufzeichnen und weitergeben. Dies gilt zwar generell, wirkt sich aber in erster Linie bei den Wappenmodeln aus. (Auch das Fehlen der heraldisch so wichtigen Farben erschwert die Identifikation. Die Abdrukke, aus Marzipan oder Lebkuchen, waren ja durchaus auch farbig gefaßt, mit Sicherheit in jenen Fällen, wo es, wie bei Wappen, darauf ankam.) Wegen ihrer Häufigkeit und Bedeutung, aber auch wegen ihrer Vielfalt und z. T. besonderen künstlerischen Gestaltung wurden nicht nur außerordentlich viele Wappenmodel fotografiert, sondern auch verhältnismäßig viele in den Bildteil aufgenommen. Vor allem große runde Wappenmodel wurden oft in Marzipan abgeformt und dienten zum Belegen von Torten.

113 Wappen des Kurfürstentums Bayern (geschachtetes Feld, bayerischer Löwe, Kurfürstenzeichen). 21 × 24 cm.
Innviertel (Oberösterreich), Privatbesitz

114, 115 Wappen der Grafen von Hohenfeld und Wappen derer von Jägenreuther (Abb. 114), verbunden zum neuen Wappen nach der Vermählung (Abb. 115). Die Hochzeit der Gräfin Johanna von Hohenfeld mit dem Herrn Wolf Hektor von Jägenreuther fand am 21. November 1590 auf Schloß Peuerbach statt. Die Wappen der beiden befinden sich auf der einen, das spätere gemeinsame Wappen auf der anderen Seite der Modelplatte (Text vgl. S. 13 f.). 14 × 16 cm.
Sopron (Ödenburg), Liszt Ferenc Museum

116 Wappen, gehalten von zwei Greifen, im rechteckigen Blattstabrahmen. 1750. 22,5 × 11 cm.
Oberösterreich, Privatbesitz

117 Wappenkartusche mit Initialen als Mittelstück einer reichen Ranke mit Weintrauben- und Blumenmotiven. Blattstabumrandet.
Oberösterreich, Privatbesitz

118 Wappenhaltender Engel mit zwei Wappenschildern: Auf dem einen Schild ein aus sechs Laibchen bestehendes Zeilengebäck, auf dem anderen eine Doppelbrezel. Sicherlich Bäckerzunftwappen, der Lebzelten für die Bäckerzunft bestimmt. Der Model wurde in Bozen erworben und dürfte auch dort, im 17. Jahrhundert, entstanden sein. (Auf der anderen Seite befindet sich ein Engel mit dem ausgebreiteten Tuch, das ein wahres Bild Christi zeigt, vgl. Abb. 69.) Ø 13,5 cm.
Wien, Österreichisches Museum für Volkskunde

119 Militäremblem. Kriegsadler (einköpfiger preußischer Adler) auf zwei Trommeln, zwei gekreuzte Fahnen, Säbel und Kanonenrohr. Ausschnitt. 7,5 × 10 cm.
Ulm, Slg. Deutsches Brotmuseum

Gegenüberliegende Seite:
120 Wahrscheinlich böhmisches Wappen, den »böhmischen Löwen« mit doppeltem Schweif und Königskrone zeigend: sogenannte »zusammengesetzte«, plastische Ware. 13,5 × 21 cm.
Wasserburg, Heimathaus

121 Württembergisches Wappen mit Jagdhorn, zwei Fischen und drei Hirschstangen. Ø 24 cm.
Stuttgart, Württembergisches Landesmuseum

122 Bayerisches Wappen, als Mittelstück einer Schifferlform; oben und unten Lebzelterzeichen. Umschrift: LIBER GOTT HILF AVS ALER NOTT DVRCH DEINES LIBEN SVNS TOT. 10,5 × 25,5 cm.
Pfaffenhofen, Wachszieherei Hipp

116 △

117 ▽

118

119

120 △ 121 ▽

122 ▷

123 △

125 △

124 ▽

126 ▽

127 Wiener Wappen (?): Wiener Adler (unten, im Schild) unter dem Reichsadler (oben). Breites Rahmenband, vom Wappenmotiv durch Blattstabornament abgesetzt, mit vier Engelsköpfen und vier verschiedenen Blütenmotiven. 32 × 32 cm.
Eggenburg (Niederösterreich), Krahuletzmuseum

128 △

130

129 ▽

128 Stadtwappen mit Putto als Wappenhalter. Nürnberg, um 1600. 16,5 × 9,5 cm.
Ulm, Slg. Deutsches Brotmuseum

129 Die Kurfürsten August von Brandenburg und Georg von Sachsen mit ihren Wappen und Inschrift: »D. G. AUGUST ET GEORG UTERQUE ILEKTORES IM IAKOB BENG I. 1587.« 15 × 18 cm.
Stuttgart, Württembergisches Landesmuseum

130 Allianzwappen (Dreiberg mit Doppelkreuz, Querbalken), 1482. 8,5 × 3 cm.
Wasserburg, Heimathaus

Zu Seite 120:
123 Doppeladler, unbekrönt (Reichsadler). 20,5 × 24,5 cm.
Innviertel (Oberösterreich), Privatbesitz

124 Einköpfiger Adler mit Herzschild, Krone (im Lorbeer- oder Siegeskranz), Szepter und Schwert. Seltene schwungvolle Rahmung (vgl. auch Abb. 59). Der Typus des Adlers mit dem Herzschild ist in der Volkskunst Tirols besonders häufig anzutreffen (gemalt oder geschnitzt auf Tür- und Truhenfeldern usw.). Manchmal ist der Vogelrumpf ganz zur Herzform stilisiert. Der einköpfige Adler ist Tirols Wappentier. 20 × 26 cm.
Innsbruck, Tiroler Volkskunstmuseum

125 Doppeladler (bekrönt) mit bayerischem Wappenschild. In der seitlichen Kehlung 1732. ∅ 22,5 cm.
Ulm, Slg. Deutsches Brotmuseum

126 Doppeladler (bekrönt) mit bayerischem Wappenschild. Umschrift: KAIN VOGEL MAG AVF ERDEN DEM ADLER VERGLEICHET WERDEN. 1571. ∅ 40 cm.
Ulm, Slg. Deutsches Brotmuseum

131 Flächenfüllendes Floralmotiv mit Rosettenblumenmittelpunkt, Renaissancetulpen und stilisierten Sonnenblumen sowie Blütenknospen oder Beerenfrüchten. 19,5 × 28 cm.
Lienz, Schloßmuseum Bruck ▷

132 Marzipandekorauflage für Torten. Halbkreisförmiges (und halbes), mit Blumen- und Blütenranken gefülltes Motiv, mit sonnenblumenartigem Mittelpunkt (ebenfalls in der Hälfte geteilt). Weitere formale Unterteilung in Viertel. Äußerer Abschluß durch feine »Durchbruchspitzen«, wie wir sie heute noch bei den papierenen Tortendeckchen haben. – Viele, vor allem fein gestochene oder bestimmte Motive aufweisende große Rundmodel dienten zur Abformung von Marzipanplatten zum Belegen von Torten. (Marzipan, eine model- und modellierfähige plastische Masse, erlaubt feine Nuancen in der Wiedergabe und befriedigte das ästhetische Gefühl bei früheren offiziellen Schauessen; es war auch teuer und exklusiv genug, um Statussymbol zu sein.) Zu den beliebtesten Motiven für Tortendeckplatten zählten offizielle und private Wappen (Würdigung, Hochzeit etc.) und Ornamente. (Erst in späterer Zeit wurden Genreszenen u. ä. beliebt.) In den Ecken der viereckigen Modelplatte das Motiv einer Sirene und eines geflügelten Engelskopfes. Denkbar wäre auch die Verwendung zur Dekoration viereckiger Torten, die durchaus nichts Ungewöhnliches waren. 27,5 × 13,5 cm. Trier, Simeonstift

◁◁ **133** Lebensbaummotiv, aus Doppelhenkelgefäß aufsteigend. Kronenartiger Abschluß. Oben Weltkugel mit Kreuz. 19 × 33 cm. Stuttgart, Württembergisches Landesmuseum

◁ **134** Dreisproß- oder Lebensbaummotiv mit Doppelhenkelgefäß. Die Pflanze, im besonderen der Baum (auch in allen seinen stilisierten Formen), ist weltweit ein Symbol des Lebens; verchristlicht Sinnbild ewigen Lebens mit Gott. 10,5 × 16,5 cm. Oberösterreich, Privatbesitz

135 Granatapfel als Hauptmotiv, umgeben von Blumenranken. Wie alle Früchte mit vielen Kernen (z. B. Kürbis etc.) ist auch der Granatapfel ein Symbol der Fülle und Fruchtbarkeit; wegen der leuchtenden Farbe des Fruchtfleisches auch Sinnbild der Liebe, des Blutes und damit des Lebens. Im Mittelalter entsprachen die vielen Kerne den vielen Tugenden Mariens. 10,5 × 6 cm. – Salzburg, Klosterbesitz ▷

136 Blumen- und Eichelornament in viermaliger Wiederholung. Im runden Mittelfeld vier Eicheln in kreuzartiger Anordnung, in den Diagonalen je eine Blüte. In den vier Ecken des Täfelchens je ein Eichenblatt. – Trotz der viermaligen Wiederholung desselben Motivs kein Zeilenmodel zum Auseinanderschneiden, da der Blattstab nur eine einfache Trennung der Motive ist. Die Eichel und das Eichenblatt haben vielfachen Symbolcharakter, vom Sinnbild der Männlichkeit bis zum Zeichen des Sieges und der Unsterblichkeit. Vielleicht auch Zahlensymbolik der Zahl 4, die im Hauptmotiv und in der vierfachen Anordnung vorkommt. Die Vier hat engen Bezug zum Kreuz, ist die Zahl der vier Himmelsrichtungen und der vier Jahreszeiten, der vier Evangelisten usw. Ausschnitt. 24 × 38,5 cm.
Wasserburg, Heimathaus

137 Marzipandekorauflage für Torten mit feiner ornamentaler »Durchbruchsarbeit« mit rosettenartigem Mittelstück und vier Vögeln in den eckenfüllenden Kreisranken. 22 × 22 cm.
Innsbruck, Tiroler Volkskunstmuseum

136 ▽

137 ▽

138, 139 Rauten-Kreis-Kombination (Abb. 138) mit Blüten- und Granatapfelmotiven sowie Weintrauben und zwei Rosetten (Abb. 139, jeweils »eingekreist«), miteinander durch eine »Raute« verbunden (Abb. 139 formal genau das Gegenteil von Abb. 138), in den eckigen »Rautenklammern« je ein Herz. – Beide rechteckigen Motive zählen nach Walzer zu den wenigen »ausgesprochenen Lebkuchenformen« und werden in kaum abgeänderter Form vielfach wiederholt. Vielleicht Motiv der sog. »Taferln«. Sowohl die bildlichen als auch die formalen Motive können Symbolcharakter (Fruchtbarkeit) haben: Granatapfel, Raute usw. Die beiden Motive sind auf den zwei Seiten eines Models eingeschnitten. 11,5 × 17 cm. Crailsheim, Café Frank

140 Reiches Rankendekor (Eicheln, offene und geschlossene Granatäpfel, Blüten) in auffallender und seltener asymmetrischer Form. In der Bildmitte paarige Greifen. Einfassung: Blattstabornament. 39 × 22,5 cm. Innsbruck, Tiroler Volkskunstmuseum

141 △

142 ▽

141 Rosettenblume als rundes Mittelstück eines rautenförmigen »Schifflis«, im oberen und unteren Dreieck je eine Weintraube. Ausschnitt. 19 × 32 cm.
Wasserburg, Heimathaus

142 Truhen- oder kastenfeldartig gerahmtes und gestaltetes Motiv mit Doppelhenkelgefäß und Dreisproß/Lebensbaum, wie wir es – in vielen Entsprechungen (als geschnitztes Flachrelief oder gemalt) – vor allem auf Möbeln (Kasten, Truhen) finden. Ausschnitt. 12 × 21 cm.
Innsbruck, Tiroler Volkskunstmuseum

143 Blütenranke mit offenen und geschlossenen Granatäpfeln und Eicheln in auffallender, aber symmetrischer Form (und symmetrischer Anordnung). Erinnert stark an Abb. 140; vielleicht vom selben Stecher. 17 × 28 cm.
Innsbruck, Tiroler Volkskunstmuseum

Der Baum ist die größte Form der Pflanze, die Blume oder Blüte die kleinste. In jeder Größe und Form kann die Pflanze Sinnbild des Lebens sein. In der Bibel begegnen wir vor allem dem Baum des Lebens und dem Baum der Erkenntnis von Gut und Böse. Der biblische Baum des Lebens ist Sinnbild der Paradiesesfülle und Zeichen für die erhoffte Erfüllung der Endzeit. Christliche Bezüge zwischen Baum und Kreuz Christi (als dem »wahren Lebensbaum«): »hat uns das Paradies zurückgegeben«. – Der Vogel ist Symbol der Seele; die Seelen Verstorbener bevölkern den Weltenbaum. Grundlegend zur Deutung der Motive »Baum«/»Lebensbaum« und »Vogel« siehe R. Bauerreiß, Arbor vitae, 1938; K. v. Spieß, Bauernkunst, ^{2}*1934; und ders., Der Vogel, 1969.*

144 Rosettenblüte in der Mitte eines siebenzackigen Sterns, in den Zacken ebenfalls florale Motive; Granatapfel; Herz mit Dreisproß/Lebensbaum. (Andere Seite vgl. Abb. 146.) 21,5 × 9 cm.
Crailsheim, Café Frank

145 Doppelhenkelgefäß mit Blumen(strauß?), daneben Topf mit »Lebensbaum« (mit Eichenblättern und Eicheln). 15 × 12 cm.
Darmstadt, Privatbesitz

146 Vogel, der nach Beeren pickt; Raute mit Dreisproß; Rosettenblume. (Andere Seite vgl. Abb. 144.) 21,5 × 9 cm.
Crailsheim, Café Frank

147 Herz mit Liebespaar, das ein von Pfeilen durchbohrtes und entflammtes Herz hält. Die Pfeile sind hier Amors Pfeile (und nicht Pfeile der Eifersucht). In der Spitze der großen Herzform Christogramm und Dreinagelmotiv (Kreuzesnägel), daraus aufsteigend Lebensbaumranke, oben jeweils rechts und links von einem Engel gehalten. – Auf derselben Modelseite, außerhalb des Herzens, zwei Handwerker bei der Arbeit (Lederverarbeitung). (Andere Seite vgl. Abb. 16.) 16 × 19 cm.
Trier, Simeonstift ▷

144 △

145 ▽

◁ 148 149 △

Das Herz ist eine Hauptform der Modelbilder im besonderen und der Volkskunst im allgemeinen. Es kann allein von der Form her bedeutungsvoll sein, und zwar um so mehr jeweils dann, wenn zusätzlicher Bildschmuck fehlt. Andererseits wird das Herz vielfach zur Rahmenform für viele andere Symbolinhalte, von weltlichen und religiösen Festen bis zu Wappendarstellungen und Lebensbaummotiven. Neben dem »Kindl« und dem »Reiter« war es das »Herz«, das zum »klassischen« Repertoire des Lebzelters gehörte: als Modelbild, als ausgeschnittener und als ausgestochener Lebkuchen, häufig mit Zuckergußverzierung, darüber hinaus aber auch als Prägebildchen (sog. »Oblate«), das mit Zuckereis aufgeklebt wurde. Das »Lebzeltherz« hat übrigens als einzige Lebzeltform ohne Unterbrechung bis in die Gegenwart überdauert. (Text vgl. S. 22–25.)

148 Zwei Herzdarstellungen auf einer Modelseite, dazu zusätzlich Hahn und Henne bei der Paarung sowie Blumenkorb (in der jeweils freien Ecke der Modelplatte). Das obere Herz zeigt den »Hl. Wandel« (vgl. auch Abb. 86, 87), über dem zwölfjährigen Jesus der Hl. Geist in Gestalt einer Taube und darüber, von der Form her notwendigerweise asymmetrisch, Gott Vater (mit dreieckigem Nimbus = »Auge Gottes«). Auf der entsprechenden gegenüberliegenden Stelle Engel. Die übrige Fläche ist mit Blumenranken, Weintrauben und Granatäpfeln gefüllt (horror vacui und christologischer Symbolbezug). – Das untere Herz zeigt Adam und Eva in der Blume (als Vorbild des Ehepaares überhaupt), daneben ein Liebespaar und auf der anderen Bildseite eine überdimensionale männliche Figur, die vielleicht Gottvater darstellt (Vertreibung aus dem Paradies), aber auch einen strengen Schulmeister vorstellen kann, der die Anfänger in der Ehe daran erinnert, daß auch das junge Paar noch etwas lernen muß und soll. (Vgl. in diesem Zusammenhang auch die häufigen »Schulszenen« mit Schulmeister und jungem Paar unter einer sog. ABC-Tafel, z. B. Abb. 315.) Über der großen Mannesgestalt steht auf einem breiten Schriftband: »Falsches lieben/Thut mich betrieben.« Dieser Model scheint von derselben Hand zu sein wie Abb. 147. 13,5 × 27,5 cm.
Trier, Simeonstift

149 Sechs um einen runden Mittelpunkt angeordnete Herzen, an die beliebte Faltbriefform erinnernd. Herzförmige Faltbriefe aus Papier waren als Taufgeschenke u. ä. sehr beliebt und verbreitet. Hier jedes Herz mit floralem Schmuck. Ausschnitt. 12 × 19,5 cm.
Wien, Privatbesitz

150 △

150 Herz mit Osterlamm (Agnus Dei mit Nimbus und Auferstehungsfahne), rechts und links eine Palme. 23 × 21 cm.
Calw, Museum

151 Herz mit Dreifaltigkeit. In der Horizontalen (auf Wolken) Gott Vater (mit dreieckigem Nimbus = »Auge Gottes«, Weltkugel und Szepter), Gott Heiliger Geist (in Gestalt einer Taube) und Gott Sohn (als Auferstandener). Die Weltkugel Gottvaters bedeutet nicht nur die Erde, sondern den gesamten Kosmos, die unter seiner Lenkung (gubernatio) steht. Über der Trinitas ein Spruchband: »GLORIA PATRI + ET FILII + ET SPIRITUI SANCTO +.« Unter der Taube Herz, mit Dornenranken umwunden, sowie mit Dreinagelmotiv (Kreuzesnägel). Einrahmung der Szene durch herzförmige Ranke mit Blumen und Granatäpfeln. 31 × 32 cm.
Budapest, Museum für Kunstgewerbe

151 ▽

152 Herz mit Liebespaar, Inschrift: AMOR. Verschiedene Pflanzen als Attribute (mit Symbolbedeutung), einfache Blattgirlande als Einfassung. Herzform. 21 × 23 cm.
Calw, Museum

153 Herz mit Lebensbaummotiv. Dreisproß, aufsteigend aus kleinem Herzen, bestehend aus Blumen, Eicheln und Granatäpfeln (Symbolen der Fruchtbarkeit und Fülle). 32 × 28 cm. Salzburg, Klosterbesitz ▷

154 Herz mit Liebespaar. Das Paar mit verschlungenen Händen (dextrarum iunctio), darunter Kette mit Schloß (Zeichen der Verbindung), sowie gleichzeitig ein entflammtes Herz haltend. Auf dem Flammenherz Christogramm und Dreinagelmotiv (Kreuzesnägel). Vielleicht symbolischer Hinweis auf den Wunsch, die liebende Beziehung und Ehe unter den Segen Christi zu stellen. – Die Hand steht für die ganze Person, mit dem Handschlag verpfändet man sich und schließt den Vertrag rechtsgültig ab. Auch die Ehe ist ein Rechtsvertrag, die früher bezeichnenderweise auch »Handschlag« oder »Handstreich« hieß. Stellvertretend für die Hand kann auch der Handschuh (vgl. Abb. 291) stehen. Ausschnitt. 46 × 31,5 cm. Oberösterreich, Klosterbesitz

155 Herz mit Reichsadler. Wappen waren beliebte Motive auf Lebkuchen ebenso wie auf Torten (Marzipandekor). Ausschnitt. 35 × 40 cm. Oberösterreich, Privatbesitz

156 Reiter in ungarischer Uniform und mit gezogenem Säbel, das Pferd zum Sprung ansetzend. Darunter, als Erinnerung an die Türkenzeit und Türkengefahr, ein türkisches Zelt (mit Mondsichel). Daneben ein Soldat mit gekreuztem Bandelier, Säbel und Muskete, in ungarischer Uniform (Kalpak und Hosenauszier). Darunter Scherzdarstellung: Soldat (ebenfalls in ungarischen Uniformhosen), die Trommel schlagend; allerdings steckt in der Trommel ein Kind und die Schläge treffen auf dessen Hinterteil. 19 × 23 cm. Ulm, Slg. Deutsches Brotmuseum ▷

154 ▽

155 ▽

157 Prächtig gekleideter Reiter mit Allongeperücke und Federhut. Wappenkartusche unter den Vorderhufen des Pferdes (schließt die Umrißkontur). 1791. 16 × 21 cm.
Innviertel (Oberösterreich), Privatbesitz

158 Reiter mit Perücke und Dreispitz, Kartusche (mit Lebzelterzeichen) unter den Vorderhufen. (Vgl. Abb. 157: vielleicht von derselben Hand, im selben Betrieb verwendet.) 1790. 17 × 26,5 cm.
Innviertel (Oberösterreich), Privatbesitz

159 Trinkender Landsknecht. Ø 20,5 cm.
Ulm, Slg. Deutsches Brotmuseum

157 △

158 ▽

160 Reiter mit Allongeperücke und Dreispitz, mit der dem Reiter zukommenden Standarte (darauf Granatapfelmotiv). 18,5 × 22 cm.
Ulm, Slg. Deutsches Brotmuseum ▷

162 △

◁ **161** Reiter, »gestiefelt und gespornt«, mit prächtigem Federhut, das Pferd mit zwei Federbüschen am Geschirr (am Kopf und beim Schwanz). 21 × 39 cm.
Ulm, Slg. Deutsches Brotmuseum

162 Edelmann auf der Jagd, in prächtiger Kleidung, mit Jagdfalken und apportierendem Hund, auf dem Kopf einen Dreispitz, mit Straußenfedern besetzt, in der Rechten den Hirschfänger. 19 × 29,5 cm.
Wasserburg, Heimathaus

Gegenüberliegende Seite:
163 Kavallerist mit Pauke. Schöne Pferdeschabracke (mit Wappenkrone in der Ecke). 27 × 37 cm.
Ulm, Slg. Deutsches Brotmuseum

164 Deutscher Offizier zu Pferd. 26 × 37 cm.
Düsseldorf, Städtisches Museum

165 Fahnenschwinger. Fahne zur Gänze ausgeziert. 10,5 × 26,5 cm.
Ulm, Slg. Deutsches Brotmuseum

166 Trommler in ungarischer Uniform (vgl. auch Abb. 167), die Trommel rührend. 8 × 16 cm.
Oberösterreich, Privatbesitz

167 Soldat in ungarischer Uniform (mit Kalpak, Krummsäbel, den geschwungenen Stiefeln und den engen, verzierten Hosen). 9,5 × 25 cm.
Oberösterreich, Privatbesitz

168 Militär-Spielmann, die Querflöte spielend. 6 × 16 cm.
Oberösterreich, Privatbesitz

163 △ 164 ▽ 165 △ 166 ▽ 167 △ 168 ▽

169 Französischer Nationalgardist. Inschrift: GARDES NATIONAL (sic). Feine, sehr naturgetreue Darstellung, von den üblichen volkstümlichen »Roßreitern« sehr verschieden; vielleicht von derselben Hand wie Abb. 45 und 49. 58 × 80 cm. Aachen, Museum Burg Frankenberg

170 Soldatenzeile oder Zeile mit sechs Soldaten, alle gleich: In ungarischer Tracht (Kalpak, bestickte Hosen, geschwungene Stiefel). Zeilenmodel (vgl. dazu Text S. 21f.). 26,5 × 13 cm.
Oberösterreich, Privatbesitz ▷

171 »Fatschenkindl« (vgl. Text S. 25f.), mit spitzenbesetztem Häubchen, in der Hand einen Dreisproß haltend. 12 × 44 cm.
Eggenburg (Niederösterreich), Krahuletz-museum

172 »Fatschenkindln« im Körbl. Kinderbringer tragen Wickelkinder im Hand- oder Buckelkorb. (Zum Motiv vgl. aber auch Text S. 27f.) 8,5 × 15 cm.
Niederösterreich, Privatbesitz

173 »Fatschenkindl« vom üblichen, weitverbreiteten Typus: Die Spitzen des Häubchens zu Blumen gestaltet, in den Feldern zwischen den ornamentierten »Fatschen« (Wickelbändern) reicher floraler Schmuck. 1806. 12 × 29 cm.
Innviertel (Oberösterreich), Privatbesitz

171 ▽

172 ▽

173 ▽

174 ◁

▷ 175

Kinderbringer und Kinderfresser sind mythische Gestalten. In der Volksüberlieferung gibt es eine ganze Reihe von Kinderbringern, darunter auch Tiere. Sie holen die kleinen Kinder »von weither« oder von bestimmten Orten wie Höhlen, Brunnen, aus dem Wasser oder aus dem Wald usw. Manchmal erscheinen sie auch als Angehörige bestimmter Berufsgruppen, nämlich solcher, die mit den Orten, wo die ungeborenen Kinder hausen, viel zu tun haben – wie z.B. der Müller mit dem Wasser (Wassermühle).

◁ **174, 175** Kinderfresser (dem Typus liegt nach Walzer das Chronos-Motiv zugrunde) und Kinderbringerin, dargestellt in bäuerlicher Tracht mit reicher ornamentaler Auszier. (Je eine Figur auf Vorder- und Rückseite.) 1. Hälfte 19. Jahrhundert. 25,5 × 65,5 cm. Kommern, Rheinisches Freilichtmuseum

176 △

177 ▽

176 Bär (mit Wanderstab) als Kinderbringer (»Fatschenkindl« in der Holzbutte am Rücken). Der Bär ist einerseits ein sog. »Fruchtbarkeitstier«, andererseits lebt er im Wald, wo z.T. – der Volksüberlieferung nach – die Kinder hausen, bevor sie geboren werden. 11 × 15 cm. Graz, Steirisches Volkskundemuseum

177 Fuchs als Kinderbringer, in den Vorderpfoten ein Fatschenkindl tragend. Herzsymbol (Kind als Frucht der Liebe?). 9 × 20 cm. Eggenburg (Niederösterreich), Krahuletzmuseum

178 Kinderfresser (vgl. auch Abb. 174). 14,5 × 32 cm. Rheinland, Privatbesitz

179 △

180 △

181 △

179 Narr (mit Spitzkappe und Narrengewand, schön ausgeziert), auf dem Rücken Flechtkorb mit zwei Kindern. Neben ihm ein kleiner Narr (»Narrensamen«), ebenfalls ein Kind tragend (bringend). 11 × 24,5 cm. Oberösterreich, Privatbesitz

180 Kinderbringer, ein Kind im Flechtkorb auf dem Kopf, eines in der Wiege umgeschnallt vor sich her tragend. Stilisierte Gewandauszier. 10 × 21,5 cm.
Eisenstadt, Burgenländisches Landesmuseum

181 Paar unter dem Kinderbaum beim Herabschütteln eines Kindes. Das herabfallende »Fatschenkindl« wird von der Frau in der ausgebreiteten Schürze aufgefangen werden. Auf dem Baum weitere Kinder in den verschiedenen Stadien der Entwicklung (Köpfe und auch ein bereits ausgewachsenes »Fatschenkindl«). Auffallend die ungerahmte Darstellung mit nicht geschlossener Umrißlinie der Darstellung (im Gegensatz z. B. zu Abb. 179 und 180). (Andere Seite der Modelplatte vgl. Abb. 223.) 11,5 × 18,5 cm. Basel, Schweizerisches Museum für Volkskunde

◁ **182** Fabeltier. Mischwesen aus Einhorn (Horn), Greif (Füße) und Basilisk (Schweif). Modelabformung. Ø 12,5 cm.
Salzburg, Klosterbesitz

183 Melusine mit Harfe. Weibliches Meerwesen mit zwei Fischschwänzen, durch Gesang und Saitenspiel vor allem junge Männer verführend und in den Tod lockend. Sinnbild weltlicher und teuflischer Verlokkung. (Musik galt früher als verwerflich.) Verwandt sind die Meer- und Flußsirenen (Lorelei). – Links Ornament für Marzipanbordüre. 15 × 14 cm.
Tirol, Klosterbesitz

184 Greif. Dieses Fabeltier des Altertums hat den Kopf eines Vogels (oft eines Adlers), den Leib eines Löwen (mit Flügeln) und charakteristische Füße. Im Mittelalter Symbol der göttlichen und menschlichen Doppelnatur Christi (gehört dem Himmel und der Erde an). Seit der Antike auch sonnenhaftes Symbol, verchristlicht Sinnbild der Auferstehung. Auch beliebtes und sehr häufiges Wappentier, desgl. Wappenhalter. Ø 14,5 cm.
Ulm, Slg. Deutsches Brotmuseum

◁◁185 Bacchus, Gott des Weines, auf dem Weinfaß sitzend. 8,5 × 14 cm.
Stuttgart, Württembergisches Landesmuseum

◁ 186 Personifizierte Tugenden (Frauengestalten mit Attributen), von links nach rechts: Caritas/Liebe (mit Kindern), Largitas/Wohltätigkeit oder Freigiebigkeit (aus dem Füllhorn Gaben verteilend), Justitia/Gerechtigkeit (Gefangener zu ihren Füßen), Temperantia/Mäßigkeit (Wasser mit Wein mischend), Caritas/Liebe (mit Herz), Spes/Hoffnung (mit Anker), Fides/Glaube (mit Kreuz und Kelch), Patientia/Geduld (mit Tragegerät, nach der Auffassung: »sie trägt und erträgt«). Da die beiden Figuren der letzten Reihe etwas näher aneinandergerückt sind, wurde der etwas größere freibleibende Platz noch mit einer Blume gefüllt. 14 × 32 cm.
Stuttgart, Württembergisches Landesmuseum

187 Verschiedene Einzelmotive auf einem Model, im besonderen Fides (Frauengestalt mit Kreuz und Kelch) und Spes (Frauengestalt mit Anker); ferner ein Wappenmotiv und ein Porträt sowie Hirsch, Osterlamm, Hund, Steinbock, Eichel (als Dreisproß), Sechsstern und verschiedene Blütenmotive. Bei diesem relativ frühen Model sind bereits die beiden Allegorien Fides und Spes vor einen Landschaftshintergrund gestellt, während die anderen Motive in herkömmlicher alter Art nur einen Bildinhalt aufweisen, der das ganze Rund ausfüllt. Schwäbisch Hall, 1603. 19 × 47 cm.
Stuttgart, Württembergisches Landesmuseum ▽

188 Tugenden und Handwerksspott. In der oberen Reihe und in der ersten Figur der zweiten Reihe haben wir wiederum Tugendpersonifikationen (mit Attributen und Inschrift) vor uns: Caritas/LIEBE (mit Kindern), Spes/HOFFNUNG (mit Anker), Fides/GLAUBE (mit Kreuz und Anker) sowie Patientia/GEDULD (mit Tragegerät; deutlich erkennbar auch hier die beiden Ösen zum Einhängen der Lasten, z. B. von Wasserkübeln, zum »Tragen« und »Ertragen«; nach christlicher Tugendauffassung »erträgt Geduld alles«). – Die beiden letzten Motive zeigen einen Schneider auf einem Ziegenbock reitend, in der Hand eine Schere (eigentlich eine Tuchschere), sowie einen Ziegenbock mit Wanderstab und geflochtenem Buckelkorb, darin eine Figur (Schneider?). Bei diesem letztgenannten Motiv könnte auch die Vorstellung der »Verkehrten Welt« zugrundeliegen. – Alle Motive sind durch einfache Linien gerahmt und voneinander getrennt; man konnte also die einzelnen Täfelchen mit einem einfachen Schnitt voneinander trennen (und wird dies wohl auch getan haben). Ausschnitt. 17 × 25 cm.
Ulm, Slg. Deutsches Brotmuseum

189 Jupiter und Merkur. Die linke rundgerahmte Darstellung zeigt Jupiter (Zeus) mit Blitzbündel (»Blitzeschleuderer«) und Donnerkeilen, die rechte den Götterboten Merkur (Hermes) mit Flügelhelm und Merkur- bzw. Hermesstab (Caduceus bzw. Kerykeion). Merkur stand als Gott der (fahrenden) Kaufleute in besonderer Beziehung zu den (die Märkte befahrenden) Lebzeltern. Ausschnitt (eines Models ähnlicher Beschaffenheit wie Abb. 187). 21 × 63 cm.
Stuttgart, Württembergisches Landesmuseum

Die Darstellung von Mann und Frau als Paar weist verschiedene Typen auf, die z. T. zu bestimmten Zeiten bevorzugt wurden. Einerseits begegnen wir der Liebespaar-Darstellung, die die beiden eng aneinandergeschmiegt und zärtlich einander zugewendet zeigt, andererseits finden wir die Pose des steifen und arrangierten »Erinnerungsfotos«, und schließlich gibt es noch das »repräsentative Bild«, wie es uns gemalt in Ahnengalerien begegnet. Zu einem gewissen Teil kann man mit diesen Modelbildern Trachten- und Kostümstudien betreiben, allerdings muß man sich des begrenzten Quellenwertes bewußt sein (historisierende Einkleidungen, Auszier nach Gesetzen der Volkskunst und nicht originalgetreu, typisierte und nicht individuelle Darstellungen u.a.m.).

190 Prächtig gekleidetes vornehmes Paar auf der Jagd. Unter den Vorderhufen des einen Pferdes das Wappen des Kurfürstentums Bayern (vgl. Abb. 113); begleitender Jagdhund (ebenfalls Statussymbol). Die Jagd war Vorrecht der höheren Stände, vor allem des Adels, daher war diese Motiv-Einkleidung nach begehrenswertem Vorbild eine beliebte und nicht seltene Darstellungsform. 24 × 34,5 cm. Wasserburg, Heimathaus

◁ **191** Liebespaar, eng aneinandergeschmiegt, Halbfiguren. Ø 14,5 cm.
Ulm, Slg. Deutsches Brotmuseum

192 Liebespaar, eng aneinandergeschmiegt, prächtig und vornehm gekleidet. 15,5 × 36 cm.
Oberösterreich, Privatbesitz

193 Paar mit verschlungenen Händen, eine Schüssel mit einem Flammenherzen haltend. Halbfiguren in bäuerlicher Kleidung auf Inschrifttafel: »Nim dir Bisel / Von diser Schisel / Hätte ich mehr/Gebet ichs her.« 11 × 20 cm.
Graz, Steirisches Volkskundemuseum

194 Vornehmes Paar, prächtig gekleidet, der Mann in ungarischer Uniform mit Adelsrock (Attila). 12,5 × 24 cm.
Eisenstadt, Burgenländisches Landesmuseum

192 ▽

193 ▽

194 ▽

195 Jägerin mit Jagdfalken, Dame mit Fächer. Fächer und Jagdsymbole waren Standes- bzw. Vornehmheitsattribute. 15,5 × 16 cm.
Ulm, Slg. Deutsches Brotmuseum

196, 197 »Das Paar in der Blume«. Bei dieser traditionsreichen Darstellungsform gibt es drei Typen, von denen wir zwei hier vor uns haben: das Paar in der hochgeklappten Blüte (Abb. 197) und büstenartig aus dem Blütenkelch herauswachsend (Abb. 196). Sonderform der Liebespaardarstellung; manchmal – wie auch auf Abb. 196 – mit einem Kind als Frucht der Liebe. (Vgl. ausführlich dazu Text S. 15f.) – Jeweils Ausschnitte. 24 × 32 cm (Abb. 196) und 15,5 × 31,5 cm (Abb. 197).
Crailsheim, Café Frank (Abb. 196) und Feuchtwangen, Heimatmuseum (Abb. 197)

196 △ 197 ▽

198, 199 Schäferin und Schäfer, je eine Figur der Vorder- und Rückseite. Kennzeichen sind jeweils der Schäfer- oder Kellenstab (mit dem man den Schafen Erde nachwarf, um sie zu lenken) und ein Lämmlein. Während Hirten sonst einfache Kellenstäbe tragen, sind diese hier mit einer Masche verziert; die Verkleidung höfischer Kreise für die z. B. im Rokoko so beliebten »Schäfereien« könnte für dieses Schäferpaar Vorbild gewesen sein. 16 × 31 cm. Feuchtwangen, Heimatmuseum

200 ◁

▷ 201

◁ **200, 201** Frau (mit Kind) und Mann in städtischer Bürgertracht. (Auf der Vorder- und Rückseite je eine Figur.) 13 × 31,5 cm.
Oberösterreich, Privatbesitz

202, 203 Vornehmes Paar in prächtiger Kleidung, ornamental zur Gänze ausgeziert. (Je eine Figur auf Vorder- und Rückseite.) 11 × 22 cm.
Innsbruck, Tiroler Volkskunstmuseum

204 △

206 △

208 △

205 ▽

207 ▽

209 ▽

Gegenüberliegende Seite:
204 Vornehme Dame mit Perücke, im tiefdekolletierten Krinolinenkleid, mit Fächer. Darüber zwei runde kleine Model mit der Darstellung eines Pferdes und eines Hahnes. 10 × 24 cm.
Feuchtwangen, Heimatmuseum

205 Vornehmer Herr mit Perücke, Dreispitz und Justaucorps (mit Ziertaschentuch), zu seinen Füßen Wappen (mit Lebzelterzeichen?) und Kriegsembleme (Trommel, Fahne und Kanonenkugeln). 1724. 18 × 42,5 cm.
Oberösterreich, Privatbesitz

206, 207 Mann und Frau in vornehmer Kleidung. Die Dame im spanischen Reifrock, der Herr (mit Perücke) in Kniehose, Knierock und mit Umhang. (Je eine Figur auf Vorder- und Rückseite.) 10 × 21,5 cm.
Feuchtwangen, Heimatmuseum

208 Jäger in Gebirgs- bzw. (vor)alpiner Arbeitstracht mit kurzer (Leder-?)Hose und Stutzen, Rock und Hut mit Spielhahnfeder (»Stoß«), auf Flinte (Jagdgewehr) gestützt. 10 × 22 cm.
Langenlois (Niederösterreich), Heimatmuseum

209 Frau in Tracht, mit Hut, »Goller« (Halskrause, gefälteltem Kragen) und sog. »Türlleiberl«, in der Hand ein Ziertaschentuch. 9 × 16 cm.
Innsbruck, Tiroler Volkskunstmuseum

◁ **210** Mann in der Kleidung der Biedermeierzeit bzw. der ersten Hälfte des 19. Jahrhunderts mit Pantalons (allerdings in der Art der Röhrenhosen nicht mit Stiefeln getragen), Mantel mit Revers und sog. »Kutscherkragen« sowie Zylinderhut. Nach Art und Stil der Darstellung sowie nach der Ausführung wahrscheinlich von derselben Hand wie Abb. 45, 49 und 169. (Andere Seite vgl. Abb. 304.) 26,5 × 76 cm.
Aachen, Museum Burg Frankenberg

211 Bäuerin in Tracht, mit Hut, Spenzer, verschnürtem Mieder und gefälteltem Rock, darüber Schürze. Blumenmotiv als zweites Modelbild auf dieser Seite. (Die andere Seite des Models zeigt Abb. 316.) 1733. 15,5 × 37 cm.
Crailsheim, Café Frank

213 △

◁ **212** Vornehme, prächtig gekleidete Dame, auf ihrem Arm ein erwachsener Miniaturmann. Die Überlegenheit scheint in den Größenverhältnissen ausgedrückt zu sein. Vgl. auch die – nach Röhrich erst seit etwa 1930 – gebräuchliche Redensart: »jemanden auf den Arm nehmen« für »jemanden verspotten«, ihn »wie ein Kind behandeln« (das man ja normalerweise und rechtens auf den Arm nimmt bzw. so trägt). 15,5 × 36,5 cm.
Oberösterreich, Privatbesitz

213 Mädchen mit Wickelkind, einem davonziehenden Soldaten nacheilend, der sie mit diesem »Andenken an die Einquartierung« sitzengelassen hat. Ausschnitt. 11 × 25 cm.
Stuttgart, Württembergisches Landesmuseum

Gegenüberliegende Seite:
214 Die (gutmütige?) Frau führt ihren wohl betrunkenen und noch immer zechenden Mann (Kanne!) mit dem Schubkarren nach Hause, weil er anscheinend nicht mehr gehen kann (oder nicht gehen will). Er sagt: BROST, sie antwortet: DEÖBROST. Flämisch, um 1730. 15 × 13,5 cm.
Ulm, Slg. Deutsches Brotmuseum

215 Der (brave?, resignierende?) Ehemann führt sein Weib in der Scheibtruhe nach Hause (Gegenstück zu Abb. 214). Was er wirklich von der Sache hält (oder der Stecher ausdrücken wollte), lesen wir auf der Tafel, wo steht »Mistablern« (d. h. Mist ab- oder ausleeren), denn normalerweise wird mit der Scheibtruhe der Stallmist auf den Düngerhaufen gefahren. 15,5 × 18,5 cm.
Sopron (Ödenburg), Liszt Ferenc Museum

216 Der Pantoffelheld. Der Mann sitzt beim Kachelofen und arbeitet, mit vorgebundener Schürze, am Stickrahmen, die Frau steht vor ihm und droht ihm. Das klassische Vorbild für das Motiv der Hörigkeit des Mannes bzw. Helden ist Herakles, der mit Omphale sogar die Kleider tauschen mußte. Ausschnitt. 11,5 × 19 cm.
Rheinland, Privatbesitz

217 Der verprügelte Ehemann. Der Mann, hier sogar bekleidet, kniet vor seiner Frau, die ihn fest am Schopf gepackt hat und mit einem Zweig zum Schlag auf sein Hinterteil ausholt. (Auf vielen Darstellungen ist der Hintern nackt.) Ausschnitt. 12 × 25 cm.
Stuttgart, Württembergisches Landesmuseum

214 △ 215 ▽ 216 △ 217 ▽

218 Sechs verschiedene Motive zum Thema Liebe und Ehe (von links nach rechts): Der Mann bändelt an; als braver Ehemann trägt er sie zumindest auf dem Rücken und bereitet ihr ein bequemes Leben; der Kampf um die Hose (als Zeichen der Vorherrschaft in der Ehe) hat begonnen (»seht die possen, das weib will die hosen«); trotzdem schmeckt die Liebe noch immer (»dis confect schmekt«); der (ungetreue?, schlimme?) Ehemann versteckt sich hinter dem Hühnerstall vor seiner erzürnten (bösen?) Frau, die die Peitsche schwingt; »Kinderbaum« mit Köpfen und bereits fertig ausgewachsenen Fatschenkindern, denn zu jeder Ehe, ob sie nun gut oder schlecht ist, gehören Kinder. 17 × 28 cm.
Köln, Stadtmuseum

Gegenüberliegende Seite:
Das Motiv des auf einem großen Hahn reitenden Menschen ist alt und weit verbreitet. Die ältesten Darstellungen stammen aus Indien. Im übergeordneten Sinn ist der Hahnreiter ein Vogelreiter und »der vom Vogel Getragene« (Karl v. Spieß) steht wiederum in Beziehung zu dem, der sich von einem Vogel in die Luft tragen läßt (vgl. u. a. Alexandersage). Das Motiv ist sowohl Zeichen der Superbia (Hochmut, Überheblichkeit), als auch Ausdruck komisch-erotischer Vorstellungen. Die Anspielung auf den »Hahnrei« (betrogener, gehörnter Ehemann) ist eine sog. Volksetymologie, denn das Wort leitet sich aus einer ganz anderen Wortwurzel her. – Der Hahnreiter begegnet bereits auf den Einblattdrucken des 17. Jahrhunderts, erreicht aber im 18. und 19. Jahrhundert eine besondere Beliebtheit als Motiv der Volkskunst und begegnet auf Gläsern ebenso wie auf Spanschachteln, Spielkarten, Stichen und nicht zuletzt auf Modeln.

219 Hahnreiter und Hahnreiterin. 7,5 × 16,5 cm.
Oberösterreich, Privatbesitz

220 Hahnreiter in prächtiger Kleidung, mit Perücke und Dreispitz, Justaucorps und Stulpenstiefeln, gespornt. In der Hand einen Offiziersstab oder eine Rolle (mit Verlautbarung, Meldung, Nachricht), unter den Brustfedern Wappenkartusche (mit Lebzelterzeichen?). Persiflage auf die stolzen und kriegerischen Reiterdarstellungen? 10 × 18,5 cm.
Wasserburg, Privatbesitz

221 Hahnreiter. Der stolze, naturalistisch gestochene Vogel im Lauf (Angriff?), mit der Reitgerte angetrieben vom Reiter in stilechtem »Dress«. 15 × 21,5 cm.
Oberösterreich, Privatbesitz

220 △

221 ▽

222 △ 223 ▽ 224 ▽ 225 ▽

Gegenüberliegende Seite:

222 Zwei Motive einer »Verkehrten Welt«. Das Motiv der »Verkehrten Welt« (mundus inversus) bezeichnet die Umkehrung geltender Zustände; es ist weltweit bekannt und begegnet seit der Antike in vielen Beispielen. Nicht zuletzt war es eine Möglichkeit, Kritik an sozialen Zuständen zu üben. In vielen Fällen will es den Betrachter (oder Leser) verblüffen und zum Lachen (und zumindest nicht vordringlich zum Nachdenken) bringen. Die Gießkanne (die an einer Tulpe hängt) gießt den Mann (im Bottich); das Pferd beschlägt den Reiter. Ausschnitt. 20 × 16 cm.
Darmstadt, Privatbesitz

223 Reiter auf der Schneidergeiß, auf der Fahne Schneidersymbol (Schere). Persiflierende Darstellung eines Fähnrichs im Angriff. (Andere Seite vgl. Abb. 181.) 11,5 × 18,5 cm.
Basel, Schweizerisches Museum für Volkskunde

224 »Vogel Selbsterkenntnis« (der Vogel, der sich in die Nase beißt). Das Motiv, auch auf anderen Bildträgern gut vertreten, ist häufig mit einem Spruch verbunden, z. B. dem folgenden: »Schau nicht nach andrer Tun und Lassen, Nimm dich nur selbst an der Nasen.« Wie Hand und Fuß bzw. Handschuh und Schuh (oder Stiefel), stehen auch Kopf, Hut oder Nase für die ganze Person. Indem man sich selbst an der Nase packt, soll man wohl auch eher an den Balken im eigenen Auge denken als den Splitter in den Augen anderer Menschen sehen. 7,5 × 15,5 cm.
Stuttgart, Württembergisches Landesmuseum

225 Reiter auf der Schneidergeiß. Überdimensionierter Reiter (Gesell auf Wanderschaft?) auf winzig kleiner Geiß (karikierende Darstellung). 12,5 × 21 cm.
Sopron (Ödenburg), Liszt Ferenc Museum

226 △ 227 ▽ 228 △ 229 ▽

226–229 Groteske Paare (zusammengehörende Einzeldarstellungen): Mann und Frau. 30,5 × 62 cm (Abb. 226, 227) und 25,5 × 65,5 cm (Abb. 228, 229).
Düsseldorf, Städtisches Museum

Die einzelnen Handwerker sind entweder bei der Ausübung ihrer charakteristischen Tätigkeit dargestellt oder durch Symbole ausgewiesen (vgl. dazu Text S. 16).

◁ **230** Sechs Handwerksdarstellungen: Handwerker bei der Arbeit. Der Reihe nach von links nach rechts: Faßbinder (zieht die Faßreifen auf); Bäcker (schiebt das Brot in den Ofen); Kupferschmied (beim Kesseltreiben); Schneider (im Schneidersitz auf dem Tisch, beim Nähen); Schmied (hämmert gerade ein Hufeisen zurecht); Radmacher. 17 × 27,5 cm.
Feuchtwangen, Heimatmuseum

231 Acht Handwerke werden vorgestellt: Die Figuren sind untypisch, nur durch das jeweilige Handwerkssymbol identifizierbar. Von links nach rechts: Schuster (Stiefel), Schneider (Schere), Weber (Schiffchen), Strumpfwirker (Paar Strümpfe), Fleischhauer bzw. Metzger (Prachse = Breitbeil), Bierbrauer (Schaufel und Schöpfer), Bäcker (Brezel), Wagner (Rad). Diese Handwerkssymbole oder Berufsattribute konnten auch als Ladenschilder Verwendung finden. 10 × 23 cm.
Ulm, Slg. Deutsches Brotmuseum

232 Schmied oder Schlosser bei der Arbeit am Amboß. 7 × 10 cm.
Oberösterreich, Privatbesitz

233 Sechs Handwerker bei der Arbeit. Von links nach rechts: Koch (am Bratspieß); Brauer (am Kessel, mit Schöpfer); Sattler (im Hintergrund zwei Kummete an der Wand); Tuchscherer (an der Wand zwei Tuchscheren); Wirt; Barbier (beim Balbieren, hinten Balbierschüssel, heute noch Ladenzeichen der Friseure). 11 × 19 cm.
Oberösterreich, Privatbesitz ▷

Zu Seite 162:
234 Faßbinder. Ausschnitt. 9 × 21 cm.
Oberösterreich, Privatbesitz

235 Tischler (mit vorgebundener Arbeitsschürze). Bonn, frühes 19. Jahrhundert. Ausschnitt. 11 × 16,5 cm.
Kommern, Rheinisches Freilichtmuseum

236 Wanderbäcker (?) mit Zeilengebäck in der Hand, das Horn blasend (um Aufmerksamkeit zu erregen und sein Erscheinen anzukündigen). Zum Zeilengebäck vgl. das Bäckerwappen Abb. 118. Der Bäcker hat die Arbeitsschürze vorgebunden. Ausschnitt. 9 × 67 cm.
Rheinland, Privatbesitz

237 Wagner und Schmied (ein Hufeisen hämmernd). 9,5 × 7,5 cm.
Ulm, Slg. Deutsches Brotmuseum

238 Scherenschleifer. Ausschnitt. 14 × 25 cm.
Graz, Steirisches Volkskundemuseum

234 △ 235 ▽ 236 △ 237 ▽ 238 △

239 △ 240 ▽ 241 △ 242 ▽ 243 △

239 Spaßmacher oder Hanswurst, allegorisch für den Schauspieler, mit den Attributen von Maske und Pritsche, im Narrengewand mit typischer Halskrause. Ausschnitt. 9 × 18,5 cm.
Rheinland, Privatbesitz

240 Bierbrauer mit Mälzerschaufel und Kanne. Ausschnitt. 11 × 16,5 cm.
Kommern, Rheinisches Freilichtmuseum

241 Vogelhändler. Ausschnitt. 9,5 × 21 cm.
Wien, Niederösterreichisches Landesmuseum

242 Fleischhauer (Metzger) mit Rind und Beil (der Viehhändler hätte das Beil nicht). Ausschnitt. 13,5 × 22,5 cm.
Ulm, Slg. Deutsches Brotmuseum

243 Nachtwächter mit Hellebarde und Lampe. Dieser zog durch die Dorfstraßen und Stadtgassen, rief die Stunden aus und schaute, ob irgendwo ein Feuer ausbrach. Sein Ruf lautete z. B.: »Hört, ihr Leut, und laßt euch sagen, die Glocke, die hat zwölf geschlagen, verlöscht das Feuer und das Licht, damit kein großes Unglück g'schiecht.« Ausschnitt. 9 × 21 cm.
Oberösterreich, Privatbesitz

244 △

245 ▽

244 Pflug, Kennzeichen des Bauern. Ausschnitt.
Düsseldorf, Städtisches Museum

245 Viehhändler bzw. »Sautreiber«. Ausschnitt.
12 × 12,5 cm.
Sopron (Ödenburg), Liszt Ferenc Museum

246 Bäuerin, zum Markt gehend (mit Milchkannen im Buckelkorb, Huhn und Eiern). Vielfach wurden auf den Bauernhöfen kaum Eier und Butter verzehrt, weil diese Produkte auf dem Markt abgesetzt werden konnten und etwas Bargeld brachten. Eine weitere Einnahmequelle bildete der Verkauf von Milch und Hühnern. (Andere Seite vgl. Abb. 313.) 10 × 14,5 cm.
Erlangen, Heimatmuseum

Gegenüberliegende Seite:
247 Mann, zum Markt gehend (oder vom Markteinkauf kommend), auf dem Rücken Korb mit Geflügel.
15 × 45,5 cm.
Köln, Stadtmuseum

248 Schäferkarren, Sinnbild des Schäfers. Diese Karren, die man leicht selbst ziehen konnte, führte man für die Übernachtung mit. Vorne Trinkschüssel für Hirtenhund. Ausschnitt. 15,5 × 8 cm.
Ulm, Slg. Deutsches Brotmuseum

249 Stall mit Vieh und landwirtschaftlichen Geräten, u. a. Mistgabel, »Schwingerln« (Körbe), Längsegge. ∅ 14 cm.
Basel, Schweizerisches Museum für Volkskunde

◁ 247

248 △

249 ▽

250 Frau mit Heilkräutern (?, wegen des Schlangensymbols), Gärtner, Frau beim Buttermachen (Stoßbutterfaß); in der unteren Reihe drei Tierdarstellungen. Model der Empirezeit (Kleidung!). 16 × 19 cm.
Darmstadt, Privatbesitz

251 Hausfrau mit kennzeichnenden Geräten: Spindel und Spinnstock, Pfannen, Rost, Blasebalg u. a. Küchengeräte. 1668. ∅ 12 cm.
Oberösterreich, Privatbesitz

252 Spinnerin mit Rocken und Spinnrad. 11 × 22 cm.
Feuchtwangen, Heimatmuseum

253 Heimkehr vom Einkauf auf dem Markt (mit Zöger und Ente) und servierende Kellnerin (oder Stubenmädchen, Essen auftragend). 24 × 23 cm.
Feuchtwangen, Heimatmuseum

254 Botenfrau (Botin). Frau in bäuerlicher Tracht, mit Buckelkorb. Darunter: BOTHIN. In früherer Zeit, als es noch keine Post gab, war die Übermittlung von Nachrichten und das Zustellen von Sachen Aufgabe und Lebensunterhalt von Boten und Botinnen, die anfragten, ob etwas zu besorgen sei oder die man sich bei Bedarf kommen ließ. Es gab sie sowohl auf dem Land als auch in der Stadt. 9,5 × 17,5 cm.
Oberösterreich, Privatbesitz

250 △

252 △

254 △

251 ▽

253 ▽

◁ **255** Dame, prächtig und vornehm gekleidet, mit Attributen weiblicher Tätigkeit: Spinnstock und -rad sowie Stickrahmen (mit Muster sowie Nadel und Faden). 16 × 30,5 cm. Frankfurt, Historisches Museum

256 Frau mit Kanne. 5,5 × 17 cm. Köln, Stadtmuseum

257 Jäger zu Pferd, mit Jagdhorn, im Wald. Umlaufend: jagdbares Wild, aber auch das Fabeltier Einhorn, Symbol jungfräulicher Reinheit und Stärke. Das Horn entspringt der Stirn, dem »Sitz« des Geistes. Die Einhornjagd im besonderen sowie die Jagd im allgemeinen können auch als leidenschaftliche Suche nach spirituellen Zielen gedeutet werden. In der christlichen Mystik ist die (Einhorn-, aber auch Hirsch-)Jagd Symbol für die Christussuche der Seele. Ø 37 cm.
Frankfurt, Historisches Museum

258 Säbel mit Jagdszene und Inschrift auf der Klinge: HASEN IAGEN. Griff als Tierkopf gestaltet. Von der Form her ist der Säbel (wie auch andere Waffen) ein potentielles Männlichkeitssymbol. Auch die (Hasen-)Jagd, Hase und Jäger und der ebenfalls abgebildete Hahn können erotische Bezüge haben. 31 × 13,5 cm.
Rosenheim, Heimatmuseum

259 Jagdtiere und Jagdszenen (von links nach rechts): Hirsch und Hindin; Wildkatze klettert vor dem verfolgenden Hund auf einen Baum; Löwe; Bär versteckt sich vor jagendem Hund hinter einem Baum (oder ist im Begriff, auf den Baum zu steigen); Fuchs; Hirsch erwehrt sich des Jagdhundes; Hund jagt Wildschwein nach; Hirsch, von Hund verfolgt. 20 × 29 cm.
Crailsheim, Café Frank

260 Jäger mit angelegtem Gewehr sowie großer Baum (als die zwei seitlichen Begrenzungen der Szene), dazwischen auf zwei Ebenen Hirschjagd (oben) und Sauhatz (unten). 29 × 20 cm.
Crailsheim, Café Frank

258 △

259 ▽

260 ▽

261 △ 262 ▽ 263 ▽ 264 △

261 Musizierendes Paar. Der Mann bläst die Schalmei, die Frau schlägt die Laute. Sie sitzen im Freien unter einem Baum. 19,5 × 21 cm.
Innsbruck, Tiroler Volkskunstmuseum

262 Musikantenpaar: Der eine spielt auf der Fiedel, der andere streicht die Baßgeige. Vielleicht spielen sie zum Tanz auf? 1752. 12 × 18,5 cm.
Wien, Österreichisches Museum für Volkskunde

263 Mann, die Drehleier spielend. Zu seinen Füßen ein Hund. 10 × 14,5 cm.
Wasserburg, Heimathaus

264 Lautenschlagender vornehmer Herr (ein Ständchen bringend?). Ausschnitt. 14 × 29,5 cm.
Thüringen, Privatbesitz

265 △ 266 △ 267 △ 268 ▽

265 Frau mit Trageharfe (Harfenistin). Vornehm gekleidet und geschmückt, mit großem Dekolleté. Musik als höfischer Zeitvertreib und Beschäftigung in den Mußestunden der Vornehmen. Ausschnitt. 11,5 × 34,5 cm.
Oberösterreich, Privatbesitz

266 Trommler (im Narrengewand, mit Spitzhut). Ausschnitt. 10,5 × 21 cm.
Sopron (Ödenburg), Liszt Ferenc Museum

267 Musikantenpaar: Der eine streicht die Baßgeige, der andere bläst die Schalmei. Ausschnitt. 9 × 15 cm.
Niederösterreich, Privatbesitz

268 Ländliche Tanzszene im Freien. Zwei Tanzpaare unter Bäumen, ein Spielmann mit Dudelsack spielt auf. Ausschnitt. 18 × 10,5 cm.
Oberösterreich, Privatbesitz ▷

269 △ 270 ▽

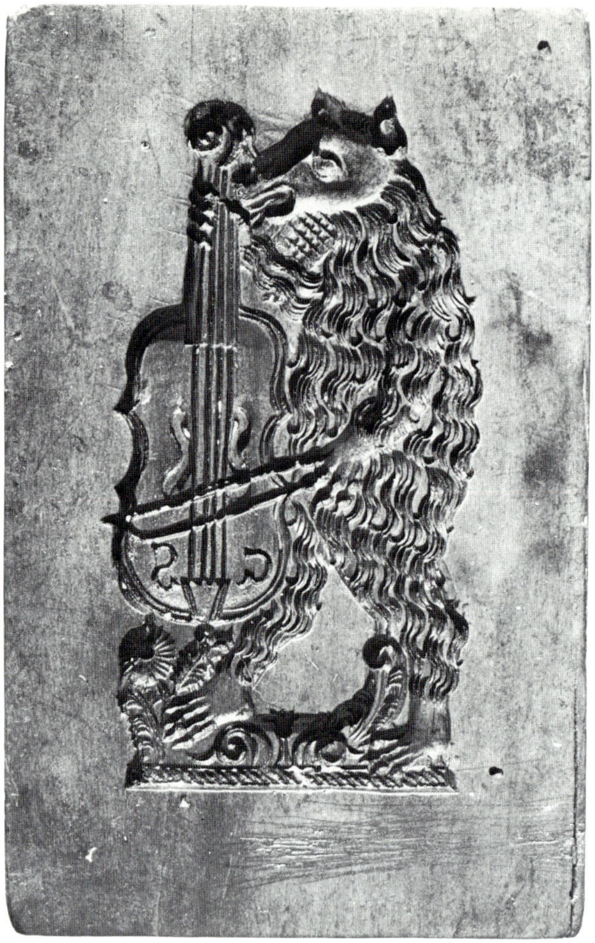

271 △ 272 ▽

273 △

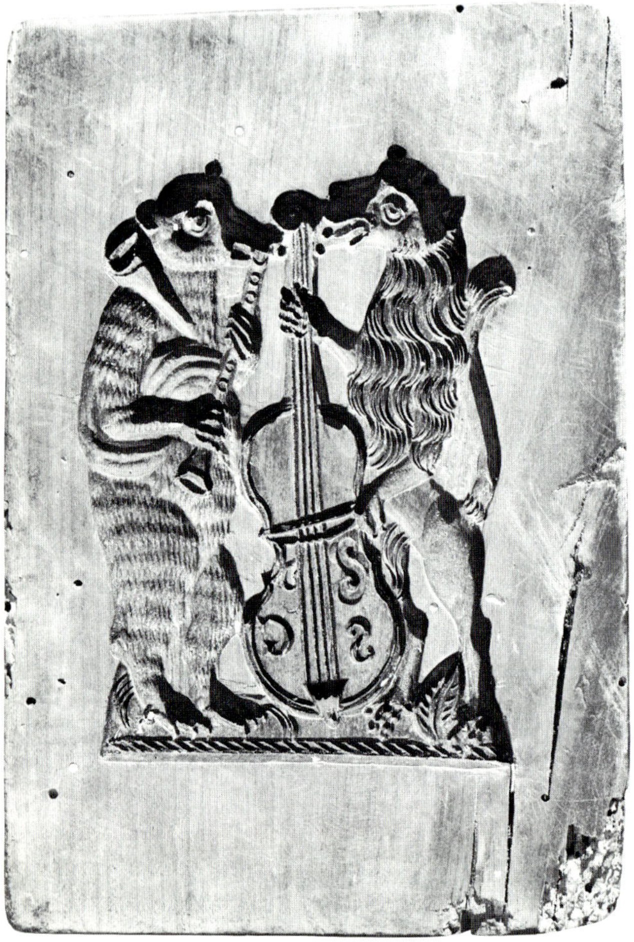

269 Tanzbär (an der Kette) mit Bärentreiber. Tanzbären bildeten früher eine Hauptattraktion auf Kirtagen (Kirchweihfesten) und Jahrmärkten; sie gehörten zu diesen Volksfesten genau so dazu wie der Moritatenerzähler u. ä.
10 × 16 cm.
Oberösterreich, Privatbesitz

270 Zwei musizierende Tiere: Der Bär spielt den Dudelsack, der Löwe streicht die Baßgeige. Der Dudelsack war auch bei uns früher ein sog. Volksinstrument, das auf dem Lande länger in Gebrauch war als in der Stadt. Der berühmteste Dudelsackspieler aus Österreich (Wien) ist wohl der »liebe Augustin«.
10 × 14,5 cm.
Wien, Niederösterreichisches Landesmuseum

271 Bär, die Baßgeige streichend. Musizierende Tiere sind sicherlich scherzhafte Darstellungen aus dem Themenkreis der »Verkehrten Welt«, im Falle dieses musizierenden Bären könnte aber auch eine erotische Anspielung enthalten sein. Der Bär galt als Fruchtbarkeitstier und das Streichen der Baßgeige (oder auch einer Fiedel) ist eines der unzähligen Synonyma für koitieren. 10 × 15 cm.
Eggenburg, Krahuletzmuseum

272 Bärentreiber, seinen Tanzbären an der Kette führend. 14,5 × 24 cm.
Düsseldorf, Städtisches Museum

273 Esel, die Laute schlagend. (Oben: Zwei ordensgeschmückte Krieger.) 11,5 × 24,5 cm.
Eisenstadt, Burgenländisches Landesmuseum

274 Sänfte, von zwei Trägern mit Körper (gekreuzte Tragebänder) und Händen (Tragestangen) zu tragen. Die Sänfte ist zwar leer (es schaut niemand beim Fenster heraus), hat aber an der unteren Türfläche ein Liebessymbol (entflammtes Herz, im »Liebeskranz«). Wie bei der sog. »Liebeskutsche« später das liebende Paar wegbleiben kann, gibt es auch die leere »Liebessänfte«. Es sei denn, man stellt sich vor, die Insassen hätten sich zurückgelehnt und seien von außen unsichtbar. Zum Ein- und Aussteigen wurde die Sänfte abgesetzt, die eine Tragestange aus den Führungsösen herausgezogen und die Tür geöffnet. 14 × 18 cm. Wien, Österreichisches Museum für Volkskunde

275 △

276 ▽

275 Prächtige Reisekutsche in voller Fahrt. Vorne auf dem Bock der Kutscher, die Zügel scharf anziehend, so daß die Pferde sich aufbäumen und das Gefährt zum Stillstand kommt. Er wendet sich dem Betrachter zu (für den er – so der Eindruck – stehengeblieben ist). Hinten der Reisebegleiter (oder, bei einem privaten Reisegefährt, ein Lakei). Aus der Kutsche schaut ein Paar heraus. Es sitzt einander gegenüber und blickt aus den Fenstern der Kutsche auf den Betrachter. Noch heute ist die »(weiße) Hochzeitskutsche« jedem ein Begriff. Lebkuchen mit dem Bild einer »Hochzeits-« oder »Liebeskutsche« waren sicherlich ursprünglich für Hochzeiten bestimmt bzw. wurden als bedeutungsvolle Anspielung geschenkt. 49 × 27,5 cm.
Aachen, Museum Burg Frankenberg

276 Drei Darstellungen mit je einem anderen Gefährt: Die erste zeigt eine Kutsche mit Kindern, gezogen von der Mutter oder einem Kinderfräulein. Neben ihr ein kleines Mädchen; ein Bub reitet gerade auf seinem Steckenpferd. – Die Welt der Kinder spiegelt die Welt der Erwachsenen. Wo man es sich leisten konnte, galt dies auch für die Objekte, die den Kindern in verkleinertem Maßstab zum spielerischen Lernen zur Verfügung standen. Zur Einübung in die zukünftige Rolle als Hausfrau gab es die Puppenküche oder -stube (oder gar ein ganzes Puppenhaus) für die Mädchen, Trommel und Gewehr, Steckenpferd usw. für die Knaben (und das ihnen vorbehaltene Kriegshandwerk). Zum Spielen im Garten hatte man eben auch eine Kutsche. – Darunter ein Paar im Schlitten ausfahrend. Die Frau sitzt im Schlittenkorb, der Mann steht hinten auf den Kufen. – Die dritte Darstellung zeigt eine Person in der geschlossenen, verglasten Kutsche, vorne auf dem Bock den Kutscher, die Zügel führend, hintendrauf einen Bedienten. – Jede Darstellung ist für sich gerahmt, wenn auch die Blütenköpfe in den Ecken der Rahmenstäbe ein Auseinanderschneiden zumindest nicht als übliche Norm annehmen lassen. 15,5 × 21,5 cm.
Stuttgart, Württembergisches Landesmuseum

Prunkschlitten wurden an den Höfen zu gemeinsamen Ausfahrten usw. verwendet, aber auch die vornehmen Bürger und schließlich auch die Bauern fuhren in schönen Schlitten aus Notwendigkeit oder zum Vergnügen aus. Der Sitzkasten solcher Schlitten kann ein muschelartiges Gehäuse sein (vgl. Abb. 276 Mitte), aber auch die Gestalt eines Tieres haben (vgl. Abb. 277). Die Schabracken der Pferde waren oft mit vielen kleinen Glöckchen besetzt. Wer je die »Petersburger Schlittenfahrt, vierhändig« für Weihnachten übte, weiß vom Schellengeklingel solcher Fahrten, zog doch so manche Klavierlehrerin ihren Schülerinnen für bestimmte Passagen dieses Stücks kleine Glöckchen über die Hände. – Hinsichtlich ihrer symbolischen Aussage sind Wagen und Schlitten (»Liebeskutsche«, »Liebesschlitten«) absolut gleichzusetzen. Wer sich mit Wagen und Schlitten als Transportgeräten beschäftigt, kann von den Modelbildern einiges erfahren; umgekehrt hilft die Kenntnis des Forschers von Transportgeräten bei der zeitlichen Einordnung eines Modelbildes.

277 △ 278 ▽ 279 ▽

277 Schlittenausfahrt. Frau im Schlittenkorb (wie so häufig tiergestaltig), der Mann (auf den hinteren Kufenenden stehend?) das Pferd an den Zügeln führend. Eher grobe Darstellung. 20,5 × 12 cm.
Köln, Stadtmuseum

278 Schlittenausfahrt eines Paares mit Bedienten. Das Paar sitzt im Schlittenkorb, hinten auf den Kufen steht ein Bedienter. Das prächtig geschmückte Pferd wird vom Mann gelenkt. Wesentlich feinere Darstellung als auf Abb. 277, schön ausgeziert. 21,5 × 12 cm.
Oberösterreich, Privatbesitz

279 Paar in der Kalesche, einander gegenübersitzend; vorne auf dem Bock der Kutscher, zwei Pferde führend. 25,5 × 13,5 cm.
Langenlois (Niederösterreich), Heimatmuseum

280 ◁

▷ 281

282 ▷

283 △

284 ▽

Gegenüberliegende Seite:
Viele Objekte sind von ihrer Form oder Verwendung her gleichzeitig Männlichkeitssymbole, so Säbel und Pistole, Pfeife und Trompete (»blasen« ist eines der vielen Synonyma für »koitieren«).

280 Säbel mit schön verzierter Klinge, der Griff als Tierkopf gestaltet. Inschrift: »FUIR GOTT KOENIG UND VATERLAND. SIEG ODER TODT.« 55 × 13 cm.
Wien, Niederösterreichisches Landesmuseum

281 Pfeife, auf dem Pfeifenkopf Herz mit Dreisproß. 10,5 × 31 cm.
Innviertel (Oberösterreich), Privatbesitz

282 Säbel, Klinge mit feiner ornamentaler Auszier; tiergestaltiger Griff; Einhängeösen. 16 × 54 cm.
Wasserburg, Heimathaus

283 Pistole mit reicher floraler Auszier (u. a. Liebes-Tulpe) sowie Tierkopf (Hahn?). 20,5 × 10 cm.
Wasserburg, Heimathaus

284 Trompete. 1761. 19,5 × 9 cm.
Innviertel (Oberösterreich), Privatbesitz

285 △ 286 ▽ 287 △ 288 ▽ 289 △ 290 ▽

291 Handschuhpaar. Granatapfelmotiv auf dem Handschuhrücken, reicher Spitzenbesatz an den Stulpen. – Einzelne oder paarige Handschuhe wurden als Symbol der Liebe und Treue gern als Motiv auf Geschenken zu Verlobung und Hochzeit geschenkt (vgl. Text S. 29). 1765. Ausschnitt. 12 × 15 cm.
Oberösterreich, Privatbesitz

292 Schnallenschuh mit Besatz um den Ausschnitt, die freie Fläche einfach verziert. Im Schuh stecken zwei »Fatschenkindln«. – Der Schuh, wie auch der Stiefel, stehen für die Person des Trägers und haben auch besondere sexualsymbolische Bedeutung (vgl. dazu Text S. 30). Ausschnitt. 18 × 11 cm. – Graz, Steirisches Volkskundemuseum

293 Uhr, bestehend aus Vorderseite (mit Zifferblatt), Rückseite und Schlüssel. Die einzelnen Teile sind zum Zusammensetzen gedacht (sog. »zusammengesetzte Ware«). – Die nicht für jedermann ohne weiteres erschwingliche Taschenuhr hatte sicherlich lange Innovationscharakter, war beliebtes Geschenk der Firmpaten zur Firmung oder Konfirmation (und gleichzeitig äußeres Zeichen des Erwachsenwerdens) und hatte als Zeitmesser auch besonderen Bezug zum Jahreswechsel (Neujahrsmotiv). Darüber hinaus besitzt sie auch sexualsymbolische Bedeutung (»Der Mann ist der Zeiger ...«). Ausschnitt. 11 × 21 cm.
Oberösterreich, Privatbesitz

294 Stiefel mit prächtiger Auszier des gesamten Objekts (horror vacui). Geschwungener, sog. »ungarischer« Stiefel mit Sporn; als Abschluß der floralen Ranke ist das Wappen Ungarns eingeschnitten. Burgenland gehörte bis 1921 zu Ungarn (sog. Westungarn), die ungarische Tracht bzw. Uniform übte aber weit nach Westen hin einen entscheidenden Einfluß auf Tracht und Mode aus. Ausschnitt. 13 × 27 cm.
Eisenstadt, Burgenländisches Landesmuseum

292 △

293 ▽

294 ▽

Gegenüberliegende Seite:
285 Sichel. Auf dem Sichelblatt Blumenranke mit Granatapfel. Ausschnitt. 9 × 17 cm.
Oberösterreich, Privatbesitz

286 Hacke (mit Lebensbaummotiv auf dem Stiel und Herz mit Dreisproß bzw. Lebensbaum auf dem Blatt). Da der Model aus Oberösterreich stammt, könnte auch an das Amulett des »Wolfgangihackels« gedacht werden. Ausschnitt. 11 × 18 cm.
Oberösterreich, Privatbesitz

287 Besteck, bestehend aus Messer, Löffel und (der früher üblichen) zweizinkigen Gabel. Auf der Löffellaffe Granatapfelmotiv sowie steirischer Panther und Doppeladler, auf dem Löffelstiel Lebzelterzeichen. – Bestecke waren Minnegaben der Burschen und gehörten zu den wichtigen Ausstattungsstücken im neugegründeten Hausstand. Lebkuchen mit dem Motiv eines schönen Bestecks sind als Hochzeitsgabe durchaus denkbar. Ausschnitt. 8,5 × 19 cm.
Graz, Steirisches Volkskundemuseum

288 Schere mit Schneidersymbol (Geißkopf). – Beim Handwerkerspott muß sich der Schneider gefallen lassen, daß man ihm nachruft »Schneider, Schneider, meck meck meck!« (vgl. auch »Max und Moritz« von Wilhelm Busch). Ausschnitt. 9 × 23 cm.
Oberösterreich, Privatbesitz

289 Brille. Man hielt sich den Sehbehelf vor die Augen, wobei der Haltegriff zuerst in der Mitte (und erst später seitlich: Lorgnon!) angebracht war. Ausschnitt. 12,5 × 19 cm.
Eisenstadt, Burgenländisches Landesmuseum

290 Brille. Ausschnitt. 12 × 17 cm.
Oberösterreich, Privatbesitz

Glück ist Schicksal und Tyche bzw. Fortuna sind in erster Linie Schicksalsgottheiten. Das Steuerruder oder -rad als ihr Attribut definiert sie als Lenkerinnen der Geschicke. Das Rad war aber auch das Glückszeichen der Antike und wurde im Mittelalter weitverbreitete allegorische Darstellung der Unbeständigkeit des Glücks; des weiteren ist es Symbol des Werdens und Vergehens, zum Glücksrad treten die Symbolmöglichkeiten des Lebens- bzw. Jahresrades. Ferner ist das Rad auch Sonnensymbol. Alle Bedeutungsinhalte können zu Jahresanfang beim Radgebäck zusammenspielen, wobei durch weitere Bildinhalte Akzente gesetzt werden können.

295 Rad, die »Speichen« werden von einem Mann gebildet (er ist einmal oben, einmal unten). Ausschnitt. 13,5 × 20,5 cm.
Eggenburg (Niederösterreich), Krahuletzmuseum

296 Sonnenrad oder -scheibe. Ausschnitt. 10 × 15,5 cm.
Graz, Steirisches Volkskundemuseum

297 Rad mit eingeschriebenem Sechsstern. Ausschnitt. 10,5 × 11 cm.
Eggenburg (Niederösterreich), Krahuletzmuseum

Gegenüberliegende Seite:
300 Die Eisenbahn, eine der spektakulärsten und tiefgreifendsten Neuerungen des 19. Jahrhunderts. Model von Konditormeister Eduard Renz, Langenau, geschaffen anläßlich der Eröffnung der ersten deutschen Eisenbahnlinie Nürnberg-Fürth (1835). Ausschnitt. 17,5 × 31 cm.
Langenau, Heimatmuseum

301 Das Dampfschiff MAR:ANA (sic). Ebenso wie die Eisenbahn war das Dampfschiff eine jener Innovationen von umwälzender Wirkung. Die »Maria Anna« war das erste Dampfschiff auf der Donau, benannt nach der Erzherzogin Maria Anna. Ausschnitt. 23,5 × 13,5 cm.
Melk, Heimatmuseum

295 △

296 △

297 △

298 Rauchfangkehrer (Schornsteinfeger oder Kaminkehrer). Er gilt allgemein als Glücksbringer. Das gilt in besonderem Maße für Neujahr (zu welchem Termin er glückwünschend von Haus zu Haus zieht und dafür auch eine Art »Jahrestrinkgeld« erhält). – Hier hat er ein kleines Kind bei sich: Er galt ja außerdem als einer der vielen Kinderbringer. (Das kleine Kind könnte aber auch allegorisch das »neugeborene Jahr« darstellen.) Als »schwarzer Mann« ist er ebenfalls Kinderschreck. 10 × 18 cm.
Eggenburg (Niederösterreich), Krahuletzmuseum ▷

299 Geld- oder Dukatenscheißer. Die Vorstellung des Geldscheißens knüpft an die Vorstellung vom Schlaraffenland an, wo auch der Gelderwerb mühelos ist. Nach dem Volksglauben brüten und bringen die Heckmännchen Gold oder Geld. Die Wunschvorstellung ist mehrfach bildlich dargestellt worden (vgl. u. a. das Dukatenmännchen von Goslar). Auch spielen die Vorstellungszusammenhänge von Kot (Sitz der Lebensstoffe), Glück und Geld mit. Allgemeiner, zu Neujahr besonderer Glücksbringer. Ausschnitt. 10 × 14 cm.
Ulm, Slg. Deutsches Brotmuseum ▷ ▷

300 △

301 ▽

CIR
1755

Der Model erfüllte früher auch die Funktion einer Bildzeitung, er war also ein »Printmedium« im üblichen Sinn. Die Berichterstattung konnte dabei durchaus historisierend-rückblickend sein.

◁ **302** Karl der Große, dargestellt als Barockfürst im hermelinbesetzten Herrschermantel und mit den Insignien Kaiserkrone, Reichsapfel und Szepter. Inschrift: »C.I.R (für Carolus Primus Rex), 1755«. Seine sonstige Gewandung ist etwas uneinheitlich: unten in Rüstung (»ein geschienter Ritter«), oben mit einem ordenbesetzten Stoffrock angetan; darüber dann der prächtige Mantel. 32,5 × 44,5 cm.
Aachen, Museum Burg Frankenberg

303 Maria Theresia, prächtig gekleidet und mit Szepter, hoch zu Roß (im Damensitz), denn sie war als Herrscher auch oberster Kriegsherr. Süddeutsch, 1720. 18 × 26,5 cm.
Ulm, Slg. Deutsches Brotmuseum

304 Karl der Große in Rüstung und mit Herrschermantel, auf dem Kopf die Kaiserkrone, in den Händen die Herrscherinsignien Reichsapfel und Szepter. (Auf der anderen Seite der Modelplatte befindet sich die Darstellung eines eleganten Herrn mit Zylinder; vgl. Abb. 210.) 26,5 × 76 cm.
Aachen, Museum Burg Frankenberg ▷

305 △

306 ▽

305 Regent aus Baden oder Hessen. Um 1850. Ausschnitt. 25 × 27 cm.
Ulm, Slg. Deutsches Brotmuseum

306 Porträt. Umlaufend reiche Rankenornamentik. Ausschnitt. 18,5 × 22 cm.
Ulm, Slg. Deutsches Brotmuseum

307 Diverse Talismane (mit Sechs- und Davidsstern, Sonne und Mond, Dreisproß usw.) und Wappen. Solche kleine Rundmodel wurden zur Verzierung von Torten verwendet; schenkte und aß man sie z. B. auch als Glücksbringer oder trug man sie als Amulette bei sich? 13,5 × 21 cm.
Wasserburg, Heimathaus

308 Verschiedene württembergische Münzen. 13,5 × 17 cm.
Stuttgart, Württembergisches Landesmuseum

309, 310 Zwei Medaillons (Vorder- und Rückseite), darstellend FRIDER. WILHELM KONIG IN PREISEN und die KONIGIN IN PREUSSEN (Friedrich Wilhelm und Maria Luise). Ausschnitte. 17 × 18 cm.
Feuchtwangen, Heimatmuseum

309 △ 310 ▽

»Der 7. August des Jahres 1828 bot den Wienern ein sensationelles Ereigniß (sic) – die Ankunft der ersten Giraffe auf dem Wiener Boden. Sie war ein Geschenk Mehemed Ali's (sic) Vicekönigs von Egypten (sic), an den Kaiser Franz I. und wurde von dem gelbbraunen Araber Cagi Alli Sciobazy und einem Wächter der Schönbrunner Menagerie geleitet. In der letzteren waren bereits alle Vorkehrungen für die Ankunft des neuen, ebenso seltenen als werthvollen Zuwachses getroffen, die Giraffe kam in ein geräumiges Gartenhaus, vor dem acht Grenadiere Wache hielten.« Dies – und noch viel mehr – steht rückblickend in den »Historischen Bruchstücken« der Monatsschrift für Wiener Art und Sprache »Alt-Wien« vom September 1893. Dort ist auch eine bildliche Darstellung enthalten, die die Giraffe mit dem begleitenden Araber und dem Schönbrunner Wächter zeigt. (Keine Quellenangabe, aber wahrscheinlich auf einen zeitgenössischen Kupferstich zurückgehend.) – Auch die »Modelzeitung« berichtete prompt über dieses wichtige Ereignis (vgl. Abb. 311, 312).

◁ **311** Giraffe mit dem begleitenden Araber (übrigens oben erwähnter Darstellung sehr ähnlich); Inschrift zu Füßen des Tieres »Giraffe«. Darunter eine Tafel mit dem Text: »Dieses Thier verehrte der Egiptische Pascha Mehemed Ali A$^{\underline{o}}$ 1828 dem Kaiser von Oesterreich.« Der Model stammt aus demselben Jahr (man war »up to date«), wie die Datierung »1828« beweist. 12,5 × 31 cm.
Ulm, Slg. Deutsches Brotmuseum

312 Dasselbe Ereignis, aber nicht mehr so fein bzw. genau nach einer Kupferstichvorlage, vor allem aber ohne erklärenden Begleittext. Ausschnitt. 11 × 18,5 cm.
Sopron (Ödenburg), Liszt Ferenc Museum

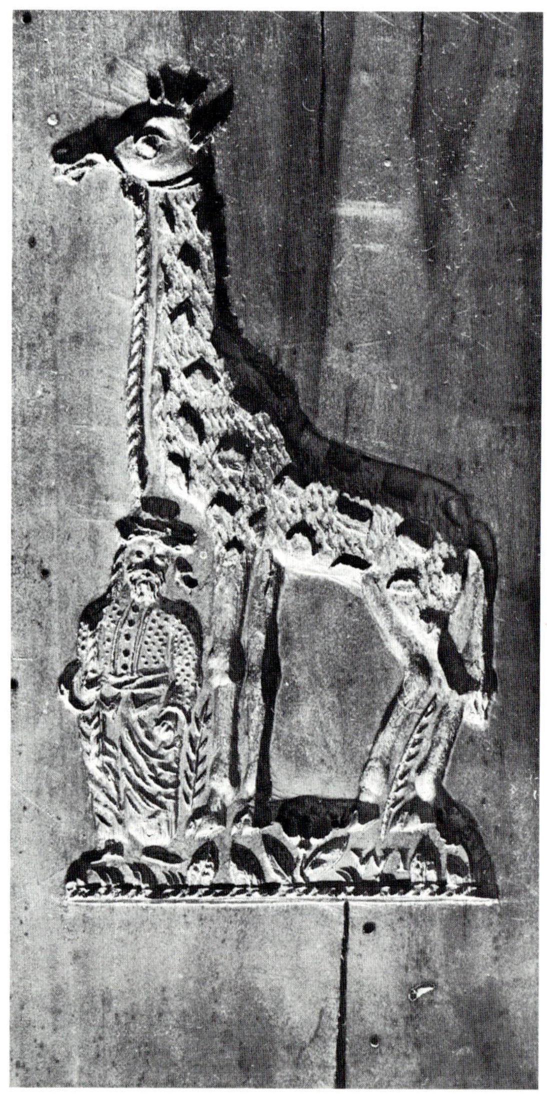

Bis ins ausgehende 18. und auch z.T. noch im beginnenden 19. Jahrhundert prägte die agrarische Knappheitsgesellschaft das Leben der Menschen in Europa. Die Lebensform nicht zuletzt des Alten Handwerks war eine Ökonomie des Überlebens. »Die Logik der alteuropäischen Lebensformen rührte aus der Erfahrung, daß der Ernstfall niemals fern war, daß schon das nächste Jahr Mangel und das übernächste Elend bringen konnte« (Michael Stürmer). Gab es sog. Große Winter, Frühjahrsüberschwemmungen oder Heuschreckenplagen (»Gottes fürchterliches Heer«), dann ahnte jedermann, »daß die Preise noch während der Ernte steigen würden, daß man bis zur nächsten Ernte das Zwei- und Dreifache des Gewohnten für das täglich' Brot würde zahlen müssen ...« (ders.).

313 Bauer (oder Getreidehändler) mit zwei Getreidesäcken (dazwischen die Erntegeräte Sense und Rechen); auf dem einen Sack die Inschrift: »Vivat noch ein Jahr 1817.« Das Jahr 1817 war ein Jahr der Mißernte und wie immer in solchen Fällen zogen die Getreidepreise enorm an. Sozialkritische Parodie auf die Wucherpreise. (Andere Seite des Models vgl. Abb. 246.) 10 × 14,5 cm.
Erlangen, Heimatmuseum

314 △ 315 ▽

Gegenüberliegende Seite:
Bei den sog. ABC-Täfelchen unterscheiden wir verschiedene Typen. Zu den häufigsten gehören die rechteckigen Tafeln mit Reihen, die durch Linien getrennt sind, und die Großbuchstaben zeigen. Umlaufend eine Rahmenleiste, oben (z. T. auch unten) in der Mitte ein knaufartiger Henkel. Diese Form glich den Wandtafeln, wie sie in den Schulen bis in das 17. und 18. Jahrhundert gebräuchlich waren (vgl. Abb. 314). Ein anderer Typus ist die tafelförmige Darstellung mit Kleinbuchstaben (vgl. Abb. 316); manchmal ist über dem Buchstaben eine Frucht oder ein Tier dargestellt, das mit eben diesem Buchstaben beginnt. (Ist nicht genügend Platz für das Bild vorhanden, wird der Buchstabe eben wiederholt.) Manche ABC-Täfelchen sind von einem geflügelten Engelskopf bekrönt, andere zeigen im unteren Teil eine Schulszene: Den Lehrer (mit Zuchtrute) mit Kindern, aber auch einem jungen Paar (das die Anfangsgründe der Ehe erst lernen muß). – ABC-Täfelchen waren Schulanfangsgeschenke und sollten das Lesen- und Schreibenlernen erleichtern. Dem ABC selbst kam auch eigenständige apotropäische Wirkung zu.

314 ABC-Täfelchen. 11 × 14 cm.
Rosenheim, Heimatmuseum

315 ABC-Täfelchen, von Engelskopf bekrönt, unten Schulszene (Lehrer mit Rute und Kinder?, junges Paar?). 1790. 10 × 15 cm.
Rosenheim, Heimathaus

316 ABC-Täfelchen, mit kleinen Buchstaben, jeder Buchstabe einzeln gerahmt (zum Auseinanderschneiden?). (Andere Seite vgl. Abb. 211.) 15,5 × 37 cm.
Crailsheim, Café Frank

Den äußeren Abschluß des Kinderlebens und den Auftakt zum Übergang in die Gruppe der erwachsenen Burschen und Mädchen bildeten Firmung (Konfirmation) und Schulaustritt, die gar nicht so selten zusammenfielen bzw. zeitlich nahe beisammenlagen. Mit Schulaustritt bzw. Firmung endete auch die Verpflichtung der Taufpaten.

317 Firmungsszene mit Kindern, hinter ihnen stehend die Paten, die ihnen die Hand auf die Schulter legen; Bischof (gerade ein Kind firmend) mit Gefolge. Über der baldachinartig eingefaßten Szene der Hl. Geist (in Gestalt der Taube), der bei diesem Sakrament herabgerufen wird. – Sicherlich wurden Firmungsdarstellungen zum Fest geschenkt und wahrscheinlich auch als buntgefaßte Erinnerungsbilder (aus Lebkuchen oder auch aus Wachs) aufbewahrt. 1832. 17 × 26 cm.
Graz, Steirisches Volkskundemuseum

318 Rundmodel mit Mittelstück, darauf Kinderspielszene. Auf dem breiten äußeren Rand ein der Rundung folgender großer Fisch; die übrige Fläche frei. – Kinderspielszene: Motto »Kleine Tuget / Freüt die Juget«. Vier spielende Kinder, darunter Steckenpferdreiter und Stelzengänger. Österreich, 1648. Ø 17,5 cm.
Ulm, Slg. Deutsches Brotmuseum

319 Spielende Knaben mit »Tschako« und Säbel (»Soldatenspielen«). Ausschnitt. (Andere Seite vgl. Abb. 110.) 16 × 14,5 cm.
Darmstadt, Privatbesitz

320 Schaukel- oder »Hutschpferd«. Zwei gegengleiche Teile zum Zusammensetzen. Wahrscheinlich z. T. aus Tragant ausgeführt und aufgestellt. Ausschnitt. 14,5 × 24 cm.
Graz, Steirisches Volkskundemuseum

321 Kleines Kind im Laufstall (Gehschule); Mutter mit kleinem Kind auf dem Arm; Ehepaar, ins Bett gefatscht wie die Fatschenkinder (weil sie ein Kind wollen oder weil die Alten werden wie die Kinder?). Ausschnitt. 13 × 17 cm.
Rheinland, Privatbesitz

319 △

320 ▽

321 ▽

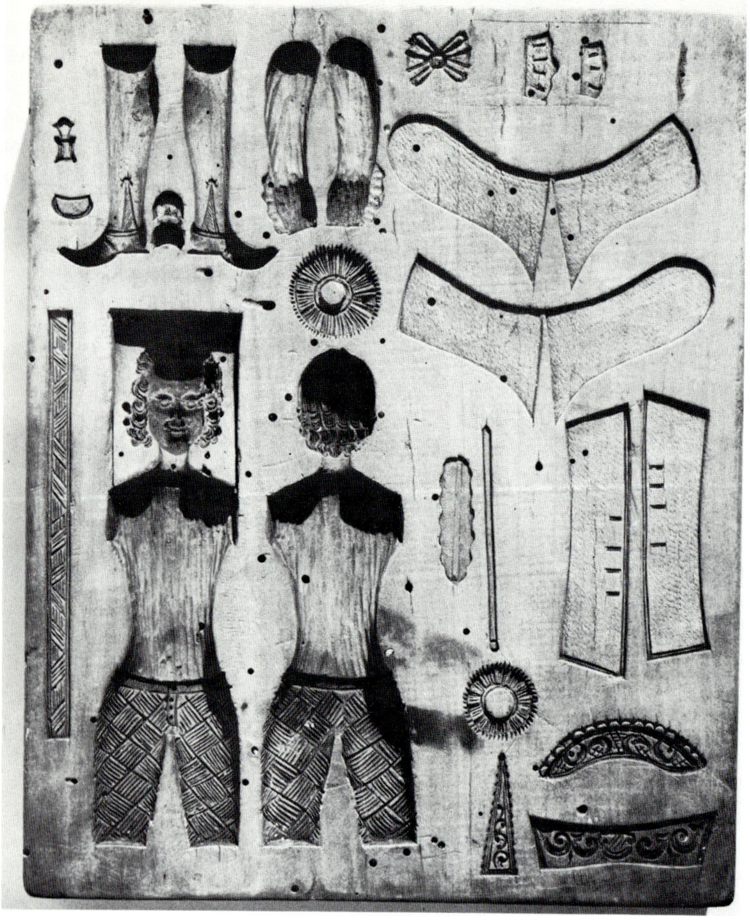

322 △

323 ▽

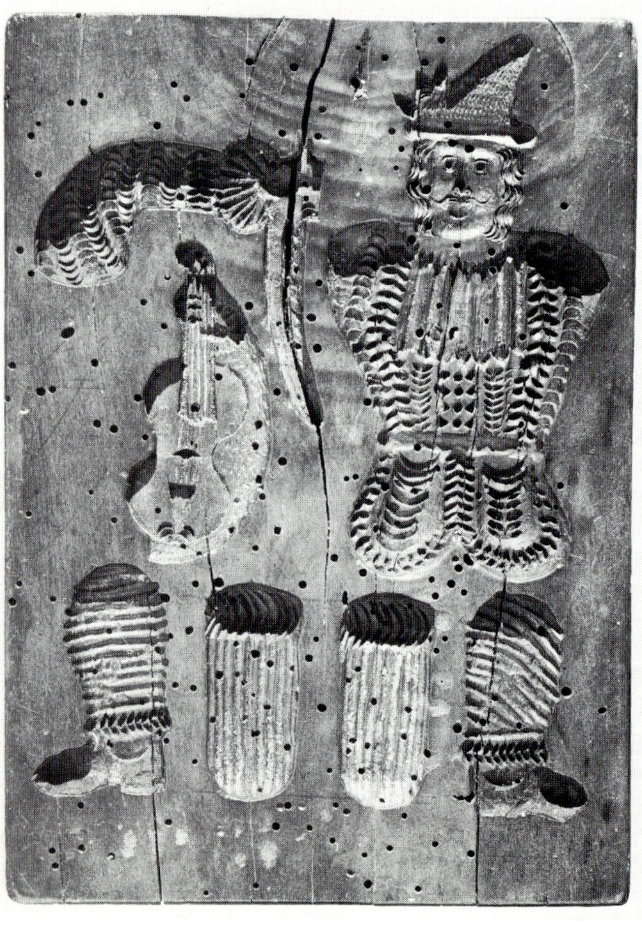

Gegenüberliegende Seite:
322 Model für eine Puppe aus Tragant (zum Zusammensetzen). 18. Jahrhundert. 16 × 20 cm. Innsbruck, Tiroler Volkskunstmuseum

323 Hanswurst zum Zusammensetzen (Hampelmann?). 13,5 × 18,5 cm.
Sopron (Ödenburg), Liszt Ferenc Museum

324 Gegenstände fürs Puppenhaus. (Vielleicht auch sog. »kleine Ware«, die man vom Markt mitbrachte und den Kindern zum Spielen gab.)
Reutlingen, Heimathaus

325 △

327 △

326 ▽

328 ▽

325, 326 Zwei Spielkarten (Vorder- und Rückseite): Herz, Eichel. 5,5 × 8,5 cm.
Oberösterreich, Privatbesitz

327, 328 Zwei (mittelalterliche?) Spielkarten (Vorder- und Rückseite). 6 × 9,5 cm.
Salzburg, Klosterbesitz

Geschnittene und ausgestochene Lebkuchen machten auch in der Vergangenheit einen hohen Anteil an der handwerklichen Lebkuchenproduktion aus, was aus der Aufstellung von Anton von Padua Rachenzentner (»Der wohlunterrichtete Lebzelter«, vgl. Text S. 62f.) hervorgeht. Ähnlich wie sein Vorfahr arbeitet noch heute Herbert Rachenzentner in der Lebzelterei im Herzoghof in Mödling bei Wien.

329–336 »Teigbrecheln« (Arbeit an der Teigbreche, Abb. 329); sog. »Auflängen«: ein entsprechendes Stück Teig wird auf die »Tafel« (Tisch) gebracht, zunächst geknetet (Abb. 330) und dann zur Kugel geformt, zum Walken vorbereitet (Abb. 331, 332), mehrfach ausgewalkt und dabei z. T. gewendet (Abb. 333), schließlich mit dem Schneidwalker oder mit dem »Türkensäbel« in »Zelteln« (intern auch als »Åbagschnittene« bezeichnet) geschnitten (Abb. 334, 335) und dann auf das gewachste oder befettete Blech gesetzt (Abb. 336). Sind mehrere Bleche voll, wird gebacken.
Mödling, Lebzelterei Rachenzentner im Herzoghof

329 △

331 △

330 ▽

332 ▽

333 △

334 ▽ 335 △

336 ▽

Professionelles Schneiden oder Stechen von hölzernen Lebkuchenmodeln gehört der Vergangenheit an. Für den eigenen Gebrauch fertigen sich aber einzelne noch immer Holzmodeln traditioneller Art, wie z. B. hier Herbert Rohr aus Gradenegg, Post Moosburg, Kärnten. Seine Model dienen ausschließlich der Wachsabformung, könnten aber ebenfalls für Lebkuchen- oder Marzipanreliefs verwendet werden. Auch früher war die Funktion der hölzernen Model zumindest zum Teil eine mehrfache.

337, 338 Herbert Rohr beim Formschneiden: Arbeit mit dem Stichel. Im Vordergrund (Abb. 338) ein Rautenmodel.

339 Schnitzerwerkzeug des Lebzelter- und Konditormeisters Beliczay, Budapest, der sich wie so manch anderer Meister seine Model selbst schnitt.
Budapest, Privatbesitz

337 △

338 △

339 ▽

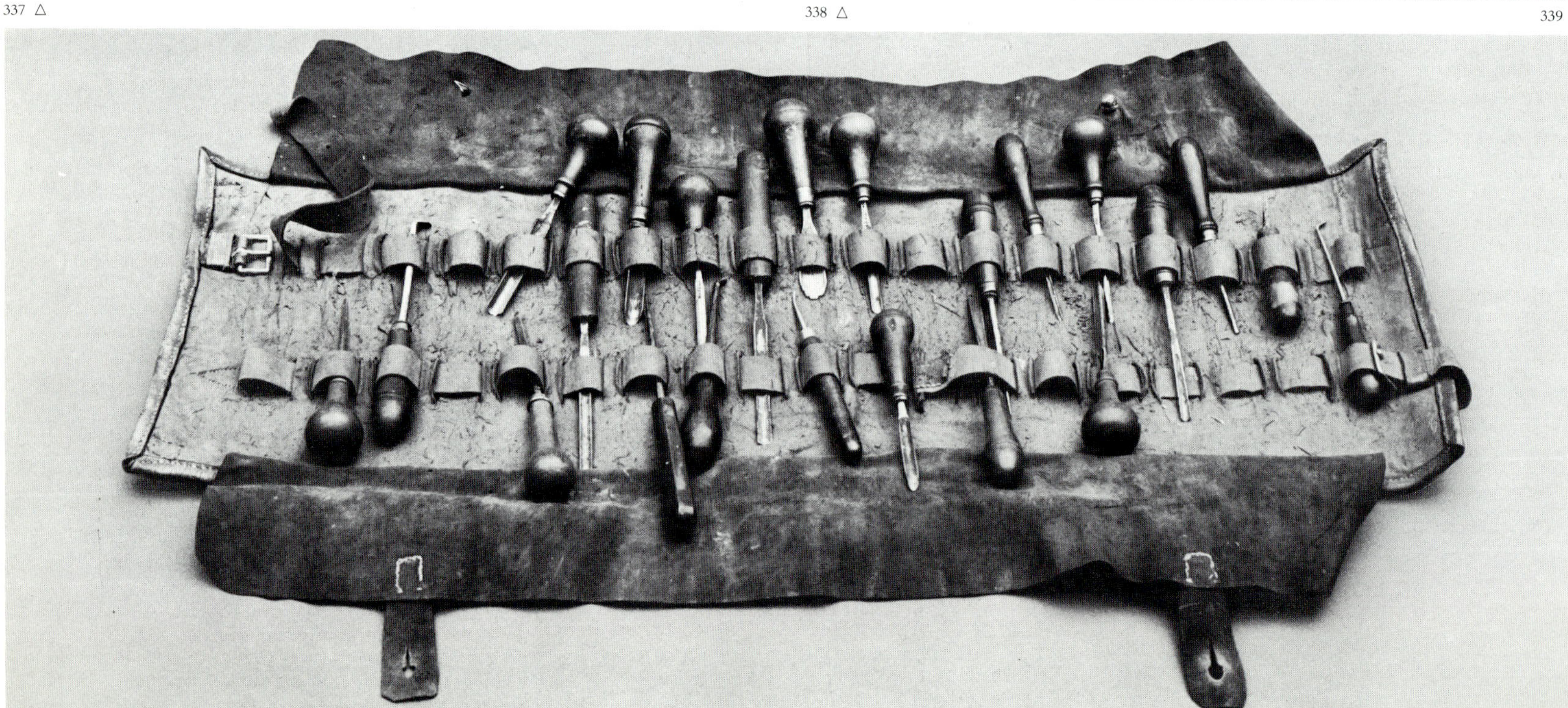

Anmerkungen

[1] Vgl. z. B. den Katalog zur Ausstellung »Lebzeltenmodel aus Österreich« des Österreichischen Museums für Volkskunde Wien, Wien 1972, mit seinen 111 ausgewählten Beispielen (Ausstellung und Katalog von Leopold Schmidt). Willkürlich zusammengewürfelt und nicht sorgfältig zusammengestellt sind die Model im Katalog zur Auktion 52 (25. Sept. 81) von Waltraud Boltz, Bayreuth, mit dem Titel »Holzmodeln«. Bei Auktionen wird angeboten und versteigert, was eingebracht wurde.

[2] Vgl. im Text S. 36f. sowie z. B. auch die Aufstellung der Signaturen der Model des Museums für Volkskunde in Wien (im soeben erwähnten Katalog [Anm. 1] auf S. 67–68). Gerade auf dem Gebiet der engeren Handwerksgeschichte, der Untersuchung von einzelnen Betrieben und ihrer Modelbestände, der Auswertung dazugehöriger Geschäftsbücher und bezüglicher Archivmaterialien ist noch viel und lohnende Arbeit zu leisten, die bei der früheren einseitigen Betrachtung der Model als Motivträger ganz einfach zu kurz kam.

[3] Wolf Neuber, Das hölzerne Bilderbuch. Von den ehrbaren Lebzeltern und Wachsziehern. Requiem auf ein Handwerk. In: Parnass, Heft 1 (Sept./Okt. 1981), S. 32–37.

[4] Die Verkündigung an Maria beruht auf der Perikope Lk 1, 26–38. Das Fest stammt aus dem Orient, wo es bereits früh als Marienfest empfunden wurde. Schon vor der Übernahme dieses orientalischen Festes wurde stellenweise auch im Abendland ein Gedächtnisfest der Verkündigung an Maria begangen, entweder neun Monate vor der Geburt des Herrn (25.3.) oder in der Adventszeit. Das Fest, das ursprünglich »Annuntiatio« oder »Conceptio Christi« genannt worden war, war auch anfänglich ein Herrenfest und wird auch heute wieder als solches aufgefaßt. Verkündigungsbilder finden auch als sogenannte »Herbergsuchbilder« beim Brauch des »Herbergsuchens« oder »Frautragens« Verwendung (neben der Darstellung »Maria gravida« oder »Maria und Josef auf Herbergsuche«).

[5] Durch Adam und Eva (Sündenfall) kam der Tod in die Welt, durch Christus wurde der Tod überwunden. – Adam und Eva stellen ein sehr häufiges Motiv in der Volkskunst dar; vgl. Lutz Röhrich, Adam und Eva. Das erste Menschenpaar in Volkskunst und Volksdichtung, Stuttgart 1968 (dort auch viele, den Modelbildern vergleichbare Darstellungen in anderen Materialien und Techniken).

[6] Otto Wimmer, Handbuch der Namen und Heiligen, Innsbruck–Wien–München 1959, S. 175. – Auch die drei Geschenke sind sicherlich nicht zufällig. Die Drei ist die höhere Synthese von 1 und 2, die Einheit des Einen und des Andern. Im Leben ist jedem dieses Ergebnis einer Vereinigung sichtbar im Kind (Mann + Frau = Kind). Die Dreizahl finden wir im christlichen Kult (Dreifaltigkeit, 3 christliche Tugenden usw.), im Volksglauben (drei heilige weiße Gaben, dreierlei Kräuter usw.) und im Märchen (drei Brüder, drei Proben u. a. m.). Sie ist Inbegriff des Segenskräftigen, eine magische Zahl von allgemeiner Bedeutung. Vgl. auch die Anm. 81, 82 und 83.

[7] Josef Höfer und Karl Rahner (Hg.), Lexikon für Theologie und Kirche, 3. Band, Freiburg 1959, Stichwort »Drei Könige«, Sp. 568.

[8] Das Wort »Krippe« bezeichnet ursprünglich die Futterkrippe, in der der Jesusknabe lag. Später wird es auf die Darstellung der Geburtsszene übertragen. Neben den weitverbreiteten »Weihnachtskrippen« gab und gibt es da und dort auch »Fastenkrippen«, ja sogar »Jahreskrippen« waren nicht unbekannt. Letztere dehnten die Darstellung des Heilsgeschehens auf das ganze Jahr aus.

[9] Man denke nur an das zur Weihnachtszeit geübte »Kindlwiegen«, z. T. mit lebensgroßen, zumeist wächsernen Fatschenkindln. Kleine und große »Fatschenkinder« mit wachsbossierten Köpfen waren auch häufig Klosterarbeiten, die als »Weihnachtskrippen« (in verglasten Schreinen oder in Schächtelchen) von den Frauenklöstern verschenkt und verkauft wurden, in seltenen Fällen sogar noch werden. Eine andere Art dieser mütterlichen Verehrung des göttlichen Kindes durch Nonnen ist der »Seelentrösterlein«-Kult. Die »Seelentrösterlein« waren Christkind-Figuren (kleine Jesusknaben), die auf einem Sockel standen und in der einen Hand die Weltkugel (mit Kreuz oben) hielten, die andere Hand zum Segensgestus erhoben. Besondere Bekanntheit und Vorbildcharakter unter diesen »Jesuskindern« ist dem »Prager Jesulein«, dem »Salzburger Lorettokindl« und dem »Reutberger Christkind« zuzuschreiben. Es handelt sich bei diesen »Seelentrösterlein« eigentlich um kindhafte Salvator-Mundi-Darstellungen und m. E. könnte man auch von »Salvatorkindln« sprechen. Manchmal hält so ein »Seelentrösterlein« Weltkugel und Leidenswerkzeuge; dann spricht man vom »Schmerzenskindl«. Solche »Seelentrösterlein« schenkte man gern den Nonnen zur »Profeß«, der Ablegung der ewigen Gelübde. Sie waren zumeist der einzige Schmuck ihrer Zellen. Wie das »Kindlwiegen« haben auch die Seelentrösterlein ihren Ursprung in der mittelalterlichen Christkindminne der Frauenklöster.

[10] Das kindhafte »Seelentrösterlein« (siehe Anm. 9) hieß im Volksmund auch »Himmlischer Bräutigam«. Die Jesus-Verehrung der Nonnen hat im wesentlichen zwei Züge: einen mütterlichen und einen bräutlichen, denn die bräutlich gekleidete und geschmückte Nonne wird bei der »Profeß« Jesus als »himmlischem Bräutigam« angetraut (»geistliche Hochzeit«). Wie das weltliche Paar erhält sie aus diesem Anlaß auch ein Herzgebäck (gemodelt, als Gebildbrot geformt), das »Profeßherz« genannt wird. Dem geistlichen Anlaß entspricht auch die Motivik solcher Profeßherzen, die sehr häufig das Christogramm tragen.

[11] Vgl. dazu B. Rothemund, Barocke Klosterarbeiten, Autenried 1982.

[12] Vgl. dazu sowohl die alten klösterlichen Lebkuchenrezepte als auch Modelbestände, die die lange Tradition der Lebkuchenherstellung in den Klöstern bezeugen; darunter war mit Sicherheit auch gemodelte Ware, denn wozu hätte man sonst die Model gebraucht? Wie im profanen Bereich werden die alten Klostermodel heute von den Nonnen zur Herstellung von Zierabdrucken verwendet; vgl. dazu Elfriede Hanak und Michael Martischnig, Salzburg. Traditionelles Handwerk – Lebendige Volkskunst, Wien 1981, S. 34–35. Zur Illustration sei ein altes »Lebzeltenrezept« aus einem bayerischen Nonnenkloster angeführt; es stammt aus der Zeit um 1660. Man benötigte dazu »55 Vierling Canari Zucker, 3 Lot Zimt, 3 Lot Nägeli, 3 Lot Aenes (Anis), 3 Pfd. schönes Vollmöll, 3 Lot Imer (Ingwer), 3 Lot Muskat Plie (Blüten), 3 Lot Coriander, 6 Löffel Malvasier oder Rosenwasser und 3 neugelegte Ayr mit Dotter und Clar.« Über die Zubereitung heißt es u. a.: »Man kanns formieren wie man will, aber auf Oblaten mus mans aufstreichen, nit gar zu dickh nur eines gueten Mösser Rügen dickh. Wenn die Lekkerli als anfenklich auch gar dinne seien, im Offen lauffen sy schön auf und werden inwendig schön glöchlet. Ehe man ainschoißt um bachen, sollt mans mit bier überstreichen, so werdens glanzet.« (Zitiert bei Ingeborg Weber-Kellermann, Das Weihnachtsfest, Luzern und Frankfurt/M. 1978, S. 170). Daß es sich nach den Zutaten und der Zubereitung gar nicht um »Lebkuchen« im eigentlichen Sinn handelt (vgl. Text S. 43), sei nur kurz angemerkt. Andererseits wird die Verbindung zwischen den modelfähigen Massen Marzipan und Lebkuchen und die Rolle des Lebkuchens als »Marzipan der Massen« einmal mehr deutlich.

[13] Mitteilung von Frau Gabriele Folk-Stoi, die die größte private Spielzeugsammlung Österreichs besaß. Aus diesem Bestand ging das Salzburger Spielzeugmuseum hervor.

[14] Der »Zelten« bezeichnet, ganz allgemein gesagt, einen flachen Kuchen. Der »Zelter« (heute noch als Familienname gebräuchlich) war ursprünglich der »Bäcker«. In seiner früheren Bedeutung begegnet das Wort noch in den Komposita »Lebzelten«, »Pfannzelten« und »Weihnachtszelten«. – Die Diminutivform »Zeltel« bezeichnet eine kleinere (bis kleinste) Form. »Zeltel« waren auch kleine, viereckige und sehr dünne »Zuckerln« oder (medizinische) »Pillen«. Der Ursprung der Wortfamilie ist germ. teld = breit ausspannen, flach überdecken (zur Wortsippe gehört auch »Zelt«). Vgl. auch Anm. 235. Friedrich Kluge, Etymologisches Wörterbuch der deutschen Sprache, 19. Aufl., bearbeitet von Walther Mitzka, Berlin 1963, S. 881. Der »Zettel« hingegen ist ein Lehnwort. Am Anfang steht griech. schide, das als lateinisches Lehnwort scheda, Diminutivform schedula, lautet. Die Bedeutung ist »Papierblättchen«. Mhd. zedel(e) beruht auf mlat. cedula; bei Luther finden wir Zedel. Wie oben, S. 883.

[15] Ernst Burgstaller, Österreichisches Festtagsgebäck. Wien 1958, S. 128, wo es heißt: »Wie immer man die Sterngebäcke auch deutet: mit der kalendarischen Situation der Neujahrszeit stehen sie ebenso in Verbindung wie die Dreikönigssterne und die feststehenden oder beweglichen Leuchtsterne, die viele der um diese Zeit umherziehenden Dreikönigs- und Sternsingergruppen mit sich tragen. Als Sinnbilder des neuen Jahres weisen sie, wie einst auch der Stern von Bethlehem, auf den Anbruch eines neuen Zeitabschnitts hin, der mit dem Geburtstag des Heilandes anhebt. – Ein Gleiches besagen auch die zahlreichen Spiralgebäcke ...«

[16] Zum Standardangebot der Gold- und Silberwarengeschäfte gehört der sogenannte »Glücksstern« aus Gold, der innen den Stern und außen einen breiteren Reifen mit der Inschrift »Ich bring Dir Glück« zeigt. In der Größe von Bettelarmband-Anhängern wird er sowohl an solchen als auch an einem dünnen Goldkettchen um den Hals getragen. Die billigere Version in Silber gibt es auch.

[17] Das Besondere des sechszackigen »Davidssterns« ist, daß er durch zwei sichtbar übereinanderliegende gleichschenkelige Dreiecke gebildet wird. Er ist ein Glaubenssymbol des Judentums und nationales Emblem des Staates Israel.

[18] Lexikon der christlichen Ikonographie, 1. Bd., Rom–Freiburg–Basel–Wien 1968, Sp. 41.

[19] Der Hauptanlaß für die Herstellung, das Kaufen und Schenken von besonderen Gebäcken sind die Schenkverpflichtung der Paten zu bestimmten Terminen (»Patenspenden«) sowie bestimmte Termine (Zeiten) im Jahres- und Lebenslauf (»Zeitgebäcke« oder »brauchtümliche Gebäcke«). Die Termine für »Patenspenden« und »Zeitgebäcke« sind oft identisch, nur sind die letzteren zumeist auf die Familie oder auf Heischegänger bezogen, die ersteren eine Angelegenheit zwischen den Paten und den Patenkindern.

[20] Schon lange sind wir beim Aufstellen des Christbaums die hölzernen Christbaumkreuze oder die besonderen Gestelle aus Gußeisen oder Plastik gewohnt, die es aber natürlich nicht immer gab. Im vorigen Jahrhundert stellte man das Weihnachtsbäumchen u. a. auch in eine halbierte und eingekerbte Futterrübe (Burgunder) oder man verwendete einen Blumentopf als Ständer. Vgl. dazu auch die Darstellung von Vincenz R. Grüner (1771–1832), Weihnachtsfest um 1825. Dezemberblatt aus einer Folge von zwölf Monatsblättern. In: Ingeborg Weber-Kellermann, Das Weihnachtsfest, wie Anm. 12, S. 106.

[21] Geflochtene Wiegenkörbe sind bis heute in Gebrauch. Vielfach gleichen sie genau den geflochtenen Waschkörben. Man stellte solche Schlafstätten für die Säuglinge auch selbst her, indem man einen Waschkorb austapezierte. In der Kriegszeit war das auch in reicheren Kreisen durchaus üblich. – Zwei Holzkufen machen aus diesem Schlafkorb einen echten (»schaukelbaren«) Wiegenkorb.

[22] Vgl. Albert Walzer, Typen alter Holzmodel für Gebäck und für Teige, die getrocknet werden, in: Der Museumsfreund, Jg. 1963, H. 3, S. 18–57; Abb. 28 auf S. 24; ders., Liebeskutsche, Reitersmann, Nikolaus und Kinderbringer. Volkstümlicher Bilderschatz auf Gebäckmodeln, in der Graphik und Keramik, Konstanz–Stuttgart 1963, Abb. 178 (S. 121). Deutsches Brotmuseum Ulm, Braunschweig 1980 (Reihe »museum« von Westermann), S. 109.

[23] Im Angebot der Konditoreien und Bäckereien finden wir in Stadt und Land in Hohlformen gebackene Lämmer aus Biskuitteig. In zunehmendem Maße werden sie auch wieder zu Hause gemacht. (Die Formen sind heute aus getriebenem Weißblech, aber auch aus Gußeisen.)

[24] Theo Gantner, »Heiliges Wachs«, Agnus Dei. In: Geformtes Wachs. Katalog des Schweizerischen Museums für Volkskunde, Basel 1980, S. 57–75 und S. 88–89.

[25] Geiler von Kaysersberg, Passio domini nostri Jesu Christi, Straßburg 1508; ders., Predigten, Straßburg 1514. Die Darstellung, wo ein Hausvater einen stattlichen, mit einer Kreuzigungsszene verzierten Lebkuchen in Stücke schneidet und an seine Gäste verteilt, gehört zur Predigt »Passion in stückes weiß eines süßen Lebkuchen oder honigzelt«. Der Text nimmt darauf ausdrücklich Bezug: »So ist ein jedes Stuck gezieret und bezeichnet mit seiner eigene besundern form und eigene nomen nach der gestalt figur und form im anfang den kuchen ingetrucket und werden die stück des kuchens ußgeteilt von dem Hausvatter alle tag und so wirt es genant ein kuch des lebes im teutschen ein lebkuch.« (Wortspielerisch arbeitet der Autor mit dem »Kuchen des Lebens« – Christus ist ja das »Brot des Lebens« – und dem »Lebkuchen«. Zur Etymologie von »Lebkuchen« vgl. das Kapitel »Lebkuchen und Lebzelten«). W. von Bodes Ansicht, daß Model mit religiösen Darstellungen nie zum Formen eßbarer Materialien benutzt worden seien, da man Gebäck etc. mit solchen Bildern aus Pietät nicht verzehrt hätte, ist also nicht richtig. Vgl. Hanna Kronberger-Frentzen, Die alte Kunst der süßen Sachen, Hamburg 1959, S. 37. (Im übrigen ist ja gerade das Essen magischer oder kultischer Bildträger, die gar nicht unbedingt genießbar sein müssen, wie z. B. Papier, ein dem Volkskundler ganz bekanntes Phänomen: durch das Aufessen will man sich den Segen – des heilkräftigen Zeichens – einverleiben und so zur Gänze ausnützen.)

[26] Katharina von Alexandrien besiegte die von Kaiser Maximin berufenen fünfzig Philosophen in der Disputation (Katharina argumentierte für das Christentum). Als sie gerädert werden sollte, zerbrach auf ihr Gebet hin das Rad. Schließlich wurde sie enthauptet. Zumeist mit (häufig zerbrochenem) Rad dargestellt, aber auch mit Schwert (oder mit beiden Attributen).

[27] »Physiologus« ist eine Sammelbezeichnung für Naturkundebücher, die Berichte von wirklichen oder sagenhaften Tieren enthalten oder manchen Tieren sagenhafte Eigenschaften zuschreiben. Das Mittelalter kannte vor allem lateinische Bearbeitungen des »Physiologus« (die »Bestiarien« hießen). Auf »Physiologus« und »Bestiarien« gehen viele Vorstellungen der christlichen Tiersymbolik zurück.

[28] Wenn jemand Kalamitäten ohne Spuren übersteht, sagt man noch heute, er sei daraus hervorgegangen »wie Phönix aus der Asche«. Dem sprachlichen Bild liegt die Vorstellung vom Vogel Phönix zugrunde, der sich nach bestimmten Zeitabständen selbst zerstört (verbrennt) und erneuert aus der Asche aufersteht. Der den Ägyptern heilige Vogel war die Verkörperung des Sonnengottes; unter Bezug auf den »Physiologus« (siehe Anm. 27) wurde der Phönix von den christlichen Kirchenvätern zum Symbol Christi sowie der den Tod überwindenden Auferstehung.

[29] Nach dem »Physiologus« (s. Anm. 27) ist der Pelikan ein Vogel, der seine widerspenstigen Jungen tötet, sie aber nach drei Tagen mit dem eigenen Blut aus selbstgeschlagenen Wunden wieder zum Leben erweckt. Der Pelikan ist Symbol aufopfernder Elternliebe. Im Mittelalter ließ man den ersten Teil der Legende fallen und deutete den zweiten um: der Pelikan wurde zum Vogel, der seine Nachkommen mit dem eigenen Blut nährt, bis er selbst stirbt. Auf dieser Grundlage wurde er zum Symbol für Christus und dessen Opfertod.

[30] Im christlichen Abendland wurde das Einhorn vor allem durch den »Physiologus« (s. Anm. 27) bekannt bzw. sogar volkstümlich. Sein Horn entspringt der Stirn, dem »Sitz« des Geistes; daher ist dieses Horn nicht nur ein phallisches Symbol, sondern auch Sinnbild der Sublimation sexueller Kräfte und das Tier konnte zum Zeichen jungfräulicher Reinheit werden. Herder-Lexikon Symbole, Freiburg–Basel–Wien, Freiburg i. Br., 4. Aufl. 1978, S. 41. – Vgl. hier auch Rüdiger Robert Beer, Einhorn, München 1972.

[31] Der Fisch ist eines der ältesten Geheimsymbole für Christus, vor allem wegen der griechischen Bezeichnung für Fisch, ichthys, die als Akrostichon der Wörter »Iesous Christos Theou (H)Yios Soter« gedeutet wurde.

[32] Ernö Tompos, Wappengeschmückte Lebzeltenmodel in Sopron/Ödenburg. In: Oberösterr. Heimatblätter, Jg. 33/1979, S. 229 und 3 Abb. auf Tafel.

[33] Wie Anm. 32. Bürger ließen sich später gern und oft Wappen stechen, in besonderem Maße auch die Handwerker, wobei die Übergänge zwischen Wappen und Handwerkerzeichen fließend sind. Vgl. dazu auch Text S. 37.

[34] Vgl. hier z. B. E. M. (Elisabeth Mödlhammer), Fränkische Geschichte auf alten Backmodeln. In: Altfränkische Bilder und Wappenkalender, 81. Jg. (1982), S. 13–16.

[35] Allianz heißt Bündnis, Verbindung; die Bezeichnung »Allianzmodel« kann sowohl auf die Verbindung zweier Menschen im Ehebund (-bündnis) gemünzt sein (wie es in den Wappen der beiden Familien, die nebeneinander auf einem Model dargestellt sind und manchmal sogar noch von einem Wappenhalter deutlich gehalten und verbunden werden, zum Ausdruck kommt) als auch auf ein Bündnis von zwei Städten oder Staaten, auf einen Friedensschluß oder friedlichen Bund usw. Für Person, Stadt oder Staat steht das Wappen. Manchmal kommt die Allianz auch im Porträt von Personen (Halbfiguren usw.) und ihren Wappen als Attributen zum Ausdruck.

[36] Herbert Kürth, Kunst der Model, Leipzig 1981, S. 24 und S. 57–58.

[37] Herberth Kürth, Kunst der Model, Leipzig 1981, Abb. 19 (Wappen des Kurfürsten Johann Georg von Brandenburg), Abb. 24 (Allianzwappen Schönburg-Reuß); vgl. auch das Allianzwappen des Markgrafen Georg Friedrich d. Ä. von Ansbach (1539–1603) und der Markgräfin Sophia (1563–1639), in: E. M. (Elisabeth Mödlhammer), Fränkische Geschichte auf alten Backmodeln, wie Anm. 34, Abb. 12 auf S. 14.

[38] Karl von Spieß, Bauernkunst. Ihre Art und ihr Sinn. Berlin 1943 (im besonderen die S. 241–300) und R. Bauerreiß, Arbor vitae, 1938.

[39] Auf vielen Darstellungen, die sich auf den Wein beziehen, kommt Bacchus vor, als nackter, weinlaubbekränzter und fröhlich zechender Gott; so z. B. auf Weinflaschenetiketten usw.; die Darstellungsweise ist häufig leicht karikierend.

[40] Caritas/Liebe wurde früher auch gern mit Kindern (mütterliche, sorgende Liebe) dargestellt; dieses Bild ist heute nicht mehr geläufig, während das Herzattribut sofort »Liebe« signalisiert. Der Variantenreichtum der Symbolsprache hat nicht nur abgenommen, sondern auch seine Akzente verlagert. Es gibt auch heute noch viele – und z. T. sogar neue – Symbole; wie für die gesprochene Sprache sind auch für die Bilder- oder Symbolsprache Wandel und Entwicklung charakteristisch. Einseitig von Verarmung zu sprechen, wäre unrichtig.

[41] Geduld erträgt – nach christlicher Tugendauffassung – viel oder sogar alles. Er-tragen wird, mit iterativer Vorsilbe, vom Wort »tragen« gebildet (vgl. Friedrich Kainz, Psychologie der Sprache) und das Tragen wird einfach und deutlich versinnbildlicht durch das früher allgemein verbreitete Tragejoch (das man über die Schultern legte und an dessen Enden Ösen waren, in die man die Lasten – z. B. Kübel – einhängte).

[42] Liebespaare in solchen »Rosetten« sind eher selten; zumeist ist eine Madonna bildnisartig eingepaßt. Albert Walzer, Liebeskutsche, wie Anm. 22, S. 81.

[43] Heute noch werden Papiermanschetten für sogenannte »Biedermeierbouquets« und »Gewürzsträußchen« verwendet. Die ersteren werden aus verschiedenen frischen Blumen, zumeist um einen etwas hervorragenden Mittelpunkt (z. B. Rose) und in konzentrischen Kreisen angeordnet, letztere bestehen aus Gewürznelken, Zuckerstücken etc., die wie Blumen auf Drähte gebunden und dann zum Sträußchen geordnet werden.

[44] Vgl. hier insgesamt das Kapitel »Manschettenblumen« in: Albert Walzer, Liebeskutsche, wie Anm. 22, S. 81–90; Abb. 123 (auf S. 83) zeigt ein Liebespaar im Strauß mit deutlich erkennbarer Manschette (Tülle).

[45] Vgl. hier die Abb. 126 (auf S. 85) in Albert Walzer, wie Anm. 44.

[46] Vgl. hierzu folgende Kapitel in Albert Walzer, Liebeskutsche, wie Anm. 22: »Derber Spott über menschliche Schwächen« mit den Abschnitten über den geprügelten Ehemann, den Streit um die Hose, das zänkische Paar u. ä. (insgesamt S. 149–166) sowie die Ausführungen über »Herakles und Omphale« (S. 134–136).

[47] Vgl. hier einmal den Abschnitt »Tod, Du hast diesmal Verstand« in Albert Walzer, Liebeskutsche, wie Anm. 22, S. 155–156 (mit Abb. 223); ferner taucht das Thema auch auf anderen Printmedien auf, z. B. als satirische Titeldarstellung in der »Monatsschrift für Wiener Art und Sprache ALT-WIEN«, 2. Jg. 1893, Nr. 4 (Februar) mit dem Bildtitel »Ungleiche Heyrathen«. Während den Meisterssöhnen der Eintritt ins Handwerk und die Erlangung der Meisterwürde nicht nur offenstand, sondern sogar noch erleichtert wurde (z. B. durch Verkürzung und manchmal sogar Erlassung der Wanderjahre), hatten die Gesellen kaum Möglichkeiten, sich als Meister zu etablieren. Manchmal ergatterte einer vor ihnen eine der wenigen zurückgelegten Berechtigungen, zumeist aber führte der Weg zu Meister und Bürger sowie zum eigenen Laden über die Heirat mit einer Meisterswitwe, also über die Einheirat in einen Witwenbetrieb. Größere Altersunterschiede – zuungunsten der Frau – waren nicht selten. – Begründet war diese Ordnung in der ökonomischen Situation; in der Knappheitsgesellschaft galt es, ein bestimmtes Gleichgewicht zu halten und durch numerische Beschränkung das Überleben zu sichern. Das Alte Handwerk schob einem willkürlichen Zuwachs und unkontrollierter Konkurrenz einen Riegel vor (Numerus-clausus-Politik). Zur Gesamtsituation vgl. Michael Stürmer, Herbst des Alten Handwerks. Zur Sozialgeschichte des 18. Jahrhunderts. München 1979.

[48] Die Ausgangsbedeutung von »Hahnrei« ist »verschnittener Hahn, Kapaun«. Von hier aus kommt es zum neuhoch-

deutschen Begriffsinhalt »betrogener Ehemann«. Der Betrug selbst wird ausgedrückt in den Wendungen »einem Hörner aufsetzen« oder »Hörner tragen«. »Hahnrei« und »Hörner tragen« hängen wie folgt zusammen: Dem Kapaun setzte man zur Kenntlichmachung die abgeschnittenen Sporen in den Kamm, wo sie weiterwuchsen (»Hörner«). – Der zweite Wortteil von Hahn-rei bedeutet »Kastrat«. -rei ist zu ostfries. -rune, auch ruin (gesprochen roin) zu stellen; oi wird zu ei entrundet: rein. Friedrich Kluge, Etymologisches Wörterbuch der deutschen Sprache, wie Anm. 14, S. 282. – Die Kontamination von »Hahnreiter« und »Hahnrei« ist im Bild dann eingetreten, wenn der Hahnreiter Hörner bzw. ein Geweih trägt (wie z. B. auf Abb. 135 auf S. 91 in Walzer, Liebeskutsche, wie Anm. 22).

49 Der Hahn besitzt eine vielfältige symbolische Bedeutung, u. a. ist er Sinnbild der Sonne, der Wachsamkeit, des Feuers (»den roten Hahn aufs Dach setzen«), des Kampfes (wegen seiner Streitlust) sowie der Fruchtbarkeit (wegen seines starken Fortpflanzungstriebes). Vgl. dazu Herder-Lexikon Symbole, Freiburg–Basel–Wien, 4. Aufl. 1978, S. 67–68.

50 »Sich von einem Vogel durch die Lüfte tragen lassen« bzw. »sich in die Luft erheben« kann bedeuten, daß man das Übermenschliche anstrebt (oder verlangt); es ist aber auch ein Synonym für »sich überheben«. – Vgl. zum Themenkreis (grundlegend) Karl von Spieß, Der vom Vogel Getragene, in: Marksteine der Volkskunst, 2 Bde., Berlin 1937 und 1942; 1. Bd., S. 168–203.

51 Vgl. z. B. pompejanische Fresken oder einen römischen Weihestein (heute im Vatikanischen Museum); Albert Walzer, Liebeskutsche, wie Anm. 22, S. 139 (mit den Abb. 197 und 198); sowie das ganze Kapitel »Handwerker«, ebd., S. 139–148.

52 »Konrad Mendel hatte 1383 bei der Stiftung seines Asyls für alte, vermögenslose Handwerker bestimmt, daß jeder der jeweils zwölf Stiftsinsassen bei der Arbeit in der ihm im Stift zur Verfügung stehenden Werkstatt porträtiert werden sollte. Dieser erste Band reichte bis zum Jahr 1549. Der zweite ist verlorengegangen. Der dritte bringt die Porträts der ›Brüder‹ von 1792 bis 1799.« Im älteren Mendelschen Stiftungsbuch (heute Stadtbibliothek Nürnberg, auch in Faksimile vorliegend) finden sich an die dreihundert Handwerkerbilder. Vgl. Albert Walzer, Liebeskutsche, wie Anm. 22, S. 140.

53 Vgl. dazu Ernest Bornemann, Sex im Volksmund. 2 Bände, Reinbek bei Hamburg 1971 und 1974, unter bezüglichen Stichwörtern.

54 Vgl. dazu auch das Kapitel »Tanzpaare« in Albert Walzer, Liebeskutsche, wie Anm. 22, S. 51–54.

55 Vgl. den Abschnitt »Die Liebeskutsche und anderes Gefährt« in Albert Walzer, Liebeskutsche, wie Anm. 22, S. 17–28.

56 Vgl. hier auch die Abb. 258 mit der Jagdszene; dieser Säbel wurde wegen des Motivs in die Gruppe »Waidwerk« gegeben.

57 Dukaten waren eine frühere Zahlungseinheit (Münze). Heute noch werden in Österreich Golddukaten geprägt, die aber nicht mehr im Zahlungsverkehr verwendet werden können. Sie werden ihres hohen Goldgehalts aber gern als Kapitalanlage gesammelt. Es gibt Einfach- und Vierfachdukaten. – Wie der »Gulden« und »Taler« (frühere Münzeinheiten) steht auch der »Dukaten« heute allgemein einfach für »Geld«.

58 Wenn jemand übertriebene Wünsche äußert oder Kinder ununterbrochen etwas haben wollen, sagt man (manchmal scherzhaft): »Glaubst Du, ich habe einen Geldscheißer?« oder »Ich habe doch keinen Geldscheißer«, was die einfache Verneinung ersetzten und das Abschlagen der Bitte mildern soll. Auch drückt die Phrase Tadel und Verwunderung ob der Ansprüche aus.

59 Wenn man einen Rauchfangkehrer sieht (und – so heißt es auch – dabei an einen Knopf faßt u. a. m.), dann hat man am gleichen Tag Glück, etwas geht gut aus usw. – Die besondere Rolle, die dem Rauchfangkehrer (Kaminkehrer, Schornsteinfeger) zugeschrieben wird, hängt sicherlich u. a. damit zusammen, daß der Kamin (Schornstein, Rauchfang) Ort und Mittel der Kommunikation mit Geistern und Dämonen ist (Märchen, Volksglauben). Vgl. dazu weiter Herder-Lexikon Symbole, wie Anm. 49, S. 84–85 (Kamin) sowie die Stichwörter Feuer, Schwarz, Rauch, Herd.

60 Dazu gehören die Angabe des Münz-(Geld-)wertes, des Landes der Gültigkeit, das Ausgabe-(Präge-)jahr u. a. m. Es ist möglich, daß man Münzen aus Marzipan, Tragant oder Lebkuchenteig als Sinnbild für erwünschten Reichtum schenkte, als Spielgeld verwendete und zur Dekoration heranzog, wie dies z. B. die Abb. auf S. 148 in Hans Jürgen Hansen, Kunstgeschichte des Backwerks (Oldenburg/Hamburg 1968) zeigt.

61 »Satirische« und Neuigkeiten-Bilder waren beliebte Textillustrationen oder Bildbeilagen früherer »Zeitungen« oder »Monatsschriften« u. a. m. »Die erste Giraffe in Wien« finden wir – rückblickend – als »Historisches Bruchstück« in Wort und Bild dargestellt in der »Monatsschrift für Wiener Art und Sprache ALT-WIEN«, 2. Jg. 1893, Nr. 11 (September), S. 195–196.

62 Der Terminus ist hier bewußt verwendet, da viele Forscher – in der Vergangenheit in besonders starkem Maß – auch in diesen vielen »nichtchristlichen« Motiven »religiöse Zeichen vor- oder außerchristlicher Religionswelten« sahen, so daß »religiöses« und »nicht religiöses« Symbol kein genügend eindeutiges Begriffspaar ist. (Im allgemeinen, alltäglichen Sprachgebrauch ist in unserem Kulturkreis »religiös« durchaus mit »christlich« gleichzusetzen.)

63 Heute wird die katholische Firmung in der Regel Kindern mit 12–13 Jahren erteilt.

64 Die protestantische Konfirmation erhält man mit 14 Jahren, in welchem Alter man auch die Pflichtschule beendet.

65 Auch wenn die Erwachsenen nur mehr sogenannte »Taufscheinkatholiken« sind, werden nach wie vor die meisten Kinder getauft und gefirmt; wenn sie groß geworden sind, lassen sie sich (folgerichtig) – nach der (gesetzlich vorgeschriebenen) standesamtlichen Trauung – zusätzlich auch in der Kirche trauen.

66 Vgl. hier z. B. auch die Abbildung auf dem Titelblatt des Katalogs »die kunst der süßen sachen«, »die kleine ausstellung« in der Kassenhalle der Hauptstelle der Sparkasse der Stadt Köln vom 27. November 1967 bis 5. Januar 1968, bearbeitet von Werner Jüttner (Ausstellung und Katalog). Die Exponate umfaßten Leihgaben des Kölnischen Stadtmuseums, des Kunstgewerbemuseums Köln, des Heimatmuseums Burg Frankenberg (Aachen), des Heimatmuseums des Kreises Geldern (Kevelaer), des Rheinischen Freilichtmuseums Kommern, des Württembergischen Landesmuseums Stuttgart, des Reichsstadtmuseums Rothenburg o. T. sowie der privaten Sammlungen Dr. Carl Füngling (Köln), Konditormeister Carl Klug (Köln), ferner der Sammlung Heer-Maynollo (Würzburg) und Konditormeister Karl Grau (Dinkelsbühl), und der Bäcker-Innung Köln. – Das Historische Archiv Köln steuerte Kochbücher bei. Immer wieder taucht dabei das Thema »Nikolaus« auf. Nikolausauf- und -einzüge zu Pferd oder auf Lastwagen beginnen in Österreich da und dort durchgeführt zu werden. Sie stellen ohne Zweifel Innovationen dar, ist doch das österreichische Nikolausbrauchtum charakterisiert durch persönliches Erscheinen der maskierten Termingestalten in Familie, Kindergarten und Pfarre usw., durch heimliches Hinterlegen von Geschenken der sagenhaften Umzugsgestalten, und durch Nikolausaufzüge mit scherzhaften Szenen als Resten von Nikolausspielen in den alten Spiellandschaften vor allem des alpinen Raums bzw. einfaches Maskentreiben in den Straßen. Das Erscheinen des Bischofs Nikolaus hoch zu Roß (z. B. in Laxenburg bei Wien) oder auf einem Lastwagen (in Retz in Niederösterreich), mit öffentlichem Auftreten und Ansprache auf dem Hauptplatz etc. ist Nachahmung deutschen Brauchverhaltens. Andere aus Deutschland stammende Innovationen im Brauchtum sind Christbaum (zu Beginn des vorigen Jahrhunderts), Adventskranz (in der ersten Hälfte unseres Jahrhunderts), Fasching nach Art des rheinischen Karnevals (am berühmtesten dabei der Villacher Fasching und der Mödlinger Fasching) und nunmehr der berittene Nikolaus mit offiziellem Einzug in den Ort. Zu Christbaum, Adventskranz und Fasching-Karneval vgl. die bezüglichen Karten und Kommentare im Österreichischen Volkskundeatlas: Adventkranz: Verbreitung 1932, Zeit der Einführung und derzeitige Verbreitung (Bll. 7–9 der 1. Lieferung des ÖVA, Linz 1959); Christbaum: Zeit der Einführung (Bl. 28 der 2. Lieferung, Wien 1965); Faschingsbrauchtum (Bl. 90 der 5. Lieferung, Wien 1974; hier sind vor allem die Hinweise im Kommentar relevant). Das Nikolausbrauchtum ist auf zwei Kartenblättern (mit insgesamt 5 Karten) behandelt: Bll. 88 und 89 der 5. Lieferung, Wien 1974; vgl. auch hier die Hinweise im Kommentar (Wien 1981).

67 In seiner Aufmachung erinnert er an die Erscheinung der sogenannten »Schönen« und »Guten« unter den Masken der Mittwinterzeit, in denen die Forschung z. T. »Jenseitige« erblickt(e). Dies paßt auch zu Walzers Charakteristik und Formulierung, wenn er im Nikolaus dieses Darstellungstyps (kein Heiliger, nicht bischöflich) ein »Wesen aus dem Jenseits«, das die braven Kinder beschenkt, sieht. Vgl. Albert Walzer, Liebeskutsche, wie Anm. 22, S. 125–128.

68 Mitteilung von Michael Heß.

69 Wörterbuch der deutschen Volkskunde, 2. Auflage, wie Anm. 80, S. 562. Vgl. auch die auf S. 564 befindliche Karte über die »Bezeichnungen des Gabenbringers in der Nikolauszeit« in Deutschland und Österreich (die auf den ADV-Materialien basiert).

70 Vgl. dazu J. J. Schilstra, Ruiters op taai- en speculaasvormen, in: Antiek, 13. Jg. (1978) No. 5, S. 357–370; und deutsche Zusammenfassung (inliegend). Zu den niederländischen Nikolaus-Reiterdarstellungen vgl. die Abb. 1 und 2: beide haben zwei Tragekörbe, Abb. 2 sogar das Attribut der Knaben im Faß.

71 Vgl. die gleichnamige Karte im Österreichischen Volkskundeatlas (Edith Hörandner, Nikolausbrauchtum II, Kärtchen d, Österreichischer Volkskundeatlas, 5. Lieferung 1974, Bl. 89) sowie die bezüglichen Ausführungen im Kommentar (erschienen 1981), S. 20–21.

72 Das Erscheinungsbild der Umzugsmaske reicht vom prächtig gewandeten Priester (in festlichen Meßgewändern) mit Mitra und Krummstab bis zu improvisierten, auf das Notwendigste reduzierten Verkleidungen (zu denen Mitra und Wattebart, eventuell noch Buch und Stab gehören). Zumeist, aber nicht immer gehören aber doch ein weißes langes Gewand (Alba) und ein Ornat oder Umhang (Pluviale oder »Rauchmantel«, wie er bei Prozessionen getragen wird) dazu. Vgl. hier z. B. die Abbildungen 5, 6 und 7 im unter Anm. 71 genannten Kommentar (Abbildungsteil) sowie die dortigen Ausführungen auf S. 16.

73 Nach der Zerstörung der Stadt Myra in Lykien (Kleinasien, heute Türkei) wurden 1087 die Gebeine des Heiligen nach Bari (Italien) überführt, was den Nikolaus-Kult der westlichen Kirche stark förderte.

74 Zu den Geschenken (als Lohn fürs Bravsein) gehören Äpfel und Nüsse, Aschanti, Datteln und Feigen, Orangen und Mandarinen, Zuckerln (Bonbons) und Schokolade sowie Lebkuchen. Zur Mahnung gibt es eine größere und kleinere Rute, zur Strafe (wenn auch zumeist nur in erzählender Drohung) Kohlen, Erdäpfel (Kartoffel) und ... Roßknödel!

75 Es gibt Krampusdarstellungen mit Pferdehufen, Fellkleid, Hörnern usw., die Rumpf und Beine in der Art der Fatschenkindln geschnürt haben, wobei in den Flächen zwischen den gekreuzten Bändern Rosettenblumen als zusätzliche Verzierung angebracht sind. Ein derartiger Model befindet sich als Abdruck in meinem Besitz. Er ist auch deswegen interessant, weil er die Züge Gustav Adolfs trägt. Aus Greuelpropaganda wurde er von der konfessionellen Gegenseite als Krampus resp. Teufel dargestellt, und vor dem Zweiten Vaticanum wurden ja auch die »getrennten Brüder und Schwestern« z. T. noch immer »verteufelt«.

76 Zu den Bezeichnungen der teuflischen Begleitgestalt(en) vgl. die schon unter Anm. 69 genannte ADV-Karte, da sie auch die Namen der Begleitgestalten (des Nikolaus) und der Schreckgestalten ausweist. Vgl. aber dazu auch Edith Hörandner, Nikolausbrauchtum I – Vorwiegende Bezeichnun-

gen der teuflischen Begleitgestalten, Kartenbl. Nr. 88 der 5. Lieferung des ÖVA, und dazugehörigen Kommentar (Wien 1981), im besonderen S. 3–9.

77 Vgl. dazu die ÖVA-Karte Nr. 89 (Nikolausbrauchtum II – Kärtchen b) sowie die diesbezüglichen Ausführungen im Kommentar S. 11–12 und Abb. 9.

78 Vgl. Ernst Burgstaller, Festtagsgebäcke. 3 Karten im Österreichischen Volkskundeatlas, 1. Lieferung, Linz 1959, mit dazugehörigem Begleitkommentar (im Kommentarband I). Kartenblatt 2: Allerseelen. Patenspenden und Zeitgebäcke. Der Hirsch als Festtagsgebäck bzw. Gebildbrot begegnet im westlichen Salzburg (Bez. Zell am See) und im anschließenden Westteil von Nordtirol (Bezirke Kitzbühel, Kufstein und Schwaz). Blatt 3: Ostern. Patenspenden und Zeitgebäcke. Der Hirsch ist in den drei genannten Nordtiroler Bezirken üblich. Blatt 4: Figürliche Gebäcke im Jahres- und Lebensbrauchtum. Der Hirsch war Termingebäck und Patengeschenk zu Allerseelen, Nikolaus, Weihnachten, Ostern und Pfingsten, und zwar in den schon genannten Regionen und darüber hinaus noch in Oberösterreich (vor allem in den Bezirken Schärding, Grieskirchen und Kirchdorf).

79 Vgl. dazu Ernst Burgstaller, Österreichisches Festtagsgebäck, Wien 1958, S. 69. Die eine Gruppe der Nikolausgebäcke »besteht aus den vielen handspannengroßen Figuren, die für den raschen Abverkauf im Tagesgeschäft bestimmt sind und oft nur die Umrißlinien wiedergeben; die handgeformten unter ihnen sind aus Semmelteig, die mittels Ausstechformen hergestellten aus Lebkuchenteig. Die zweite Gruppe der handgeformten Gebäcke, die häufig aus süßem, mit Weinbeeren durchsetztem Milchbrotteig hergestellt wird, umfaßt Großformen bis zu 50 cm und darüber, die auf Bestellung oder als Schaustücke gebacken und mit besonderer Sorgfalt ausgestattet werden.« – Diese Feststellung bezieht sich einerseits darauf, daß viele Festtagsgebäcke in den letzten Jahrzehnten vorwiegend beim Bäcker gekauft – und nicht mehr zu Hause selbst hergestellt – wurden; andererseits kann man m. E. mit Sicherheit für die heute ausgestochene Lebzeltform für frühere Zeiten die gemodelte Lebkuchenware ansetzen, die vor allem in den Lebzelterläden oder den -standeln auf den Märkten angeboten und gekauft wurde.

80 Wörterbuch der deutschen Volkskunde, begründet von Oswald A. Erich und Richard Beitl, 2. Auflage neu bearbeitet von Richard Beitl, Stuttgart 1955, S. 902 (Stichwort Zahl, zählen).

81 Man denke nur z. B. an die drei Brüder, die drei Proben, die drei Wünsche u. a. m.

82 So gibt es z. B. drei heilige weiße Gaben (Mehl, Ei und Salz); man muß dreimal etwas tun, um das zu erreichen, was man will; Dreisproß u. v. a.

83 Dreifaltigkeit, drei Könige, drei göttliche Tugenden (Glaube, Hoffnung, Liebe) usw.

84 Man denke nur an das »Schock« = 5 Dutzend (60).

85 So ist z. B. aus dem 13. Jahrhundert von Frater Rudolfus folgender Liebeszauber mit – übrigens drei! – Fischen überliefert: »Drei Fischlein legen sie, eins in den Mund, das zweite unter die Brüste, das dritte an den unteren Teil, bis sie sterben; dann machen sie sie zu Pulver und geben sie den Männern in Speise und Trank.« Zitiert in: Wörterbuch der deutschen Volkskunde, wie oben Anm. 80, S. 207 (Stichwort Fisch, Fischer).

86 Vgl. hier »Volkskunst im Zeichen der Fische«, Katalog der Ausstellung des Österreichischen Museums für Volkskunde im Prämonstratenserstift Geras, Wien 1976.

87 Ernst Burgstaller, Festtagsgebäcke. Figürliche Gebäcke im Jahres- und Lebenslauf. Österreichischer Volkskundeatlas, 1. Lieferung, Linz 1959, Bl. 4 und Begleitkommentar.

88 Vielkörnerspeisen und -gebäcke gehören daher auch zu den traditionellen Weihnachts- und Neujahrsgerichten wie z. B. Linsen, Mohnstrudel usw. Vgl. dazu Ernst Burgstaller, Brauchtumsgebäcke und Weihnachtsspeisen, Linz 1957.

89 Albert Walzer, Liebeskutsche, Reitersmann, Nikolaus und Kinderbringer. Volkstümlicher Bilderschatz auf Gebäckmodeln, in der Graphik und Keramik. Stuttgart 1963, S. 171.

90 Vgl. Abb. 54 auf S. 39 in Albert Walzer, Liebeskutsche, wie Anm. 89.

91 Vgl. Gilbert Trathnigg, Von der Welser Lebzelterei, in: Jahrbuch des Musealvereines Wels 1956, S. 65–89; S. 78–81.

92 Wie Anm. 91, S. 81.

93 Wie Anm. 91, S. 81.

94 Wie Anm. 91, S. 79/Anm. 18.

95 Wie Anm. 91, S. 83.

96 Karl Schönherr, Gesamtausgabe, Wien 1967, 2. Band (Bühnenwerke), S. 364–366 und S. 375.

97 Gottfried Keller, Die Leute von Seldwyla, 2 Bde., Salzburg und Stuttgart 1958; 1. Bd., S. 74ff.

98 Wie Anm. 97.

99 Richard Beitl, Deutsche Volkskunde, Berlin 1933, S. 153.

100 Karl Werhan, Honigkuchenpoesie auf dem Frankfurter Weihnachtsmarkte, in: Hessische Blätter für Volkskunde, Bd. 35/1936, S. 39ff.

101 Ingeborg Weber-Kellermann, Das Weihnachtsfest, Luzern und Frankfurt/M. 1978, S. 81 und S. 171.

102 Albert Walzer, Liebeskutsche, wie Anm. 89, S. 37–50 (Kapitel »Das Herz – Sinnbild der Liebe«).

103 Max Höfler, Gebildbrote der Hochzeit, Wien 1911 (Zeitschrift für Österreichische Volkskunde, Erg.-Heft VII/XVII), S. 7, Fig. 4.

104 Edith Hörandner, Verlobung. In: Manfred Lurker (Hg.), Wörterbuch der Symbolik, Stuttgart 1979, S. 612–613.

105 Wie Anm. 103, S. 6.

106 Augustinus, Confessiones, s. Migne, P. L., XXXII, S. 764.

107 Gilbert Trathnigg, Von der Welser Lebzelterei, wie Anm. 91, S. 52 und Abb. 12.

108 Vgl. Rudolf Fochler, So lebt und lebte man. Eine Umschau im Volksleben der Traunseestädter. Beschreibung des Liebstattsonntags in Gmunden (mit Foto), S. 142–143.

109 Gebildbrote. In: Handwörterbuch des Deutschen Aberglaubens, Bd. III, Berlin u. Leipzig 1930/1931, Sp. 373–405; der Verfasser ist Eckstein.

110 Vgl. Joh. Andreas Schmeller, Bayerisches Wörterbuch, wie Anm. 227, Bd. I, Sp. 779. Fatsche oder Bauchfatsche bezeichnet gegendweise auch den breiten Männergürtel. »Er besteht aus einem breiten Streifen Leder, welcher gewöhnlich bunt ausgenäht, mit Nägelchen zierlich beschlagen und ein wesentlicher Theil des bäuerlichen Staates ist. Auf ähnliche Art hat auch der Bauer in den spanischen Provinzen Valencia und Catalonien seine bunte Faxa, die er sich vielfach um den Leib wickelt.« (Ebd.)

111 Nicht selten waren Brauttorte (»Beschautorte«) oder Brautkuchen mit Zucker»poppeln« behängt, so z. B. in Baden oder in Tirol. Auch die Störche der Brautschachteln des Polterabends trugen (9 oder 3) Fatschenkinder (vgl. dazu das Kapitel »Kinderbringer«). In Bayern wiederum trugen die mit Seidenbändern verzierten Krüge nicht nur Münzen und Perlen, sondern auch kleine Fatschenkinderchen aus Wachs. Albert Walzer, Liebeskutsche, wie Anm. 89, S. 171.

112 Walzer verweist hier auch auf Max Höfler, der die Gebildbrote allerdings zumeist unter dem Aspekt der Fruchtbarkeit interpretierte. Im engeren Zusammenhang zu nennen sind hier folgende Werke: Max Höfler, Weihnachtsgebäcke. Eine vergleichende Studie der germanischen Gebildbrote zur Weihnachtszeit. Wien 1905; sowie ders., Gebildbrote der Hochzeit, Wien 1911.

113 Walzer nennt Hüllhorst (Kreis Lübbecke).

114 Im übertragenen Sinn könnte man bei dem Kinderpärchen auch daran gedacht haben, daß es sich bei Brautleuten um kindliche Anfänger in der Ehe handelt und dementsprechend die Darstellung auf Braut- und junge Eheleute bezogen haben, merkt Walzer an (wie Anm. 89, S. 174).

115 Vgl. dazu Edith Hörandner, Zur Motivgruppe »Dulcis Jesus« und »Jesus amabilis« auf Andachtsbildern. In: Volkskunst, Zeitschrift für volkstümliche Sachkultur, 2. Jg., 1978, H. 2, S. 93–98.

116 Dabei kam es zur Entstehung des mit Prinz Eugen immer wieder assoziierten Liedes »Prinz Eugenius, der edle Ritter . . .«

117 Poitou in Südfrankreich. Kaiser Konstantin sprengt über eine – das Heidentum verkörpernde – Frau hinweg.

118 Hier reitet der hl. Dimitri (Demetrios) über den Gegner hinweg. Das Motiv ist besonders in Bulgarien beliebt.

119 Karl von Spieß, Grundlinien einer Formen- und Gestaltenkunde der Gebildbrote, in: Oswald A. Erich, Jahrbuch für historische Volkskunde, Berlin 1934, Bd. III und IV (Sachgüter der deutschen Volkskunde), S. 391–416, Tafel 63–66; S. 405, Abb. 49, Tafel 63.

120 Dieser plastische Elfenbeinentwurf befindet sich im Kunsthistorischen Museum in Wien. – Von Steinle stammt auch ein anderer Entwurf, der in diesen Zusammenhang gehört, nämlich eine Elfenbeinstatuette als Denkmalentwurf für Kaiser Joseph I., wo dieser mit seinem Pferd über eine Personifikation der Zwietracht hinwegsetzt.

121 Johann Joachim Kändler (1706[?]–1775) war der Hauptplastiker der Meißner Porzellanmanufaktur. – Vgl. zu den Ausführungen dieses Kapitels bis hierher Albert Walzer, Liebeskutsche, Kapitel »Der Reitersmann«, wie Anm. 89, S. 101–108.

122 Die Ulanen waren die polnische, die Husaren die ungarische Reiterei.

123 Albert Walzer, Liebeskutsche, Kapitel »Stramme Musketiere, stolze Grenadiere«, wie Anm. 89, S. 73–80.

124 Soldaten als Kinderspielzeug sind aus Nürnberg ab dem 17. Jahrhundert bekannt. Sie wurden aus Blei, Bronze oder Silber usw. verfertigt. Am berühmtesten und am weitesten verbreitet wurden schließlich die Zinnsoldaten, die sogar in die sprichwörtlichen Redensarten eingingen. (Andersen schrieb das Märchen vom »Standhaften Zinnsoldaten«.) Ganze Schlachten wurden mit ihrer Hilfe im Kinderzimmer nachgespielt und Gardebataillone aus Zinnsoldaten hielten auch bei so mancher Weihnachtskrippe Wache. Als Kriegsspielzeug oder, weniger militant ausgedrückt, als »typisches Bubenspielzeug« ist der Zinnsoldat längst anderem Spielwerk gewichen; er wurde aber zum Sammelgegenstand so manches Erwachsenen und auch zum Ausstellungsobjekt von Spezialmuseen, wo er in sogenannten Dioramen wohl mehr die Welt früherer Kriegsschauplätze als die Atmosphäre der Kinderzimmer der Vergangenheit heraufbeschwört. In Österreich gibt es auf Schloß Pottenbrunn bei St. Pölten in Niederösterreich ein »Zinnfigurenmuseum«. Neben den Soldaten aus Metall gab es auch noch hölzerne und papierene; letztere wurden aus den Mandlbogen ausgeschnitten (z. T. vorher auf Pappendeckel oder dünne Holzbrettchen aufgeklebt, damit sie besser stehen) und dann zum Spielen aufgestellt. Vgl. zum Soldatenspiel und zu den Spielsoldaten allgemein sowie zu den Zinnsoldaten im besonderen z. B. Antonia Fraser, Spielzeug. Die Geschichte des Spielzeugs in aller Welt, Oldenburg/Hamburg 1966, S. 99–102 (für das 18. Jahrhundert) und S. 148–152 (für das 19. Jahrhundert).

125 In Wien nannte man die Bilderbogen nach den darauf abgebildeten »Mand(e)ln« (Figuren) »Mandlbogen«.

126 Vgl. hier im besonderen die Abb. 101 zu Walzers Spezialkapitel (vgl. Anm. 123), die vier Chargen als Typenreihe bringt. Im Gegensatz zu den Modelbildern weisen die Darstellungen auf den Kupferstichen u. ä. durchaus Tiefenwirkung auf; Walzer bringt als Beispiel ein Blatt von Jean Michel Papillon (1698–1776). Zu den Typenreihen des 17. Jahrhunderts gehört eine Serie von Abraham Aubry aus 1643, die die Grenadiere des Königs von Frankreich zum Thema hat (vgl. w. o., Abb. 103–106) und die von Hogenberg in Köln vertrieben wurde. Beispiele von Sebald Beham bringen dann die Abbildungen 107–110.

127 »Ebenso wie sich der Hirsch nach den Wasserquellen sehnt, dürstet (eigentlich: sehnt sich) meine Seele nach Dir, o Herr!«

128 Die Darstellung der Seele als Miniaturabbild eines Erwachsenen ist durchaus geläufig; bei den Bildern vom »Marientod« empfängt Christus die Seele seiner soeben verschiedenen Mutter in Gestalt eines kindhaft kleinen Menschen. – Darstellungen zu unserer besonderen Thematik finden wir

auch auf den Andachtsbildern; sie waren vor allem auch in der gegenreformatorischen Emblematik häufig, wie Spamer hervorhebt. Vgl. hier sowie zum ganzen »Hirschreitermotiv« Albert Walzer, Liebeskutsche, wie Anm. 89, Kapitel »Hirschreiter«, S. 59–62.

129 Die sogenannte »Feige«, auch »Neid-« oder »Verschreifeige« genannt, ist ein Amulett gegen Behexung und bösen Blick. Mit demselben Namen bezeichnet man auch die obszöne Gebärde der Hand, die diesen soeben erwähnten Amuletten zugrundeliegt und wo der Daumen durch den Mittel- und Zeigefinger der geschlossenen Hand gesteckt wird. Sowohl die Geste als auch die Amulette sind bereits in der Antike geläufig. Die Geste ist als Zeichen sexueller Anträge wohlbekannt. Eine besondere Ausdeutung der Feige ist der Verhöhnungscharakter (vgl. Luther, Hans Sachs u. a.). Vgl. dazu Oswald A. Erich und Richard Beitl, Wörterbuch der deutschen Volkskunde, 2. Auflage (neu bearbeitet von Richard Beitl), Stuttgart 1955, Stichwort »Feige«. – Für die Funktion von Modellebkuchen, die das Bild der Feige beinhalten, könnte die folgende Mitteilung Max Höflers Aufschluß bringen: »Der Bursche schenkt der Bauerstochter als Angebinde und Anfrage zugleich eine sogenannte ›Feige‹ aus Silber oder Bein. Schickt ihm das Mädchen die Miniaturfeige wieder zurück, so ist es aus mit allen Annäherungsversuchen; schickt es aber als Gegengabe ein silbernes Herz, dann ist die gegenseitige Zustimmung sicher« (zitiert ebd.). Vielleicht hatte der Versuch, einen Lebkuchen mit »Feige« zu schenken, ebensolchen Frage- und Probecharakter?

130 Der Schlag mit Pritsche, mit einer prallen Schweinsblase an einem Stock usw. durch Umzugsmasken wird vielfach als Kraftübertragung und Fruchtbarkeitswunsch, der allgemein auch Gesundheit und Gedeihen fördern soll, gedeutet. Erotische Bezüge sowie Förderung des Kindersegens werden bei der Interpretation immer besonders angeführt. Die Pritsche = »Wurst« des Hans Wurst (später Hanswurst) hat eindeutig auch erotische Bedeutung.

131 J. J. Schilstra, Ruiters op taai- en speculaasvormen. In: Antiek, 13. Jg., Nr. 5, Dezember 1978, S. 357–370 (mit zahlreichen Abbildungen). Dem Heft lose beigegeben ist eine englische Zusammenfassung (Riders on Gingerbread Moulds).

132 Vgl. dazu die Karten 18 bis 21 im Atlas der deutschen Volkskunde (ADV), herausgegeben von Heinrich Harmjanz und Erich Röhr. Die Karten 1–120 erschienen 1937–1939, die genannten Karten sind in Mappe 1 enthalten (Österreich ist im ADV mitberücksichtigt). Von den genannten Karten bietet Blatt Nr. 21 »einen Zusammendruck der Karten 18–20«. Zu den Kinderbringern gehören u. a. Hebamme, Storch, Gestalten der Volkserzählung, Christliche Gestalten (wie Jesus, Maria, Petrus, Tagesheiliger, aber auch Christkind und Nikolaus), »Mann« und »Frau« usw. sowie viele Tiere, u. a. viele Vögel (außer dem schon genannten und sehr häufigen Storch). – Eine gute, stark verkleinerte, aber für eine rasche Orientierung sehr brauchbare Übersichtskarte bringen O. A. Erich und R. Beitl im Wörterbuch der deutschen Volkskunde (wie Anm. 129, S. 409), die die verbreitetsten, d. h. »in der Rede der Erwachsenen und im Glauben der Kinder« häufigsten Kinderbringer ausweist: Storch, Hebamme, Eule, Krähe, Rabe, Fuchs, Wassermann und St. Nikolaus.

133 Vgl. Albert Walzer, Liebeskutsche, wie Anm. 89, Abb. 97 auf S. 69; dazu S. 69. – Zum Typus der biedermeierlichen Bildchen vgl. vor allem Hanna Egger, Glückwunschkarten im Biedermeier, Höflichkeit und gesellschaftlicher Zwang, München 1980; Reingard Witzmann, Freundschafts- und Glückwunschkarten aus dem Biedermeier, Dortmund 1979.

134 Vgl. ADV-Karte Nr. 20 (siehe Anm. 132).

135 Vgl. ADV-Karte Nr. 20 (siehe Anm. 132).

136 Neben den in obigen Anmerkungen genannten Karten ist bezüglich der Kinderbringer und Herkunftsorte der Kinder vor allem auf Richard Beitl, Der Kinderbaum, Berlin 1942, S. 41–55 (Kapitel »Kinderherkunft und Kinderbringer«) zu verweisen.

137 ADV-Karten Nr. 18, 19 und 21 (wie Anm. 132).

138 Richard Beitl, Der Kinderbaum, wie Anm. 136, S. 46.

139 E. H. Meyer, Deutsche Volkskunde, Berlin 1921, S. 102.

140 Holzschnitte und Kupferstiche waren die wichtigsten Printmedien früherer Zeiten.

141 Wie Anm. 138, S. 49.

142 Richard Beitl, Der Kinderbaum, wie Anm. 136, S. 49–50.

143 Vgl. z. B. einen auf dem Jahresrad stehenden Storch auf einem niederländischen Wappen im Museum zu Groningen; abgebildet in: Alarich Augustin, »Freund Adebar«. In: Mannus – Deutsche Zeitschrift für Vor- und Frühgeschichte, Jg. 1978, S. 27–35; S. 33 und Abb. 11 auf S. 34.

144 Vgl. dazu Alarich Augustin, »Freund Adebar«, wie Anm. 143, S. 28, sowie auch Friedrich Kluge, Etymologisches Wörterbuch der deutschen Sprache, wie Anm. 229, S. 7 (Adebar) und 375 (Kleinod). Kluge nimmt für -od ursprünglich eine alte Ableitungssilbe von ahd. ōdi, mhd. ōt an (wie in Einöde bzw. Heimat), setzt aber hinzu, daß Kleinod als Zusammensetzung mit ōt = Besitz empfunden worden zu sein scheint. – Was Freund Adebar anlangt, so führen die alten Zeugnisse auf eine Grundform, die für den ersten Wortteil die Bedeutung »sumpfige Stelle, feuchte Wiese« erschließen lassen; der zweite gehört zu faran = gehen. »Adebar« wäre also mit »Sumpfgänger« zu übersetzen. Jedoch: Früh ist sein Name zu odaboro = Segenbringer, Glücksbringer umgedeutet worden, fährt Kluge fort. »Daraus konnte sich der Glaube entwickeln, der Storch bringe dem Hause Segen, auf dem er nistet. Eine Besonderung dieses Glaubens ist der Storch als Kinderbringer, bei dem der Wunsch nach Beschwichtigung kindlicher Wißbegier mitgewirkt hat.«

145 Neben Albert Walzer, Liebeskutsche, wie Anm. 89, Kapitel »Kinderbaum« (S. 1–6) vgl. auch noch Richard Beitl, Der Kinderbaum, wie Anm. 136, vor allem S. 43–44.

146 Vgl. dazu Albert Walzer, Liebeskutsche, wie Anm. 89, Kapitel »Handschuhe«, S. 183–186, sowie Edith Hörandner, Stichwort »Verlobung« im Wörterbuch der Symbolik, hg. von Manfred Lurker, Stuttgart 1979, S. 612–613 (Kurzer Überblick) und ausführlich Hanns Bächtold, Die Gebräuche bei Verlobung und Hochzeit, 1914, sowie schließlich Max Höfler, Gebildbrote der Hochzeit, Wien 1911.

147 Zitiert im Handwörterbuch des deutschen Aberglaubens, hg. von E. Hoffmann-Krayer, Bd. VII, Berlin und Leipzig 1935/36, Stichwort »Schuh«, im besonderen die Sp. 1292–1294.

148 Es gibt eine Form eines eßbaren Rauchfangkehrers, die sich bis heute erhalten hat und das ist der »Zwetschgenrauchfangkehrer«, der unserem »Zwetschgenkrampus« entspricht. Er gehört in manchen Gegenden Deutschlands zur traditionellen Ware der Dezembermärkte und wurde auch immer wieder gezeichnet, so von Ludwig Richter (1803–1884) im Jahre 1853 (Verkauf von Schornsteinfegern aus Pflaumen) und von Hugo Bürkner (1818–1897) um ungefähr dieselbe Zeit (Dresdner Striezelmarkt um 1851). Vgl. dazu Ingeborg Weber-Kellermann, Das Weihnachtsfest, wie Anm. 101, S. 78.

149 Wörterbuch der deutschen Volkskunde, wie Anm. 129, Stichwort »Heckmännchen«, S. 308.

150 Wie Anm. 149.

151 Satiren, I, 1. 25. Zu den süßen und anderen Schulanfangsgeschenken vgl. u. a. Leopold Schmidt, Die Zuckertüte zum Schulbeginn. Zur Einbürgerung eines Brauches in Wien. In: Österr. Zeitschrift für Volkskunde, 62/1959, S. 81–96.

152 Nicht immer war das Alphabet von vornherein zum Aufessen bestimmt. Während man aber in diesem Fall noch an eine in erster Linie zufällige und zum Anlaß einfach passende formale Gestaltung denken könnte, gibt es Beispiele, wo der magische Charakter und die beabsichtigte Analogiewirkung klar hervorgehen. So legte man in Sizilien den Neugeborenen ein geschriebenes oder gedrucktes »Abizzé« in die Wiege und im Schwarzwald wurde ein zerkleinerter Zettel mit dem Alphabet darauf dem neugeborenen Kind mit dem ersten »Papp« »eingestrichen«. Im Badischen gab man etwas größeren Kindern eine aus dem als »geweiht« geltenden und besonders segenskräftig aufgefaßten Karfreitagsei bereitete Eierspeise, unter die man Buchstaben (aus Papier? gebakken?) gemengt hatte, ein Vorgang, der auch für Schulanfänger überliefert wird. Ob die Teigeinlage für Suppen in Buchstabenform wohl noch ein letzter Rest einer langen (und sicherlich nicht mehr lebendigen) Tradition ist? Auf jeden Fall aber ist das ABC in der Wiege Schutz- und Abwehrmittel für den besonders gefährdeten Säugling, dem man auf diese Weise zugleich wünschte, er möge gescheit werden und später leicht lernen. Von dieser begrüßenswerten Analogiewirkung berichtet auch eine irische Legende, nach der der Lehrer des hl. Columban seinem Schüler einen Kuchen mit dem ABC darauf zu verzehren gab. Nach dem Genuß dieses ABC-Gebäcks konnte der Heilige alles lesen. – Vgl. hierzu sowie für den ganzen Abschnitt A. Walzer, Liebeskutsche, wie Anm. 89, Kapitel »ABC«, S. 175–182.

153 Man schrieb das Alphabet auch auf Glocken, von denen bekannt ist, daß sie zur Abwehr drohender Unwetter und bei feindlichen Angriffen geläutet wurden. – Das Mittelalter kannte »ABC-Münzen« und in späterer Zeit trug man Zettel in der Geldbörse, die anscheinend funktionsgleiche christliche und nichtchristliche Schutz- und Abwehrzeichen trugen (darunter das ABC); z. B. die Kreuzesinschrift INRI und das ABC auf der einen und das Zauberquadrat (SATOR/AREPO/TENET/OPERA/ROTAS) auf der anderen Seite. Man wollte sich eben durch die verschiedenartigen Schutzmittel risikolos gegen Übles absichern.

154 Vgl. hierzu grundlegend F. Dornseiff, Das Alphabet in Mystik und Magie, 2. Aufl. 1925. – Für einen größeren thematischen Zusammenhang zu nennen ist auch Leopold Schmidt, Volk und Schrift. Geschriebene Gebet- und Gesangbücher und andere ABC-Volkskunst, Wien 1971 (Ausstellungskatalog). Der 1. Abschnitt ist dabei dem »Alphabet in Keramik und Lebzelten« gewidmet (S. 9–10).

155 J. B. Dornbusch hatte diese Steinmodel vor etwa hundert Jahren in einem alten Backhaus am Büchel (in Aachen) aufgefunden. Aus dem Nachlaß von Fritz Bock sollen die Model nach Berlin (ein Stück) bzw. nach Paris (zwei Stück, in die Sammlung Baron Alfons von Rothschild) gelangt sein. Die metallene Printenform, die A. Witte besaß, kam später in die Hand eines anderen Aachener Sammlers, aus dessen Nachlaß sie schließlich der Verfasser des Artikels, dem wir hier folgen, erwerben konnte (s. u.). Die Bildfläche der Metallform sowie der Steinmodel beträgt übrigens 17 x 12,5 cm. Will Hermanns, Aachener Bildprinten – eine gebackene Volkskunde. Wie Anm. 251, S. 141–142. Auf S. 142 findet sich die von Heinrich Schiffers gegebene Beschreibung des Madonnenmodels, die aus den »Bonner Jahrbüchern« (57 [1876], S. 220) übernommen wurde. Ebd. auch die Darstellung von J. B. Dornbusch (S. 127f.).

156 Hans Jürgen Hansen, Kunstgeschichte des Backwerks, Kapitel »Gebäckmodel«, wie Anm. 258, S. 56 und 61.

157 Rudolf Suppan, Geschnitzte Pracht aus alten Zeiten. Steirische Lebzeltmodel. Graz 1979, S. 19.

158 Hanna Kronberger-Frentzen, Die alte Kunst der süßen Sachen. Hamburg 1959, S. 36.

159 Hans Jürgen Hansen, Kunstgeschichte des Backwerks, Kapitel »Gebäckmodel«, wie Anm. 258, S. 72.

160 Sammlung Renata Pampel; wie vorhergehende Anmerkung.

161 Zitiert nach Hans Jürgen Hansen, Kunstgeschichte des Backwerks, Kapitel »Gebäckmodel«, wie Anm. 258, S. 72.

162 Rudolf Suppan, Geschnitzte Pracht aus alten Zeiten. Steirische Lebzeltmodel. Graz 1979, S. 38, 40, 42–44.

163 Wie Anm. 162, S. 39, 41.

164 Hans Jürgen Hansen, Kunstgeschichte des Backwerks, Kapitel »Gebäckmodel«, wie Anm. 258, S. 72. – Früher, aber auf dem Land letztlich bis heute, nennt und schreibt man den Vornamen zuerst (wie man es auch beim Aufrufen in der Schule und beim Militär gewohnt war). Vgl. hier z. B. das Monogramm auf dem Model Abb. 56: »F. B.« steht für Fiedler Benedikt. Der Model stammt von 1660.

165 Wie Anm. 164, S. 72–73.

166 Végh, József, Mézes bábsütőformák faragása a Dunán-

tûlon (Das Schnitzen hölzerner Lebkuchenformen in Transdanubien). In: A Néprajzi Múzeum Értesítője, XXX, 1938, S. 102–110; Abb. 5 (S. 104).

[167] Gleichnamiger Führer durch die erste Sonderausstellung des Heimatmuseums Trautenfels, o. O., o. J., S. 22. – Unter den Zeichnungen befindet sich auch die Spielhahnfeder, ein Motiv, das nach Haiding als Besonderheit der Obersteiermark anzusprechen ist.

[168] Végh, József, wie Anm. 166, S. 109–110.

[169] Schwefelformen wurden bereits im 19. Jahrhundert zur Herstellung von Marzipanabdrücken verwendet, lange Zeit jedoch waren Holzmodel und Schwefelform nebeneinander in Gebrauch. Schließlich aber kam der Holzmodel ab, denn »die älteren Konditoren berichten, daß die feingestochenen Holzformen eine mühsame Arbeit verursacht hätten, das Marzipan sei, trotz des Auspuderns mit Mehl, schwer aus der Form herausgekommen«. Die Entwicklung der typischen Schwefelform des ausgehenden 19. Jahrhunderts ist mit C. A. Schröder verbunden. Hans Jürgen Hansen, Kunstgeschichte des Backwerks, Kapitel »Gebäckmodel«, wie Anm. 258, S. 78–79.

[170] Bis 1856 wird Schröder im Adreßbuch als Konditorgehilfe geführt, ab 1868 ist er dann als Formenschneider eingetragen. Hans Jürgen Hansen, Kunstgeschichte des Backwerks, Kapitel »Gebäckmodel«, wie Anm. 258, S. 79.

[171] Hans Jürgen Hansen, Kunstgeschichte des Backwerks, Kapitel »Gebäckmodel«, wie Anm. 258, S. 79.

[172] Wie Anm. 171.

[173] Abbildungen solcher Marzipantorten siehe ebenfalls bei H. J. Hansen, Kunstgeschichte des Backwerks, wie Anm. 258, S. 206 und besonders S. 207.

[174] z. B. Hamburger und Berliner Modelleure. Wie Anm. 171, S. 80.

[175] Preiskatalog der Firma Vydra & Bohuslav, Prag, vom Juni 1909 (Jahrgang XI), S. 128. Das Angebot umfaßte: Marzipan-Schwefelformen zum Formen von Marzipanmassen, zweiteilig: sitzende Katze, Kind am Topf sitzend, Apfel, Pfirsich, Nuß, halbe Nuß mit Kern, Schweinskopf, große Erdbeere, Schinken, Obst, Taube, Fisch, getrocknete Birne, Kastanie, Gans, Schweinshaxel, Hase, Apfel, Gurke, Paprikaschote, sitzendes Schwein, groß, Spitzhund, Kätzchen, Bulldogg, kleines Schweinchen usw. Eine zweiteilige Marzipanform kostete K(ronen) 1.20 bis K 1.50. – Der Preis für einteilige Formen betrug K 0.70 bis K 1.20 pro Stück und das Angebot umfaßte folgende Motive: Fischschwanz, Apfel, Birne, diverse Blüten, Rosen, diverses Grünzeug, Fischkopf, Schinken, Pflaume usw. – Ferner gab es noch »Reliefs-Mittelstücke für Torten« mit folgenden Themen: bekränzte Balletteuse, Liebessymbol, Sonne, Mond und Sterne, bekränztes Friedenssymbol, großer Engel u. a. 1 Stück kam auf K 1.– bis K 2,50. – Zu Schröders Motiven vgl. Anm. 171, S. 80–86.

[176] Vor etwa 15 (heute bereits 20) Jahren, wobei der Ursprung in Bayern lag. Vgl. dazu Monika Habersohn, Wachswaren, Bedeutung und Wandel, Phil. Diss. (maschinenschriftlich), Wien 1978, S. 174.

[177] Vgl. dazu ausführlich Monika Habersohn, Wachswaren, Bedeutung und Wandel, Phil. Diss. (maschinenschriftlich), Wien 1978, Kapitel »Wachsreliefs« (S. 172–178) im weiteren und S. 172–175 im engeren Sinn. – Zum Vorgang der Herstellung einer Negativform von einem Positiv (aus Wachs, Ton oder Teig) sowie von Abdrücken vgl. Rudolf Suppan, Geschnitzte Pracht aus alten Zeiten, wie Anm. 157, Kapitel »Für den Werkunterricht«, S. 55–65.

[178] Vgl. hierzu und auch im folgenden Albert Walzer, Typen alter Holzmodel für Gebäck und für Teige, die getrocknet werden. In: Der Museumsfreund. Aus Heimatmuseen und Sammlungen in Baden-Württemberg. Heft 3, 1963, S. 18–57; die diesbezügliche Stelle befindet sich auf S. 25.

[179] Walzer forschte immer in engem Kontakt zu handwerklichen bzw. gewerblichen Praktikern (wie Konditormeistern), was seine Ergebnisse so fundiert und realitätsnah macht.

[180] Vgl. Abb. 44 bei Albert Walzer, Typen alter Holzmodel ..., wie Anm. 178, S. 35.

[181] Wie Anm. 178, S. 25. – Zum Teig vgl. auch Anm. 267 und 270.

[182] Weniger als bei Lebkuchen.

[183] Wie Anm. 178, S. 29.

[184] Brief von Oberlehrer Hans Pflüger, Heimatmuseum Langenau, an die Verfasserin vom 23. April 1982.

[185] Echtes Marzipan ist eine Masse aus fein gemahlenen Mandeln, Zucker, etwas Rosenöl und besonderen Gewürzen; es enthält weder Mehl noch Treibmittel. Der Marzipanteig wird tagelang getrocknet, bevor er »in den Formen ausgepreßt wird«. Da er weniger klebrig als andere Teigarten ist, muß der Model viel weniger mit Mehl ausgestaubt werden. Nur so sind die – für die Marzipanformen typischen – senkrechten Ränder möglich und erklärlich. Früher wurde mit einer dicken Marzipanschicht ausgemodelt (und der ausgeformte »Kuchen« vielleicht mit Oblaten unterlegt). Albert Walzer, wie Anm. 178, S. 34. Vgl. hierzu aber auch Text S. 38.

[186] Margarete Berg, eine Sammlerin alter Model, die sie auch zum Backen benutzt, spricht auch von Marzipanersatz. Ihre Modelgebäcke »sehen ganz weiß aus, ähnlich Marzipan, wiegen aber viel leichter«, wie der Befrager feststellt. Frau Margarete Berg erklärt dazu: »Sie bleiben weiß, weil sie nicht gebacken werden, sondern nur getrocknet, und man bezeichnet sie auch in der Gegend, aus der meine Familie stammt, und übrigens auch ein Teil meiner Model, als ›Weißenburger Marzipan‹ [Weißenburg liegt in Franken]. Es ist ein ähnliches Gebäck wie die sogenannten Springerle, die man in Württemberg kennt.« Ihr Teig besteht aus einem Pfund feinem weißem Mehl, vier Eiern, einem Pfund sehr feinem Zucker (und zwar »ganz feiner, weißer Raffinade«) und zwei Messerspitzen Hirschhornsalz. Sie erklärt auch die Teigherstellung: »Alle Zutaten müssen zunächst im Backrohr ein bißchen warm werden, bevor man sie verarbeitet. Dann muß man die Eier recht tüchtig mit dem Zucker schlagen, bis dieser sich aufgelöst hat, und danach das Mehl vorsichtig darunterkneten, dazu als Treibmittel zwei Messerspitzen Hirschhornsalz. So bekommt man einen ganz zarten Teig, der auch immer weich bleiben muß und nicht zu fest werden darf. Bevor man ihn aber im Model ausdrückt, muß man ihn noch einmal mit Mehl bestäuben und das Mehl leicht unterkneten, damit der Teig nicht in dem Model hängen bleibt.« Interessant ist auch, daß Margarete Berg ihre Motive »nach dem Ausdrücken im Teig noch oft sehr verschieden formt«. So macht sie einen Biedermeiermann einmal »ganz lang und dünn«, dann wieder drückt sie ihn zusammen zu einem »kleinen Dicken« und »manchmal biege ich ihn auch ein bißchen nach vorn, so daß er eine Verbeugung macht«. Es ist durchaus möglich, daß eine derartige individuelle Endausfertigung auch früher und auch bei den »Profis« vorgenommen wurde. Das Backen dieses »Weißenburger Marzipans« ist dann »fast wie eine heilige Handlung zu betrachten«, eine Feststellung, die auch immer wieder im Zusammenhang mit den »Springerle« begegnet (vgl. Text S. 50). Die einzelnen Stücke werden einen Tag oder über Nacht getrocknet und die Ränder beim anschließenden Backen (eigentlich Trocknen) im Backofen bei geringer Hitze mit Rosenwasser bestrichen, damit sie schön »aufplatzen«. Das Sammler-Journal-Interview mit Margarete Berg (Titel: Geerbt und weitergesammelt – Gebäck aus alten Modeln) ist zu finden in: Sammler-Journal, 9. Jg./1980, Nr. 5, S. 380–383.

[187] Wie Anm. 178, S. 21–25. – Neben »klassischen«, durch die Zeiten immer wieder gleichbleibenden Bildthemen, die formal ebenfalls nach traditionellem Vorbild oder zeitgenössisch variiert gestaltet werden können, gibt es jeweils auch neue Motive.

[188] Wie Anm. 178, S. 25.

[189] Hans Jürgen Hansen (Hg.), Kunstgeschichte des Backwerks, Oldenburg/Hamburg 1968 (vor allem das Kapitel über die »Gebäckmodel«, S. 43–86).

[190] Herbert Kürth, Kunst der Model, Leipzig 1981. Im besonderen sei auf die Einführung und die beiden Abschnitte »Technologie der Model« und »Verwendungszweck« (insgesamt S. 7–14) verwiesen.

[191] »Nach ersten Anfängen im 14. und 15. Jahrhundert erlebte diese Schmuckform im 16. und 17. Jahrhundert eine hohe Blüte. Berühmt waren die Töpferwerkstätten des Rheinlandes, in Raeren, Köln, Frechen und Siegburg, ferner die zu Creußen bei Bayreuth, im sächsischen Waldenburg, um nur die bedeutendsten zu erwähnen.« Kürth, wie Anm. 190, S. 9.

[192] Derartige Steinmatrizen befinden sich z. B. in erklecklicher Zahl im Hetjens-Museum in Düsseldorf.

[193] Vgl. im Text S. 38. – Vgl. dazu auch Kürth, wie Anm. 190, S. 11–12.

[194] Während bei dieser Art von Matrizenvervielfältigung das Motiv »original« übertragen wurde, gibt es noch eine andere Art der Motivwanderung. Wenn z. B. ein Geselle auf Wanderschaft bei verschiedenen Meistern und in verschiedenen Orten Model stach, dann gestaltete er sicher zu einem gewissen Teil immer wieder bestimmte Motive aus seinem Bilderschatz; wahrscheinlich legte er auch verschiedene »Risse« als Motivkatalog oder Musterbuch dem Meister zum Aussuchen vor. Auch wenn keine Änderungswünsche des Bestellers ausgesprochen wurden, so geriet die Ausführung jeweils doch nicht ganz gleich. Auf diese Weise wurde wohl auch das Motiv übertragen, aber eben doch nicht als genaues Zweitstück.

[195] Terrakotta ist ein hart gebrannter, gut wetterbeständiger Ton.

[196] Kürth, wie Anm. 190, S. 10. Diese Zierform erlebte um die Mitte des 16. Jahrhunderts und vor allem im Norden Deutschlands einen besonderen Aufschwung. Südliche Beispiele sind selten; eines davon ist die Schallaburg bei Melk in Niederösterreich.

[197] Für den Glockenschmuck wurde Wachs als Material der Zwischenpatrize verwendet. Vgl. zum Verfahren selbst Kürth, wie Anm. 190, S. 11.

[198] Vielfach verwendete man dafür eine Blei-Zinn-Legierung. Manche dieser Reliefs waren durchbrochen (vgl. auch das sogenannte »Durchbrochene« bei A. Walzer, wie Anm. 178, S. 32 u. Abb. 54 auf S. 41). Derartige Erzeugnisse und noch viele andere sind uns auch aus den Zinngießerwerkstätten bekannt wie z. B. aus dem Betrieb der Babette Schweizer aus Dießen am Ammersee oder aus dem früheren Warenrepertoire der Firma Sichart aus Wien. Vgl. dazu z. B. Wolfgang Lösche, Handwerkliche Kleinzinnherstellung in Dießen am Ammersee. In: Volkskunst. Zeitschrift für volkstümliche Sachkultur, 5. Jg./1982, H. 1, S. 51–55.

[199] Kürth, wie Anm. 190, S. 12. Dort ist auch das aus Nürnberg überlieferte Herstellungsverfahren solcher Papierreliefs zitiert, das in einer Handschrift der Margarete Bindtterin von 1510 (heute Stadtbibliothek Nürnberg) enthalten ist.

[200] Diese »Gugelhupf-« oder »Türkenbundmodel«, die Formen für »Mandel-« und »Quittenkäs« usw. sind entweder aus Metall (Kupfer, Zinn, Weißblech) oder aus glasiertem Ton. Buttermodel sind aus Holz. Formal unterscheiden wir bei ihnen Trog- oder Kasten-, Klapp-, Stempel- und Rollmodel. Darüber gibt es reichhaltige Literatur u. a. Albert Walzer, Mehlstempel, Butterstempel, Brotstempel. In: Der Museumsfreund 1963, H. 3, S. 8–11; Fritz Fahringer, Buttermodel als Minnegaben im steirischen Salzkammergut. In: Zeitschr. d. Histor. Vereines für Steiermark 60 (1969), S. 293–300; Karl Haiding, Obersteirische Buttermodel. In: Rhein.-westfäl. Zeitschrift für Volkskunde, 24. Jg. 1978, S. 131–139 sowie zuletzt: Gertrud Heß-Haberlandt, Verzierte Butter in Nordtirol. In: Volkskunst, Zeitschrift für volkstümliche Sachkultur, 4. Jg./1981, H. 1, S. 40–43. Auch aus dem nichtdeutschen Sprachraum gibt es verschiedene Publikationen zum Thema. – Die alten Waffeleisen waren aus Gußeisen; in die runden Backflächen war das Motiv eingetieft. Der dünne Teig wurde zwischen den beiden zusammengepreßten heißen Platten gebacken und die fertige Waffel zeigte dann reliefartig das Muster. – Die Druckmodel bestanden aus einer Holzplatte, aus der das Muster entweder »herausgeschnitzt« (vgl. das Kapitel »Wer schnitzte die höl-

zernen Lebkuchenmodel«) oder mit Messingstiften eingeschlagen worden war. Es gibt auch eine Kombination beider Formen.

201 Ingelies Zimmermann, Alte Model-Motive, Rosenheim 1980, S. 30.

202 Kürth, wie Anm. 190, S. 7.

203 Auf diese Weise erzeugt man z. B. die vollplastischen Votivfiguren und -objekte aus Wachs; aber auch plastische »Butterkunst« wird mit Hilfe dieser Klappmodel gefertigt. – Zur Herstellung von Wachsvotiven vgl. u. a. Willy Hailer, Eine alte Wachszieherei in Pfaffenhofen. In: Volkskunst, Zeitschrift für volkstümliche Sachkultur, 3. Jg. 1980, H. 2, S. 102–106, wo der Vorgang der Modelvorbereitung und des Eingießens von Wachs auch im Bild dargestellt ist.

204 R. Witzelsberger (Red.), Die Fachkunde für Zuckerbäcker, Wien 2. Aufl. 1965, S. 251. Die Mischmaschine ist nicht mit der Knetmaschine zu verwechseln, sondern dient einzig und allein zum Abmischen der Zuckerflüssigkeit mit Mehl. Dieses »Ausmischen« ist auch bei der Broterzeugung üblich. (Ebd.)

205 Wie Anm. 204, S. 251. Dabei gibt man »so viel Mehl in den Teig, daß er im noch warmen Zustand, mit der flachen Hand berührt, keine Teigreste an der Hand haften läßt. Honigteige werden linder, das heißt mit weniger Mehl, Ersatzteige stärker, das heißt mit mehr Mehl ausgemischt. Erfahrungsgemäß nimmt ein Teig um ca. 5 bis 10 Prozent mehr Mehl in Kilogramm gerechnet an, als er an Litern Flüssigkeit besitzt. Über das Mischungsverhältnis der Sorten und Arten von Mehl, also ob dunkles oder lichtes, Roggen oder Weizen, entscheidet das jeweilige Rezept. Doch wird in den meisten Fällen zumindest ein Fünftel Roggenmehl verwendet, um dem Teig jene gewisse Zähigkeit zu geben, die ihn leichter bearbeiten läßt.« Ebd.

206 Mit Hilfe von Versuchen konnte festgestellt werden, »daß ein und derselbe Honigteig nach einmonatiger Lagerung ein völlig unbefriedigendes Ergebnis lieferte, nach einem halben Jahr aber staunenswerte Backfähigkeit erwies. Die Teige werden am besten in Holzbottichen gelagert. Die Oberfläche der Teige soll durch Einschlagen und Überschlagen möglichst faltenlos gehalten werden, um ein Verkrusten zu verhindern. In kalter oder trockener Jahreszeit wird mit Wasser gestrichen. Luftige, kühle und abgedunkelte Räume eignen sich am besten zur Lagerung.« Wie Anm. 204, S. 252. – Gust. A. Parton mit seinen Ausführungen zur »Lebkuchen-Fabrikation im Gross- und Kleinbetrieb« (Leipzig und Nordhausen o. J.) gibt zur Lagerung an: »Am besten eignen sich grosse Siruptonnen, die in der Mitte durchgeschnitten werden. Den Deckel wird ein Küfer leicht zum Fassboden machen können. Ganze Tonnen eignen sich nicht so gut. An jedem Fasse wird der Inhalt verzeichnet. Es ist gut, wenn der Lagerkeller im Jahre zweimal geschwefelt wird, damit etwaige Schimmelpilze und schädliche Bakterien getötet werden.« (S. 11–12). – Auf die – neben hervorragenden Grundmaterialien – für die Qualität des Lebkuchens entscheidende lange Lagerung weist auch M. Markus hin: »Der gut mit Mehl [gereiftem Roggenmehl] vermischte Honig [der besonders schmackhafte Sommerhonig von Wald und Wiese oder der duftende Frühlingshonig der Akazien und Linden] machte im kühlen Keller (oder in einer dunklen Kammer) einen langsamen Fermentationsprozeß durch; Wochen, ja Monate ›reifte‹ er zu einem knetfertigen Teig. Bei dieser langsamen Fermentation erreichten Roggenmehl und Honig das erforderliche ›Aroma‹, die wichtigste Eigenschaft eines schmackhaften Lebkuchens. Es gab auch Meister, bei denen die Fässer mit fermentiertem Mehl und Honig mehrere Jahre auf ihre Verarbeitung warteten. Die langsame Reifung von Roggenmehl war auch bei den polnischen Lebküchnern bekannt.« Michael Markus, Die Lebküchner und ihre Erzeugnisse in der Ostslowakei. In: Mannus, Deutsche Zeitschrift für Vor- und Frühgeschichte, Jg. 1977, S. 89–98; S. 97. Diese Art von Lebkuchen werden wir wohl kaum mehr genießen können, denn zumeist ist die Lagerung des Teiges auch bei den wenigen, nach überlieferter Art arbeitenden Lebzeltern wesentlich kürzer. Mit den zu Hause gebackenen Lebkuchen ist der Vergleich noch schwerer. Trotz allem schmecken aber auch die guten Erzeugnisse der letztgenannten Arten hervorragend.

207 Als Treibmittel kommen grundsätzlich Ammonium, Pottasche, Backpulver und Alkohol in Betracht, wobei Backpulver nie allein als Treibmittel für Lebkuchen Verwendung finden kann. Alkohol wiederum wird nur für eine bestimmte Lebkuchensorte verwendet, nämlich für die berühmten »Basler« bzw. »Basler Leckerle«. Rum, Kognak oder Kirschwasser unterstützen das Treibmittel, z. B. Pottasche. – Das Würzen ist ein individueller Vorgang und reicht vom streng gehüteten Geheimnis bis zum genormten Erzeugnis »eines billigen Industriearomas«. In Frage kommen Zimt, Nelken, Muskatnuß, Muskatblüte, Anis, Pfeffer, Mazisblüte, Neugewürz, Zitronenschale, Orangenschale, Vanille, Ingwer, Kardamomen u. a. – Die Teigkonsistenz ist abhängig vom Mischungsverhältnis von Roggen- und Weizenmehl (Roggenmehl macht »zähe«, Weizenmehl macht »kurz«). Die Konsistenz wird des weiteren beeinflußt von Eiern, Zucker, Butter, geriebenen Mandeln, gerösteten Haselnüssen, Zuckerkaramel, Marzipan usw. (selbstverständlich wird dadurch nicht nur die Art der Ware [weich, zäh, mürbe, knusprig], sondern auch der Geschmack beeinflußt). Durch Beimengung von Früchten (Mandeln, Aranzini, Zitronat, Rosinen, Feigen, Datteln, Nüssen, Haselnüssen, Pignole, Dörrpflaumen, Kletzen usw.) erfolgt die »Sortenbereitung«. Dabei gibt es zwei Extreme: die Früchte unterstützen den Geschmack oder sind die Hauptsache, der Teig nur das Bindemittel. – Das »Ausarbeiten« umfaßt das Ausrollen (»Auswalken«) und Ausstechen (mit Blechformen) bzw. Schneiden. Die Stücke kommen dann auf bemehlte oder gewachste Bleche, werden z. T. »gestrichen« (mit Ei oder Zuckerwasser), z. T. belegt und kommen in den Ofen (Wachs kann, im Gegensatz zum Fett, nicht ranzig werden, was bei längerer Lagerung fertiger Lebkuchen eine Gefahr war). – Beim Glasieren unterscheidet man verschiedene Arten: Ei kann vor und nach dem Backen »gestrichen« werden; Dextringlasur kommt auf die heißen »Körper«; in die Wasserglasur werden die »Körper« eingetaucht; in Schokolade werden ausgekühlte »Körper« getunkt u. v. a. m. (Zu Glasuren vgl. auch ausführlich Gust. A. Parton, wie Anm. 206, S. 55–60.) Die fertige Ware wird dann verpackt und gelagert, wobei Blechdosen am vorteilhaftesten sind. Den Einflüssen der Witterung entzogen, ist Lebkuchen hier auf Jahre hinaus haltbar. Auch ausgeblechte Kisten eignen sich gut. Billiger ist die Cellophanverpackung bzw. die Stanniolpackung, die vor allem für kleine Mengen in Frage kommt. Sie ist nicht für lange Lagerzeiten gedacht und geeignet. (Vgl. bis hierher R. Witzelsberger, wie Anm. 204, S. 252–254.) Dieser »stanniolierte Lebkuchen« stellt »einen traditionellen Geschenkartikel zur Weihnachtszeit dar ... Die Verpackung bietet seine Besonderheit. Zwei oder drei Lebkuchen in Stanniol gepackt, ein Stück in Cellophan gewickelt, und mit einem Seidenband zusammengehalten, so stellen sie seit eh und je ein überkommenes Erzeugnis des Lebzelters zu den Festtagen dar.« Ebd., S. 259. Was das Backen anlangt, so sei noch kurz nachgetragen: »Die Backofen der Lebküchnerwerkstätten wurden mit einer besonderen Technik gebaut. Die Höhe des Backofenbodens wurde jeweils des Meisters Blickebene, und zwar in sitzender und stehender Lage, angepaßt. Während des Backens der Lebkuchen war jegliches laute Gespräch untersagt, denn zu dieser Zeit galt sämtliche Aufmerksamkeit dem Backofen.« (M. Markus, wie Anm. 206, S. 97). Die Anweisungen in Fachbüchern sind prosaischer; vgl. dazu die kurzen Hinweise in R. Witzelsberger, wie Anm. 204, S. 253; ferner Gust. A. Parton, wie Anm. 206, S. 5–6 (mit Abbildungen) und Bezugsquelle (S. 68).

208 Rezept für Pfeffernüsse: 10 kg Honigteig, gut abgelagert, 1,6 kg Bröckelteig, fein geriebenes Ammonium, Wasser-Pottasche. Das Rezept für den benötigten (und für die Pfeffernüsse charakteristischen) Bröckelteig lautet: 4 kg Honig, 1 kg Wachs, 28 dkg Schmalz, 4 kg Roggenmehl; 5 Minuten kochen lassen. Vgl. R. Witzelsberger, wie Anm. 204, S. 255.

209 R. Witzelsberger, wie Anm. 204, S. 256.

210 Docke, mhd. tocke, ahd. tocka, toccha: Puppe, Mädchen, walzenförmiges Stück, Stückholz u. a. m. »Heute weicht das Erbwort vor dem fremden *Puppe* zurück, doch bewahrt z. B. die Ostschweiz *Töggelischuel* für ›Kindergarten‹.« Friedrich Kluge, Etymologisches Wörterbuch der deutschen Sprache, 19. Aufl. bearbeitet von Walther Mitzka, Berlin 1963, S. 136.

211 Witzelsberger geht also ohne Einschränkung davon aus, daß die Model in den Lebzeltereien selbst geschnitten wurden. »Eine Unzahl von Formen wurden im Verlaufe der Zeit in liebevoller und ganz individueller Arbeit aus Hartholzstücken, meist Ahorn oder Birne, mit einem eigens nur dieser Tätigkeit zugehörenden Werkzeug geschnitzt.« – Für diese Ware wird – wie es zur Herstellung heißt – der Teig »weder ausgestochen, noch geschnitten, noch im Ganzen gebacken, sondern in holzgeschnitzte Modeln gepreßt, die Ränder mit einem Messer glattgeschnitten und dann auf ein Backblech gesetzt« (Witzelsberger, wie Anm. 204, S. 256). Viele Anmerkungen zur Herstellung der Modelware sprechen aber davon, daß der ausgemodelte Teig vor dem Backen »übertrocknet« wurde.

212 sper = trocken. Neben »sper« kommt auch »spör« vor. Die Bedeutung ist »fehlerhaft-trocken, rauh, hart vor Trokkenheit«. Angeschnittenes Brot wird an der Luft sper; der Wind macht das Maul sper; ein speres Jahr ist ein Jahr, das wegen Trockenheit unfruchtbar ist. Sper käsen bedeutet »trocken käsen«; das Ergebnis ist ein Sperkäs. Neben sper gibt es die Schreibweisen spehr, speer, aber auch sperr. Schmeller II (vgl. Anm. 227), Sp. 682 und Sp. 683–684.

213 R. Witzelsberger, wie Anm. 204, S. 256.

214 Wie Anm. 213, S. 259. Hier auch ein Rezept für Zuckereis: 1 kg Zucker, 65 dkg Kartoffelstärke, 15 dkg Weizenstärke, 3/8 l Eiweiß.

215 Die Honigverarbeitung, ob nun zu Lebkuchen oder zu Met, hat eine sehr alte, noch vorzünftige Tradition. M. Markus beschreibt in Kürze den Weg, den die Lebkuchenherstellung zu Anfang nahm: »Den kultischen Charakter der Kuchen [»Opferkuchen«] übernahm im mittelalterlichen Europa auch das Christentum. Aus diesem Grunde wurden die Lebkuchen alsbald auch in den Klöstern heimisch. Von den Klöstern führte dann ihr Weg schnurgerade in die Küchen der herrschenden Schichten und der Bürger. Im 14. Jahrhundert widmeten sich bereits viele Bürgerinnen der gewerblichen Herstellung sowie dem Verkauf von Lebkuchen. Als dann gleichzeitig Männer begannen, Lebkuchen zu backen, vereinigten und organisierten sie sich in Zünften, und so entwikkelte sich dieses Handwerk zu einem selbständigen Gewerbe. Die Hauptzentren der Lebzelterzünfte entstanden in Deutschland. Aus diesen deutschen Städten gingen dann die Lebküchnergesellen auf die Wanderschaft und bürgerten so dieses Handwerk nach und nach auch in anderen Ländern und Städten ein. Daraus läßt sich der Umstand erklären, daß in der älteren volkskundlichen Literatur viele Forscher zu Unrecht der Lebzelterei einen deutschen Ursprung zuschreiben.« M. Markus, wie Anm. 206, S. 89.

216 Vgl. hier z. B. die von R. Witzelsberger (wie Anm. 204) gegebenen Rezepte auf den Seiten 257–259; die Unzahl der Rezepte bei Gust. A. Parton (wie Anm. 206), Abschnitt G. (Rezepte für Lebkuchen), S. 19–55 (117 Rezepte), ferner einige Rezepte, die dem Autor nachträglich gewidmet wurden, sowie Angaben zu den Künstlerlebkuchen (S. 60–63, insgesamt 7 Rezepte sowie Ausführungen zum »Verzieren der Künstlerlebkuchen« und zur Herstellung von »Hexenhäusern«; vgl. hier auch Text S. 44, 46) und schließlich noch 21 Rezepte für Glasuren (S. 55–60). Carl Gruber (Die Conditorei in Wort und Bild; vgl. Anm. 256) widmet die »Abteilung VII.« den Lebkuchen (S. 142–148). Gertrud Heß-Haberlandt bringt Hausrezepte (Das liebe Brot, Wien 1960, S. 98–100); die Liste publizierter Lebkuchenrezepturen könnte noch sehr lange fortgesetzt und durch Angaben aus meiner »Lebkuchen-Kartei« ebenso umfangreich ergänzt werden. Allerdings ist es sehr schwer, Lebzelter-Rezepte aus alten Meisterbetrieben zu erhalten, denn sie sind – was sie auch

schon früher waren – gehütete Geheimnisse. Leider nahmen viele Lebzeltermeister ihre bewährten Zusammenstellungen mit ins Grab, wenn mit ihnen der Betrieb ausstarb. Welche Sonderstellung solchen Meisterrezepten zukam, zeigt gut der folgende Bericht von Markus: »Nach Ansicht alter Meister gab es für die Zubereitung eines schmackhaften Lebkuchens kein im voraus festgelegtes und begrenztes Rezept. Das Rezept wurde von Fall zu Fall vor jeder größeren Produktion durch Probebacken erprobt. Die Proben dauerten manchmal auch mehrere Tage und wurden in der Regel geheim durchgeführt. Wenn die Probe gelang, schritt man zur Zubereitung einer größeren Teigmenge, in welche dann auch die notwendigen Zutaten und Gewürze kamen. – Diese Gepflogenheit war selbstredend nicht bei jedem Meister dieselbe, und demzufolge wiesen auch die Lebkuchen aus verschiedenen Werkstätten nicht denselben Geschmack auf.« Und ferner heißt es: »Fast alle Lebküchnermeister sind der Ansicht, daß für die Zubereitung, das Backen und die Lagerung eines schmackhaften Lebkuchens eine zehnjährige Erfahrung und Praxis erforderlich ist« (wie Anm. 206, S. 97). Es mag sein, daß die über äußere Angaben hinausgehenden notwendigen Kenntnisse, die nur direkt im persönlichen Unterricht und im Miteinander der Arbeit vermittelt werden und über die notwendigen Erfahrungsjahre hin vertieft werden konnten, beim Fehlen eines Nachfolgers (Sohn, Schwiegersohn) einen Meister davon abhielten, von ihm als nicht ausreichend erachtete, einseitige Zahlenangaben zu hinterlassen. Wie das Kochbuch nur eine Gedächtnisstütze ist (oder sein sollte) und man von Mutter, Großmutter etc. in direkter Weise das Kochen erlernt und dann eben »im Gefühl« hat, so ist es auch hier bei der meisterlichen Handwerkstradition. – Im übrigen sind Produktionsmengen und -vorgänge bei großbetrieblicher und häuslicher Lebkuchenbereitung weitere Gründe für die z. T. beachtliche, um nicht zu sagen grundsätzliche Verschiedenheit familiärer, handwerklich-gewerblicher und gewerblich-industrieller Lebkuchenherstellung.

217 Erwin Sauer aus Orth a. d. Donau legte anläßlich einer Tagung des Niederösterreichischen Bildungs- und Heimatwerkes einen Bericht »Vom Lebkuchen« vor, der in den »Beiträgen zur Sachvolkskunde«, Jg. 1964, Nr. 10, publiziert ist und wo das eben angeführte Rezept (aus der Familie seiner Frau unter dem Namen »Troppauer Lebkuchen« überliefert) und noch sechs weitere angeführt sind. Darüber hinaus hat Erwin Sauer dankenswerterweise auch ein Meisterrezept aufzeichnen können, und zwar vom Bäckermeister Täubling aus Orth. Wegen der Seltenheit solcher Angaben (vgl. Anm. 216) und zur Ergänzung und Bestätigung des Gesagten seien Sauers Ausführungen dazu hier wiedergegeben. »Der Teig besteht aus zwei Teigarten, dem Honigteig und dem Zukkerteig ... Der Honigteig: Honig wird gesotten – bis zum Faden. Er wird mit Roggenmehl gemischt und zu einem ziemlich festen Teig abgeknetet. Dieser bleibt nun mehrere Monate liegen. Er wird sehr hart. Der Zuckerteig: Zucker, Mehl und Eier werden zu einem Zuckerteig verarbeitet. Es darf kein Wasser dazugegeben werden! Als Gewürz werden Zimt, gestossene Nelken (in jüngerer Zeit Neugewürz, jedoch nur wenig) genommen und in den Zuckerteig eingewirkt. Der Zuckerteig ist ziemlich fest. Als Treibmittel wird Hirschhornsalz oder Pottasche beigemengt. Dieser Teig wird erst am Tag vor dem Teigmischen auf der Teigbreche gemacht. – Das Rezept hat keine Mengenangaben, da es nach Meinung des Meisters eine Gefühlssache ist, das richtige Maß für die richtige Konsistenz zu finden. Die Menge des Zukkerteiges beträgt im Verhältnis zum Honigteig ungefähr ein Zehntel. – Auf dem Tisch wird der Honigteig durch zwei bis fünf Brechbewegungen erst zerteilt, dann kommt der Zukkerteig dazu. Das Ganze wird durch das Brechen vermischt. Hinter dem Tisch steht der Meister ... und schiebt den Teig mit den Händen nach Bedarf unter den Brechbalken, der von einem oder zwei Lehrlingen auf- und abbewegt wird ... Beim Brechen des Teiges hört man ein merkwürdiges Quietschen der Teigmasse, die nun – gut gemischt – auch weich wird. Jetzt ist sie formbar. Sie wird nun ausgewalkt und in die mit Mehl im Flug gestaubte, ausgeschnittene Holzform gedrückt, dann ausgestürzt oder herausgehoben. Jetzt wird die Form mit dem Messer ausgeschnitten [gemeint ist: das Teigrelief wird entlang des Randes beschnitten], auf ein gewachstes Blech gelegt und mehr getrocknet als gebacken. Solche alten Holzformen sind heute eine Zierde, kommen aber kaum zum Gebrauch. Auch bei unserem Meister nicht.« (Vgl. zur Arbeit mit der Teigbreche die Abb. 329, die den Lebzeltermeister Herbert Rachenzentner aus Mödling bei Wien zeigt.)

218 Zeitgemäße Rezepte. Dr. A. Oetker, Baden bei Wien, Stammhaus Bielefeld, o. O., o. J., S. 9. (Das Rezept stammt aus den Jahren des 2. Weltkriegs).

219 Reiblebkuchen finden wir noch heute im Angebot von Lebzeltereien, so z. B. bei der alteingesessenen Firma Metzger auf dem Wiener Stephansplatz. Früher wurde er in großen Mengen hergestellt, wie die Angaben Gust. A. Partons (vgl. Anm. 206, S. 54) zeigen. Seine Bezeichnungen (»Sauce-Lebkuchen, Fisch- oder Reibelebkuchen«) deuten die Verwendung zu einem Teil an. Er wird wie folgt gebacken: »Nun wiegt man 250 g Teig ab, rollt aus, drückt in eine Holzform, die 11 Querhölzer hat, so daß 12 Teile entstehen und gibt das Ganze in eine Blechform, die mit Abfallmehl bestreut ist ... Ausgebacken ist ein Teil ca. 5 mm dick, 4 cm breit. – Diese Kuchen kann man auch in 2-, 3-, 4- und 5-Pfd.-Stücken machen und die Einteilung anders treffen, z. B. 2 Pfd. = 30teilig, 5 Pfund = 66teilig, also immer entsprechend dicker.« A. a. O.

220 »Fedtlkrapfen« wurden für den Almabtrieb gebacken. Nach Schmeller (wie Anm. 227, Bd. I., Sp. 692) bedeutet »fedln« aus einer Wohnung in die andere ziehen, ausziehen. Der Fedl-Wagen war der Aussteuerwagen der Braut. (Früher wurde das Heiratsgut der Braut mit einem – oder mehreren – Wagen vom Elternhaus der jungen Frau zur neuen Wohnstätte geführt. Dieser Brauch hat verschiedene, davon abgeleitete Namen, z. B. »Brautkastenführen« usw.) Zu den »Fedlkrapfen« als Almabtriebsgebäck vgl. auch Kartenblatt 109c des Österreichischen Volkskundeatlasses (6. Lieferung, 1979): »Namen der beim Almabtrieb verteilten Gebäcke und Speisen«; zum Rezept und zur Herstellung siehe Anni Gamerith, Festliche Brauchtumsgebäcke. Zur Volkskunde des obersten Ennstales. In: Neue Chronik zur Geschichte und Volkskunde der innerösterreichischen Alpenländer. Beilage zur Nr. 230 der Südost-Tagespost vom 5. 10. 1958, sowie in: Da schau her, 3. Jg. (1982), H. 2, S. 23. Hier auch der Hinweis (mit Zubereitungsangaben) auf die »Lebzeltwizl«, wo länglich rechteckige Lebzeltstücke zwischen zwei Teigblätter kommen, im Butterschmalz herausgebacken und mit »Oakraus« überzogen werden. In der traditionellen Kost vor allem auf dem Land haben sich Lebzelten als Speiseningrediens auch anderswo gehalten. Lia Miklau bringt in ihrem »Kärntner Kochbüchl« (5. Auflage, Klagenfurt 1980) einige Beispiele: »Lebzelt- oder Zeltensuppe: Vergorenen Most oder Apfelsaft mit Wasser verlängern, aufgeschnittene Lebzelten (Reibe-Lebkuchen), etwas Zucker, Sirup oder Honig hinein, kurz heiß machen, ein Stückchen frische Butter darin zerschleichen lassen und gleich auslöffeln« (S. 30). Beim »Lebkuchen-Scheiterhaufen«, auch als »Kärntner Bauerntorte« oder »Katschtaler Scheiterhaufen« bekannt, wechseln lagenweise weiße und Lebkuchen-Schnitten ab. »Soll ein hoher Scheiterhaufen entstehen, folgt abermals getauchter Lebkuchen und zum Schluß getauchtes Woazenes bzw. Milchbrot. Zu oberst wird noch die restliche Eiermischung gespritzt ... Hernach wird alles ins heiße Rohr geschoben ... Soll der Scheiterhaufen als Bauerntorte aufgetischt werden, stürzt man diesen erkaltet behutsam auf einen flachen Holzteller und übergießt ihn mit dicklichem, lauwarmem Honigschmalz ... Als Auflauf wird »Henigschmalz« (Honigschmalz) über jede Portion gegeben« (S. 97–98, Abbildung auf S. 99). Das »Rosentaler Schmalzmus« (S. 70) kann mit »Birnmehl, Karobemehl, gestoßenem Mohn, geriebenem Lebkuchen oder Zimt und Zucker« überstreut werden. (Diese Aufzählung zeigt nicht nur die Möglichkeit der Variierung, sondern auch – indirekt – die chronologische Entwicklung.) Wie man zum benötigten Lebkuchen kam und wie dieser beschaffen war (oder sein soll), beschreibt Lia Miklau ebenfalls genau unter der Überschrift »Kärntner Honigtaferln« (S. 96). Die Bereitung der »Kärntner Honigtaferln« ist »eine Kunst der Lebzelter« und »langwierige Facharbeit mit besonderen Behelfen ... In den letzten Jahren werden die Kärntner Honigtaferlen (sic! typische Kärntner Diminutivform) vor allem als Reibe-Lebkuchen verkauft. Sie sind in den größeren Kärntner Städten und bei den ›Standlern‹ auf größeren Märkten« zu haben. Selbstgebackene Lebkuchen reichen nicht an die Güte dieser Lebzelter-Taferlen heran. Die Kärntner Honigtaferln passen zu jedem kleinen Getränk »großartig als heimatgebundene Bissen«. Zur häuslichen Bereitung folgt dann ein Rezept von »Lebkuchen, Honigtaferlen«.

221 Vgl. ein Rezept aus dem 15. Jahrhundert (Cod. Vindob. 3193/316v der Österreichischen Nationalbibliothek in Wien), wo es heißt: »dar nach aus praitn und dy model auff truckn« (danach ausbreiten und die Model aufdrücken).

222 »Zum Ausrollen [des ziemlich festen Teiges] wird heute nicht mehr das Rollholz verwendet, sondern die Maschine, die das schnell und exakt besorgt. Die Dicke des Teiges beträgt nun 1½ Millimeter. Soll der Teig nicht kleben, muß tüchtig mit Mehl gestäubt werden. Trotzdem läßt sich nicht verhindern, daß sich die Walzen der Maschine nach einiger Zeit mit einer Schicht überziehen; dann gibt es einen Unterbruch, und sie müssen gewaschen werden. Ein Modelbrett wird mittels einer Bürste mit Speiseöl gleichmäßig eingeölt ... überall soll ein Überzug da sein, um als Trennmittel zu wirken. Die ausgerollte Teigbahn wird auf einen runden Stab aufgewickelt und wieder auf den Model abgewickelt. Nun wird der Teig in den Model eingepreßt. Früher geschah dies vermutlich mit Handballe und Fingerspitze. Herr Otto Hess, früher Inhaber der Konditorei zum Kramen und ehemaliger Tirggelbäcker, hat dies immer so gemacht ... Heute verwenden wir dazu eine Walze, deren Druck zwischen 60–100 kg verstellbar ist. Die Walze wird über den Teig gerollt, und durch deren Überzug aus Schwammgummi wird der Teig in die Vertiefungen des Models gepreßt. Doch hat jede Form ihre Eigenheiten, und oft muß nach der Maschine eine Fingerkuppe oder die Handballe zu Hilfe genommen werden, um da einen Kopf und dort den Faltenwurf einer Figur voll zum Ausdruck zu bringen. Die alten runden Model in unserem Besitz müssen aber gänzlich von Hand ausgedrückt werden. Sie sind teilweise zu tief und brauchen besondere Aufmerksamkeit.« Ernst Ott, Der Tirggelbäcker. In: Sterbendes Handwerk, Bd. 2, Hefte 11–20, Basel 1968 (4. Heft, insg. 18 S. mit 11 Abb., vgl. die Abb. 2–5 [S. 5–8] und 6 [S. 10]). Die Beschreibung beleuchtet gut die frühere, rein händische Ausformung und die heutige mit Hilfe der Maschine. Auch zeigt sie deutlich, wie die Art der Model und der Arbeitsvorgang voneinander abhängig sind u. ä. Zum Abformungsvorgang vgl. auch noch die Beschreibung der Herstellung von »Dockenwaar« (vgl. Text S. 43) in: Ulrike Zischka, Lebzelten und Model, wie Anm. 290, S. 59–63.

223 Zum grammatikalischen Geschlecht ist zu sagen: Neben dem maskulinen grammatikalischen Geschlecht (Model über Modul aus lat. modulus) gibt es auch das neutrale und feminine grammatikalische Geschlecht (Kontamination mit den deutschen Entsprechungen »Maß, Muster« bzw. »Form«, daher dann auch »das Model« und »die Model« [pl. Modeln])

224 Ernst Ott, Der Tirggelbäcker. Wie Anm. 222, S. 4 und Abb. 7 auf S. 13.

225 Wie Anm. 224, S. 4.

226 Fachkunde für Zuckerbäcker. Redaktionell bearbeitet von R. Witzelsberger. Österreichischer Gewerbeverlag, 2. Auflage, Wien 1965. Als Lehrbuch an Berufsschulen des Zuckerbäckerhandwerks – dem die Lebzelterei innungsmäßig angeschlossen ist – zugelassen. Man kann allerdings auch die Lebzelterei allein erlernen und als Meister ausüben.

227 J. Andreas Schmeller, Bayerisches Wörterbuch, I. Bd., Leipzig 1939, Sp. 1409. Hierbei handelt es sich um einen Nachdruck der Münchner Ausgabe. 1. Band 1872 (umfaßt die Teile I, II u. III d. 1. Ausg.) und 2. Band 1877 (mit den Teilen III u. IV d. 1. Ausg.).

228 Moriz Heyne, Das deutsche Nahrungswesen von den ältesten geschichtlichen Zeiten bis zum 16. Jahrhundert. Leipzig 1901, S. 275.
229 Friedrich Kluge, Etymologisches Wörterbuch der deutschen Sprache, 19. Auflage, bearbeitet von Walther Mitzka, Berlin 1963, S. 428–429 und S. 418 (Laib). »Laib« als Name für »Brot« befindet sich auf dem Rückzug. Die Schreibung mit ai geht übrigens auf Grammatiker des 17./18. Jahrhunderts zurück, die diese durchsetzten, um Verwechslungen mit Leib = Körper vorzubeugen.
230 Hg. von Hanns Bächthold-Stäubli, V. Band, Berlin und Leipzig 1932/1933, Sp. 986 (hier auch eine gute Zusammenfassung der verschiedenen Theorien und ihrer Vertreter). Auf den bei Adelung angeführten »Lebhonig« weist auch Schmeller (wie Anm. 227, I, Sp. 1409) hin.
231 auf Seite 23.
232 Heinrich Fincke, Über die Benennung honigkuchenähnlicher Gebäcke als Lebkuchen und Lebzelten sowie als Biber und Bibenzelten. Kein fremdsprachlicher Anteil in den Worten Lebkuchen und Lebzelten. In: Deutsche Lebensmittel-Rundschau, 59. Jg., Juni 1963, H. 6, S. 159–167; im besonderen S. 162ff.
233 Cocania ist eine Bildung wie Germania. Im Mittelenglischen auch »Cockaine« (»Land of Cockayne«); heute eher »land of milk and honey«. – Vgl. zum Ganzen Friedrich Kluge, Etymologisches Wörterbuch (wie Anm. 229), S. 408, sowie J. Andreas Schmeller, Bayerisches Wörterbuch, I. Bd., Leipzig 1939, Sp. 1221.
234 Pfann(en)zelten wird zu Pfan(n)zelt. Nicht mehr verstanden, wird es später zu »Pflanzel« verballhornt, unter welcher Form es häufig auch in Kochbüchern des 19. Jahrhunderts (und später) aufscheint.
235 Vgl. Friedrich Kluge, Etymologisches Wörterbuch (wie Anm. 229), S. 881 sowie J. Andreas Schmeller, Bayerisches Wörterbuch, II. Bd., Leipzig 1939, Sp. 1118–1119. »Zelten« gehört zur selben Wortfamilie wie »Zelt«; Grundbedeutung ist »breit ausspannen, flach überdecken«.
236 Handwörterbuch des deutschen Aberglaubens, Stichwort »Pfefferkuchen«, VI. Bd., Berlin und Leipzig 1934/1935, Sp. 1571 (der Artikel stammt von Eckstein).
237 Friedrich Kluge, Etymologisches Wörterbuch (wie Anm. 229), S. 541.
238 Wie Anm. 237.
239 J. Andreas Schmeller, Bayerisches Wörterbuch, I. Bd., Leipzig 1939, Sp. 42.
240 J. Andreas Schmeller, wie Anm. 239, Sp. 421–422.
241 Sepp Walter, Frisch- und G'sundschlagen. Kartenbll. 30 und 31 sowie Kommentar der 2. Lieferung des Österreichischen Volkskundeatlasses, Wien 1965.
242 J. Andreas Schmeller, wie Anm. 239, Sp. 421–422.
243 Handwörterbuch des deutschen Aberglaubens, Stichwort »Pfefferkuchen« (von Eckstein), VI. Bd., Berlin und Leipzig 1934/1935, Sp. 1572.
244 Heinrich Fincke, Über die Begriffe »Pfefferkuchen« und »Pfeffernüsse« und über den Zusatz von Pfeffer bei Lebkuchen. In: Süßwaren, Heft 18, September 1962, S. 914–916.
245 J. Andreas Schmeller, wie Anm. 239, Sp. 421–422.
246 J. Andreas Schmeller, wie Anm. 239, Sp. 391.
247 Annemarie Zogg und Robert Hirt, Zürcher Gebäckmodel. Bern 1970. (Schweizer Heimatbücher 148/249). Vgl. zum bisher in diesem Kapitel Ausgeführten S. 21–22.
248 Wie Anm. 247, S. 22, unter Hinweis auf das Schweizerische Idiotikon, Bd. XIII, 1569. Wie viele andere Speisenamen ist auch die Diminutivform von Tirggel ein (mildes) Schimpfwort und bezeichnet einen (zur Arbeit) unbeholfenen, einfachen Menschen bzw. ein zimperliches, verzärteltes Frauenzimmer. Ebd. Vgl. dazu z.B. Dalken und dalkert, Farferl u.a.m. Im übertragenen Sinn kann mit Tirggel auch ein kleiner Rest von Eßwaren oder ein leichter Rausch gemeint sein. Ebd. Alemannisch Tirggel ist m.E. bairisch »Darkel« oder »Dergl« (masc.) an die Seite zu stellen, womit man »jede Speise aus Mehl, Eyern etc., die zu weich ausgefallen und so misrathen ist, selbst Brod, das nicht gegohren hat, oder nicht genug ausgebacken ist« meint. »Darkeln« bedeutet »schmieren« oder »mengen«. Vgl. J. Andreas Schmeller, Bayerisches Wörterbuch, I. Bd., Leipzig 1939, Sp. 539–540.
249 J. Andreas Schmeller, Bayerisches Wörterbuch, I. Bd., Leipzig 1939, Sp. 1433.
250 Marianne Ebert-Wolf, Geschichte des Nürnberger Lebkuchens, S. 497.
251 Will Hermanns, Aachener Bildprinten – eine gebackene Volkskunde. In: Rheinisch-westfälische Zeitschrift für Volkskunde, 1. Jg., 1954, S. 137–149; das Zitat ist auf S. 139.
252 S. 188 in: J. Müller und W. Weitz, Die Aachener Mundart. Idiotikon nebst einem poetischen Anhange, 1836. Zitiert nach W. Hermanns, wie Anm. 251, S. 138. Ferner ebd., S. 143.
253 Josef Müller veröffentlichte sein erstes Bändchen, »Gedichte in Aachener Mundart«, im Jahre 1840. Will Hermanns, wie Anm. 251, S. 143.
254 Wie Anm. 251, S. 143.
255 Vgl. Will Hermanns, wie Anm. 251, S. 144–145, der zum Besitzermonogramm S. P. auf die Ausführungen von Savelsberg verweist, der diesen Model – neben anderen Printenformen – 1904 beschrieb (»Aus Aachens Vorzeit« 17).
256 Diese Zusammenstellung basiert auf Eigenkenntnissen und Einzelfunden sowie zu einem wesentlichen Teil auf folgenden Werken: Gust. A. Parton, Die Lebkuchen-Fabrikation im Groß- und Kleinbetrieb, Leipzig und Nordhausen o.J.; Carl Gruber, Die Conditorei in Wort und Bild, 4. Auflage, Dortmund o.J. (Ende 19. Jahrhundert). – Nachdruck der Gegenwart (Zwenka Verlag, Dortmund) liegt vor; Franz Lerner, Aber die Biene nur findet die Süßigkeit. Kleine Kulturgeschichte des Honigs. Düsseldorf–Wien 1963; Kapitel »Lebkuchen« in: Kunstgeschichte des Backwerks, hg. von Hans Jürgen Hansen, Oldenburg/Hamburg 1968.
257 Franz Lerner, Aber die Biene nur findet die Süßigkeit. Wie Anm. 256, S. 139 resp. 140.
258 Zitiert nach Hans Jürgen Hansen, Kunstgeschichte des Backwerks, Oldenburg/Hamburg 1968, S. 143. Gerrit van den Brenk publizierte zwei bezügliche Werke, nämlich: Volmaakte Onderrigttinge, ten Deinst der Koek-Bakkers, of hunne Leerlingen, Amsterdam o.J., sowie: T'Zaamenspraaken tusschen eeen Mevfrouw, Banketbakker en Confiturer, Amsterdam, 4. Aufl., um 1750.
259 Hans Jürgen Hansen, wie Anm. 258, Kapitel Lebkuchen, S. 143.
260 Hans Jürgen Hansen, wie Anm. 258, Kapitel Lebkuchen, S. 143, sowie Yorkshire Farmhouse Fare, o. O., o.J., Rezept Nr. 24.
261 Gust. A. Parton, Die Lebkuchen-Fabrikation, wie Anm. 256, S. 45–46.
262 »Schiffle«, österreichische Verkleinerungsform »Schifferl«: Die Bezeichnung taucht öfters für Kleingebäcke aus verschiedenen Teigen, aber besonderer Form (viereckig, zumeist rautenförmig) auf. Vgl. dazu: das »Schiftl«, »Schiftel«, »Schifterl«: viereckiges Lebkuchenstück, aber auch viereckiges Holzstückchen, kleines schiefes Viereck, Raute. Die »Schifteltruhe« ist eine Holztruhe, die mit »Schifteln« eingelegt ist. (Der Beleg stammt übrigens aus dem Judenburger Lebzelter-Inventar von 1783.) Steirischer Wortschatz als Ergänzung zu Schmellers Bayerischem Wörterbuch, gesammelt von Theodor Unger, für den Druck bearbeitet und herausgegeben von Ferdinand Khull, Graz 1903 (künftig zitiert als Unger-Khull), S. 538; sowie Matthias Lexer, Kärntisches Wörterbuch, Leipzig 1862, Sp. 217. Schmeller nennt »Schifflein, Schiffelein« in der Bedeutung »kleinere Lebkuchen, Pfefferkuchen, von etwa einem Quadratzoll, wie man sie gewöhnlich zum Meth ißt. Auch Purgierkuchen in solcher Form«. Den Formen mit ft und ff entsprechen auch die Zeitwörter »schiffen« und »schifften« (beide Inf. präs.) für »navigare«. Vgl. auch: Der »Schiffter« lenkte die großen Halleiner Salz-»Schiffe«. Joh. Andreas Schmeller, wie Anm. 227, II. Bd., Sp. 385. Die Rautenform ist in etwa eine Schifferl-Form; wenn Buben z.B. Rindenschiffchen schnitzen, haben diese eine längliche, oben und unten zugespitzte Form, die trotz des Fehlens seitlicher Spitzen durchaus an die Raute erinnert.
263 Die industrielle Fertigung der Printe brachte – wie erwähnt – die Entwicklung zur »Schnittchenprinte« mit sich und führte parallel dazu zu einer Veränderung des Backteiges. Händisch erzeugte »Bildprinten« sind heute, wie jede gemodelte Ware, hochgeschätzte und hochbezahlte Raritäten. Man begegnet ihnen als Museumsexponaten, schenkt sie als Besonderheit oder erwirbt sie als Sammlerstück.
Seit die Holzmodel selbst nicht nur sehr rar, sondern auch sehr teuer geworden sind, weichen viele Interessierte dahingehend aus, daß sie sich eine Sammlung von Abdrücken aufbauen. Für diesen Zweck, aber auch bei der Verwendung als Zier- und Dekorationsstücke werden dauerhafte Materialien bevorzugt, z.B. Wachs (rot gefärbt oder bunt bemalt), »patinierter« Gips, »Masse«, aber auch Ton und Keramik.
264 Das Rezept stammt aus dem seinerzeit sehr renommierten Fachbuch »Die Conditorei in Wort und Bild« von »Carl Gruber, Pâtissier in Frankfurt a.M.«, Dresden o.J. Zitiert wird nach der vierten Auflage, die im Nachdruck (Zwenka-Verlag, Dortmund) vorliegt (das im Buch enthaltene Vorwort zur 4. Auflage ist mit 1897 datiert, das zur 3. Auflage mit 1896). Der Preiskatalog der Firma Vydra & Bohuslav, Prag, schreibt über dieses, unter der Spalte »Literatur« (zum Fach) angeführte Werk in seiner Ausgabe, Jg. XI, Juni 1909, Nro. 1, S. 127: »*Die Konditorei in Wort und Bild* von Karl Gruber. Neuestes Spezialwerk als praktisches Hilfs- u. Nachschlagebuch, in Illustration und Text den modernsten Anforderungen entsprechend bearbeitet. Preis in Luxusband K 11.–.« Der »vierten bedeutend vermehrten und vergrößerten Auflage« ist unser Rezept entnommen, das auf derselben Seite (S. 146) noch eine Variante anführt: »Frankfurter Brenten (andere Art): Die vorgenannte Masse, jedoch anstatt dem in voriger Nummer angegebenen Geschmack mit Rosenwasser.«
265 Werner Jüttner, die kunst der süßen sachen. Ausstellungskatalog. (Zur Ausstellung in der Kassenhalle der Hauptstelle der Sparkasse der Stadt Köln, 27.11.1967–5.1.1968.) Kölnisches Stadtmuseum – Verband rheinischer Heimatmuseen. Keine weiteren Angaben, unpaginiert.
266 So auch Will Hermanns, der schreibt: »›Printe‹ bedeutet Abdruck oder Abbild, und ›Spekulatius‹ stammt wahrscheinlich von dem lateinischen ›speculum‹, das zu deutsch Spiegel heißt oder Spiegelbild und damit tatsächlich das Gleiche wie Printe.« Aachener Bildprinten – eine gebackene Volkskunde, wie Anm. 251, S. 138.
267 Hans Karl Adam, Weihnachtliche Bäckereien, München 1966, S. 37. Auf S. 38 gibt es noch Varianten: Spekulatius ohne Eier, Vanille-Butterspekulatius, Kölner Spekulatius und Gewürzspekulatius.
268 Carl Gruber, Die Conditorei in Wort und Bild, wie Anm. 264, S. 146.
269 Albert Walzer, Typen alter Holzmodel für Gebäck und für Teige, die getrocknet werden. In: Der Museumsfreund. Aus Heimatmuseen und Sammlungen in Baden-Württemberg. Heft 3, 1963, S. 18–57, hier besonders S. 22.
270 Auch Spekulatius-Model werden heute wieder hergestellt, sie sind aber, allein schon ihrer Größe wegen, nicht billig (und können vom Arbeitsaufwand und von der Preisgestaltung mit den kleinen Springerle-Formen nicht konkurrieren). Man kauft Spekulatiusbretter daher eher als Dekorations- und Sammelobjekt und weniger zum praktischen Gebrauch als Backutensil. Wer keine – alten oder neuen – Model hat, greift zur Ausstechform. Vgl.: »Dann kneten Sie ihn [den Teig] nochmals durch, wellen ihn messerrückendick aus und stechen mit Spekulatius-Förmchen aus Weißblech oder mit Holzmodeln verschiedene Figuren aus, die Sie ... knusprig braun backen.« Monika Graff, Pfeffernuss und Mandelkern, Weil der Stadt 1976, S. 36. – Nach der Formulierung des Rezeptes stellt sich die Frage, ob die Verfasserin dieses Rezeptbuches je mit Modeln gearbeitet hat.
271 Hans Jürgen Hansen, Kunstgeschichte des Backwerks, wie Anm. 258, Kapitel »Lebkuchen«, S. 143.

[272] J. J. Schilstra, Ruiters op taai- en speculaasvormen. In: Antiek, 13. Jg. (1978), Nr. 5, S. 357–370. Eine englische Kurzfassung des Artikels liegt dem Heft lose und unpaginiert bei; diese wurde benützt. Die Stelle ist auf »Seite« 3.

[273] Anis kann sowohl dem Teig beigegeben als auch auf das gefettete Blech gestreut werden oder beides.

[274] Hans Karl Adam, Weihnachtliche Bäckerei, wie Anm. 267, S. 39. Auch andere Autoren betonen: »Bei gut gelungenen Springerle soll die Oberfläche weiß, der Sockel gleichhoch und der Boden goldgelb sein.« Monika Graff, Pfeffernuss und Mandelkern, wie Anm. 270, S. 29.

[275] Hans Jürgen Hansen (Hg.), Die Kunstgeschichte des Backwerks, wie Anm. 258, S. 233–234. – Zu Vergleichszwecken seien zwei Rezepte aus praktischen Backbüchlein angeführt: »Die Zutaten: 500 g Mehl vom allerbesten, 4 Eier, 500 g Zucker, 1 Prise Hirschhornsalz, 2 Eßlöffel Anis, 1 Zitronen-Abgeriebenes, 2 cl Kirschwasser (ergibt 50–60 Stück) ... Nun wird der Teig auf dem Brett fertiggewirkt. Zwei Stunden ruhen lassen. Die Model mit einem kleinen mehlgefüllten Mullsäckchen gut ausstauben. Den Teig etwa 1 cm dick ausrollen, in Größe des Models beschneiden, darauflegen und mit dem bemehlten Handballen fest hineindrücken, damit die Formen scharf herauskommen. Nun die einzelnen Stück sauber abschneiden und auf das gefettete, dünn mit Anis bestreute Blech legen ... Die Springerle müssen mindestens 4 Wochen kühl und trocken lagern, damit sie schön zart und mürbe werden.« Hans Karl Adam, Weihnachtliche Bäckereien, wie Anm. 267, S. 39–40. Monika Graff, Pfeffernuss und Mandelkern, wie Anm. 270, S. 29, gibt fast dieselben Zutaten an (allerdings ohne Kirschwasser) und läßt das Eiweiß sehr steif schlagen (während bei H. K. Adam die Eier als Ganzes mit dem Zucker schaumig gerührt werden). Der Teig wird nach einer Stunde kalter Rast ausgewellt und dann drückt man die mit Mehl bestäubten Modeln in den Teig. Man schneidet die Formen aus und legt sie mit dem Muster nach oben auf ein gut mit Butter gefettetes, mit Anis bestreutes Blech. »Die Springerle müssen nun mindestens über Nacht ruhen – die Oberfläche muß gut abgetrocknet sein! Sie befeuchten die Unterseite mit Zuckerwasser, achten jedoch darauf, daß die Oberseite trocken bleibt!« (Das Zuckerwasser ist m. E. ein Trick, sicherer oder besser die erwünschte goldgelbe Farbe zu erzielen.) Nach dem Bakken bürstet man von jedem Springerle das Mehl ab. Auch H. K. Adam fügt einen wertvollen und sicherlich aus Erfahrung und Praxis gewonnenen Wink ein: »Bitte nie mehr als 1 kg Teig anmachen, weil er sonst während der Verarbeitung zu rasch trocknet.« Ebd.

[276] Angeboten werden die Model als Einzelmotive, im Vierer- oder Sechserblock (4 bzw. 6 Motive auf einer Platte) oder als Roll- bzw. Walzenmodel (mit Motiven beschnitzter »Nudelwalker« [Rollholz]). Die Motive dieser Springerle-Model der Gegenwart sind fast immer gerahmt: rund oder viereckig, durch ganze oder punktierte Linien. Die Motive sind einfach: Blumen, Blumenkörbchen, Tiere, aber auch Figuren u. a. m.

[277] Hans Karl Adam, Weihnachtliche Bäckereien, wie Anm. 267, S. 39.

[278] Die Übergänge sind aber fließend: so kann auch, wie unser Rezept zeigt, dem Wasserspringerle-Teig Hirschhornsalz beigefügt sein; die Verarbeitung der Eier – als ganze mit dem Zucker verrührt, oder getrennt, mit geschlagenem Eiklar, hineinverarbeitet – ist ebenfalls unterschiedlich und bringt sicher Unterschiede beim Backen mit sich. Die angeführte grundsätzliche Unterscheidung kann aber für die Bestimmung von Modeln von entscheidender Bedeutung sein und deshalb muß man sie, zumindest als »Einteilungskriterium« kennen.

[279] Albert Walzer, Typen alter Holzmodel für Gebäck und für Teige, die getrocknet werden. Wie Anm. 269, S. 30, dem wir übrigens auch in den nächsten Überlegungen folgen (ebd., S. 30 und 32).

[280] Herbert Kürth, Kunst der Model, Edition Leipzig 1981, S. 125.

[281] Altes Gewicht; 1 Lot ist, berechnet nach den alten Gewichtsstücken des Wiener Pfundes, 17½ Gramm (4 Lot, also 7 Deka, wurden als »Neulot« bezeichnet). Katharina Prato, Die süddeutsche Küche, 18. Auflage, Graz 1885, S. 3.

[282] »›Docken‹ hießen im Hohenlohischen alle Wasserspringerle, die eine Dame mit hochgehaltenem Fächer, eine Spinnerin, eine Wasserverkäuferin, überhaupt irgendeine Frauengestalt auf ihrer Oberfläche dargestellt hatten.« Albert Walzer, wie Anm. 269, S. 30. Zur Wortbedeutung von »Docke« im allgemeinen und von »Dockenware« im besonderen vgl. dann auch ausführlich später im Text.

[283] Carl Gruber, Die Conditorei in Wort und Bild, wie Anm. 264, S. 153–155. Die Rezepte seien hier noch zum Vergleich angegeben. »685. Anisgebackenes. 1½ Kilo Zukker wird mit 15 Eiern schaumig gerührt, eine kleine Quantität Ammonium und etwas Anis daran gegeben und mit 1½ Kilo Mehl angewirkt. Die Masse lässt man zugedeckt etwas liegen, rollt sie in kleine Stücke aus und drückt sie in Holzformen, welche vorher mit Mehl bestaubt werden. Nun schneidet man die Teile egal zu, legt sie auf butterbestrichene Bleche und lässt sie über Nacht trocknen. Sie werden bei kühlem Ofen schön weiss gebacken und die Bleche zu diesem Zweck mit Wachs bestrichen.« – »688. Eier-Marzipan. Die Behandlung ist gleich derjenigen von No. 685, anstatt Anis, gibt man Zitronengeschmack daran.« – »689. Wasser Marzipan. 1½ Kilo Zucker rührt man mit ½ Liter Wasser etwas schaumig, gibt 15 g Ammonium unter die Masse und wirkt sie mit 2½ Kilo Mehl an. Die Masse arbeitet man nach Art No. 685 aus, trocknet sie aber sehr gut, da sie sonst beim Backen leicht grau wird. Beim Zusammenwirken der Masse hält man sich in Bezug des Mehles nicht strikte an das Rezept, sondern gibt, wenn nötig entsprechend zu.«

[284] Dazu kommt noch zumeist Rosenwasser, womit ebenfalls die Herkunft aus dem Orient assoziiert wird.

[285] Der engl. Ausdruck »confectioner« für Zuckerbäcker bewahrt noch die ursprünglich so wichtige und charakteristische Konfekterzeugung in der Berufsbezeichnung. Konfekt waren damals verzuckerte, also »kandierte« Früchte etc. Im 18. Jahrhundert und volkssprachlich z. T. noch heute wird der Zuckerbäcker auch »Kanditor« genannt. Dem liegt arab. qand (Rohrzucker, eingedickter Zuckersaft) zugrunde, das seinerseits wiederum auf altind. khanda (Stück, Teil) zurückgeht.

Die heute übliche und von der Innung sogar bevorzugte Berufsbezeichnung ist »Konditor«, das auf lat. condire = einlegen, einmachen, beruht. Bei uns ist »condieren« seit 1580 belegt. (Im Lateinischen bezeichnete »conditor« den »Hersteller würzhafter Speisen«.)

Das Wort »Zucker« kommt ebenfalls aus dem Altindischen, wo sarkara »Sand- oder Körnerzucker« bedeutete. Dem entspricht im Persischen šäkär, das zur Grundlage von griech. sakcharon (lat. saccharum, russ. sachar; vgl. Sacharin) einerseits und von arab. sukkar andererseits wird. Von Sizilien aus dringt ital. zucchero nach Norden und begegnet im Mittellat. als zuccarum oder zuccara. Wort und Ware fanden im 12. Jahrhundert den Weg über die Alpen nach Oberdeutschland.

Vgl. dazu insgesamt Friedrich Kluge, Etymologisches Wörterbuch der deutschen Sprache, wie Anm. 229, S. 345, 391 und 892 (die Stichwörter Kandis/Kandiszucker, Konditor und Zucker sowie Zuckerkand[el]).

[286] Herbert Kürth, Kunst der Model, wie Anm. 280, S. 125.

[287] Um das Jahr 1000 war in Byzanz eine Münze mit dem Bild des thronenden Christus im Umlauf, die »Mauthaban« genannt wurde. Auch sie wurde, wie so vieles andere, von den Venezianern eingeführt und hieß nun »Mataban«. »Der Begriff verlagerte sich auf ein Zehntel des Wertes und übertrug sich in dieser Relation auch auf andere Maße, zum Beispiel auf den Schiffszoll, vor allem aber auf Getreide- und Schachtelmaße.« »Martzapane« und »Marzapane« für »Schächtelchen« sind im Neapolitanischen und Sizilianischen für das 13. Jahrhundert belegt. Auch das Provencalische kennt diesen Begriff. Hans Jürgen Hansen, Kunstgeschichte des Backwerks, Kapitel »Die Zuckerbäckerei«, wie Anm. 258, S. 153–154. Vgl. dazu auch Friedrich Kluge, Etymologisches Wörterbuch der deutschen Sprache, wie Anm. 229, S. 463–464.

[288] Vgl. dazu vor allem Michael Stürmer (Hg.), Herbst des Alten Handwerks. Zur Sozialgeschichte des 18. Jahrhunderts. München 1979.

[289] Ausstellung vom 4. 12. 1981 bis 31. 1. 1982 im Münchner Stadtarchiv. Veranstalter der Ausstellung war das Münchner Stadtmuseum in Verbindung mit dem Stadtarchiv München. Konzeption der Ausstellung: Ulrike Zischka.

[290] Katalog zur Ausstellung (s. o.) unter dem Titel: Wachszieher und Lebzelter im alten München, Sammlung Ebenböck. München 1981, S. 8–32.

[291] Vgl. etwas weiter unten im Text.

[292] Wie Anm. 290, S. 8.

[293] Wie Anm. 290, S. 8.

[294] Neapel, Rom, Venedig, Mailand bzw. Marseille, Lyon, Chaumont, Paris (hier sechsmonatiges Praktikum).

[295] 1849–1854 Ehe mit Maria Merk, aus dieser Verbindung zwei Kinder: Klara (geb. 1850, bald nach der Geburt gestorben) und Maria (1852–1939); 1855 Eheschließung mit Franziska (»Fanni«) Neumaier; das Ehepaar hat insgesamt acht Kinder in siebzehn Jahren: Klara (geb. 1855; heiratet als einzige und stirbt 22jährig), Franziska Romana (1857–1859), Peter Mathias (geb. und gest. 1859), Therese (1860–1950), Johann Paul (1862–1866), Ludwig (1863–1889), sowie die beiden letztgeborenen Söhne Alois (1867–1936) und Ernst (1872–1952), die die Firma übernehmen. Wie Anm. 290, S. 13 sowie S. 30 (Stammtafel).

[296] Ludwig Morenz, Die Ebenböck. Wie Anm. 290, S. 20.

[297] Ludwig Morenz, Die Ebenböck. Wie Anm. 290, S. 22.

[298] Stockmann gründete – mit anderen – 1902 den Verein für Volkskunst und Volkskunde in München und 1903 mit zwei Malern den Museumsverein Dachau. Das Dachauer Museum wurde Vorbild für viele andere Heimatmuseen in Bayern. Vgl. Wolfgang Till, Hermann Stockmann (1867–1938), der neue Spitzweg. In: Wachszieher und Lebzelter im alten München. Sammlung Ebenböck. Wie Anm. 290, S. 64–65.

[299] Osternberg bei Braunau am Inn (oberösterreichisches Innviertel). Preen veröffentlichte vor allem Aufsätze über wallfahrtskundliche Themen. In seinem Haus verkehrten die beiden wichtigsten Sammler religiöser Volkskunst, Marie Andree-Eysn und Rudolf Kriss.

[300] Hölzel, Dill und Langhammer hatten in Dachau die durch Arthur Rössler unter dem Namen »Neu-Dachau« in die Kunstgeschichte eingegangene Malerschule begründet. – Die Regionalkultur trat in Dachau vor allem augenfällig in der reichen Frauentracht entgegen.

[301] Stockmann zeichnete seit 1890 für die »Fliegenden Blätter« und die »Jugend«, illustrierte Bilderbücher und schuf Einbandentwürfe, Kalenderillustrationen und Plakate, zumeist in einem spätbiedermeierlichen Stil.

[302] Vgl. hierzu als Beispiel die auf S. 117 des Katalogs (wie Anm. 290) abgebildeten »Entwürfe zu ›Künstlerlebkuchen‹, von Stockmann und Erlacher, um 1900, Sammlung Ebenböck, Münchner Stadtmuseum«.

[303] Wie Anm. 302, Abb. auf S. 118.

[304] Gust. A. Parton, Die Lebkuchen-Fabrikation. Wie Anm. 256, S. 60–61.

[305] Wie Anm. 264, S. 81–87.

[306] Gust. A. Parton, Die Lebkuchen-Fabrikation. Wie Anm. 256, S. 68.

[307] Ingeborg Weber-Kellermann, Das Weihnachtsfest. Luzern und Frankfurt/M. 1978, S. 176.

[308] Mit Säure (Sauerkrautsaft, verdünnte Salzsäure u. ä.) geätzt, mit einem Messerchen gekratzt, finden wir Sprüche auf den Ostereiern, eine Verzierungsform, die sich bis heute in bestimmten Gegenden gehalten hat. Mit der Ausbreitung des sogenannten »Osterbaumes« einerseits und den zusehends in Mode kommenden »Ostereierbörsen« andererseits breitet sich diese Verzierungstechnik sogar weiter aus und wird auch Teil des vorösterlichen Bastelns in Familien oder

im Werkunterricht usw. Gute, handliche Anleitungen tragen hier zur Verbreitung entscheidend bei.

309 Ulrike Zischka, Lebzelten und Model. Wie Anm. 290, S. 59–63; S. 60–61.

310 Eine Zeitlang verwendete man auch bemalte Span- und mit schönem »Biedermeier«-Papier beklebte Schachteln, jeweils rund, wie man sie noch als Reste, die überdauert haben, im Lebzeltergeschäft Rachenzentner sehen kann.

311 Die auf dem Kirchengrundstück abgehaltenen Feste waren die Vorläufer der Jahrmärkte, Messen und Kirchweihfeste (daher die enge Verbindung zu den Heiligen bzw. Kirchenpatronen). All dies geht darauf zurück, daß die Kirche sich die Haltung zu eigen machte, heidnische Kultstätten nicht zu zerstören, sondern sie zu »verchristlichen« (Politik der Kultkontinuität) und alljährlich um die Kirchen Buden aufstellen zu lassen, damit sich herkömmliche Volksfeste mit christlichem Feiern verbänden (vgl. Papst Gregors Rat an Abt Malito, 601). Hans Jürgen Hansen, Kunstgeschichte des Backwerks, wie Anm. 258, S. 131.

312 Hans Jürgen Hansen, Kunstgeschichte des Backwerks, wie Anm. 258, Abb. S. 101, 104, 108 und 148, sowie Herbert Kürth, Kunst der Model, Leipzig 1981, z. B. Abb. 20, 29, 30–37, 39–41, 103, 105, 136; daneben spielt Gold als prominenter Farbton auch bei den bunt gefaßten Abdrücken eine Rolle. Ebenfalls viele Beispiele bei Kürth. Es sei hier vermerkt, daß ein Hauptreiz und -verdienst dieses – auch sehr klar und übersichtlich geschriebenen – Buches in der Darstellung der Modelabdrücke aus Lebkuchen, Marzipan usw. liegt, die so präsentiert werden, wie sie wahrscheinlich der zeitgenössische Beschauer und Kunde erblickte.

313 Hans Jürgen Hansen, Kunstgeschichte des Backwerks, wie Anm. 258, S. 142 und 144. – Im übrigen gab es auch eine ungiftige Vergoldungsart, die aber den Nachteil hatte, etwas teuer zu sein. So weist Herbert Kürth (s. o. Anm. 312, S. 64) darauf hin, daß zum Schluß »alles mit unschädlichem Blattgold überzogen« werden konnte. Wie gesagt, die Unschädlichkeit war teuer erkauft.

314 Herbert Kürth, Kunst der Model, Leipzig 1981, S. 64.

315 Hans Jürgen Hansen, Kunstgeschichte des Backwerks, wie Anm. 258, S. 144.

316 Carl Gruber, Die Conditorei in Wort und Bild, wie Anm. 264, S. 181.

317 Vydra & Bohuslav, wie Anm. 264, S. 14 und 15.

318 Gust. A. Parton, Die Lebkuchen-Fabrikation, wie Anm. 256, S. 69–70.

319 Carl Gruber, Die Conditorei in Wort und Bild, wie Anm. 264, S. 177 und 181. – Vgl. dazu auch die Angaben Partons (wie Anm. 256, S. 56) in bezug auf »Gelbe, rote oder bunte Glasuren«, wo man der »weißen Glasur für Lebkuchen« (ebd., S. 55–56), wenn der Zucker kocht, »die entsprechende Farbe, also gelbe Saftfarbe, Zuckercouleurersatz, Karmin« beifügt oder die flüssig aufgelöste Farbe zum Schluß beim Kaltschlagen der Masse beisetzt. »Jede Farbenfabrik liefert dazu die Glasurfarben.«

320 Carl Gruber, Die Conditorei in Wort und Bild, wie Anm. 264, S. 181 und 185. Vgl. hier auch Grubers »Bemerkungen über Dekoration«, S. 197–199.

321 Vgl. dazu die Abb. 31 auf den S. 48 und 49 in Herbert Kürth, Kunst der Model, Leipzig 1981.

322 Herbert Kürth, Kunst der Model, Leipzig 1981, S. 10.

323 Dies gilt z. B. auch für viele Schöpfungen der Romanik und Gotik, deren farbige Fassungen im Laufe der Zeit verblaßt oder verschwunden sind bzw. abgenommen wurden, so daß wir an das farbige zeitgenössische Bild gar nicht denken.

324 Vgl. dazu Kurt Conrad, Almbrauchtum II, Kärtchen c: Namen der beim Almabtrieb verteilten Gebäcke und Speisen. Österr. Volkskundeatlas, 6. Lieferung (1979), Bl. 109, ohne Kommentar. Ferner: Gertrud Heß-Haberlandt, Das liebe Brot, Wien 1960, S. 60–61 (Gebäcke zur Almabfahrt) und die von ihr benützte Literatur.

325 Vgl. Herbert Kürth, Kunst der Model, Leipzig 1981, S. 125. Der Verfasser weist darauf hin, daß die Lebzelter fast immer gleichzeitig auch Wachszieher waren, die auch für ihre Kerzen allerlei Zierat in Wachs gossen. »Gebäckmodel wurden vielerorts auch in Wachs gegossen, das ja recht präzise Wiedergaben ermöglicht. Zumeist in tiefem Rot, doch auch bunt koloriert, waren sie ein begehrter Wandschmuck, der heute noch manchen Liebhaber findet.«

326 Gust. A. Parton, Die Lebkuchen-Fabrikation, wie Anm. 256, S. 55–59, sowie Carl Gruber, Die Conditorei in Wort und Bild, wie Anm. 264, S. 145. – Andere Mittel der Variation sind Qualität und Zahl der Zutaten, Füllungen usw.

327 Zusammengestellt anhand des Familienarchivs der Familie Rachenzentner. Von großer Hilfe war dabei ein »Rückblick« von Anton Karl Rachenzentner, der im wesentlichen im Jahre 1944 abgeschlossen wurde. Er zog für seine Familienforschung sowohl Urkunden als auch schriftliche Aufzeichnungen und mündliche Überlieferungen heran. – Zu besonderem Dank ist die Verfasserin Herrn Herbert Rachenzentner verpflichtet, der alle Unterlagen bereitwillig zur Verfügung stellte und darüber hinaus ein wertvoller Gewährsmann war. Herbert Rachenzentner ist geprüfter Lebzeltermeister. Seine Mutter führt heute die Lebzelterei als Witwenbetrieb.

328 Grieß, früher auch Gries, ahd. grioz, mhd. griez: grober Sand, feinere Grütze. Erst in spätmhd. Zeit begegnet griezmel = grob gemahlenes Mehl. Grieß, Grütz etc. weisen auf ein älteres Verb griozan = klein stoßen hin. Vgl. dazu sowohl J. Andreas Schmeller, Bayerisches Wörterbuch, wie Anm. 227, I. Bd., Sp. 1012–1013, als auch Friedrich Kluge, Etymologisches Wörterbuch der deutschen Sprache, wie Anm. 229, S. 270.
In Österreich ist heute das Wort »Greißler« für Lebensmittelhändler nach wie vor geläufig. Die »Greißlerei« ist der kleine Lebensmitteleinzelhandel. Greiß, auch Grauß, Gräuß, wurden im Volksmund »alle enthülsten, sonst aber ›ganz‹ belassenen Körner« genannt. »Greisse wurden von Krämern (Greisslern) auf Märkten, im Handel, im Direktverkauf, gehandelt ...« Anni Gamerith, Arten und Wandel der Getreidebreie am Beispiel des Landes Steiermark mit weiteren Bezügen. In: Ethnologische Nahrungsforschung. Kansatieteellinen Arkisto 26, Helsinki 1975, S. 80–113; S. 84.

329 -in war Femininsuffix, bei Frauen an den Familiennamen angehängt (Hans Weber, Elisabeth Weberin). Mundartlich bis heute beibehalten, in der Schriftsprache verschwunden.

330 Das erste Kind, Barbara, kam am 18. 1. 1798 zur Welt (im selben Jahr als die am 21. 12. 1798 geborene Anna Maria) und starb im Jahre 1805.

331 Ein kürzlich entdeckter Beleg aus den Ratssitzungsprotokollen Mödlings weist den Verkauf bzw. Kauf eines Hauses und einer Lebzelterwerkstatt 1671 nach. Ob es sich dabei um den Herzoghof handelt? In der »sesio« (Sitzung) vom »12. January 1671« ist aufgezeichnet: »Hanns Weichenberger, Bürger und Lebzelter alhier, verkauft dem Andre Holzer, Lebzelter-Khnecht von Wien, seine Behausung sambt dem Werkhzeug umb 490 [Gulden?] undt 10 Thaller. Obdergestalt, dasz der Verkaufer seine Behausung räumben soll. Werentgegen der Kauffer vor die Abschlagszahlung 300 Thaler auf die Kaufsumme aufbezahlt ...« Dieser Beleg wurde von Herrn Georg Mödlhammer der Familie Rachenzentner für das Familienarchiv weitergeleitet. M. E. ist außer Zweifel, daß das Lebzeltergewerbe in Mödling älter ist als die auf uns gekommenen schriftlichen Belege.

332 Damals ein Beruf, der ein einträgliches Auskommen ermöglichte. Auswüchse waren die Häuserspekulationen, das Errichten billiger Zinskasernen (viele Kleinwohnungen).

333 Der dritte Sohn, Richard Josef R., starb – wie erwähnt – knapp nach der Geburt (20. 7. 1834–4. 8. 1834). Die einzige Schwester, Franziska Romana R., kam am 5. 4. 1833 zur Welt und heiratete den Oberlandesgerichtsrat Josef Matzner. Sie starb am 14. 4. 1918.

334 Die zwei erstgeborenen Kinder starben mit 5 bzw. 4 Jahren: Tonerl (1885–1900) und Hanserl (1896–1900).

335 Die in kleinem Rahmen und fast ausschließlich händisch arbeitende Lebzelterei warf nicht so viel ab, daß nicht ein zusätzliches Einkommen willkommen gewesen wäre. Anton Paul Rachenzentner half 1956, im Jahr der Ungarnkrise, als Lagerleiter aus und blieb dann weiterhin für das Österreichische Rote Kreuz in Wien (Zentrale: Wien 4., Gußhausstr. 3) tätig. – Auch Herbert Rachenzentner hat seine Existenzgrundlage außerhalb der Lebzelterei.

336 Heute Heiligenkreuz, bzw. Stift Heiligenkreuz.

337 Die Schreibweise war bei Jahreszahlen: 808.

338 Lt. Frau Risa Weber (siehe die nachfolgende Anm.) lautete der Name korrekt »Stiegelmayer«, was auch später einmal dahingehend berichtigt wurde. »Stingelmayer« stellte eine der früher völlig üblichen Verschreibungen aufgrund falscher Lesart (»lateinisches« n für »kurrentes« e) dar.

339 Die beiden Kinder waren die zum Zeitpunkt der Aufnahme dreijährige Risa Rachenzentner (geb. 5. 2. 1901), verehelichte Weber, die auf dem Schoß der Stiefmutter sitzt, und der am 1. 9. 1889 geborene Rudolf Rachenzentner. Die Mutter dieser Kinder, Therese Hedwig, geb. Fuchs, war 1903 gestorben.
Die näheren Angaben zu diesem Foto stammen von Risa Weber, geb. Rachenzentner.

340 Wie Risa Weber, geb. Rachenzentner, angab, besorgte das Beeisen ihr Vater, denn »nicht jeder konnte das«, man brauchte dazu »vor allem eine besonders ruhige Hand«.

341 Es handelt sich dabei um echte Foto-Raritäten.

342 Angaben von Frau Risa Weber, geb. Rachenzentner.

343 Der märkische Chemiker Andreas Sigismund Markgraf stellte um die Mitte des 18. Jahrhunderts fest, daß auch aus einheimischen Feldfrüchten, vor allem aus Runkelrübe und Karotte, Zucker gewonnen werden kann. Sein Schüler Achard errichtete 1789 die 1. Rübenzuckerfabrik. Mit der Kontinentalsperre Englands gegen Frankreich und damit Festlandeuropa (1806) wurde die Rübenzuckergewinnung entsprechend forciert. Der Feldbau der Runkelrübe setzte im großen Stil ein: auf böhmischen und burgenländischen (damals noch westungarischen) Gütern, im Marchfeld, Tullner Feld, Wiener Becken und Mostviertel. Um die Mitte des 19. Jahrhunderts war Österreich bereits ein Zuckerexportland. Vgl. Werner Galler, Die Kunst der Zuckerbäcker, Katalog zur Ausstellung der Volkskundlichen Sammlung des NÖ Landesmuseums (4. 12. 1981–31. 1. 1982), Wien 1981, S. 4.

344 Bis in die 60er Jahre gab es in Österreich die »Zuckerbäcker«. Damals »wurde die althergebrachte Berufsbezeichnung ›Zuckerbäcker‹ unter bundesdeutschem Einfluß durch ›Konditor‹ ersetzt.« Allerdings behielt man die herkömmliche Bezeichnung noch als Zusatz bei; so heißt es z. B. »Landesinnung Niederösterreichs der Konditoren (Zuckerbäcker)«. Vgl. Werner Galler, Die Kunst der Zuckerbäcker, wie Anm. 343, S. 20.

345 Wolf Neuber, Das hölzerne Bilderbuch. Von den ehrbaren Lebzeltern und Wachsziehern. Requiem auf ein Handwerk. In: Parnass, 1981, H. 1 (September/Oktober), S. 30–37; besonders S. 34.

346 Wolf Neuber macht keine Angabe, ob er seine Erkenntnis aus seinem Kontakt mit alten Meistern und Gesellen oder ebenfalls aus Ludikowskys Schriften gewonnen hat.

347 Karl Ludikowsky, Die Kirchtagsfrage. Ders., Die Kirchtagsfrage in der niederösterreichischen Handels- und Gewerbekammer. Ders., Unser Programm, unsere Forderungen und unser Dank. Alle zusammen in: Karl Ludikowsky, Die Lebzelter-Wachszieherei. Ein Stück deutscher Handwerksgeschichte. Wiener Neustadt 1924, S. 26–43.

348 Karl Ludikowsky, Die Wachszieherei. Die Lebzelterei. In: Karl Ludikowsky, Die Lebzelter-Wachszieherei. Wie Anm. 347, S. 5–16.

349 Karl Ludikowsky, Anna Marie. Ein Lebzelterspiel. Wiener Neustadt 1930.

350 Karl Ludikowsky, Die Wachszieher-Lebzelterei, wie Anm. 347, S. 15.

351 Wie Anm. 347, S. 26 (»Die Kirchtagsfrage« wird von S. 26 bis S. 34 behandelt).

352 Wie Anm. 351, S. 27–28. Weiters hieß es: »Die inländischen Professionisten usw. sind in der ihnen erteilten Frei-

heit, die *Kirchtagsmärkte* gegenseitig zu besuchen, auf keine Weise zu verhindern und dieser Besuch ist wechselseitig auf die benachbarten Kreise (heute Bezirkshauptmannschaften) ohne Unterschied der Provinz in der Art beschränkt, daß der Gewerbe- und Handelsmann die Kirchtage des Kreises (Bezirkshauptmannschaft), in dem derselbe domiziliert, dann jene in dem unmittelbar an den Kreis (Bezirkshauptmannschaft) seines Aufenthaltes angrenzenden Kreisen, solche mögen zu derselben oder einer anderen Provinz gehören, zu besuchen berechtigt, dagegen aber von dem Besuche der Kirchtage in anderen nicht benachbarten und angrenzenden Kreisen ausgeschlossen sein soll.«

353 »Am 8. Juni 1924 kam der Wagen des Kremser Lebzelters Lattera, Inhaber eines uralten Gewerbes, das nachweisbar 1585 gegründet wurde, nach Leiben bei Weitenegg zum Kirchtag; der Meister war nicht selbst anwesend, sondern nur seine zum Verkaufe Beauftragten. Gegen ihre Zulassung nahmen die sechs anwesenden Wiener Marktfieranten Stellung. Der Bürgermeister stellte sich auf die Seite der Beschwerdeführer, verweigerte den Angehörigen des Kremser Gewerbetreibenden die Bewilligung zur Aufstellung des Standes und Lattera hat die Fuhr- und Regiekosten verloren und schweren Schaden zu leiden. In Kaltenberg, einem Wallfahrtskirchlein in der Buckligen Welt, verkaufen schon über hundert Jahre Großvater, Vater, Sohn und Enkel ihre Waren. Der Berg ist hoch, der Fuhrmann teuer. Die Marktfieranten im Vereine mit den anwesenden Gendarmen verbieten der Witfrau den Verkauf der Waren, sie fährt weinend nach Hause und hat einen Schaden von einer Million Kronen zu verzeichnen. – Dem Lebzelter Podlaha wird von der Bezirkshauptmannschaft Oberhollabrunn nach Erteilung einer Geldstrafe Arreststrafe angedroht, wenn er noch einmal einen Kirchtag besucht, ohne Marktfierant zu sein.« Wie Anm. 351, S. 32–33.

354 Vgl. zum Ganzen wie Anm. 351, S. 28–33.

355 Karl Ludikowsky, Unser Programm, unsere Forderungen und unser Dank. Wie Anm. 347, S. 40–42.

356 Karl Ludikowsky, Die Kirchtagsfrage, wie Anm. 351, S. 26.

357 Der Gruß, den Ludikowsky wiedergibt, lautete:
Gott grüß' euch alle miteinander!
Mit Gunst bin ich aufgestanden,
Mit Gunst will ich mich wieder setzen.
Grüßte ich das Gelage nicht,
Wär' ich ein ehrlicher Lebzelter nicht.
Gott ehre das Gelag,
Heut', morgen und jeden Tag!
Und ist es auch nicht groß,
So ist's doch nicht an Ehre blos!
Gott segne das ehrbare Handwerk!
Ob der alte Geselle, den Ludikowsky »vor vierzig Jahren« bei seinem Vater hörte, den Spruch tatsächlich so wohlgesetzt sprach, ist m. E. nicht so sicher. Im wesentlichen stimmt er aber wohl. Karl Ludikowsky, Die Lebzelterei. Wie Anm. 348, S. 11.

358 Karl Ludikowsky, Anna Marie. Ein Lebzelterspiel. Wie Anm. 349, S. 13. Das Stück wurde übrigens von Mitgliedern des Katholischen Gesellenvereins Baden im September 1930 aufgeführt. Der Schauplatz ist ebenfalls Baden, Niederösterreich. Zeit der Handlung: 1480. Völlig unpassenderweise, denn 1480 gab es noch keine Zuckerbäckerware, die der billigen Lebzelterware hätte Konkurrenz machen können. Die Probleme des 19. und beginnenden 20. Jahrhunderts wurden also rückprojiziert, wahrscheinlich deshalb, um den Kaiser Friedrich III. als deus ex machina ins Spiel bringen zu können. Dieser Kaiser ist den Wiener Neustädtern besonders präsent, ist er doch in ihrer Stadt begraben (Friedrich III., 1415–1493; 1452 zum Kaiser gekrönt [Rom!]; seit 1489 regierte für ihn sein Sohn Maximilian [»der letzte Ritter«]).

Standortverzeichnis

Bibliographie

benützter und thematisch relevanter Literatur

Abraham a Sancta Clara, Eine kurtze Beschreibung allerley Stands- Ambts- und Gewerbs-Persohnen ... 3 Bde., Würzburg 1699–1711. Mit 280 Kupfern von Christoph Weigel.

Adam, Hans Karl, Weihnachtliche Bäckerei. München o.J.

A debreceni mézeskalácsosok 1713 évi céhszabályzata (Die Zunftrolle der Debrecener Lebzelterinnung aus dem Jahre 1713). In: Magyar Gazdaságtörténeti Szemle, 1901, S. 294.

Adis-Scheble, Eva Maria, Gebäckmodel als Volkskunst. In: Ellwanger Jahrbuch 23 (1969–1970), S. 251–260.

Alföldi, Andras, Pannóniai agyagminták és vonatkozásaik a császárkorra (Tonformen in Pannonien und ihre Beziehungen zur Kaiserzeit). In: Archeologiai Értesítö XXXVII, 1918–1919.

Allmann, O., Geschichte der deutschen Bäcker- und Konditor-Bewegung, Hamburg 1910.

Altes aus Lübeck. Ursprung des Namens Marzipan. In: Vaterstädtische Blätter, Lübeck 1896.

Andree, Richard, ABC-Kuchen. In: Zeitschrift des Vereins für Volkskunde 15 (1905).

Angeletti, Charlotte, Geformtes Wachs. Kerzen, Votive, Wachsfiguren, München 1980.

Anonym, Volksmund mag die Reiter gern. Bevorzugtes Motiv im Backwerk. In: Antiquitäten-Zeitung, Nr. 18, 26.8.–8.9.1977, S. 8.

Arens, Fritz, Die ursprüngliche Verwendung gotischer Stein- und Tonmodel. In: Mainzer Zeitschrift Bd. 66/1971.

Arnet, Edwin und Gotthard Schuh, Der Züritirggel.

Arnould, Maurice A., Les gâteaux de Noël et leur décoration en Hainaut. Enquêtes du Musée de la vie Wallonne 7 (1954), S. 1–74, 40 fig., 1 carte.

Ast, Hiltraud, Das Marktbuch des Gutensteiner Wachsziehers Johann Widorn. In: ÖZV XXIV/73, 1970, S. 52–60.

Aus der Geschichte der Lebküchner und Konditoren in München, München o.J.

Bächtold-Stäubli, Hanns (Hg.), Handwörterbuch des deutschen Aberglaubens, 10 Bde., Berlin und Leipzig 1927–1942

Bächtold-Stäubli, Hanns, Die Gebräuche bei Verlobung und Hochzeit. (Schriften der Schweizerischen Gesellschaft für Volkskunde, Bd. 11) 1914

Barner, W., Weihnachtliche Backformen und Gebildbrote. In: Blätter für Volkstum und Heimat im Reg.-Bez. Hildesheim, 14. Jg./1941, S. 108–115.

Baumgartner, Peter, Die Devisli – ein Innerrhoder Christbaumschmuck. In: Heimatwerk, Blätter für Volkskunst und Handwerk, 1977, Nr. 4, S. 1–6.

Baxa, Jakob und Guntwin Bruhns, Zucker im Leben der Völker, Berlin 1967

Becker, Albert, Von Springerle und Lebkuchen. In: Großstadtbote (Ludwigshafen) vom 1.12.1939

Beer, Rüdiger Robert, Einhorn, Fabelwelt und Wirklichkeit, München 1972

Beliczay, László, A méz ipari feldolgozása. Mézes sütemények. (Die gewerbliche Verarbeitung des Honigs. Honigkuchen). Budapest 1960.

Benker, Gertrud, Über Backmodel und Modelgebäck. Stand der Modelforschung. In: Backmodel aus bäuerlichen und bürgerlichen Haushalten, Sonderheft 4 des »Storchenturms«, Dingolfing 1981, S. 1–13.

Berg, Gösta, Kringlor och pepparkakor (Brezeln und Pfefferkuchen). In: Fataburen 1963, S. 61–80, 11 Abb. (mit deutscher Zusammenfassung).

Bernhard, Marianne, Gnadenbringende Weihnachtszeit, [6]München 1975; S. 82: Von Backmodeln.

Beythien, A., Zur Geschichte des Marzipans. In: Zeitschrift für Untersuchung der Nahrungs- und Genußmittel, Berlin 1918.

Biehn, Heinz, Gotische Formmodel im Museum der Stadt Worms. In: Mainzer Zeitschrift, Jg. XXIX/1934.

Böck, Emmi, Lebzelten und Modeln. In: Bayerland 76 (1974), Nr. 11, S. 1–6, 10 Abb.

Bodden, Horst, Die Entwicklung der Bienenwirtschaft und der auf Wachs und Honig basierenden Gewerbe im Aachener Raum. Phil. Diss. Köln 1972.

Bode, Wilhelm von und W. F. Volbach, Gotische Formmodel, eine vergessene Gattung der deutschen Kleinplastik. In: Jahrbuch der Kgl. Preußischen Kunstsammlungen 39, Berlin 1918. (Auch als Buch erschienen.)

–, Mittelrheinische Ton- und Steinmodel aus der ersten Hälfte des 15. Jahrhunderts. In: Jahrbuch der Kgl. Preußischen Kunstsammlungen 39/1918, S. 89ff.

–, Die gotischen Formmodel des Mittelrheins, ein Nachtrag. In: Amtliche Berichte aus den Preußischen Kunstsammlungen, 40. Jg./1919, Sp. 188ff.

Boltz, Waltraud, Holzmodeln, Kupferformen, Kaffeemühlen (= Katalog der Auktion 17), Bayreuth 1978

–, Holzmodeln, Kupferformen, Kaffeemühlen (= Katalog der Auktion 28), Bayreuth 1979

–, Holzmodeln (= Katalog der Auktion 52), Bayreuth 1981

Bösch, Hans, Vom Nürnberger Lebkuchen. In: Fränkische Monatshefte 8, S. 331–334.

–, Die Sammlung der hölzernen Kuchenformen im Germanischen Nationalmuseum. In: Mitteilungen des Germanischen Nationalmuseums Nürnberg 1887–1889.

Bost, Frans van, Van't Oude Soete. In: Oostvlaamse Zanten 37 (1962), S. 1–25, 14 ill.

Bothe, Friedrich, Stein- und Tonmodel als Kuchenformen. In: Repertorium der Kunstwissenschaft XLVII/1922.

–, Die Kuchelsteine des Goldschmiedes Hartmann Kistener. In: Alt-Frankfurt, 1928, H. 4 und 5.

Bruder, A., Über Wappen und Schutzpatrone der alten Zünfte, München 1885

Büll, Reinhard, Vom Wachs. Hoechster Beiträge zur Kenntnis der Wachse, 12 Beiträge, Frankfurt/M. – Hoechst 1959–1977

–, Das große Buch vom Wachs, Geschichte, Kultur, Technik. München 1978

Burgstaller, Ernst, Gebildbrote der Vorweihnachtszeit in Oberdonau. In: Deutsche Volkskunde I, 1939.

–, Brauchtumsgebäcke und Weihnachtsspeisen, Linz 1957

–, Österreichisches Festtagsgebäck, Wien 1958

–, Festtagsgebäcke – Allerseelen; Festtagsgebäcke – Ostern; Festtagsgebäcke – Figürliche Gebäcke im Jahres- und Lebensbrauchtum: Bll. 2–4 der 1. Lieferung des Österreichischen Volkskundeatlasses, Linz 1959, mit dazugehörigem Kommentar »Festtagsgebäcke«, Kommentarbd., Linz 1959.

–, Brauchtumsgebäcke. In: Atlas von Oberösterreich, 1. Lieferung (Linz 1958) und 3. Lieferung (Linz 1969).

–, Das Allerseelenbrot, Linz 1970

–, Met im oberösterreichischen Brauchtum. Ergebnis einer Rundfrage über die brauchtümliche Verwendung des Metes in Oberösterreich durch das Institut für Landeskunde 1962. In: Oberösterreichische Heimatblätter 10 (1956), S. 85–92, 1 Karte, 1 Abb.

Cassat & Cie., Fabrique de Moules etc., Ancienne maison Bournod, Katalog, Paris o.J.

Clements, Laura Lee, Early American Cake Forms and Pussing Moulds. In: American Collector, July 1942

Codex Vindobonensis 3193/316v: Lebkuchenrezept. (Vgl. Hermann, Menhart, Verzeichnis der altdeutschen literarischen Handschriften der Österreichischen Nationalbibliothek, 2. Bd., Berlin 1961, S. 881). Das Rezept ist im 15. Jahrhundert entstanden, der Sammelband selbst nach 1519.

Cornelius, Abel, Wachszieher und Lebzelter. In: Der Hag I (1950/51), H. 3, S. 17–20, 6 Abb.

Cripps, Christina, Vom Lübecker Marzipan. In: Gordian, H. 1187, 1950.

Csatkei, Endre, A régi soproni bábsütök (Die alten Lebzelter von Sopron). In: Sopronvár megye, 21.5.1939

Cuvay, Roxane, Führer durch das Kaiser-Franz-Josef-Museum Baden. 1965. (Raum III: u.a. Lebzelter und Wachszieher; vgl. besonders die Seite 16–18 und die Abb. S. 13, 17, 20).

Dabrowski, St., Dawne pierniki torúnskie (Alte Thorner Pfefferkuchen). In: Roczniki Tow. Nauk w Toruniu 33, und S.-A. Torún 1926. 73 und 3 S., 8 Tafeln.

Drexel, Walter, Gebrauchsformen in Mitteleuropa, Braunschweig 1961

Dittrich, H., Alte Pfefferkuchenformen im Neißer Museum. In: Der Oberschlesier, 1924, S. 102, 2 Abb.

Domonkos, Ottó, Mézeskalácsminták. Ausstellungskatalog. Sopron/Ödenburg (Liszt Ferenc Múzeum) 1978

Domonkos, Ottó und Wolfgang Gürtler, Lebzeltenmodel aus dem Liszt Ferenc Múzeum und dem Burgenländischen Landesmuseum. Katalog zur ersten gemeinsamen Sonderausstellung (12.12.1980–2.2.1981) im Burgenländischen Landesmuseum Eisenstadt. Eisenstadt 1980. Darin enthalten: Ottó Domonkos, Zur Geschichte des Lebzelterhandwerks in Ungarn

–, Lebzelt- und Wachsvotivmodel: Einführung in die Ausstellung; Wolfgang Gürtler, Beitrag zur Geschichte des Lebzelterhandwerks in Eisenstadt.

Dömötör, S., Lakodalmi kalácsaink néprajzahoz. In: Különlenyomat az Ethnographia, 1959, S. 303.

Dornbusch, J. B., Über Intaglien des Mittelalters und der Renaissance. In: Bonner Jahrbücher, Bd. 57/1876.

Dornseiff, Franz, Das Alphabet in Mystik und Magie. In: Stoicheia, H. VII, 1922.

Ebeling, H. J. M., Verklaring van een zestal marsepeinbakjes in het museum princehof te Leeuwarden. In: Hobby, Tijdschrift voor Verzamelaars, H. 7, 1948.

Ebenböck, Mathias, Das Lebzeltergewerbe. In: Zeitschrift des Münchner Altertumsvereins, N. F. VIII, München 1897.

Ebert-Wolf, Marianne, Geschichte des Nürnberger Lebkuchens, Nürnberg 1965
Eckmair, C. M., Johannistrunk. In: Heimatgaue 7 (1936), S. 75 (über traditionelles Mettrinken in Eferding/Oberösterreich).
Eckstein, F., Stichworte »Backen, Brot, Brezel, Gebildbrote, Lebkuchen, Met, Pfefferkuchen, Pumpernickel, Speiseopfer, Wecken, Weihnachtsbrot und Zopfgebäcke« im HDA.
Eckstein, Hans, Walldürner Lebküchnerei. In: Der Wartturm 2 (1926/27), S. 27f.
Egg, Erich, Wolfgang Pfaundler, Meinrad Pizzinini, Von allerley Werkleuten und Gewerben. Eine Bildergeschichte der Tiroler Wirtschaft. Innsbruck – Wien – München 1976
Eidmann, H., Odenwälder Lebkuchen. In: Volk und Scholle 12, S. 380f., 2 Abb.
Engelhardt, P. Gottfried, Christliche Kunst und religiöses Brauchtum zur Weihnachtszeit im Wachszieher- und Lebzelterladen. In: Christliche Kunstblätter 91/1953, S. 119–126, 3 Abb.
–, Christliche Kunst und religiöses Brauchtum im Wachszieher- und Lebzelterladen, Amstetten 1957
Eppig, Rudolf, Aus Odenwälder Backstuben. In: Der Odenwald 18 (1971), S. 109–115, 8 Abb.
Éri, István, Reneszánsz dombormü töredkek a nagyvászonyi Kinizsi várból (Reliefbruchstücke im Renaissancestil aus der Burg Kinizsi zu Nagyvázsony). In: Müvészettörténeti Értesítö, 1958, Nr. 2–3.
Erich, Oswald Adolf, Gesichtspunkte für eine Bildgeschichte des figürlichen Gebäcks. In: Oberdeutsche Zeitschrift für Volkskunde 6 (1932), S. 153–167, 5 Abb., Lit. (Auch enthalten in der Festgabe für Rudolf Much, Bühl-Baden 1932).
Erich, Oswald A. und R. Beitl, Wörterbuch der deutschen Volkskunde, ²Stuttgart 1955, Stichwort »Lebkuchenbilder« (S. 467–469).
Evertz, L., Aachener Backformen der Sammlung van den Daele, Aachen 1975
Fábián, Gyula, A mézeskalács (Der Lebkuchen). In: Magyar Nemzeti Múzeum Néprajzi Oszályának Értesítöje XIV, 1913, Nr. 1–2.
Faragott mézeskálacsformák (Geschnitzte Pfefferkuchenformen). Ausstellung im Bakonyi-Museum in Veszprém.
Feil, Josef, Beiträge zur älteren Geschichte der Kunst- und Gewerbs Thätigkeit in Wien. In: Berichte und Mittheilungen des Alterthumsvereines zu Wien, Bd. 3, 1859, S. 204–307; (S. 283: Leczelterordnung vnd aufsatz, 13. März 1445).
Fels, von, Heraldische Bibermodel aus St. Gallen. In: Jahrbuch des Schweizer Archivs für Heraldik 1959
Fincke, Heinrich, Marzipanformen in älterer und neuerer Zeit. In: Stollwerckpost (Köln), 4/1927.
–, Von der Marzipan-, Lebkuchen- und Zuckerbäckerei in früheren Zeiten. In: Stollwerckpost (Köln), 1928.
–, Geschichtliches vom Marzipan und seinen Ersatzwaren. In: Zeitschrift für Untersuchung der Lebensmittel (Berlin) 1928
–, Sinn, Entstehung und Wandlung weihnachtlicher, österlicher und anderer Gebildsüßwaren. In: Kazett, (Dresden) 1940
–, Ein neues Geschichtchen und alte Tatsachen vom Marzipan. In: Gordian (Hamburg) 1950
–, Kleine Beiträge zur Geschichte der Süßwaren. In: Gordian (Hamburg) 1953/54
–, Ordnung der Süßwaren vor 270 Jahren. In: Zucker- und Süßwaren-Wirtschaft 1954
–, Über die Färbung von Zuckerwaren in früherer Zeit. In: Zucker- und Süßwaren-Wirtschaft 1955
–, Die Bestätigung und die Berufsbezeichnung des Zuckerbäckers und des Konditors in früherer Zeit. In: Süßwaren (Hamburg) 1957
–, Über plastische Bildnerei und über Nachbildungen aus Zucker, Marzipan und anderen süßen Zubereitungen vom 15.–18. Jahrhundert. In: Süßwaren 1958
–, Beitrag zur Kenntnis der Russisch Brot oder Patience genannten Gebäckart. Über Buchstabengebäck, Buchstabenbedeutung und Buchstabenmagie. In: Süßwaren 1959
–, Über Lebensmittel- und Mahlzeitendarstellungen in der Bildenden Kunst. In: Süßwaren, H. 13, 1959
–, Über das Gebäck und den Namen Spekulatius und seine Beziehung zum Nikolausbrauchtum. In: Süßwaren, 5. Jg. (1961), H. 10, S. 538–542; H. 11, S. 575–578; H. 12, S. 662–663; H. 13, S. 683–684; H. 14, S. 754–756.
–, Über die Begriffe »Pfefferkuchen« und »Pfeffernüsse« und über den Zusatz von Pfeffer bei Lebkuchen. In: Süßwaren (Hamburg), 5. Jg. (1961), H. 18 und 19.
–, Lebkuchen als Zusatz bei der Zubereitung von Speisen seit Ende des 15. Jahrhunderts. In: Süßwaren, 6. Jg. (1962), H. 7, S. 322–326.
–, Über Gebildback- und Süßwaren. In: Brot und Gebäck (Bochum), 1962, H. 3, S. 55–58.
–, »Kaltschale«, »Brocksel« und andere gesüßte alkoholhaltige Brauchtumszubereitungen, meist mit Zusatz von Lebkuchen oder von Rosinen. In: Süßwaren (Hamburg), Jg. 6 (1962) Hefte 20–23, 23 Abb.
–, Vom »Brocksel«, einer Branntwein-Lebkuchen-Zubereitung des Silvesterabends im Gebiete des ehemaligen Herzogtums Nassau. In: Rheinisch-westfälische Zeitschrift für Volkskunde 9 (1962), S. 234–247, 4 Abb.
–, »Pfefferbrot« und »Honigbrot« als Bestandteile Siegburger alkoholischer Getränke um die Wende des Mittelalters. In: Rheinisch-westfälische Zeitschrift für Volkskunde 9 (1962), S. 248–252.
–, Über die Benennung honigkuchenähnlicher Gebäcke als Lebkuchen, Leckkuchen und Lebzelten sowie Biber und Bibenzelten. In: Deutsche Lebensmittel-Rundschau (Stuttgart), 59. Jg./1963, H. 6, S. 159–167, 8 Abb.
–, Was war »Pfefferbrot« im 15. Jahrhundert? In: Süßwaren (Hamburg), 7. Jg. (1963), S. 680–682.
–, Von den Anfängen der Herstellung einzelner Süßwaren im deutschen Sprachraum. In: Gordian (Hamburg), 64 (1964), Nr. 1535 (Mitte Nov.).
–, Zur Bildung des Namens »Biber«, einer Schweizer honigkuchenähnlichen Gebäckart. In: Deutsche Lebensmittel-Rundschau (Stuttgart), 64 (1964), H. 6, S. 168–170, 4 Abb.
–, Von Lebküchnern und von Lebzeltern. Das Dreifachgewerbe Lebzelterei, Metsiederei und Wachszieherei. In: Süßwaren (Hamburg), 8. Jg. (1964), H. 7, 8 und 9.
–, Auf den Spuren alter Schweizer Gebildbackwaren. Beiträge zur Kenntnis honighaltiger Gebildbackwaren III. In: Süßwaren (Hamburg), 8. Jg. (1964), H. 13, S. 836–842, 18 Abb.
– *und Maria Schmidt,* Die Landshuter Lebzelter-Ordnung von 1554. Beiträge zur Kenntnis honighaltiger Gebildbackwaren IV. In: Süßwaren (Hamburg), 8. Jg. (1964), H. 18, S. 1153–1158, 1 Abb.
–, Laubinger und Leipziger Lebzelten, von Ortsnamen abgeleitete Benennungen des ausgehenden Mittelalters. Beiträge zur Kenntnis honighaltiger Gebildbackwaren V. In: Süßwaren (Hamburg), 8. Jg. (1964), H. 22, S. 1488 bis 1489.
–, Vorbericht zur Münchner Lebzelter-Ordnung von 1474. Beiträge zur Kenntnis honighaltiger Gebildbackwaren VI. In: Süßwaren (Hamburg), 9. Jg. (1965), H. 3, S. 110–112, 1 Abb.
–, Beiträge zur Kenntnis honighaltiger Gebildbackwaren. In: Süßwaren (Hamburg), 9. Jg. (1965), H. 6.
Finz, Rudolf und Grete Melion, Korneuburgs Bedeutung für Handel und Gewerbe. In: Korneuburger Kulturnachrichten, Jg. 1971, H. 3, S. 13–51. (Lebzelter und Wachszieher: S. 38–41).
Fischer, Wolfram, Quellen zur Geschichte des deutschen Handwerks. Selbstzeugnisse seit der Reformationszeit. Göttingen 1957
Fochler, Rudolf, So lebt und lebte man. Eine Umschau im Volksleben der Traunseestädter. In: Die Stadt in ihren Wechselbeziehungen (Sonderdruck o. O., o. J.), S. 133–147. (Darin wird der Gmundner Liebstattsonntag behandelt).
Fraunberger, Georg, Alte und neue Lebkuchenformen. Berlin 1905/06 (Velhagen und Klasings Monatshefte).
Fritsch, E., Der praktische Bäcker. ²Stuttgart 1950
Fuhse, F., Handwerksaltertümer, 1935
Füvessy, Anikó, A méhészettel kapcsolatos vándorkereskedelem Észak-Borsodban (Wanderhandel, verbunden mit Bienenzucht im nördlichen Teil vom Komitat Borsod). In: Ethnographia 82 (1971), S. 28–43, Abb., Bibl. (Mit deutscher Zusammenfassung auf S. 43).
Gaidoz, Henry, Les gâteaux alphabétiques. Paris 1886
Galfe, Augustin, Der Kirchweihkuchen in der Luditzer Gegend. In: Sudetendeutsche Zeitschrift für Volkskunde (Prag), 1936, S. 167–168.
Galler, Werner, Die Kunst der Zuckerbäcker. Ausstellungskatalog (Katalog des NÖ. Landesmuseums, N. F. Nr. 115), Wien 1981
Gamerith, Anni, Festliche Brauchtumsgebäcke. Zur Volkskunde des obersten Ennstales. Beilage Nr. 230 der Süd-Ost-Tagespost (Graz), 1958.
–, Bevorzugte Stellung der Mehlspeisen in österreichischen Landen. In: ÖZV 83 (1980), H. 2.
Gandersheim, Ingeborg, Festliches Marzipan. In: Westermanns Monatshefte, 1955, H. 12.
Gantner, Theo, Geformtes Wachs. Begleitpublikation zur gleichnamigen Ausstellung des Schweizerischen Museums für Volkskunde, Basel 1980/81, Basel 1980
Geerbt und weitergesammelt – Gebäck aus alten Modeln. Das Sammler-Journal-Interview mit Margarete Berg. In: Sammler-Journal, 9. Jg. (1980), Nr. 5 (Mai), S. 380 bis 383.
Geiler von Kaysersberg, Passio domini nostri Jesu Christi, Straßburg 1508, sowie der deutschen Ausgabe »Predigten«, Straßburg 1514 (mit den »Lebkuchenpredigten«).
Geschnitzte Guezimödeli. In: Heimatwerk, Blätter für Volkskunst und Handwerk, 5, Nr. 4, S. 7–9.
Gingerbreads. In: Yorkshire Farmhouse Fare. Published by the Castle Museum, York. (Short introduction and recipes, pp. 22–31)
Gouffé, J., Het Boek der banketbakkerij, o. J.
Graf, Gottlieb, Ehemaliger fränkischer Jahrmarktszauber. In: Mein Heimatland 25 (1938), S. 1–6 (darin Lebkuchenreime).
Graft, C. Catharina van de, Gelegenheidsbrood in het Nederlands huisgezin. In: Volkskunde, 1961.
–, La Hollande et les Hollandais d'après les anciens moules à gâteaux de Saint-Nicolas. In: Art populaire, Paris 1931.
Grasmann, Ludwig, Ausstellung »Backmodel aus bäuerlichen und bürgerlichen Haushalten«. In: Sonderheft 4 des »Storchenturms«, Dingolfing 1981, S. 14–47.
Grenser, Alfred, Zunft-Wappen und Handwerker-Insignien. Frankfurt 1889
Grill, Emil, Gotische Tonmodel im Paulusmuseum zu Worms. In: Zeitschrift für bildende Kunst, 55. Jg. (1920), N. F. 31.
Gröber, Karl, Alte Lebzelten. In: Bayrisch-südostdeutsche Hefte für Volkskunde 12 (1939), S. 45f.
–, Die Kunst des alten Modelstechers. In: Atlantis 8 (1936).
Gruber, Carl, Die Conditorei in Wort und Bild. Nachdruck der 4. Auflage (Dresden o. J.) Dortmund o. J. (vgl. »Abteilung VII. Lebkuchen«, S. 142–148).
Gründlicher Unterricht eines wohlersamen Lebzelter Handwerks ... zum Druck befördert von einer wohlersamen Hauptlade von Neusohl. O. J. (Bibliothek des Kunstgewerbemuseums in Budapest, Nr. 921).
Güterbock, Gotthilde, Backmodel aus alter Zeit. In: Der Odenwald 6 (1959), S. 99–105, 11 Abb.
Haberleitner, Odilo, Handwerk in Steiermark und Kärnten vom Mittelalter bis 1850. I: Von der Aufdingung bis zur Erlangung der Meisterwürde, Graz 1962.
Habersohn, Monika, Wachswaren. Bedeutung und Wandel, Phil. Diss. (maschinenschriftlich), Wien 1978.
Hahn, Fritz, 300 Jahre Springerle. Backstudie, Fotos, Repro-

duktionen. In: Ekkhart, Jahrbuch für das Badner Land, 1970, S. 138–151, 6 Abb.
Haiding, Karl, Bienenzucht und Lebzelter-Handwerk. Führer durch die erste Sonderausstellung des Heimatmuseums Trautenfels, Trautenfels-Gröbming 1957.
Hailer, Willy, Eine alte Wachszieherei in Pfaffenhofen. In: Volkskunst, Zeitschrift für volkstümliche Sachkultur, 3. Jg. (1980), H. 2, S. 102–106.
Halbertsma, H., Koekplanken als muurversiering. Vrije vertaling van een engels art. voor het maandbl. (Confectionery art and baking craft. – Les moules de gâteaux comme décoration murale. Trad. de l'anglais). In: Neerlands volksleven 2 (1952), S. 3–6.
Halova-Jahodova, Vergessene Handwerkskunst. Prag 1955
Hanak, Elfriede und Gertraude Szepesi-Suda, Burgenland. Traditionelles Handwerk – Lebendige Volkskunst, Wien 1978 (Lebkuchen und Gebildgebäcke: S. 172–176).
– *und Michael Martischnig,* Salzburg. Traditionelles Handwerk – Lebendige Volkskunst, Wien 1981 (Modelabguß: S. 33–35).
HDA = Handwörterbuch des deutschen Aberglaubens; siehe Bächthold-Stäubli, Hanns
Hanke, Gerhard, Kunstvolle Lebzeltmodeln im Dachauer Heimatmuseum. In: Amperland 12 (1976), S. 124–127, 6 Abb.
Hansen, Hans Jürgen (Hg.), Kunstgeschichte des Backwerks, Oldenburg/Hamburg 1968 (im besonderen die Kapitel »Gebäckmodel« von S. 43–86 und »Lebkuchen« von S. 129–150).
–, Kunst der Konditoren, Back- und Zuckerwerk aus fünf Jahrhunderten. Ausstellung Hamburg (Museum für Kunst und Gewerbe und Kunstgewerbe-Verein) vom 1. 11. 1968–5. 1. 1969 und München (Stadtmuseum) vom 30. 1. 1969–16. 3. 1969.
Hansmann, Claus und Liselotte, Viel köstlich Wachsgebild, München 1959
Hanssen, Ernstgeorg, Über Herkunft der Benennung »Russisch Brot«. In: Gordian (Hamburg), 1957
– *und Fritz Hahn,* Über Model. In: Deutsche Lebensmittel-Rundschau (Stuttgart), 59. Jg. (1963), H. 12, S. 343 bis 350.
– *und Fritz Hahn,* Weiße Lebkuchen. In: Gordian (Hamburg), 1967
Harding, Anneliese, The Edible Mass Medium. Traditional European Cookie Moulds of the 17th, 18th, and 19th Centuries. Katalog des Busch-Reisiner-Museums, Harvard University. Cambridge/Mass. 1975
Heckel, August, Lebkuchen aus Langenau. In: Schwäbische Donauzeitung (Ulm), 16. 12. 1960, S. 11
Heinsius, Joh. Samuel, Allgemeine Schatzkammer der Kaufmannschaft oder vollständiges Lexikon aller Handlungen und Gewerbe, Leipzig 1741
Heller, Barbara, Händler auf der Sebastiani- und der Osterdult zu Ebersberg 1691–92 und 1724–31. In: Bayerisches Jahrbuch für Volkskunde 1968
Hell-Girod, Ginette, Pains d'épice et breedle, in: La Maison d'Alsace, Nr. 20 (1979).
Helm, Rudolf, Deutscher Eierzucker aus vier Jahrhunderten. In: Die Konditorei, 1936, 7 (Kunstbeilage).
Herder Lexikon Symbole, 4Freiburg – Basel – Wien 1978. (Siehe auch Oesterreicher-Mollwo, Marianne).
Hermanns, Will, Aachener Bildprinten – eine gebackene Volkskunde. In: Rheinisch-westfälische Zeitschrift für Volkskunde 1 (1954), S. 137–149, 10 Abb.
Heß-Haberlandt, Gertrud, Das liebe Brot. Brauchtümliche Mehlspeisen aus dem bäuerlichen Festkalender, Wien 1960
–, Einiges über Lebkuchenmodel. In: Korneuburger Kulturnachrichten, Jg. 1970, H. 4, S. 11–16.
–, Verzierte Butter in Nordtirol. In: Volkskunst, Zeitschrift für volkstümliche Sachkultur, 4. Jg. (1981), H. 1, S. 40–43.
Heyne, Moritz, Fünf Bücher deutscher Hausaltertümer von den ältesten geschichtlichen Zeiten bis zum 16. Jahrhundert. Bd. 2: Die Nahrung. Das deutsche Nahrungswesen von den ältesten geschichtlichen Zeiten bis zum 16. Jahrhundert. Leipzig 1901
Hofer, Eduard und Herbert, Aus der Erinnerung eines alten Wachsziehers. In: Oberösterreich (Kulturzeitschrift), 23. Jg. (1973), H. 2, S. 55–58, 5 Abb.
Hofer, Manfred, Die Hauskerzenweihe beim Wachszieher. In: Da schau her, 3. Jg. (1982), H. 1, S. 15.
Höfler, Max, Gebildbrote, eine Rundfrage. In: ÖZV, 1899, S. 276–277.
–, Die Gebildbrote der Allerseelenzeit. In: ÖZV, 1907, S. 65–96.
–, St.-Nikolaus-Gebäck in Deutschland. In: ÖZV, 1902, S. 83–202.
–, Weihnachtsgebäcke, Wien 1905 (Supplement III der ÖZV).
–, Die Gebäcke des Dreikönigstages. In: ÖZV, 1904, S. 254–278.
–, Gebildbrote der Faschings-, Fastnachts- und Fastenzeit, Wien 1908 (Supplement V der ÖZV).
–, Ostergebäcke, Wien 1906 (Supplement IV der ÖZV)
–, Gebildbrote der Hochzeit, Wien 1911 (Supplement VII der ÖZV)
–, Gebildbrote in Tierform. In: Hefte für Bayerische Volkskunde, 1914, H. 3.
–, Marzipan. In: Unser Egerland, 1904, H. 3 und 4.
Hohberg, Freiherr von, Adeliches Land- und Feld-Leben, Nürnberg 1701
Højrup, Ole, Mjød – gudernes drik (Met – Getränk der Götter). In: Nat Arbejdsm (Fra Nationalmuseets Arbejdsmark), 1957, S. 53–62, 6 ill.
Holter, Kurt, Geheimnisse eines Welser Bürgerhauses. In: Jahrbuch des Musealvereines Wels, 18. Jg. (1972).
Holzapfel, Matthias, Lebkuchen und Lebzelterei. In: Die Weltkunst, 15. 12. 1975, S. 2346–2347.
Holzmann, Gustav, Wachskerzen von den Lebzeltern. Höhepunkte und Niedergang des Wachsziehergewerbes. In: Mitteilungen der Handelskammer Niederösterreich (Serie: Niederösterreich – neu entdeckt), Jg. 1964
–, Die große Familie der Lebzelter. Die Marktbereiche waren jedoch genau abgegrenzt. In: Mitteilungen der Handelskammer Niederösterreich (Serie: Niederösterreich – neu entdeckt); Zeitungsausschnitt ohne weitere Angaben.
Hoppe, Alfred, Des Österreichers Wallfahrtsorte, Wien 1913
Hörandner, Edith, Stichworte »Glückssymbole«, »Verkehrte Welt« und »Verlobung« in: Manfred Lurker (Hg.), Wörterbuch der Symbolik, Stuttgart 1979
Hostettler, Agnes, Modelkuchen als Geschenk bei rituellen Festlichkeiten und an Feiertagen. Vortrag, gehalten auf der 4. Internationalen Konferenz für Ethnologische Nahrungsforschung in Stainz 1980, mit hektographierter Zusammenfassung des Vortrags, dort verteilt.
Houwink Hzn., R., De taai-taaiplank, een verdwenen volkskunst vol symboliek. Drente 12, S. 27f.
–, Koekplanken als volkskunst. Assen 1943
Hugard, R., Ein alter Springerlemodel. In: Mein Heimatland 5, S. 47f.
I.G.S., Der wizige (sic!) Lebkuechner, ein Lustspiel mit 4 Aufzügen, Frankfurt und Leipzig 1754
Immerwährender Springerle-Kalender, Deutsches Brotmuseum Ulm
Immlers Anmerkungen über die vermeintliche Entbehrlichkeit des Lebzelter-Gewerbes, Wien 1784
Internationales handwerksgeschichtliches Symposium Veszprém 20.–24. 11. 1978. Budapest 1979. (42 Vorträge zu vier Themenkreisen, nämlich: 1. Die alten Handwerksgesellen, ihre Reiserouten, Wanderbücher, Kunstschaften usw.; 2. Die Zunftaltertümer; 3. Die Zunftorganisationen; 4. Verschiedene Aspekte des Zunftwesens.)
Jäger, Christina (Reporter), Alte Gebäck- und Wachsmodel, Begleittext zu einem Bildbericht des österreichischen Fernsehens, o.J.
Jahrbuch der Zuckerbäcker (Konditoren), Lebzelter und Wachszieher Österreichs. Besonders 1973 (Wien 1972).
Janssens, Bern., Lierse Gebakvormen in de 18e en 19e eeuw. In: Tijdschrift voor Geschiedenes en Folklore, 1948
Jüttner, Werner, die kunst der süßen sachen. Katalog zur »kleinen ausstellung« in der Kassenhalle der Hauptstelle der Sparkasse der Stadt Köln 27. 11. 1967–5. 1. 1968.
Kalesný, František, Medovnikárstvo v Rajci (Lebkuchenbäkkerei in der Stadt Rajec). In: Zbornik Slovenského národného múzea 65 (1971), Etnografia 12, S. 203–211, 13 Abb. (und deutsche Zusammenfassung).
Karlinger, Hans, Holzmodel aus der Sammlung Ebenböck. In: Kunst und Handwerk, 66 (1916), 4 und 5.
Karlson, William, Något om forma tiders svenska sockerbagare och deras alster. In: Årsbok (Stockholm), 1942.
Kaut, Hubert und Ludwig Sackmauer, »Alte Backstube«, Wien – München 1967.
Keller, Gottfried, Die Leute von Seldwyla, 2 Bde., Salzburg und Stuttgart 1958
Kemény, György, Mézeskalácsok (Lebkuchenformen). In: Magyar Népmüvészet (Ungarische Volkskunst), Nr. 4/ 1. T., mit 32 Farbtafeln, Budapest 1925.
Kemény, Lajos, Mézeskalácsos céheink múltjahoz (Zur Geschichte unserer Lebzelterinnungen). In: Ethnographia XXVI (1915), Nr. 4–6, S. 327–329.
Kemény, Ludwig, Die Wachszieher- und Lebzelter-Innung. In: Neues Preßburger Tagblatt, 15. 4. 1934.
Kenner, Hedwig, Das Phänomen der verkehrten Welt in der griechisch-römischen Antike, 1970.
Kettner, Adolf, Schlesische Lebzeltformen. In: ÖZV, 1899, S. 1–3, 5 Abb.
Kieser, Werner, Lebküchnerei in Walldürn. Vom Handwerkszum Industriebetrieb. In: Zu Kultur und Geschichte des Odenwaldes, Festgabe für Gotthilde Güterbock, Breuberg-Neustadt 1976, S. 117–125, 4 Abb.
Kietaibl, Hans, Die Breitenbrunner Handwerkszeichen. In: Burgenländische Heimatblätter, 43. Jg. (1981), H. 4, S. 145–159.
Kirschbaum, Engelbert (Hg.), Lexikon der christlichen Ikonographie, 8 Bde., Rom–Freiburg–Basel–Wien 1968 bis 1976 (Bde. 1–4: Allgemeine Ikonographie, Bde. 5–8: Ikonographie der Heiligen).
Klein, Georges, Les moules à gâteaux et à pâtisserie. Les moules à pains d'épices et d'anis. In: Art et Traditions Populaires, Alsatia 1973, S. 115–118.
–, *und Charles Woehly,* Gâteaux et pâtisseries d'Alsace. Moules et formes. Strasbourg 1982. (Katalog zur gleichnamigen Ausstellung vom 19. 5. 1982 bis 9. 1. 1983).
Klinckowström, Carl Graf, Aus der Geschichte des Marzipans. In: Gordian (Hamburg), 1954.
Kluge, Friedrich, Etymologisches Wörterbuch der deutschen Sprache, 19. Auflage bearbeitet von Walther Mitzka, Berlin 1963
Kluyver, A., Marzipan. In: Zeitschrift für deutsche Wortforschung (Straßburg), 1904.
Kölbel, Richard, Nördlinger Lehrjahre eines erfolgreichen Lebküchners. In: Der Daniel 5 (1969), H. 4, S. 21–22.
Konditor, Der. Die österreichische Fachzeitschrift für Konditoren, Kaffeekonditoren, Lebzelter und Wachszieher, mit offiziellen Mitteilungen der Landesinnungen, Wien. (Vorgänger: Der österreichische Zuckerbäcker und die Kaffeekonditorei).
Konditoren-Fachschule München, Aus der Geschichte der Lebküchnerei und Konditoren in München (vor dem 1. Weltkrieg)
Korn, Johannes Enno, Adler und Doppeladler. Ein Zeichen im Wandel der Geschichte. Diss. Göttingen 1969
Kostić, Petar, (The collection of moulds for ritual cakes in the Ethnographical Museum in Belgrade). In: Mitteilungen des Ethnographischen Museums Belgrad 30 (1968), S. 91–112, 5 fig., 6 tab. (mit englischer Zusammenfassung).
Kretschmer, Paul, Wortgeographie der hochdeutschen Umgangssprache, Göttingen 1918
Kriss-Rettenbeck, Lenz, Geformtes Wachs. In: Atlantis (Zürich) 32 (1960), S. 599–613, 17 Abb.

Kronberger-Frentzen, Hanna, Die alte Kunst der süßen Sachen, Hamburg 1959
Sinterklaastijd van vrijers en vrijsters. Prentensnijder uit de Achterhoek. In: Neerlands Volksleven 1962/63.
Kruzinga, J. H., Koekplanken, spiegels der eeuwen. In: Scheppend ambacht, 1965, H. 6.
–, Koekplanken, voorbeeld van volkskunst (Les moules à gâteaux en bois, comme exemples d'art populaire). In: Speelw. 6 (1951), S. 281–283.
–, Koekplanken (Moules à pain e'épice). In: Toeristenk. 12 (1949), S. 712–714, ill.
Kühne, Heinrich, Von alten kursächsischen Backmodeln. In: Sächsische Heimatblätter 22 (1976), S. 257–262.
Kundegraber, Maria, Backmodel aus Bauern- und Bürgerhäusern. Katalog zur Sonderausstellung 7.–31. 10. 1975 Schloß Stainz.
–, Backmodel aus Ton. In: Volkskunst, Zeitschrift für volkstümliche Sachkultur, 1. Jg. (1978), H. 4, S. 247–253.
–, Süßes altes Handwerk. Die Sammlung des Konditormeisters Fritz Hahn. Katalog zur Sonderausstellung Joanneum Graz (9. 12. 1978 – 3. 1. 1979) und Schloß Stainz (3. 2. – 26. 2. 1979).
Kürth, Herbert, Kunst der Model, Leipzig 1981
Kutsch, F., Ein Specksteinmodel des Hans Dirmstein. In: Nassauische Annalen 1929
LCI = Lexikon der christlichen Ikonographie; siehe Kirschbaum, Engelbert
Lebkuchen einst und jetzt. Bern o. J. (zahlreiche Abb.)
Lebzelter: Archivmaterial in gleichnamigem Schuber im Landesarchiv Linz
Lehmann, Alfred, Zwischen Schaubuden und Karussells. Ein Spaziergang auf Jahrmärkte und Volksfeste. Frankfurt/M. 1952
Leist, Monika und Albert, Festliches Formgebäck, ²Kassel 1953
Leitich, Ann Tizia, Das süße Wien. Von Kanditoren und Konditoren. Wien 1964
Lerner, Franz, Aber die Biene nur findet die Süßigkeit. Kleine Kulturgeschichte des Honigs, Wien 1963/Düsseldorf 1964
Létay, Miklós, Egy családi üzem mézeskalács és viaszformái (Lebzeltermodel und Wachsformen der Lebkuchenbäckerei eines Familienbetriebes). In: Ethnographia LXXXIX (1978), 2, S. 266–272. (Mit deutscher Zusammenfassung). – Es handelt sich dabei um die Formen der Familie Beliczay.
Lipiarz, Zofia, Formy piernikarskie w zbiorach Muzeum w Raciborzu (Les formes pour la cuisson des pains d'épices dans la collection du Musée à Racibórz). In: Opolski Rocznik muzealny 5 (1972), S. 103–139, ill. (mit deutscher Zusammenfassung).
Lipp, Franz, Volkskunst und Handwerk der Gegenwart in Österreich, Wien 1957
–, Oberösterreichisches Bauernbarock. In: Oberösterreich (Kulturzeitschrift) 18 (1968), H. 1/2, S. 50–59, 11 Abb. (darunter Lebzeltmodel).
Löschner, K., Vom Pulsnitzer Pfefferkuchen. Seine Herstellung, sein Vertrieb, seine Geschichte. In: Heimatkundliche Blätter des Bezirkes Dresden 3 (1957), S. 510–517, 3 Abb.
Lotz, Arthur, Bibliographie der Modelbücher, Leipzig 1933
Ludikowsky, Karl, Die Lebzelter- und Wachszieherei. Ein Stück deutscher Handwerksgeschichte. Wiener Neustadt 1924. (Enthält u. a. Die Wachszieherei. Die Lebzelterei. Die Kirchtagsfrage).
–, Anna Marie. Ein Lebzelterspiel. Wiener Neustadt 1930.
–, Wiener Neustädter Miniaturen. Wiener Neustadt 1950.
m + k, Lebkuchen. In: Das Haus, Dezember 1981, S. 44 (Sortenbeschreibungen).
Mais, Adolf, Die niederösterreichischen Lebzelter von 1650–1850. In: Adler. Zeitschrift für Genealogie und Heraldik 4 (XVIII.) Bd., 1958, S. 209–215, 2 Karten.
Markus, Michal, Die Lebküchner und ihre Erzeugnisse in der Ostslowakei. In: Mannus, Jg. 1977, S. 89–98.
–, Nasi medownikári (Unsere Lebküchner). In: Svojina (Kosece) 1949, S. 24–33.
–, Spomienky na nasich madovnikárov (Erinnerungen an unsere Lebküchner). In: Výziva a zdravie (Bratislava), 1966, S. 12–23.
Meischke, M.C.A.: Koek- en speculaasprenten, het vanwaar en het waarvan, het prentenboek van ons volksleven (Les moules à pain d'épice). In: Zierikzee, Zeelandia (De bakkersboekjes van Zeelandia, 5), 1947, S. 73–92, ill.
Melion, Grete und Rudolf Finz, Das Lebzelter- und Wachsziehergewerbe in Korneuburg. In: Korneuburger Kulturnachrichten, Jg. 1968, H. 4, S. 8–11.
Melzer, Miroslav, Moravsti pernikari (Mährische Lebzelter). In: Vlativedny vestnik moravsky 29 (1977), Nr. 1, S. 45–57 (mit deutscher Zusammenfassung).
Meyer, André, Der Zuckerbäcker. Handbuch der gesamten Lebkuchen-, Keks-, Waffel- und Zwiebackfabrikation, Augsburg 1949
Meyer-Habrich, Christa, »Unser täglich Brot ...«. In: Zeitschrift für geschichtliches Wissen 9 (1977). – Ein Gang durch das Deutsche Brotmuseum Ulm.
Mödlhammer, Elisabeth, Bunter Bilderschatz auf alten Backmodeln. Würzburg 1981
–, Fränkische Geschichte auf alten Backmodeln. In: Altfränkische Bilder und Wappenkalender, 81. Jg. (1982), S. 13–15.
–, Bilderschatz auf alten Backmodeln. Das Festtagsgebäck unserer Vorfahren im Mainfränkischen Museum. In: Kunst und Antiquitäten, 1980, H. VI, S. 71–74.
Morandell, Roman, Älteste Salzburger Model in kulturhistorischer Sicht. In: Salzburger Volksbildung, Folge 42, Mai 1972, S. 22–25, ill. (Model aus verschiedenstem Material für mannigfachen Verwendungszweck).
Morenz, Ludwig, Die Ebenböck. In: Wachszieher und Lebzelter im alten München. Sammlung Ebenböck. München 1981, S. 8–32.
Mössinger, Friedrich, Seltene Gebildbrote. In: Hessische Blätter für Volkskunde, Bd. XLV (1954), S. 34–62.
–, Bäckerwerk. In: Volkswerk. Jahrbuch des Staatlichen Museums für deutsche Volkskunde, Jena 1944
Mummendorf, Ernst, Der Handwerker, Jena 1924
Musterbuch der Lübecker Conserven-Fabrik vorm. D. H. Carstens, um 1960 (im Besitz des Schleswig-Holsteinischen Landesmuseums Schleswig)
Musterbuch der Formfabrik von Carl Schröder, Lübeck (Im Besitz von Konditormeister Friedrich Bartels, Hannover)
Mycielski, Jerzy, Dawne oplatki polskie (Die alten polnischen Oblaten). In: Orli Lot 12 (1931), S. 122–127.
Myślińska, Janina und Hans-Georg Schmeling, Alte polnische Lebkuchenformen aus dem Bezirksmuseum in Toruń. Beiheft zur Ausstellung im Städtischen Museum Göttingen 4. 11.–2. 12. 1979, Göttingen 1979
Nannings, H. J., Brood en gebakvormen. In: Eigen volk (Scheveningen), 1932
Neuber, Wolf, Das hölzerne Bilderbuch. Von den ehrbaren Lebzeltern und Wachsziehern. Requiem auf ein Handwerk. In: Parnaß, 1981, H. 1 (September/Oktober), S. 32–37.
Neuhardt, Johannes, Köstlich altes Wachsgebild. Katalog zur Ausstellung des Salzburger Dommuseums 1977
–, Wachsgebild, Freilassing 1979
Neumann, Hubert, Zuckerzeug aus Bamberger Backstuben. Weihnachtsgebäck nach alten Modeln. Verschiedene Arten von Marzipan. Papierbilder als Zierrat. In: Süddeutsche Zeitung Nr. 306, S. 16
Nickel, Johanna, Winterliches Festgebäck. In: Kultur, Gesellschaft, Heimat 3 (1961), S. 21–24, 5 Abb.
Nicolas, Edm., Bakkersprentenboek. Koekplanken uit de verz. van D. W. den Herder, M. C. A. Meischke en het Fries Museum. Samengest. met medew. van M. C. A. Meischke. (Moules aux gâteaux en bois). Lochem 1967
Oesterreicher-Mollwo, Marianne (Bearb.), Herder Lexikon Symbole, ⁴Freiburg–Basel–Wien 1978
Olsson, Alfa, Kungälvs pepparkaka (Pfefferkuchenbacken als Nebenbeschäftigung in der Kleinstadt Kungälv). In: Gastronomisk Kalender 6 (für 1966, gedruckt 1965), S. 80–85, 1 Abb.
Ott, Ernst, Der Tirggel. In: Schweizer Volkskunde 57 (1967), S. 1–16, 11 Abb. Identisch mit:
–, Der Tirggelbäcker. In: Sterbendes Handwerk II (Sammelband der Hefte 11–20), Basel 1968. (Der »Tirggelbäcker« ist Heft 14).
ÖZV = Österreichische Zeitschrift für Volkskunde
Parton, Gust. A., Die Lebkuchen-Fabrikation im Groß- und Kleinbetrieb, Leipzig und Nordhausen o. J.
Peesch, Reinhard, Zur Tradierung von Gerät und Arbeitserfahrung. In: Arbeit und Volksleben (Deutscher Volkskundekongreß Marburg 1965), Göttingen 1967, S. 146ff.
Pelshenke, Paul, Gebäck in deutschen Landen, Alfeld (Leine) 1949
–, Handbuch der neuzeitlichen Bäckerei, Stuttgart 1950
Pfister-Burkhalter, Margarete, Weihnachtliche Gebildmodel. In: Schweizer Volkskunde 31 (1941), S. 100–104.
–, Klostermodel. In: Für die Heimat (Solothurn), 1945, S. 84–87.
–, Gebäckmodel vom 14.–20. Jahrhundert. In: Gebäckmodel, Bern 1966, S. 7–12.
Pichler, Franz, Die Wanderdokumente der Handwerksgesellen. In: Mitteilungen des Steiermärkischen Landesarchivs 19/20, 1970, S. 89–111.
Pieske, Christa, Lübecker Marzipanmodel. In: Lübecker Nachrichten, 5. 12. 1965.
–, Marzipanmodel aus drei Jahrhunderten. In: Gebrauchsgraphik (München) 12 (1965).
–, Kraftbrot und Leckerei. In: Gourmet, 1965, H. 12.
–, Marzipan-Schachteln. In: Gordian (Hamburg), 1966
–, Lübecker Marzipan – weit hergeholt. In: Der Wagen (Lübeck), 1967
–, Marzipan aus Lübeck, Lübeck 1977
Pinto, E. H., Treen or small woodware
Prasch, Helmut, In des Kaisers und des Reiches Bienengarten. Kurzer Unterricht und Gründliches Zeugnus der Zeidel-Freyheit Anno Christi 1378. In: Kostbarkeiten in Wachs. 15. Sonderschau des Bezirksmuseums Spittal/Drau 1969. Spittal 1969.
–, Baienbucker, Zeidler, Lebküchner, Wachszieher und Metbauer. In: Kostbarkeiten in Wachs. 15. Sonderschau des Bezirksmuseums Spittal 1969. Spittal/Drau 1969.
–, Baienbucker, Zeidler und Lebküchner. In: Die Kärntner Landsmannschaft, 1969, H. 7, S. 5–6.
–, Honig und Wachs. In: Carinthia I, 160. Jg. (1970), S. 1028–1042.
Reif, Irene, Bratwurst, Lebkuchen und Eierzucker. In: Merian, 1981, H. 6, S. 116–119.
Ressel, Gustav Andreas, Das Archiv der Bäckereigenossenschaft in Wien. Ein Beitrag zur Geschichte des Wiener Handwerks, Wien 1913
Rhiner, Oskar, Dünne, Wähe, Kuchen, Fladen, Zelten. Die Wortgeographie des Flachkuchens mit Belag und ihre volkskundlichen Hintergründe in der deutschen Schweiz, Frauenfeld 1958
Ritz, Gislind M., Die volkskundliche und kulturhistorische Aussage der Ebersberger Händlerlisten. Beobachtung und Anregung. In: Bayerisches Jahrbuch für Volkskunde, 1968.
Robacker, Earl F., The Shape of Food That Was. In: Pennsylvania Folklife, Vol. 14, Dec. 1964, No. 2, pp. 10–15.
–, Pennsylvania German Cooky Cutters and Cookies. Plymouth Meeting, Pennsylvania, 1946
Röhrich, Lutz, Adam und Eva. Das erste Menschenpaar in Volkskunst und Volksdichtung, Stuttgart 1968
Roller, Hans-Ulrich, Tils nur Augenlust. Backmodel – Gebäckmodel – gemodeltes Gebäck. In: Deutsches Brotmuseum Ulm, Westermann-Reihe »museum«, Braunschweig 1980, S. 107–114.
Romhányi, Gyula, Régi magyar bábsütőformák (Alte ungarische Lebkuchenformen). In: Magyar Iparmüvészet, 1936, Nr. 1, S. 15.
Rosenberg, Marc, Kunstmodel. In: Berliner Museen, 1922.

Roth, Hans, Von alter Zunftherrlichkeit, Rosenheim o. J.
Roth, J. F., Geschichte des Nürnberger Handels, 4 Bde., Leipzig 1801–02.
Rotter, Hans, Die Wiener Bäcker von 1400–1814. Wien.
Rund um den duftenden Gebäcksteller. In: Wiesbadener Kurier, 19. 12. 1961
Runge, Carola, Die Kuchenmodel im Lauterbacher Hohhaus-Museum. In: Lauterbacher Sammlungen, 1962
Sachs, Hans, Eygentliche Beschreibung Aller Stände auff Erden, Hoher und Nidriger, Geistlicher und Weltlicher, Aller Künsten, Handwercken und Händeln ..., Frankfurt 1568. (Vgl. auch Jost Ammans Stände und Handwerker, mit Versen von Hans Sachs, München 1923).
Sauer, Erwin, Vom Lebkuchen. Lebkuchenrezepte und Teigbreche aus dem Bienenmuseum Orth a. d. Donau. In: Beiträge zur Sachvolkskunde, Mitteilungen des Arbeitskreises der Betreuer volkskundlicher Sammlungen im Niederösterreichischen Bildungs- und Heimatwerk, Jg. 1974, Nr. 10. (Auch als hektographierter Teil anläßlich einer Tagung des Niederösterreichischen Bildungs- und Heimatwerkes verteilt).
Schad, Ernst, Weihnachtslebkuchen. In: Volk und Scholle, H. 10–12, Oktober – Dezember 1942 (1942), S. 57f.
Schanderl, H. und J. Koch, Die Fruchtweinbereitung, [6]Stuttgart 1972 (S. 73–74: Honigwein).
Schärer, Jolli und Dieter, Volkstümliches Handwerken in der Schweiz, Zürich–München 1977 (S. 55–57: Die geschnitzten Holzmodel; S. 64–65: Teigmodel, Herstellung heute).
Scheyb, Franz Ch. v., Orestria von den drey Künsten der Zeichnung, mit einem Anhang von der Art und Weise, Abdrücke in Schwefel, Gyps und Glas zu verfertigen, Wien 1773
Scheybalová, Jana, Pernikářství (Die Lebzelterei). In: Muzejní a vlastivědná práce 12 (1974), S. 146–172, 8 Abb., 5 Taf.
Schier, Bruno, Der Bienenstand in Mitteleuropa. Zur Einführung in die Frage 194 des Atlas der deutschen Volkskunde. In: Zeitschrift für Volkskunde, N. F. 9 (1938), S. 97–112, 211–236, 308–312. (Auch gesondert erschienen: Leipzig 1939, 98 S., Abb., Karten).
Schilstra, J. J., Koekplanken. Bussum 1961 sowie 1974.
–, Ruiters op taai- en speculaasvormen. In: Antiek, 13. Jg. (1978), No. 5 (Dezember), S. 357–370. (Mit lose beiliegender, unpaginierter englischer Zusammenfassung).
–, Christelijke voorstellingen op bakkersprenten (Images chrétiennes aux moules de gâteaux). In: Antiek, 2. Jg. (1967/68), S. 231–239, ill.
–, Dragantvormen (Moules à adragant). In: Antiek, 3. Jg. (1968/69), S. 312–321, ill.
Schönherr, Karl, Gesamtausgabe. Wien 1967. (2. Bd.: Bühnenwerke; S. 329–381: Frau Suitner).
Schmidt, Heinz, Die Backmodelsammlung im Weinheimer Heimatmuseum. In: Zu Kultur und Geschichte des Odenwaldes, Festgabe für Gotthilde Güterbock, Breuberg-Neustadt 1976, S. 101–115, 31 Abb.
Schmidt, Leopold, Lebzelten und Wachsvotive. Ein kleiner Querschnitt durch eine alte Handwerker-Volkskunst. In: Werke der alten Volkskunst, Rosenheim o. J., S. 29–31. – Vorveröffentlichung in: Österreichische Ärztezeitung, Beilage Kultur im Zeitgeschehen, H. 21 vom 10. 11. 1972, S. 1205–1206 (mit dem Untertitel: Zur Sonderausstellung des Österreichischen Museums für Volkskunde, Wien).
–, Lebzeltenmodel aus Österreich. Katalog zur Ausstellung im Österreichischen Museum für Volkskunde, Wien 1972.
–, Volk und Schrift. Katalog zur Ausstellung im Österreichischen Museum für Volkskunde, Wien 1971.
–, Zunftzeichen. Zeugnisse alter Handwerkskunst, Salzburg 1973
–, Adler-Motive in der Volkskunst. In: Österreichische Hochschulzeitung 17 (1965), Nr. 8, S. 8.
–, Der Vogel Selbsterkenntnis. In: Werke der alten Volkskunst, Rosenheim o. J., S. 18–22.
Schmidt, Maria, Model aus Holz und Ton im Museum für deutsche Volkskunde. In: Deutsche Lebensmittel-Rundschau (Stuttgart), 1964, H. 6.
Schnyder, Rudolf, Alte Zürcher Gebäckmodel, Zürich 1970
Schölm, Hans und Lisl, Honigsüße Weihnachtsgrüße – Schnittlebkuchen nach alten Vorbildern. Rezepte und Zeichnungen (letztere von H. Riedmüller-Schölm). In: Beiträge zur Sachvolkskunde, Mitteilungen des Arbeitskreises der Betreuer volkskundlicher Sammlungen im Niederösterreichischen Bildungs- und Heimatwerk, Jg. 1973, Nr. 48.
Schrittenloher, Joseph, Lebzelter, Metsieder und Wachszieher in München. In: Wachszieher und Lebzelter im alten München. Sammlung Ebenböck, München 1981, S. 33–44.
Schröder, E., Met. In: J. Hoops, Reallexikon des germanischen Altertums, 1913–1916; Bd. 3, S. 217f.
Schuh, Gotthard, Tirggel, ein altes Weihnachtsgebäck. Mit einer kulturhistorischen Einführung von Erwin Arnet. Zürich–Leipzig 1941
Schwartz, G. und P. Kaiser, Bienen, Blüten, Beuten. Entwicklung und Bedeutung der Honigbiene und ihrer Haltung, biologisch, historisch, volkskundlich und volkswirtschaftlich betrachtet und auf die Sammlungen und Ausstellungen des Deutschen Bienenmuseums in Oberweimar bezogen. Weimar 1968
Segschneider, Ernst Helmut, Festliches Backwerk im Jahreslauf. Osnabrück 1975 (Katalog).
Seibert, Jutta (Bearb.), Lexikon christlicher Kunst. Themen – Gestalten – Symbole. Freiburg–Basel–Wien 1980.
Sichart, Emma von, Vom Altmünchner Handwerksgeist. München-Augsburger Unterhaltungs- und Abendzeitung, Literaturbeilage, 1934, 138.
Siebenmorgen, Franz Rudolf (Red.), Das Herz. 2 Bände. 1. Im Umkreis des Glaubens, 2. Im Umkreis der Kunst. Biberach a. d. Riss o. J.
Sooder, Melchior, Bienen und Bienenhalter in der Schweiz, Basel 1952
Soukupová, Zora, Lidové pečivo z jižních Čech (Volkstümliches Gebäck aus Südböhmen). Krajské kulturní středisko, České Budějovice 1978
Spamer, Adolf, Lebkuchenmodel. In: Die Deutsche Volkskunde, 2. Bd., Leipzig 1935, S. 312 (Abb.) und 313.
–, Bildgestaltungen verschiedener Berufe. In: Die Deutsche Volkskunde, 2. Bd., Leipzig 1935, S. 368 (Abb.) und 369.
Spatz, Christa, Die Lauterbacher Honigkuchen-Modeln, in Ton gebrannte Symbole alter hessischer Volkskunst. In: Heimat im Bild (Gießen), 1961, Nr. 39, 3 Seiten, 9 Abb.
–, Lauterbacher Honigkuchen-Modeln, in Ton gebrannte Symbole alter hessischer Volkskunst. In: Hessen Journal 3 (1961), H. 12, S. 7–9, 6 Abb.
Spieß, Karl von, Grundlinien einer Formen- und Gestaltenkunde der Gebildbrote. In: Die Sachgüter der deutschen Volkskunde, Berlin 1934, S. 391–416, Tafeln 63–66.
–, Marksteine der Volkskunst, 2 Bde., Berlin 1937 und 1942. (Relevant sind vor allem die Kapitel »Schicksalsfrauen und männliche Dreigestalten«, »Das Kind der drei Mütter«, »Der vom Vogel Getragene« und »Die Hasenjagd« des 1. Bandes und »Baum und Quelle«, »Die gejagte Hinde bzw. das gejagte Einhorn« sowie »Die Fischjungfrau« im 2. Band.)
–, Bauernkunst. Ihre Art und ihr Sinn. Grundlinien einer Geschichte der unpersönlichen Kunst, Berlin 1943. (Besonders relevant sind die Kapitel III/3: Der Baum, S. 241–274; III/4: Lebenswasser, S. 274–300; III/6: Salz, S. 309–313).
–, Der Vogel. Bedeutung und Gestalt in sagtümlicher und bildlicher Überlieferung. Hg. v. Herta Spieß und Alice Schulte. Klagenfurt 1969
Stadler, Franz, Lebzelterhandwerk in Aussee. In: Volkskundliches aus dem steirischen Ennsbereich, Festschrift für Karl Haiding (hg. von Volker Hänsel und Sepp Walter), Liezen 1981, S. 183–192.
Stano, P., Medovnikárske remeslo v Liptove. Liotiv, 1975, S. 189–317.
Stöckle, Frieder, Fahrende Gesellen. Des alten Handwerks Sitten und Gebräuche, Würzburg 1980
Stibitz, Daniela, Lebkuchen, Süßigkeit mit Tradition. In: Kurier-Markt, Das Konsumenten Magazin, 22. 10. 1981
Straßmayr, Eduard, Alt-Linzer Lebzelter. In: Heimatgaue 14 (1933), Linz 1934, S. 84–90.
Strele, Georg, Von alten Gewerben und Handwerken in Tirol. In: Tiroler Heimatblätter 16 (1938), S. 216–223, S. 250–259, S. 311–319.
Struck, Rudolf, Eine Kuchenform aus dem Jahr 1453. In: Mitteilungen des Vereins für Lübecker Geschichte und Altertumskunde (Lübeck), 1919.
Stürmer, Michael (Hrg.), Herbst des Alten Handwerks. Zur Sozialgeschichte des 18. Jahrhunderts, München 1979.
–, derselbe, Handwerk und höfische Kultur, München 1982.
Suppan, Rudolf, Geschnitzte Pracht aus alten Zeiten. Steirische Lebzeltmodel, Graz 1979.
Süßes altes Handwerk. Die Sammlung des Konditormeisters Fritz Hahn. Sonderausstellung in Graz (Joanneum, 9. 12. 1978 – 3. 1. 1979) und Schloß Stainz (3. 2. 1979 – 26. 2. 1979). Vorwort des Katalogs: Maria Kundegraber (siehe dort). Szabadfalvi, József, A debreceni mézeskalács (Lebkuchen aus Debrecen). In: Alföld 5 (1954), H. 4, S. 66–71.
–, A debreceni mézeskalácsosság múltából (Aus der Vergangenheit der Honigkuchenarbeit in Debrecen). In: Élet és müvelödés I (1959), H. 2, S. 101–105.
–, Adatok a karcagi mézeskalácsosság néprajzához (Beiträge zur Volkskunde des Lebkuchengewerbes in Karcag). In: Jászkunság, 1955, S. 34–38.
–, A magyar mézeskalácsosság kialakulásának kérdéséhez (Zur Frage der Entstehung der ungarischen Lebkuchenbäckerei), Debrecen 1958; auch in: Debreceni Déri Múzeum Évkönyve 45 (1957), S. 73–82.
Szádeczky, Lajos, Iparfejlödés és a čehek története Magyarországon (Entwicklung des Gewerbes und Geschichte der Zünfte in Ungarn), Budapest 1913.
Szalay, Imre, Szalay Ágoston gyüjteménye (Die Sammlung Ágoston Szalays). In: Századok, 1877, S. 593. (Es handelt sich um Lebkuchenmodel; vgl. auch Weiner, Piroska).
Szekely, Zoltán, Die Pfefferkuchenbäckerei und die Kuchenmodel als Volkskunstgegenstände der Szekler aus Transsilvanien. In: Cibinium 1969–73, Studien und Mitteilungen aus dem Freilichtmuseum der bäuerlichen Technik, Brukenthal – Sibiu, S. 265–280 (zweisprachige Ausgabe im Spaltensatz, Rumänisch-Deutsch).
Thunaeus, Harald, Mjödet genom tiderna (Der Met im Laufe der Zeiten). In: Daedalus, Tekniska museets årsbok (Stockholm) 24 (1954), S. 47–72, ill.
Till, Wolfgang, Hermann Stockmann, 1867–1938, der neue Spitzweg. In: Wachszieher und Lebzelter im alten München. Sammlung Ebenböck, München 1981, S. 64–65.
Tompos, Ernö, Wappengeschmückte Lebzeltenmodel in Sopron/Ödenburg. In: Oberösterreichische Heimatblätter, Jg. 33 (1979), S. 229.
Trathnigg, Gilbert, Von der Welser Lebzelterei. In: Jahrbuch des Musealvereines Wels 1956, S. 65–89, 8 Abb.
–, Römische Ziegel und Model im Welser Stadtmuseum. In: Jahrbuch des Musealvereines Wels 1955, S. 113–123.
–, Volkstümliches Kunsthandwerk. In: Volkskultur in Oberösterreich, 16. Jg., H. 3/4, Winter 1966/67, S. 2–9.
Tyszka, Carl von, Handwerk und Handwerker in Bayern im 18. Jahrhundert. Eine wirtschaftsgeschichtliche Studie über die bayerische Gewerbeverfassung im 18. Jahrhundert, München 1907.
Über die Methütte beim Bartholomäusmarkt in Urfahr. In: Tagblatt, 1955, Nr. 225.
Végh, József, Mézesbábsütömiták faragása a Tiszántúlon (Das Gravieren der Lebzeltenformen der ungarischen Tiefebene). In: A Néprajzi Múzeum Értesítöje (Anzeiger des Ethnographischen Museums), Jg. XXX (1938), H. 1, S. 102–110 (mit deutscher Zusammenfassung).
–, Mézesbábsütöformak faragása a Dunántúlon (Schnitzerei hölzerner Lebkuchenformen in Transdanubien). In: A Néprajzi Múzeum Értesítöje, Jg. XXX (1938).
Vetulani, Cecylia, Pasleckie formy piernikarskie (Lebzeltmo-

del aus Paslek). In: Poska Sztuka Ludowa (Warszawa) 7 (1953), S. 56–58, 7 Abb.
Vogel, Hubert, Die Münchner Zünfte. Dokumente und Bilder von ihrer Geschichte seit 1290. Ausstellung des Münchner Stadtarchivs, München 1970.
Vogl, Franz, Über Lebzeltmodel und Wachsopfer. In: Heimatgaue, 15. Jg. (1934), 1935, S. 65–68.
Vogl, Gerhard, Wachs- und Lebzeltmodel. In: Salzburger Volksbildung, Folge 41, Dez. 1971, S. 29–32, ill.
Volbach, W. F., Über die Beziehungen der gotischen Formmodel zu dem früheren Kupferstich. In: Kunstchronik und Kunstmarkt, 54. Jg., N. F. XXX, 1918–1919.
–, Gotische Formmodel. In: Jahrbuch der Königlichen Preußischen Kunstsammlungen, Bd. 39.
–, Die gotischen Formmodel des Mittelrheins. In: Berichte aus den Preußischen Kunstsammlungen, Jg. XL.
Von Wachsziehern und Lebzeltern. In: Heimat an Rott und Inn, Blätter für Heimatkunde und Heimatpflege (Eggenfelden), 1957.
Wachszieher und Lebzelter im alten München. Sammlung Ebenböck, München 1981 (Katalog zur Ausstellung im Münchner Stadtmuseum 4. 12. 1981–31. 1. 1982). (Mit Beiträgen von Ludwig Morenz, Joseph Schrittenloher, Ulrike Zischka, Wolfgang Till; siehe jeweils auch dort).
Vydra & Bohuslav, Verkaufskatalog dieser Prager Firma (mit relevanten Waren wie Lebkuchenbildern und vieles andere mehr).
Wagner, Margarete, Aus alten Backstuben und Offizinen, Esslingen 1961.
–, Nürnberger Handwerker, Bilder und Aufzeichnungen aus den Zwölfbrüderhäusern 1388–1807, Wiesbaden 1978.
Währen, Max, Gebäckmodel im Altertum. In: Gebäckmodel, Bern 1966, S. 3–6.
–, Lebkuchen einst und jetzt.
–, *und Margarete Pfister-Burkhalter,* Gebäckmodel. Katalog der Sonderausstellung der Stiftung Schweizerisches Archiv für Brot- und Gebäckkunde, Luzern 1967.
Waid, Imma, Rund um unsere Mariazeller Wallfahrtskirche. Vom Bienenfleiß zur Wachslerei und Lebzelterei. In: Mariazeller Kalender 1966, S. 38–44.
Walcher-Molthein, A., Zur Geschichte der Formmodel für Feingebäck und Zuckerwerk. In: Belvedere (Wien) 4 (1924) und ebda. 5 (1924), S. 201–220.
Walter, Sepp, Aus der Geschichte der steirischen Lebzelter und Wachszieher. In: Das steirische Handwerk, Katalog der 5. Landesausstellung, Graz 1970, S. 449–477.
–, Steirische Lebzelter und Wachszieher. Vortrag auf der Gründungsveranstaltung der Gesellschaft zur Förderung der volkskundlichen Forschung in der Steiermark in Stift Rein, 15./16. 6. 1979.
–, Zeilenmodel aus steirischen Lebzeltereien. In: Blätter für Heimatkunde 34 (1960), S. 108–120.
–, Steirisch-kroatische Handwerksbeziehungen nach Grazer Zunftprotokollen. In: Dona Ethnologica. Beiträge zur vergleichenden Volkskunde. Festschrift Kretzenbacher, München 1973, S. 128–138.
–, Štajerski lectarji in svečarji (Steirische Lebzelter und Kerzenmacher). Ljubljana 1971 (mit deutscher Zusammenfassung). – Es handelt sich dabei um den Katalog zur gleichnamigen Ausstellung des Steirischen Volkskundemuseums im Slowenischen Ethnographischen Museum.
Waltz, J. J. (Hansi), Les moules à pâtisserie du Musée de Colmar. Vie en Alsace, 1929, S. 129.
Walzer, Albert, Liebeskutsche, Reitersmann, Nikolaus und Kinderbringer. Volkstümlicher Bilderschatz auf Gebäckmodeln, in der Graphik und Keramik. Konstanz–Stuttgart 1963.
–, Typen alter Holzmodel für Gebäck und für Teige, die getrocknet werden. In: Der Museumsfreund. Aus Heimatmuseen und Sammlungen in Baden-Württemberg (Stuttgart), 1963, H. 3, S. 18–57.
–, Springerlesbilder. In: Schwäbische Heimat I (1950), S. 242–247.
–, Springerlesbilder. In: Württemberg (Stuttgart), 8. Jg. (1936).
–. Holzmodel zum Stupfen von Brotlaiben. In: Der Museumsfreund, 1963, H. 3, S. 13.
Warncke, Johannes, Zur Geschichte des Lübecker Marzipans. In: Vaterstädtische Blätter (Lübeck), 1928.
Weber, Ernst, Altzürcherische Tirggel und Tirggelformen. In: Zürcher Taschenbuch auf das Jahr 1939.
–, Die heraldischen Tirggelmodel aus der Sammlung Ernst Weber.
Weber-Kellermann, Ingeborg, Backmodel und Backrezepte. In: Das Weihnachtsfest, Luzern und Frankfurt/M. 1978, S. 170–179.
Weigel, Christoff, Abbildung der Gemein-Nützlichen Hauptstände, Regensburg 1698; Neudruck Dortmund 1977.
Weigel, Erhard, Vorstellung der Kunst- und Handwerke, Jena 1672.
Weiner, Piroska, Geschnitzte Lebkuchenformen in Ungarn, Budapest 1964.
–, Beliczay Imre bábsütőforma-faragó mester (Der Kuchenformenschnitzer Imre Beliczay). In: Az Iparmüvészeti Múzeum Évkönyvei I (1974).
–, Faragott faformák eredetének kérdéséhez (Zur Frage des Ursprungs der geschnitzten Holzformen). In: Müvészettörténeti Értesítö 1960, Nr. 2.
–, Névjel-egyezések az Iparmüvészeti Múzeum néhány mézeskalácsformáján (Signatur-Identitäten bei einigen Lebkuchenformen im Kunstgewerbemuseum). In: Müvészettörténeti Értesítö 1956, Nr. 4.
–, Szalay Ágoston mézeskalács-formagyüjteménye az iparmüvészeti Múzeumban (Die Lebkuchenformensammlung Ágoston Szalays im Kunstgewerbemuseum). In: Az Iparmüvészeti Múzeum Évkönyvei II (1956).
Weiskirchner, Richard, Die Zuckerbäckerei und die mit derselben verwandten Gewerbe, Leipzig 1896.
Werhan, Karl, Honigkuchenpoesie auf dem Frankfurter Weihnachtsmarkte. In: Hessische Blätter für Volkskunde, Bd. 35 (1936).
Wermelinger, Max, Weihnachtliche Zierbrote aus dem Tessin. In: Heimatwerk, Blätter für Volkskunst und Handwerk, 1977, H. 4, S. 10–13.
Werner, L.-G., La pâtisserie et les moules à pâtisserie du Vieux-Mulhouse. In: Artisans et paysans de France 3 (1948), S. 165–171.
Weschke, J. C., Lübeck als Wiege der Marzipanfabrikation, Lübeck 1912.
Weyh, Maria Elisabeth, Rheinische Gebildbrote, 7 Karten zu ihrer Verbreitung. In: Rheinische Vierteljahrsblätter, 9. Jg. (1939), S. 105–148.
Wildhaber, Robert, Bibliographie (zum Thema »Gebäckmodel«). In: Gebäckmodel, Bern 1966, S. 13–14.
Wilfingseder, Franz, Die Linzer Mitbürger. In: Historisches Jahrbuch der Stadt Linz, 1967, S. 60–149, 1 Abb. (Über die Stellung von Bürgern und Handwerkern 1390 – 18. Jahrhundert).
Wissell, Rudolf, Des alten Handwerks Recht und Gewohnheit, 2 Bde., Berlin 1929.
Wiswe, Hans, Mittelalterliche Nachrichten über Honigkuchen und seine Verwendung als Speisezusatz in Niedersachsen. In: Süßwaren (Hamburg) Nr. 6, 1962 (März), S. 272–276.
Wittkop-Ménardeau, Gabrielle, Eßbare Figuren. In: Image (Medizinische Bilddokumentation Roche) 40 (1971), S. 17–24.
Witzelsberger, R. (Redaktor). Fachkunde für Zuckerbäcker, ²Wien 1965.
Woltersdorf, E. G., Das Ganze der . . . Pfefferkuchenbäkkerei, Ilmenau 1824.
Zaborsky-Wahlstätten, Oskar von, Urväter-Erbe in deutscher Volkskunst, Leipzig 1936 (im besonderen die Seiten 605–618: Backformen und Gebildgebäck).
Zaisberger, Friederike, Die Modelfunde in der Steingasse. In: Das Salzburger Jahr 1975/76 (1975), S. 40–43, 5 Abb. (betrifft Hafnerei-Model).
Zatschek, H., Handwerk und Gewerbe in Wien, Wien 1949.
Zedler, Johann Heinrich, Großes vollständiges Universallexikon, 1737–1961 (sic!).
Zell, Franz, Wachsstöcke. In: Volkskunde und Volkskunst (München), 1906, 4 und 9.
Zils, W. Hrg.), Bayerisches Handwerk in seinen alten Zunftordnungen, München o. J.
Zimmermann, Hildegard, Rheinische Tonmodel und frühe Kupferstiche. In: Kunstchronik und Kunstmarkt, 54 Jg., N. F. XXX, 1918–19.
Zimmermann, Ingelies, Alte Model-Motive (zum Malen, Sticken, Schnitzen und Gravieren), Rosenheim o. J.
Zischka, Ulrike, Lebzelten und Model. In: Wachszieher und Lebzelter im alten München. Sammlung Ebenböck, München 1981, S. 59–63.
Zogg, Annemarie und Robert Hirt, Zürcher Gebäckmodel, Bern 1970.
Zoller, Karl, Alte Springerleformen im Schwarzwald. In: Ekkhart Jahrbuch für das Badner Land (Freiburg), 1956, S. 50–52, 6 Abb.
Zottmann, Gretl, Zeidelwesen und Nürnberger Lebküchner. In: Die Stimme Frankens 35 (1969), S. 150–152.
Zywirska, Marie, Rzeźbione formy piernikarskie (Geschnitzte Formen für Lebkuchen). In: Polska Sztuka Ludowa 11 (1957), S. 67–106, 39 Abb.

Allgemein ist zu bemerken, daß fast alle größeren Werke über die »Volkskunst« eines Landes oder einer Region immer auch auf Lebkuchenmodel in Bild und Text eingehen. Aus verständlichen Gründen wurden diese (sehr zahlreichen!) Werke hier nicht berücksichtigt. – Die Verfasserin hat sich bemüht, eine möglichst vollständige Bibliographie zu erstellen, wobei allerdings so manches Werk nicht zugänglich war. Mangelhafte bibliographische Zitierweise konnte daher auch nicht immer ausgemerzt werden.

Register

Bildnachweis

Sofern nicht anders angegeben, stammen die Aufnahmen von Michael Heß, der auch die entsprechenden Angaben über Format und Standort (Ort und Sammlung) der Model auf seinen Aufnahmen beistellte. Frau Dr. Gertrud Heß-Haberlandt sei an dieser Stelle auch der Dank für die Mithilfe bei der Arbeit ihres Sohnes ausgesprochen.

Folgende Personen und Firmen stellten noch Bildmaterial zur Verfügung, wofür ebenfalls aufrichtig gedankt sei:
Bayerisches Nationalmuseum München Fig. 17
Dr. Werner Galler, Wolkersdorf Fig. 32
Elfriede Hanak, Wien Fig. 39; Abb. 329–338
Wolfram Hörandner, Korneuburg Fig. 36, 37, 38, 40
Foto Morand, Straßburg, Musée Alsacien Fig. 30
Stadtarchiv München Fig. 31
Dr. Gexi Tostmann, Wien Fig. 41
Evi von Voithenberg, München Fig. 14
Fotoatelier Zwicker, Würzburg Fig. 27, 28, 29

Aus dem Heftchen »Altfränkische Bilder und Wappenkalender«, herausgegeben von der Universitätsdruckerei H. Stürtz, Würzburg, in Verbindung mit der Gesellschaft »Freunde Mainfränkischer Kunst und Geschichte« und der »Gesellschaft für Fränkische Geschichte«, erhielten wir freundlicherweise drei Vierfarblithos Fig. 27, 28, 29